空间低温技术与应用

Space Cryogenic Technology and Application

李鸿勋　编著

国防工業出版社

·北京·

图书在版编目(CIP)数据

空间低温技术与应用/李鸿勋编著．—北京:国防工业出版社,2019.1

ISBN 978－7－118－11775－2

Ⅰ.①空… Ⅱ.①李… Ⅲ.①航天－低温技术 Ⅳ.①V419

中国版本图书馆 CIP 数据核字(2018)第 292466 号

※

国防工業出版社出版发行

(北京市海淀区紫竹院南路 23 号 邮政编码 100048)

三河市腾飞印务有限公司印刷

新华书店经售

*

开本 710×1000 1/16 **印张** 23¼ **字数** 403 千字

2019 年 1 月第 1 版第 1 次印刷 **印数** 1—2000 册 **定价** 120.00 元

国防书店:(010)88540777 发行邮购:(010)88540776

发行传真:(010)88540755 发行业务:(010)88540717

致　读　者

本书由中央军委装备发展部**国防科技图书出版基金**资助出版。

为了促进国防科技和武器装备发展，加强社会主义物质文明和精神文明建设，培养优秀科技人才，确保国防科技优秀图书的出版，原国防科工委于 1988 年初决定每年拨出专款，设立国防科技图书出版基金，成立评审委员会，扶持、审定出版国防科技优秀图书。这是一项具有深远意义的创举。

国防科技图书出版基金资助的对象是：

1. 在国防科学技术领域中，学术水平高，内容有创见，在学科上居领先地位的基础科学理论图书；在工程技术理论方面有突破的应用科学专著。

2. 学术思想新颖，内容具体、实用，对国防科技和武器装备发展具有较大推动作用的专著；密切结合国防现代化和武器装备现代化需要的高新技术内容的专著。

3. 有重要发展前景和有重大开拓使用价值，密切结合国防现代化和武器装备现代化需要的新工艺、新材料内容的专著。

4. 填补目前我国科技领域空白并具有军事应用前景的薄弱学科和边缘学科的科技图书。

国防科技图书出版基金评审委员会在中央军委装备发展部的领导下开展工作，负责掌握出版基金的使用方向，评审受理的图书选题，决定资助的图书选题和资助金额，以及决定中断或取消资助等。经评审给予资助的图书，由中央军委装备发展部国防工业出版社出版发行。

国防科技和武器装备发展已经取得了举世瞩目的成就，国防科技图书承担着记载和弘扬这些成就，积累和传播科技知识的使命。开展好评审工作，使有限的基金发挥出巨大的效能，需要不断摸索、认真总结和及时改进，更需要国防科技和武器装备建设战线广大科技工作者、专家、教授，以及社会各界朋友的热情支持。

让我们携起手来，为祖国昌盛、科技腾飞、出版繁荣而共同奋斗！

国防科技图书出版基金

评审委员会

国防科技图书出版基金
第七届评审委员会组成人员

前　言

现代尖端科学技术的相互渗透和融合极大地丰富了航天技术的内涵，而几十年来航天技术的发展又促进了现代科技的发展，甚至形成了新的学科，空间低温技术就是由此产生的新学科。与之相关的空间低温制冷技术、空间环境模拟低温技术、空间低温探测器及低温光学系统等的发展，极大地提升了航天器的应用范围，促进了航天技术的快速发展，使航天器在空间天文学、空间物理学、地球观测、气象卫星、卫星通信、火星探测和弹道导弹防御系统等方面发挥了重要作用。

本书是作者在综合消化了大量国内外科技文献的基础上，总结了自己多年从事低温科学技术研究的经验撰著而成。首先，为了说明空间环境模拟低温技术的重要性，简单介绍了空间环境和空间环境效应，特别强调了空间低温环境、空间真空环境及在空间环境下的自污染环境对航天器及其部件(包括空间制冷器和低温探测器)可靠性的影响。继而系统而深入地论述了空间环境模拟中及应用于航天器上的各种制冷器、低温探测器的基本原理、结构和设计。全面阐述和列举了空间制冷器和低温探测器在低温电子学和通信技术、地球观测和气象卫星、空间天文学、空间态势感知能力、大型超导磁体和空间长期制冷剂储存技术等的应用。最后，阐述空间环境模拟技术，详细介绍了用于探测器试验的几种专用空间环境模拟器、用于模拟空间低温环境的液氮系统、用于模拟空间真空环境的内装式低温泵和外接式低温泵及其相应的低温制冷机。

全书共有六章，第 1 章绪论，第 2 章空间环境和空间环境效应，第 3 章空间制冷器，第 4 章低温探测器，第 5 章低温技术在空间科学技术中的应用，第 6 章空间环境模拟。

本书出版得到了西安交通大学陈纯正教授、冯全科教授、北京航空航天大学王浚院士、中国科学院物理化学研究所杨文治研究员和北京卫星环境工程研究所童靖宇研究员的支持和帮助、并得到了王政红、李佳惠、李佳鹏的关心和帮助，在此表示衷心的感谢!

本书内容来自作者多年从事低温工作的经验，并取自国内外科学技术文献，本书既注重低温技术中的系统知识，又反映了国内外空间低温技术与应用的最新技术和成果，具有很强的针对性和实用性。本书可供有关科技人员和使用单位工程技术人员参考，并可作为高等院校有关专业本科生和研究生参考书。

由于作者水平有限，书中错误和缺点在所难免，欢迎广大读者批评指正。

编著者

目　录

Contents

第1章　结　论

1.1　概　述

航天技术的发展改变了人类的生产和生活,开阔了人们的视野,极大地改善了人们的生活质量。使我们更深入地认识了我们生存的地球的空间环境和地球面貌,使我们有能力探索月球、火星,探测暗物质和宇宙中许多不为人知的秘密。

航天任务的需求和应用促进了航天技术的发展,随着航天技术的发展产生和形成了一些新的学科,这些学科又推动了航天技术进入更高水平,空间制冷技术、空间环境模拟技术和低温探测技术就是由此产生的新学科。它们保证了地球观测卫星,气象卫星,天文卫星,军用侦察、监视和跟踪卫星,通信卫星和试验卫星等各种航天器能更好地完成空间任务。

为了完成更复杂的空间探测任务,必须提高探测器的性能,提高探测器的分辨率和降低噪声。探测器的噪声源主要有载流子热运动引起的热噪声、复合噪声和背景辐射噪声,降低探测器及其光学系统的温度可以有效降低探测器的热噪声和背景辐射噪声,提高探测器的精度和灵敏度。用于对地观测的低温探测器,其工作温度在液氮温区就可取得较满意的探测效果。而用于宇宙背景探测、空间红外观测、毫米波亚毫米波探测、相对量观测、空间磁场测量以及天文观测的低温探测器和光学系统,其工作温度必须在液氢或液氦温区,有的低温探测器甚至要求在极低温区,只有在这样的温度下,才能降低探测器背景噪声和辐射干扰,获取高分辨率和高探测精度。超导量子干涉器件需要工作在1~4K温度,超导隧道结、微量热量计和跃迁边界传感器等低温光子探测器要求工作温度为0.01~0.05K。

多项空间探测任务证明,低温探测器是航天器完成空间探测任务的关键,由于低温探测器必须工作在低温下,因此空间低温制冷器是完成探测任务的保障条件。空间低温制冷器在航天器上的应用除了满足低温探测器的温度、制冷功率外,还应该适应工作环境的变化,除了要减小体积、质量和功耗外,空间制冷器还必须适应从发射到完成任务所经历的力学环境和热真空环境。必须有防空间电磁辐射的能力,能适应冷热交变环境带来的热应力的影响,要适应空间真空和低温环境,要考虑到空间诱导环境对制冷器冷头的污染,进行防污染处理,要做好制冷器的绝热保护。对于脉管制冷器和使用超流氦及使用^{3}He和^{4}He的稀释制冷机,在设计时要考虑空间微重力的影响。机械制冷器的轴承要适应真空条件下的运行。由于空间不能维修,因此空间制冷器必须提高可靠性,以保证工作的长寿命要求。如果采用冗余设计将使制冷系统在传热和开关控制等方面复杂性增加。

空间制冷器还必须要与被冷却低温探测器或低温电子器件很好地耦合。要处理好制冷器与探测器的电磁兼容性,在结构设计中要能很好地将冷量传导到低温探测器,要防止制冷器的振动和噪声传导到探测器,以防止探测器颤振。

避免制冷器与低温探测器相互影响。空间制冷器与低温探测器集成到一起是发展的趋势。

空间制冷器和低温探测器为了适应空间环境,在发射前必须进行空间环境模拟试验以提高可靠性。因此,空间环境模拟器是航天器研制中的重要设备。空间环境模拟器是评价航天器及其部件设计和制造工艺不可缺少的装置,它会验证航天器及其部件的性能、寿命和可靠性是否满足设计要求。空间环境模拟器中模拟空间低温环境和真空环境的液氮系统、内装式低温泵和外接式低温泵是完成低温环境和真空环境试验的主要设备。这些空间环境模拟低温设备也是空间低温技术的一部分。

综合上述内容可知:空间低温制冷技术、低温探测器技术和空间环境模拟使用的液氮分配技术及低温泵技术就构成了空间低温技术,它已成为航天技术中的一个新的分支。空间低温技术和它在航天工程中的应用是本书涉及的内容。

1.2 空间低温技术与应用的研究范围

1.2.1 空间制冷器

空间制冷器的主要任务是为航天器和用于航天器的各种低温设备或器件提供可靠的冷源。空间制冷器根据工作方式可分为主动式和被动式两种制冷方式。通过制冷器做功,把热量从低温端向高温端输送,并向冷空间排放,获得有效制冷量的方式称为主动式制冷系统。通过辐射换热或者贮存的低温制冷剂的相变换,为被冷却对象提供有效冷源的方式称为被动式制冷。

辐射制冷器是空间应用较早,较为成熟的空间制冷技术,因工作期间无任何运动部件,具有无振动、无噪声、工作寿命长、可靠性高和极少消耗航天器能源等优点,因此应用于各类卫星上。不同的卫星轨道有不同结构类型的辐射制冷器相对应,在太阳同步轨道中主要有 W 型、L 型、抛物面 G 型、V 型等结构形式,在地球静止轨道卫星中主要有圆锥型和方锥型等结构形式。在相同的卫星轨道中可以通过改进辐射制冷器的结构形式和辐射换热面形结构提高辐射制冷器的性能。

本书除了辐射制冷器外还介绍了固体制冷器、脉管制冷器、封闭循环焦耳—汤姆逊(J-T)制冷器、开式循环焦耳—汤姆逊(JT)制冷器、吸附制冷器、磁制冷机、氦稀释制冷机、布雷顿循环制冷机、斯特林循环制冷机。

1.2.2 低温探测器及其在空间的应用

空间科学和军事任务带动了低温探测器在空间的应用。空间应用的低温探测器是低温冷却的光子探测器。低温探测器最关键的优点是较高的灵敏度和更好的能量分辨率。将要讨论几种用于空间的低温光子红外探测器。低温红外焦平面阵列也将是重点讨论的对象。

已经取得显著进步的基于微型器件薄膜制造技术的低温超导体展示了很高的性能和很好的对热循环环境的耐力。这些器件是超导隧道结、超导量子干涉器件和跃迁边界传感器,它们是新一代低温探测器。高温超导体已趋于成熟,特别是高温超导射频器件的出现,为空间应用打开了新视角。

目前,高温超导红外探测器的研究已进入实用阶段,与传统的半导体探测器相比,高温超导探测器在大于20μm长波探测中将成为优良的接收器,这将填补电磁波中远红外至毫米波段的空白。此外,它具有高集成、低功耗、高成品率和低价格的优点,将在空间得到广泛应用。

1.2.3 空间制冷器和低温探测器的可靠性和试验

航天器结构复杂,工作环境特殊,没有维修的机会,因此用于空间的制冷器和探测器要提高可靠性并进行试验。可靠性设计包括多方面内容,空间制冷器主要采用冗余设计和试验两种手段解决可靠性问题。冗余设计也是一种优化设计,这种优化设计是在满足系统可靠性要求下,研究如何配置冗余单元,使消耗的资源最少。

航天器上的空间制冷器和低温探测器与航天器上的其他设备一样要经受地面环境、发射环境、空间环境和返回环境。为提高航天器的可靠性,必须在地面进行模拟试验,其中以空间环境试验最重要。

低温探测器和低温光学系统环境模拟试验有特殊要求,它们要经受发射过程中的环境考核试验、轨道环境条件下的飞行性能检验、地面标定试验、轨道运行中受天然环境损伤的模拟试验和航天器自污染及表面带电环境模拟试验。光学传感器和低温光学系统环境模拟设备有特殊要求,因此往往有专门的空间模拟设备对它们进行试验。

为了说明空间环境模拟试验对航天器可靠性的重要性,因此专有一章介绍了空间环境和空间环境效应。

1.2.4 空间环境模拟低温技术

由于成本和试验方法的限制,航天器及其各种部件(包括空间制冷系统和探测器及光学系统)不可能全部在空间进行试验,而必须在地面进行空间环境模拟试验。计算和试验已经证明地面的空间模拟器的模拟温度误差和真空度误差完全可以满足要求。

地面空间环境模拟器的建造需要有模拟空间低温环境的低温技术和模拟空间真空环境的低温真空技术。空间模拟器的热沉和液氮系统解决了空间低温环境的模拟,内装式低温泵和外接式低温泵模拟了空间低温真空环境,为使内装式低温泵达到低于 20K 氦板温度,使用了透平布雷顿循环制冷机,外接式低温泵要用 G－M 制冷机。

1.2.5 空间低温技术在空间的应用

空间制冷器和空间低温探测器在多项空间任务中发挥了重要作用。空间低温技术主要用于以下几个方面:

1. 低温技术在低温电子学和通信中的应用

低温电子学特别是超导电子学的发展带动了低温器件和装置,例如量子放大器、低温场效应放大器、低温混频器、低温红外探测器和低温激光器的发展和进步,使空间通信成为现实。又如美国海军实验室与空军合作进行的高温超导空间实验计划完成了高温超导卫星通信系统。试验中使用了钇钡铜氧(YBCO)为基础的器件。脉管制冷器较多用于空间通信。

2. 低温技术在地球观测和气象卫星上的应用

地球观测卫星应用较早,数量也较多。目前,国际上高分辨率的对地观测卫星有 100 多颗。美国地球观测系统(EOS)计划的提出和实施带动了新一轮对地观测技术发展的浪潮,而地球科学事业战略计划是对 EOS 的提升与延续,把对地观测技术与面临的科学问题紧密结合起来。欧洲航天局的遥感卫星 1 号、2 号以及环境卫星位于对地观测技术前列,法国的高分辨率地球观测卫星系列、加拿大的雷达卫星系列也各具特点。对地观测卫星主要有美国的地球观测卫星系列、轨道观测卫星系列、陆地卫星系列等,欧洲的"斯波特"卫星系列、太阳神卫星系列,德国"合成孔径雷达放大镜"卫星星座等,俄罗斯的"资源"卫星系列等。气象观测有美国的国家极轨环境卫星系列、地球静止环境业务卫星系列,欧洲航天局的第三代气象卫星、环境卫星等。

对地观测卫星上使用斯特林制冷器和脉管制冷器较多。例如欧洲航天局的第三代气象卫星用斯特林制冷器和脉管制冷器冷却红外探测器,我国的"风云"气象卫星－4(FY-4)红外探测器采用辐射制冷器制冷。

3. 空间低温技术在天文学上的应用

从 20 世纪 50 年代开始人们就用探测器研究探测空间的秘密,卫星的发射成功为人类探索空间开辟了新的道路,用于科学研究的卫星越来越多,例如:"哈勃"空间望远镜、飞船红外望远镜设备、先进的 X 射线天文设备、γ 射线天文台、大型空间观测系统、宇宙背景探测器、空间红外望远镜设备、广视场红外探测器、引力探测器、红外望远镜、国际 γ 射线天体物理实验室、美国国家航空和航天局(NASA)火星轨道飞行器、远红外和亚毫米望远镜等。

下一代空间望远镜中波红外仪器制冷方案共有 5 个,最后采用了氦/氢 JT 制冷器和辐射制冷器的组合制冷系统,詹姆斯·韦伯太空望远镜采用了先进的制冷器技术发展计划研制的制冷器冷却其中波红外仪器。宇宙和天体物理空间望远镜低温系统较为复杂,它使用了 20K 两级斯特林制冷器、4K 级焦耳—汤姆逊(JT)制冷器和 1K 级^{3}He 焦尔—汤姆逊制冷器。红外线天文卫星制冷系统采用了制冷剂与机械制冷器混合的低温恒温器设计。欧洲航天局下一代 X 射线天文台任务就是“X 射线演变宇宙光谱学”任务,由于要求温度低于 1K,因此对绝热去磁制冷机、^{3}He 吸附制冷器和稀释制冷机 3 种方案进行了比较,最后采用绝热去磁制冷机和斯特林制冷器预冷的方案。X 射线天文卫星由绝热去磁制冷机、双级斯特林制冷器和 JT 制冷器组成的制冷系统冷却。

4. 低温技术在空间态势感知能力、空间监视和弹道导弹防御系统中的应用

天基红外系统低轨道卫星使用的是高效脉管制冷器。

5. 大型超导磁体低温冷却技术在空间的应用

用于粒子物理试验的阿尔法磁谱仪大型超导磁体低温冷却技术是用超流氦冷却磁铁到 1.8K。

6. 低温技术在载人空间站和火星探测任务中的应用

载人空间站系统由空间站和天地往返运输系统组成,载人空间站系统应用普冷技术较多,应用低温技术的部分主要包括:天地往返运输器中的氢氧燃料电池;航天飞机上燃料电池液氢、液氧的贮存;航天飞机轨道飞行器应用的辐射器;生命保障系统中氧的低温贮存;试验保障系统固氮制冷器组成的散热系统。火星探测任务中推进剂要依赖低温技术作保障。

7. 低温制冷剂长期贮存技术在空间的应用

低温制冷剂长期贮存技术包括低温制冷剂零汽化贮存技术和低温制冷剂汽化减少技术。零汽化和汽化减少技术都可以有效地减少低温制冷剂在长期贮存中的损失。

1.3 空间低温技术的发展展望

目前,空间低温技术已逐渐走向成熟阶段,已经能满足航天多项科研任务的基本要求。随着空间任务的新进展,研究领域不断扩大,会带来新的更高要求,人类特别关注空间环境中的基本物理过程,这是当代自然科学最活跃的前沿学科之一。空间物理学中,美国推动的“大气各区域耦合、热力学和动力学计划以及热层、电离层、中间层热力学和动力学使命”等课题存在着许多关键问题有待解决。近年来,载人航天活动频繁,人们再次强调了新的、更高的太空探索目标,微重力科学的发展趋势是同时强调基础研究和应用开发研究,这些观测和研究将对人们了解宇宙带来革命性的变化。在未来,随着空间科学的发展,会从根本上不断地刺激航天技术的持续发展,对其提出更高的要求,对空间制冷器、低温探测器和空间环境模拟技术提出更高的要求。

1. 空间制冷器的发展展望

空间制冷器的发展就是不断克服其缺点,不断创新的过程,不仅在结构上不断完善,而且在制冷原理不变的情况下制冷方法不断创新。制冷器的微型化也是一种重要趋势,最近出现的固态微型制冷器值得重视。

表1-1中给出了各种空间制冷器的优缺点,可用于参考。

(1)结合航天器和低温探测器的发展以及辐射制冷器存在的问题,辐射制冷器发展的特点和趋势有以下几个关键问题:

① 结构形式向大视场发展。辐射制冷器结构形式有方锥形、圆锥形、W形、V形等结构形式。结构形式的确定主要取决于航天器轨道和辐射器在航天器上的安装位置,同时考虑有良好的绝热方案。

表1-1 空间制冷器的优缺点

制冷器	典型温度/K	典型热负荷/W	优点	缺点
辐射制冷器	80	0.5	可靠性高、低振动、长寿命	复杂的轨道影响视场,一般大于60K
单级斯特林制冷器	80	0.8	效率较高	振动
双级斯特林制冷器	20	0.06	能达到较低温度	振动
制冷剂	4	0.05	稳定,低振动	短寿命、要排气、复杂、质量大
脉管制冷器	80	0.8	低振动	比斯特林制冷器效率低
半导体制冷器	170	1	轻	温度高、效率低
J-T制冷器	4	0.01	低振动	一般要求混合型设计
吸附式制冷器	10	0.1	低振动	要保持连续工作,控制系统和吸附床性能很关键
逆布雷顿循环制冷器	65	8	高制冷量	复杂
绝热去磁制冷机	0.05	1×10^{-5}	能达到低温度	大的磁场
稀释制冷机	0.005~0.015	1×10^{-4}	能达到低温度	设备绝热要求高

限制辐射制冷器视场的物体主要是太阳、地球和航天器,它们也是制冷器的主要外热源。为保证辐射制冷器冷块不面向太阳、地球和航天器,就必须设计合理的热屏蔽,热屏蔽既能屏蔽外热又能将冷块的辐射热导向冷空间,这也会导致冷块对空间的视场受限制,这就要求辐射制冷器在航天轨道和在航天器上的安装位置已确定的情况下,选择正确的结构形式以保证冷块不仅不面向太阳、地球和航天器,而且有最大的对空间视场,冷块辐射面积也最大,冷块与一级的耦合视因

子最小，这是一个重要目标。

② 各级间隔热技术不断改善。辐射制冷器级间隔热性能方面也在不断改善，最初的级间支撑隔热结构采用的是圆管或圆锥台结构，由于截面面积大，漏热大，它已占总漏热的50%左右，采用拉杆支撑带后，由于截面面积减小，采用合理的排列和角度及一定的预紧力，使该支撑既达到低的热漏率，又保证了支撑有足够的强度和刚度，保证了支撑的稳定性。支撑的材料由钛合金或合成碳酸树脂改为环氧玻璃钢，各种电引线用多层薄膜带式电缆代替传统的合金丝，这些措施进一步减少了漏热。

V 形辐射制冷器在冷块与外壳之间采用一组轻型、低发射率、高反射率辐射屏，相邻屏之间夹角约 1.5°，辐射屏拦截航天器和有效负荷的辐射热，经多次反射将其导入冷空间。辐射器的冷块支撑采用了记忆合金或分离式结构，在常温发射状态，支撑由高强度、大截面的支撑体起作用，当辐射制冷器的冷块温度下降至一定值时，由于形状记忆合金的冷缩效应，部分支撑体逐渐脱离外壳，冷块由另一部分截面较小的支撑体支撑。因此 V 形辐射制冷器经辐射屏和支撑的漏热大幅缩小，有效制冷量可达 90%，这时辐射制冷器的体积和重量也有所减小。

辐射制冷器与热管结合有望达到更低温度和更大的制冷量，但仍有一些技术问题有待解决。

③ 寿命和可靠性不断提高。影响辐射制冷器寿命的主要因素是光学窗口、反射镜面、辐射板涂层等敏感表面在低温下受污染而引起的性能衰减。因此要有效地控制污染，在材料选择与零部件表面处理时应减少放气源。设置光学热窗，形成封闭式光学通道，防止污染气体的进入，采用加热去污的措施等，不断改善防止污染的方法。

设计漏热少又可靠的支撑结构，保证辐射制冷器与被冷却的光学器件的准确位置，在恶劣的条件下不影响其性能。

总之，辐射制冷器在与低温探测器的匹配、耦合技术，热管技术和机械制冷器耦合技术等方面都有待深入研究和发展。

④ 新技术、新材料、新工艺的开发应用，设计新的结构形式，适合不同需要，向中低温方向发展，拓宽应用领域。

⑤ 开发各种热流更精确快捷的量化及理论计算方法以及完善地面空间模拟试验。

（2）斯特林制冷器在空间的应用较多，它可以达到的温度范围较大，低温探测器对斯特林制冷器需求迫切，但寿命、振动和可靠性几方面有待提高，进一步提高效率和制冷量也很重要。斯特林制冷器可靠性改进工作主要体现在将线性压缩机的螺旋弹簧改为板弹簧支撑，采用了动磁式结构。这种结构的优点是不需要线圈飞线和引线烧结，同时还可以避免电动机线圈的有机气体污染。斯特林制冷器有发展潜力的关键技术如下：

①无磨损技术。板弹簧支撑加间隙密封技术被广泛采用,气体轴承技术已取得应用,磁轴承技术在研制中。②减振技术,采用双对置活塞压缩机或者采用主动平衡器与被动平衡器。③直线电动机技术。目前,广泛采用动圈技术,但动铁技术可使电动机线圈与工作气体隔离,避免污染,该技术已成功应用。④密封技术。电子束焊接与激光焊接密封技术已成静态密封的主流,动态密封主要采用间隙密封。⑤杜瓦集成技术。先进的杜瓦集成(SADA)技术将红外焦平面探测器、杜瓦、驱动控制和制冷器等部件采用集成一体式结构,清除了冷量在传递过程中的损失。

(3) 脉管制冷器为航天器上的低温探测器提供新的冷源,在航天器上应用广泛,这是因为它在低温下没有运动部件,布置方式灵活,便于得到紧凑结构,而且不会因级联而明显降低运行的可靠性,因此脉管制冷器在低振动、低电磁噪声场合具有很高的应用价值,目前单级脉管制冷器已达到 15K 左右,德国吉森大学 2002 年已制成 20K 有 10W 制冷量的脉管制冷器。多级脉管制冷器不仅可以增大 10 ~ 20K 温区制冷量,提高制冷效率,而且能提供两个不同的冷却温度,应用前景广阔。但目前脉管制冷器也存在一些问题限制其应用,主要问题包括:

① 效率问题。由于脉管和气库的存在,制冷中会产生很大的黏性损失,因脉管制冷机需要比其他回热式制冷器更多的气体循环量,而且脉管制冷中需要复杂的相移器,如小孔阀和双向进气阀,这些复杂的相移装置会产生较大的能量耗散,降低脉管的效率。另外,脉管制冷器压力与流量均做周期变化,但存在着相位差,因而与交流电中的“无功功率”相仿,存在着一个“不制冷分量”,气量中有一部分不制冷,使得流过回热器的单位质量气体的制冷量变小。解决的办法是将脉管制冷器的热端和冷端同时与压力波发生器接通,使流过回热器的气体基本上只剩下制冷部分气体。

② 温度的稳定性、可重复性问题。脉管制冷器制冷过程和系统每个部件的气体质量流量有很大关系,要想得到稳定的温度,必须保持气体的质量流量稳定。脉管制冷器具有较高的温度可重复性,研究证明脉管的倾斜和工质氦气的纯度对温度的稳定性有影响,脉管倾斜不仅降低制冷效率,而且对脉管制冷温度的稳定产生了不良影响。工质氦气的纯度对制冷温度稳定性有非常大的影响,为达到高的温度稳定性,必须安装净化装置。

③ 方向性问题。脉管中的温度梯度很大,其密度梯度也很大,因此脉管制冷器倾斜会产生对流换热,影响脉管制冷效率。温度越低,频率越低,制冷效率越容易受影响。试验证明,脉管制冷器冷头与重力方向之间的角度变化会影响制冷器的性能和温度的稳定性。

④ 脉管制冷器在低温端无运动部件,但在室温端有压缩机和活塞这些运动部件。替代的办法之一是采用热声驱动脉管制冷,另一种方法是采用热能驱动脉管制冷。

⑤ 脉管制冷器的发展趋势是加大对脉管制冷理论和关键技术的研究，提高制冷效率，加快技术成果的工程转化，研究脉管制冷机空间环境的适应性。

(4) 逆布雷顿循环制冷器正常情况可以工作在6～70K温度范围，这种制冷器长寿命、高效率、紧凑、质量小、振动低、有柔性的接口、热负荷可以改变、工作可靠。

为满足未来科学卫星的需要，欧州航天局及欧洲空间研究和技术中心研制了2～5K温度范围的逆布雷顿循环制冷器，在2K时的制冷量大于15mW，在5K时的制冷量大于50mW，分别使用^{3}He和^{4}He作为循环介质。

透平布雷顿循环制冷器的主要部件是透平膨胀机、压缩机和热交换器，5K布雷顿循环制冷器的透平膨胀机和压缩机技术有借鉴作用。透平的磁轴承和压缩机的陶瓷气体轴承是发展趋势。

透平用铝合金制造，面临下列问题：

① 防止透平的漏热损失。为了防止透平漏热，可以采用在冷透平外面附加纸温屏蔽的方法来解决。

② 透平的轴承问题。透平转速很高，轴承的间隙很小，冷却阶段由于轴承热膨胀系数不同，再加上轴承零件间温度梯度的存在，使得轴承间隙很小时很难控制，而使用气体轴承时要求有小的轴承间隙，因而这里就不能使用气体轴承，并且使用气体轴承也会使漏热损失增大，为此采用了磁轴承。径向轴承采用的是永久磁铁，并有相对大的间隙(约在1mm数量级)，超导止推轴承也是值得研制的一种设计方案，稳定的有一定刚性的轴承是布雷顿循环制冷器的关键技术之一。

压缩机转速很高，压缩机轮子应力可达600MPa，因此采用钛合金制造，由于高转速，要求高效率和结构紧凑，因此采用的是永磁同步电动机。

气体轴承的径向轴承采用人字形，止推轴承为螺旋槽，这些陶瓷制造的轴承完全能满足设计要求。

制冷器的模块化也是发展趋势，在5K制冷器的基础上，相继发展了60K和15K制冷器。体积更小、质量更小的高效热交换器也是制冷器重要的研究方向。

(5) 绝热去磁制冷机通过多级串联连续制冷，可以减小制冷机的体积，并能产生较大的冷量。由于几级绝热去磁制冷机的串联，允许其排热温度提高。结构的改善和高温超导材料的发现，使得绝热去磁制冷机能够用于冷却空间低温探测器和空间红外望远镜及其仪器。

绝热去磁制冷机发展方向是：开发开关比在1000以上的高可靠热开关；研制能传导大电流的高温超导电缆；可靠的顺磁盐容器悬挂系统和足够长的持续时间，可解决强磁场电磁干扰问题，进一步降低工作温度。

(6) 混合式制冷器在许多空间任务中得到应用，这也是空间制冷技术的一种发展趋势，利用各种制冷方式温度范围的不同进行最合理的相互组合，将工作在较高温区的制冷器用作较低工作温区制冷器的前级。例如：斯特林制冷器与超流氦杜瓦、与 JT 节流制冷器的组合，辐射制冷器与热电制冷器及固体制冷器的组合，辐射制冷器与吸附式制冷器的组合，吸附式制冷器与 JT 制冷器的组合。

辐射制冷器是空间任务中应用较广泛的制冷器，航天器上的空间制冷器、空间望远镜等设备都需要冷屏蔽板，辐射制冷器是屏蔽的最佳冷源，它是各种制冷器预冷的首选方案，也是航天器服务舱制冷器压缩机排热的主要手段。

脉管制冷器与辐射制冷器组合的技术在对地观测系统的大气红外探测器（AIRS）中首次得到应用，相继在多项航天器制冷系统中应用了混合制冷器，这有利于发挥各自优点，提高制冷效率，提高可靠性。

（7）低温系统集成化技术在空间的应用越来越重要。低温系统集成化技术就是把低温应用看作是系统，而不是作为部件的组合，用减少大系统冗余和减少误差的方法改善整体低温系统，这种系统包括低温系统整体模型、热贮存装置、热管、热开关、柔性低温接头和连接带、低温整体热总控制板，将标准化的整体系统用于冷却航天器的探测器。用标准化的低温系统整体安装到航天器上。

从制冷技术的发展趋势来看，已从被动制冷为主逐步转向以多级机械制冷的主动制冷为主，从单一制冷方式向多种制冷方式的复合制冷方式转变，从间断工作方式向连续工作方式转变，从开式制冷向封闭式循环制冷方式转变。

2. 低温探测器与空间环境模拟器的发展展望

1）低温探测器

积极探索在各频谱波段上使用低温红外探测技术，无缝隙探测在微波/毫米波、可见光/中波红外/长波红外等波段探测方面取得了很大进展。

红外焦平面阵列技术和红外电子物理已经取得了一定的发展，到目前为止，红外预警探测系统集红外探测器技术、制冷技术、信号处理技术、自动控制技术于一身，以无源方式工作，自身隐蔽性好、抗干扰能力强、探测目标范围广，已逐渐成为对来袭威胁目标预警的主要手段。双波段探测不但可以提高系统对假目标的鉴别能力，还可以降低系统的阈值电平，提高系统的探测距离，双波段探测具有较好的发展前景。

由于红外焦平面阵列技术已由单像元单色向双色，并向三色、四色方向发展，未来光谱段可多达数十个到数百个，采用雷达、红外、紫外、激光等技术的综合型复合光电探测系统会不断拓展其响应频谱范围，降低虚警率和提高多传感器数据融合能力，满足未来航天任务的需要。

与红外探测技术并行发展的高温超导红外探测器的研究也相当活跃，主要表现在开拓新材料、提高现有探测器性能和推广应用等方面。

研制新的高温超导材料器件是研究方向之一，现在的高温超导器件多数是氧化钇钡铜（YBCO）材料，它的费米能级上的电子密度远不如 BaKBiO、BaPbBiO 等材料，各国都在研制新的高温超导材料器件。

研制超导体与半导体混成器件，美国标准局利用 Au 或 Ag 使 YBCO 与 Si 互连,用 Si - 氧化物 - 半导体常规工艺试制出了超导体半导体混成器件,从而为与互补金属氧化物半导体(CMOS)集成电路的连接提供了技术基础。

高温超导探测器的响应速率为毫秒级。因此,研制快速器件成为重要的追求目标,波音公司研制的微桥配以 JT 制冷器,响应速率可达到 10μs。

光谱研究和天文观测都是在 20μm 到毫米波谱区,因此长波器件多采用高温超导器件。

新型探测机理的研究会促进新的探测器出现,新加工工艺方法会提高器件的性能。随着高温超导红外探测器的发展,它将在航天监视、天文卫星、外层空间探测等方面发挥重要的作用。

2）空间环境模拟器

空间环境模拟器是随着航天器的出现而发展起来的。航天器不断进步,研究领域不断扩大,新的设备和新技术对空间环境模拟器提出了新的更高要求,空间环境模拟器必须有很高的可靠性。在大型试验中,特别是整星试验中,不仅周期长而且试验费昂贵,万一中断重新试验浪费很大,因此试验设备要可靠,试验方案要正确,严格按试验大纲进行试验。

试验设备要提高自动化水平,依靠手动控制是不可靠的,试验过程应有足够的安全保护措施,足够的各种参数传感器,监视设备的运行状态,使设备按预定的程序运行。

空间环境模拟器的热沉采用不锈钢材料更合理,更符合高可靠性的设计原则。液氮系统采用重力输送自然循环系统与单相密闭循环系统相综合的系统更合理。这个系统适用于液氮系统的启动和正常运行,当启动时用单相密闭循环系统,可以保证启动时热沉均匀冷却,保证启动时热沉预冷的速度足够快,而正常工作时采用重力输送自然循环系统可以保证热沉温度均匀,并且热沉温度最低。

氦制冷系统应简化结构,提高效率,提高自动控制的水平。

为满足特殊部件和设备的试验需要,应设计专用的试验模拟设备。为了特定的空间制冷器、低温探测器,为考验它们适应空间环境的能力,应建造专用试验设备,如阿诺德工程发展中心建造的用于空间探测器和低温电子部件试验用的 7V 和 10V 低温真空试验设备。

第2章　空间环境和空间环境效应

2.1　概　　述

在空间时代开始前，彗星、流星和其他宇宙现象使人们就意识到空间不是空的，而是有空间环境的存在。航天器的运行与空间环境有密切关系，环境会限制航天器的运行。航天器在近地轨道运行时，会受到许多环境因素的影响。空间辐射，高能电子、质子和重核粒子将对航天器造成损伤。

高层大气密度是影响低地球轨道航天器寿命的主要因素。地球电离层会影响无线电波的传播，因此卫星的通信、导航和定位要受到影响。地球磁场使航天器的姿态控制受到影响。一些材料在低地球轨道因为与原子氧的化学作用很快地受到侵蚀。

环境对航天器的作用往往是一种综合效应，影响作用是叠加的，这大大提高了它们的作用效果，根据国内外对航天器故障的分析表明，空间环境是航天器故障主要原因之一，由空间环境所造成的故障占航天器总故障的40%。为理解空间环境和航天器的相互作用，描述航天器的环境和环境效应就特别重要。

2.2　空间环境和航天器轨道的分类

2.2.1　空间环境分类

航天器经历的空间环境主要是指日地空间环境和行星际空间环境，这些空间环境中影响航天器运行的因素有：地球高层大气、地磁场、地球引力场、高能带电粒子、空间等离子体、太阳电磁辐射、微流星、原子氧、空间碎片、真空低温、空间污染等。

航天器环境是航天器周围的空间环境及其诱导环境的综合，这些环境的综合不是简单的加法，而是由于相互叠加和非线性作用带来的更复杂的环境。

事实上，航天器自己产生的环境本质上不同于周围环境，因此航天器环境意味着周围环境和诱导环境的综合。

中性大气环境不仅包括中性大气的气体，还包括航天器表面释放的气体以及从航天器中缓慢放出的微量气体和推进器点火放出的气体。等离子体环境包括航天器周围的等离子体，同时必须考虑从离子推进器释放和中性气体离子化而产生的等离子体。与中性气体电荷交换、电弧放电、中性气体与航天器表面超高速冲击都会产生等离子体。电磁辐射环境包括太阳周围的光电子流,也包括从地球反射(或发射)的电子流,由航天器系统运行或击穿所产生的电磁干扰也应考虑在内,还包括等离子体环境产生的电磁波。太阳粒子辐射环境由其附近的粒子流(电子、光电子、重离子和中子)和核能源或反应器发射的高能粒子组成。总之,航天器环境不仅要考虑其所处的周围环境,还要考虑航天器与环境的相互作用。

2.2.2 航天器轨道及其空间环境

航天器的任务不同就需要选择不同的运行轨道,它们的运动都服从牛顿力学定律和万有引力定律。要使航天器绕地球运行必须使其离心力与地球引力相平衡,即达到“第一宇宙速度”。如果速度稍大一些,则形成椭圆轨道,达到“逃逸速度”,即“第二宇宙速度”时,则为抛物线轨道,那时航天器会绕太阳飞行成为人造行星;如果达到“第三宇宙速度”,那时为双曲线轨道,航天器会绕银河系中心飞行。根据航天器的轨道轨迹,考虑其特殊的环境状态,航天器按飞行轨道分类一般可分为低地球轨道(LEO)、中地球轨道(MEO)、极轨道(PEO)、地球同步轨道(GEO)、太阳同步轨道和星际轨道。尽管有的航天器任务可能具有比上述轨道更复杂的轨道,但仍可参考上述6种类型的轨道特性。

1. 低地球轨道

地球遥感卫星和载人航天器都运行在低地球轨道,它们的轨道高度为100~1000km,一般为圆轨道。

2. 中地球轨道

当卫星在椭圆轨道时,远地点会在中地球轨道范围内,它们的轨道高度为1000~36000km,相对于赤道的倾斜角小于65°。

3. 极轨道

当航天器的运行轨道相对于赤道的倾斜角大于65°,轨道高度高于100km时,就是极轨道。

4. 地球同步轨道

地球同步轨道是运行周期和运行方向都与地球自转方向一致的轨道,其中典型的轨道就是地球静止轨道,这种轨道相对赤道平面的倾角为0°,轨道高度为35786km。通信卫星、跟踪和数据中继卫星采用这种轨道。

5. 太阳同步轨道

太阳同步轨道是轨道平面绕地球自转轴旋转的,其方向与地球公转方向相同,旋转的角度等于地球公转的平均角速度的轨道,每年转360°。轨道的高度一般不超过6000km。气象卫星和地球资源卫星采用这种轨道。

6. 星际轨道

星际轨道是用于探测月球、火星、金星等地球外天体航天器所采用的轨道。这时需要利用以地球为焦点的抛物线或双曲线轨道来实现探测地球外天体的任务。

以上6种轨道的特性如表2-1所列。

表2-1 轨道分类

轨道名称	高度/km	相对赤道平面的倾斜角/(°)
低地球轨道	100~1000	小于65
中地球轨道	1000~36000	小于65
极轨道	大于100	大于65
地球同步轨道	约36000	0
太阳同步轨道	小于6000	0
星际轨道	超出磁层以外	

在每个轨道有关的环境组成如表2-2所列。

表2-2 轨道环境组成

轨道名称	轨道环境组成
低地球轨道	低温密集电离的等离子体;原子氧; 中性气体;太阳紫外线(UV); 轨道碎片;南大西洋异常现象(SAA)
中地球轨道	太阳紫外线;辐射带;等离子体层
极轨道	太阳紫外线;低温密集的电离层;中性大气层;轨道碎片;极光的粒子;太阳耀斑宇宙射线;南大西洋异常现象
地球同步轨道	高能等离子体团;亚爆等离子体;太阳紫外线辐射; 外辐射带;太阳耀斑;宇宙射线
太阳同步轨道	太阳紫外线;等离子体层;辐射带
星际轨道	太阳风等离子体;太阳耀斑;宇宙射线

当地球观测卫星运行轨道倾斜度为98.25°,轨道高度最小400km、中间705km、最大900km,按椭圆轨道运行时,它的轨道属于LEO/PEO,跨过了几个轨道环境。在这种情况下,航天器的设计要考虑通过不同轨道的不同环境的影响。

2.3 太阳电磁辐射环境及其对航天器的影响

2.3.1 太阳电磁辐射环境

太阳是一个巨大的等离子体球,它由约99%氢和约0.9%氦以及约0.1%其他元素(如C、N和O等)所组成。太阳在其自身引力作用下,物质向核心区聚集,使核心区处于高温高压状态,因而导致太阳核心不断发生核聚变反应。太阳的能量就是这样产生的。其能量大多数以电磁波的形式向外辐射。辐射的光谱是接近 5800K 表面温度的黑体。在近地球太阳电磁辐射能量流密度约 $1353W/m^2$，这是个恒定值，称为太阳常数，11 年太阳活动周期数值变化约 0.3%。星光的能量密度很少超过 $10^{-9}W/m^2$。一般，太阳辐射强度是距太阳的距离的函数，即

$$I = \frac{I_0}{r^2} \tag{2-1}$$

式中：r 为距太阳的距离（AU）；I_0 为在 1AU 时的辐射能量，太阳常数 $I_0 = 1353W/m^2$。

为说明上述方法，必须对太阳常数进行详细解释。太阳常数是指距太阳一个天文单位（日地平均距离，其单位为 1AU，$1AU = 1.49597870 \times 10^8 km$）处，在地球大气层之外垂直于太阳光线的单位面积上，单位时间内接收到的来自太阳的总电磁辐射能，单位为 W/m^2。

太阳发射出的能量为 $4 \times 10^{26} J/s$ 的电磁辐射，太阳辐射的波长从 $10^{-14}m$ 的 γ 射线到波长 $10^4 m$ 的无线电波。不同波长的辐射能量各不相同，其中以可见光的强度最大，可见光和红外线的通量占总通量的 90% 以上。无线电波、X 射线和紫外线占总辐射能量很小。太阳辐射的波长范围和电磁光谱在表 2－3 中给出。

表 2－3 太阳辐射的电磁光谱和波长

辐射	γ 射线	X 射线	紫外线	可见光	红外线	无线电波
波长/m	$10^{-14} \sim 10^{-12}$	$10^{-12} \sim 10^{-8}$	$10^{-8} \sim 10^{-7}$	10^{-7}	$10^{-6} \sim 10^{-3}$	$10^{-3} \sim 10^{-4}$

通过式（2－1）可计算出在太阳系中行星和月亮的太阳光强相对于在地球大气层顶部太阳光强的比值。对于在行星轨道的任意种类的航天器，行星发射的电磁辐射也应该考虑进去。地球辐射能量大约是 $225W/m^2$。

太阳辐射有 3 种类型，即电磁辐射高能粒子和低到中等能量粒子辐射。发生强烈耀斑时太阳发射出很强的 X 射线、紫外线、可见光和无线电波。所有这些射线以光速到达地球，所以当我们观测到耀斑时，它已经对环境造成很大的影响，这些影响往往只持续几十分钟到 1～2h。高能粒子主要是质子，偶尔有宇宙线，发生强烈耀斑后 15min 到几小时就能到达地球。预测太阳质子和宇宙线事件是个困难的问题。在耀斑结束后质子事件可持续几小时到几天。低到中等能量粒子在耀斑后 2～3 天可以到达地球。这样的粒子流也可以在非耀斑太阳活动的任何时间出现。这些粒子会引起地磁和电离层风暴，它可以持续数小时到数天。

2.3.2 太阳电磁辐射环境对航天器的影响

太阳耀斑 X 射线引起短波消退（SWF）事件。太阳耀斑期间，X 射线可以显著提高 D 层电离和吸收（从而提高最低可用高频）。这种加强的吸收被认为是短波消退并有时可能足以完全关闭高频传播窗口（称为短波停电）。信号丢失的数量取决于耀斑 X 射线强度、高频路径相对于太阳的位置和系统设计特点。短波消退

事件是一个即时效应。

耀斑X射线也会导致D层基础高度略有降低，这种现象将影响甚低频（VLF，6～30kHz）和低频（LF，30～300kHz）传输并可能导致远距离无线电导航系统导航误差。由于太阳耀斑而引发的无线电爆发将太阳背景噪声增加成千上万倍，可能导致卫星通信和天基雷达无线电频率干扰。

有时一个太阳黑子群会使无线电噪声水平提高，这就是太阳无线电噪声风暴。这种噪声会持续好几天，当使用受影响频率时，会干扰通信和雷达系统。

当太阳爆发时，X射线和紫外辐射突然增加，引起电离层骚动，电离层D层电子浓度急剧增大，从而影响短波和中波无线电信号的传播，使信号衰落甚至中断。另外，太阳射电爆发会引起射电噪声的增强，这在一定条件下对航天器的通信系统会造成干扰。

太阳紫外辐射对绝缘材料、光学材料和高分子材料有损害作用，从而对航天遥感器和探测器产生影响。

太阳辐射所产生的机械力，能严重影响航天器的姿态和自旋速率，特别是由于热不均匀引起的热弯曲效应影响最大。太阳辐射使航天器外露组件产生热应力和热变形。

航天器热平衡设计中，主要的外热源是太阳辐射，在低地球轨道的航天器还需考虑地球反照。太阳紫外辐射会使表面温控涂层和表面材料性能退化，在长期太阳辐射作用下会导致航天器热平衡被破坏进而影响航天器的性能。

航天器太阳能电池阵与太阳可见光和近红外波段光谱辐照度直接有关，空间紫外辐射环境能直接降低航天器表面的性能，其中包括太阳能电池阵表面材料的性能。另外，通过光电效应或光化学黏结污染敏感表面都可能改变航天器电源系统。

例如，“地球静止轨道工作环境卫星”－7（GOES－7）在1991年3月22—24日太阳爆发强烈的X射线期间，研究人员发现GOES－7太阳电池板性能下降。太阳电池板设计中已考虑了如何适应由于空间环境引起的逐渐衰弱的情况，但是强烈的高能辐射损害加速了功能降低，超过了设计预期值，使卫星的预期寿命降低两三年。

2.4 空间离子辐射环境及其对航天器的影响

2.4.1 空间离子辐射环境

1. 太阳宇宙线（SCR）

太阳辐射可以细分为有规律和无规律两部分。有规律部分是太阳风，太阳风的存在是因为日冕。无规律部分是太阳耀斑，太阳耀斑是由太阳磁场风暴产生的，这时喷发产生非常高的辐射剂量在很短的周期（几小时到1天）内完成。由于喷发出的这些带电粒子绝大部分由质子组成，因此又常称为太阳质子事件。太阳表面平静时不发射太阳宇宙线。

太阳大气层最外面区域是太阳日冕。其温度超过10^6K，因此太阳大气层几乎全部被电离为离子和电子。由于正负电荷相互平衡，所以呈现中性，我们称其为等离子体。热的日冕等离子体永远不会达到静态平衡，其被连续加速到超声速向外流向星际空间，这就是太阳风。

太阳风由等离子体流组成，它同样携带太阳日冕磁场进入星际空间。这是由于电磁场和等离子体耦合作用，又因等离子体非常高的电导率使它们一起移动。伴随太阳风的磁场称为星际磁场（IMF）。在太阳风到地球磁层的能量传输过程中，星际磁场扮演着重要的角色，在空间环境进程中很重要。

太阳耀斑和日冕质量喷发（CME）都是短暂的、爆发型的现象，它会使贮存在太阳日冕磁场中的能量突然释放。有时，日冕等离子体会加入太阳风气流，这些等离子团就形成等离子体云。当等离子体云以很高速移动时会在等离子体云之前造成冲击波。这个冲击波提供了太阳风等离子体加速度力，当它接近地球时，它的作用是快速压缩地球磁层，伴随等离子体云的磁场将能量传输到磁层，进而形成人们熟知的磁风暴。

太阳宇宙线粒子的能量范围一般从10MeV到几十吉电子伏。10MeV以下的太阳粒子称为磁暴粒子。能量低于0.5GeV的太阳质子事件称为“非相对论质子事件”。能量高于0.5GeV的太阳质子事件称为“相对论质子事件”。

2. 银河宇宙辐射（GCR）

银河宇宙辐射是遥远的星甚至是更遥远的银河系发射的。它们经过空间扩散并从所有方向到达太阳系。

银河宇宙辐射是固定的辐射，它是由来自外太阳系粒子组成的。银河宇宙辐射由原子序数Z大于或等于1的粒子组成。大于0.1GeV的高能量质子占85%，α粒子占14%，重核子占1%。辐射通量在时间上最重要的变化是与11年太阳循环年有关。在太阳活动高年时，银河宇宙辐射通量最小。相反，在太阳活动低年时银河宇宙辐射通量最大。低高度、低倾斜轨道运行的航天器几乎感受不到这种辐射剂量的变化，这是由于大气层和地球磁场综合产生的强力屏蔽作用。

尽管不是很明显，由于这些粒子具有极高的能量，因此它会造成很深的穿透辐射。但是由于银河宇宙辐射通量相对较低，因此它对人类的威胁不是很严重。

3. 地球辐射带（Van Allen Belt）

地球辐射带是围绕地球的环形区域，由高能粒子组成，即由被地球磁场捕获的电子和质子组成。它们沿磁力线围绕地球振荡。辐射带分为两个集中区：内辐射带和外辐射带。外辐射带由太阳粒子输入供给，内辐射带来源是中子，中子是由宇宙辐射和地球上层大气相互作用产生的。捕获的粒子沿磁力线以回旋加速度振荡，由于实际的地磁场偏离偶极子磁场，在磁场强度低于偶极子磁场区域称为负磁异常区。这一区域位于南大西洋垂直方向，因此称为南大西洋异常区（SAA）。

4. 内辐射带

在内辐射带捕获的能量质子是高于500km地球轨道航天器的主要辐射源。辐射的量是随经度和纬度而变化的。空间站预期的轨道在520km和28°倾斜角，这时贯穿南大西洋异常区内辐射带的边缘。辐射量起作用的部分是在南大西洋异常区捕获的质子。内辐射带是距离地球最近的捕获带电粒子区域，主要由捕获质子（能量为0.1～400MeV）和捕获电子（能量为0.04～7MeV）组成，还有少量重离子存在。

5. 外辐射带

外辐射带是离地球较远的捕获粒子区域。外辐射带包含电子和质子，电子具有高密度并且在这一区域造成大的辐射剂量。外辐射带是不对称的，晚上则被拉长，而白天则被弄平。一般来说，粒子能量和外边界位置在11年周期是变化的。在太阳活动高年时，电子带外边界靠近地球并含有高能量粒子。在太阳活动低年时，外边界移向外表面，并包含很少能量的电子。外辐射带电子密度在几周内经受数量级的变化。这样短期的变化可能产生辐射剂量的变化，这种变化与地球物理活动水平有关。

2.4.2 空间离子辐射环境对航天器的影响

1. 高能带电粒子辐射损伤效应对航天器的影响

航天器运行的空间存在着来自太阳宇宙线、银河宇宙辐射和地球辐射带的大量高能带电粒子（高能电子、质子和重核离子），它们与航天器上的电子元器件和功能材料相互作用会产生空间辐射效应，对航天器造成严重的不良影响，直接威胁航天器的安全。高能带电粒子与物质相互作用时，会在物质内部引起电离、原子位移、化学反应和各种核反应，从而对航天器造成损伤，空间离子辐射对航天器造成电离损伤和位移损伤。

电离损伤是由于被照物质的原子吸收入射粒子的能量而电离；而位移损伤是由于原子的位移，即被重离子和中子高能离子击中的原子发生位移而脱离了原先在晶格中所处的位置，从而造成晶格缺陷。这些作用可以造成航天器上各种材料、电子元器件性能变差，甚至损坏。

半导体元器件主要是电离造成的损伤。电子元器件在很低的剂量下就会发生直接的电离损伤。星载计算机的芯片、随机存取存储器和只读存储器都对粒子辐射很敏感，辐射容限很低。高原子序数原子核进入半导体逻辑电路，由于电离并有一定的能量沉积会引起电状态的改变，有时也会引起“闭锁”，导致器件功能畸变。

航天器用的硅太阳电池和外露的传感器主要是位移损伤，这会导致输出功率下降。又由于太阳能电池盖片玻璃在离子辐射下变色，通光率下降，光能减少，更促使输出功率的下降。

2. 空间等离子体充电放电效应对航天器的影响

等离子体环境使航天器外壳和电源分系统暴露在外的一些部件存在电流。内在的电流不平衡导致暴露到等离子体的全部表面充电。光电效应也可能充电，当表面被太阳照射时，光电效应会促使表面放出电子，大型航天器在低地球轨道由于穿过地球磁场的运动会产生电流。

对于航天器，电流影响是意义深远的，因为它能在航天器表面引起不同电荷的积累，电荷会依次在航天器电绝缘表面与航天器接地及空间等离子体之间产生电位梯度。相对航天器接地或空间等离子体任何微小的电位变化都会影响计划用于收集和放出带电粒子仪器的操作。除此之外，航天器表面或电源系统不同电位差的形成可能产生破坏性的电弧放电，并且微小电弧会产生电磁噪声和腐蚀表面材料，腐蚀表面会在航天器附近形成气体和尘土环境。在低地球轨道，具有高偏压（大于1000V）的太阳能电池阵等离子体产生的电弧影响更严重，因此空间站太阳能电池阵选择运行在较低电压（160～200V），由于低电压，也增加了电源的重量。

因为有等离子体的原因，同步轨道的航天器带电环境比低地球轨道更严重，虽然离子更稀薄，但具有更大的能量。这些等离子体维持航天器结构及其表面与空间等离子体之间几千伏的电位差，电弧放电伴随着这样大的电位差的出现会直接造成同步轨道的航天器的失效和其他一些反常的行为。

3. 单粒子事件效应对航天器的影响

当一个高能带电粒子（质子或重离子）轰击逻辑器件和逻辑电路大规模微电子器件时，造成逻辑状态发生变化，从而使航天器产生异常的故障。这种辐射损害可能是瞬时的，也可能是永久的。这就是单粒子事件效应，它包括单粒子翻转、单粒子锁定和单粒子烧毁等多种形式。单粒子翻转事件，会导致电路逻辑功能混乱，从而使计算机处理的数据发生错误。单粒子翻转不会损坏逻辑电路，它还能重新写入另一个状态，所以常称为软错误。单粒子锁定事件，使互补型金属氧化物半导体（CMOS）组件发生晶闸管效应。在高能粒子轰击该器件并在其内部电离产生足够电荷时会在瞬间使寄生的晶闸管触发导通，从而引发单粒子锁定。单粒子烧毁事件使反向偏置PN结的功率器件在带电粒子的辐射下产生雪崩效应，最终导致PN结反向击穿，在强大的击穿电流作用下烧毁。

随着航天技术和电子技术的发展，微电子器件的体积越来越小，集成化越来越高，功耗降低而存储容量提高，导致单粒子事件效应危险性日增，因此提高抗单粒子事件效应的能力越来越迫切。

例如，GOES－5 卫星的中央遥测装置在 1989 年经历了 10 次单粒子翻转事件，其中 6 次与太阳耀斑有关。1989 年 10 月 19 日由于太阳耀斑，帆板电子设备被损坏并且减少了 0.5A 电流输出。

又如，欧洲的“依巴谷”卫星在运行 3 年后，由于辐射造成部件损坏，使地面和在轨计算机之间的通信遭到困难，经尝试修复没有成功，最后于 1993 年 8 月 15 日终止了任务操作。

2.4.3 从太阳辐射的不同类别能量的比较

表 2－4 所列为太阳辐射的各种类型能量值，从表中可知，被太阳风携带的能量仅是电磁波传输能量的百万分之一，电磁波在磁层传输能量过程中很重要，太阳耀斑和日冕质量喷发是偶发现象。当我们取其长期辐射的平均能量值时，它不会多于太阳风的百分之几。但正是这种干扰才导致空间环境的风暴，这种影响具有重要意义。

太阳由于电磁辐射损失的质量与由氢转变为氦的核聚变有关，这一过程也成为电磁能量的来源。从表中可知，太阳风的质量损失是核聚变的反应质量损失的 1/3。

表 2－4 太阳辐射的类型

辐射的能量与质量	辐射类型	数值
太阳辐射能量总数	电磁波 太阳风（平均值） 质量喷发事件	3.8×10^{26}W 4.1×10^{20}W 7×10^{18}W
入射到地球上的能量	电磁波 入射到整个地球的电磁能量 太阳风能量	1370W/m^2 1.7×10^{17}W 1×10^{13}W
太阳质量损失率	电磁辐射（全部太阳） 太阳风（全部太阳）	4.2×10^{9}kg/s 1.4×10^{9}kg/s

2.5 地球中性热大气层和原子氧环境及其对航天器的影响

2.5.1 地球中性热大气层和原子氧环境

地球大气层包括对流层、平流层、中间层和热层（中性热大气层），各层都有自己的特性，这是由于在不同高度的大气层吸附不同波长的太阳辐射。太阳辐射控制着从地面到高层大气各区域的大气层物理结构。对流层的温度随高度的增加而较均匀地下降，降温速率为6.5K/km，从对流层顶到大约50km区域为平流层。平流层温度随着高度的增加而增加，分子氧（O_2）在这一区域吸附波长200～240nm的紫外线（UV）产生了原子氧（O）。这些单原子氧与分子氧相结合产生臭氧（O_3），从而产生臭氧层。中间层的温度以大约3.5K/km的速率降温，中间层顶高度大约为80km，那里的温度最低到180K，对航天器影响较大区域为中性热大气层和原子氧。

1. 中性热大气层环境

热层开始于80km，大气温度又一次开始随着高度的提高而上升，在超过120km温度开始指数上升，从400km向上温度值相对恒定。大气层的这一高温区域称为热层，在热层达到恒定温度时称热层顶温度，或外大气层温度。热层缺少有效的冷却源，由于紫外线吸附和热传导温度保持在高水平。在高度低于170km时，130～175nm紫外线（UV）导致氧分子（O_2）分解，这就是热源，在高度高于170km时，波长小于100nm极端紫外线（EUV）辐射电离氮（N_2）、分子氧（O_2）和原子氧（O），这也成为附加热源。

从地面到约80km，大气中不同种类的大气层气体能很好地混合，因此大气层的成分在这个区域是恒定的，大气层的密度随高度升高而降低。气体粒子间较少碰撞使混合过程更有效，这种混合和粒子碰撞作用在100km也有类似的情况，而在大于120km时，由于粒子碰撞产生的扩散决定大气层的分布。在这个区域每种气体分布处于静动力学平衡状态，这一区域是扩散平衡分布。

重粒子的浓度随着高度上升迅速下降，较轻的粒子密度则缓慢下降，这就是大气层成分变化的原因。随着大气层高度的增加依次可看到主要气体种类是N_2、O_2、He和H_2。氦是地球表面观测到的最少气体种类之一。原子氧和氢在高层大气中产生，热层顶高度在400～700km间变化，热层顶温度在500～2100K之间变化。

2. 原子氧环境

在热层，大气在90km以上开始扩散分离，温度随高度的升高而升高。氧气（O_2）分解为原子氧，在100km处原子氧密度达到最大值$10^{18}/m^3$，在155km处原子氧（O）超过分子氧（O_2）但呈减少趋势，在低于170km时是紫外线导致氧分子（O_2）分解为氧原子（O），当高度大于170km时波长小于100nm的极端紫外线电离分子氧，到1000km时原子氧密度约$10^{10}/m^3$。又因为是温度较高的热层，因此原子氧的环境引起人们的特别注意，低地球轨道的载人航天飞船的空间站需充分重视原子氧对材料有明显的侵蚀作用。

2.5.2 地球中性热大气层和原子氧环境对航天器的影响

1. 地球大气对航天器的影响

卫星上升到一定高度时将弹射整流罩，分离整流罩的高度足够高才会使加热形式主要是自由分子加热模式，否则会变为气动加热模式，气动加热模式会对航天器产生严重影响。在上升或返回阶段气动加热时，都必须用温控系统保证航天器的正常运行。

低地球轨道中性环境是被地球的残留大气所支配。外部大气空气阻力作用在航天器上，其阻力由于大气粒子碰撞到航天器表面会得到提高，阻力是与航天器速度矢量相反的，对于大型不对称航天器，需要考虑空气动力力矩，因此必须考虑采用姿态控制系统。像空间站这样的大型航天器，阻力会带来长期问题。对低地球轨道航天器，阻力会使航天器最终脱离轨道、姿态改变、寿命缩短乃至坠落，这就要求航天器不断启动发动机以补偿阻力的损失。

围绕着航天器的诱导环境是由于航天器表面释放气体而产生的，许多材料会释放气体到宇宙空间环境，因为空间的气体压力低于地球的压力，同时由于材料分解和升华而释放气体。航天器上发动机点火产生的反作用流、离子发动机气体不完全电离和产生的废物都会产生中性气体。这些气体能覆盖和污染敏感的传感器和表面，严重的会降低它们的性能甚至使它们失去作用，同样会影响航天器载荷的光学传感器和热控制表面，也会遮挡太阳能电池阵。哈勃空间望远镜(HST)可以成为中性气体与航天器设计相互影响的一个例子。哈勃空间望远镜要求镜片不能污染，这导致不能在航天器配置姿态控制发动机，取而代之的是姿态控制靠动量轮和磁扭矩装置。

例如，1979 年 7 月 11 日“天空实验室”过早地再入大气层，它是第一个这类实验室，用于试验中性热大气层密度效应。由于大气阻力增加，航天器达到预定点，但不能长久停留在轨道，并在营救任务执行前坠落到地面。

2. 原子氧对航天器的影响

在低地球轨道的高度上气体中主要成分是单原子氧。在低地球轨道大气分子对航天器的冲击会引起航天器结构材料的物理和化学变化。占支配地位的正面冲击原子氧平均动冲击能是 5eV。虽然一般情况下这个能量不足以从物体表面分离材料，但它有足够的能量在航天器表面发生化学反应，从而导致材料的损失。在低地球轨道状态下，航天器表面原子氧通量大约是一个原子氧层每秒。这一原子氧通量导致航天器表面材料，例如高温聚酰亚胺薄膜或银化学腐蚀。即使原子氧不侵蚀表面，表面的氧化作用也会改变表面层的热性质，这在航天器热控制系统设计中必须予以考虑。

位于设备的前缘的镀铝聚酰亚胺多层绝热材料，在空间长时间暴露，经历严重的原子氧浸蚀削弱。这说明原子氧威胁到易受攻击的航天材料，引起力学和光学性能的降低并影响系统性能。

2.6 地球电离层和地磁场环境及其对航天器的影响

2.6.1 电离层环境

电离层是大气层的一个区域,在该区域大气层的部分气体被太阳紫外线(UV)电离,气体电离后生成的电子、离子和中性粒子构成等离子区域。它位于70km至数千千米之间,温度为180～3000K,其带电粒子(电子和离子)的运动受到电磁场的制约。它起初被发现是因为这一层能反射无线电波,因此称其为电离层,电离层也是供应磁场的等离子体源。

1. 电离层的结构

根据高度可以把电离层分为几个不同的区域,分别是:D区(70～100km)、E区(100～150km)、F_1区(150～200km)和F_2区(大于200km)。电子的密度取决于太阳紫外线电离气体产生的离子和电子之间的化学平衡。因为大气层的成分和紫外线到达每个区域的光谱是随高度变化的,因此各区域有它们自己的独特结构特点。

大气层的密度随高度而降低,超出一定的高度由于通常的离子化再结合机制不再有效,因此离子和电子的分布趋向于静力平衡状态,这样会保持电中性状态。在300km高度水平离子和电子分布从化学平衡区域转变成扩散平衡区域。在F_2区域电子密度处于高峰值,F_2峰值以上区域称为最上层离子层。

在低高度区NO^+和O_2^+是主要的离子成分,在F_2峰值区域以O^+为主,1000km以上,主要成分是H^+,而高于2800km则几乎为H^+独占,所以原子氢离子在高处最大,而密度则随高度升高而减小,这样在高密度处,离子层的等离子体供给磁层。在磁层,等离子体密度保持高水平的区域称为等离子体层,在等离子体外部边界电子密度突然降低处称为等离子体层顶。

2. 电离层无规则反常现象

电离层的电子密度非常规律地与每天或每季度太阳辐射数量变化相一致。除了这些有规律的变化外,还有太阳耀斑、磁暴等全球性扰动过程而出现电离层突然骚扰、电离层暴和极区反常现象,这些无规则变化的基本原因是电离层干扰。

电离层突然干扰是指太阳耀斑爆发几分钟后,电离层D区经常出现的电离度突然剧烈增强的现象。它造成日照半球上短波和中波信号立即衰落甚至完全中断,长波和超长波的天波相位发生突变,骚扰持续时间为几分钟到几小时。

太阳耀斑引起电离层扰动。由于太阳耀斑时太阳局部产生扰动抛射大量带电粒子流或等离子体云,破坏了电离层正常结构引起电离层暴。F_2区域电子密度降低，电离层暴在极光带最为严重，电离层暴的强度和频率与太阳活动有密切关系。电离层暴引起短波通信的故障，短波吸收加剧甚至中断。

极区电离层容易受太阳带电粒子流的影响，高能电子从磁层降落在高纬度产生极光。极光地区无线电波在磁暴期间不规则地增强。太阳耀斑和日冕质量发射产生的高能粒子同样导致横跨全部极盖地区无线电波吸收。这两个吸收现象称为极光区域吸收和极盖吸收。

除了上面提到的电离层对无线电波的反射和吸收影响外，电离层的无规则性还影响无线电波的传播。电离气体平行于磁场移动较横穿磁场容易，当电离层穿过磁场时会造成与磁场排列成一行的不规则电子密度结构变化。电离层内的不规则变化使通过的信号闪烁，造成经电离层传播的电波幅度相位、到达角和偏振特性发生不规则的起伏。卫星通信和广播无线电波占据超高频波段（3 ~ 30GHz）。当这些无线电波通过电离层时，如上面所提供的不规则偶尔出现的信号闪烁效应会造成通信线路故障。

2.6.2 地磁场环境

地球磁场可近似地描述为偶极子磁场。以地磁轴与地球旋转中心成 11.5°角，地球磁场可以分为内源场和外源场两部分，内源场异常区是南大西洋负异常区和东亚大陆正异常区。外源场的来源是太阳风，在太阳风的电子和离子的作用下形成一个包围地球的腔体，称为磁层。太阳风等离子体围绕着磁层，地球磁场被包围在磁层以内，等离子体和磁层的边界称为磁层顶。磁层外形像子弹，在朝太阳一边是完全的子弹，磁层顶出现在大约距 10 个地球半径朝向太阳一侧，而磁层尾伸展向更远的月球轨道。

与太阳风等离子体混合的是太阳的基底日冕磁场，该磁场是扩大的太阳风封闭。这个区域称为星际间磁场，其磁力线是螺旋上升模式。在地球上，星际间磁感应强度约 5×10^{-9}特斯拉（T），即大约 10^{-4}倍地球表面磁场。

2.6.3 地球电离层和地磁场环境对航天器的影响

1. 电离层对航天器的影响

由于在电离层中传播的电磁波产生折射、反射、散射和吸收，电波改变传播路径，使通信质量下降。由于通过电离层信号产生闪烁使电波幅度、相位、到达角和偏振特性产生不规则的起伏，还会引起电波聚焦或散焦，严重时造成信号丢失，对航天器通信系统影响很大。

由于上述的电波受电离层影响改变了传播路径，这使利用电波多普勒效应测定航天器轨道时收到的电波信号频率发生偏移，影响了航天器定轨系统的正常运行。

航天器在电离层中运行会产生航天器充电效应。电离层中的等离子体能量不能穿透航天器，而是与航天器相互作用会产生表面带电。另一种是等离子体有足够的能量可以穿透航天器，在航天器表面之下聚集并充电，这会对航天器电子系统产生影响。

电离层中的电子和离子会对航天器的运动产生阻力，当航天器横切磁力线时也会产生阻力，这些都会影响航天器的姿态和轨道。

航天器的高电压太阳电池阵，在运行于具有高导电性的电离层时，会造成电源电流的无功泄漏，使航天器电源系统供电效率降低。

例如，"国际通信卫星 K"于 1994 年 1 月 20 日经受静电放电，原因是地磁暴，放电使卫星上的动量轮控制电路失去能力，引起不稳定并在天线覆盖范围产生波动。

2. 地磁场对航天器的影响

航天器中根据需要会使用磁性材料，在仪器线圈中的电流会产生磁矩，这就使航天器有一定磁矩，这个磁矩与地磁场相互作用产生干扰力矩，这会影响姿态控制系统。不同轨道的航天器都要考虑磁干扰力矩的影响。

例如，加拿大 Anik - B 卫星受到地磁环境强烈影响。卫星横滚偏航的控制需要电磁扭转线圈。穿过线圈的直流电被电路控制。当横滚传感器的输出超过设定阈值时，电路开关适当地控制直流电的正负极。系统的电磁场与地球磁场相互作用提供横滚和偏航轴需要的转矩。受到大的磁场干扰，特别是磁场被逆转，这些线圈使航天器横滚越来越大，而不是修正误差。1986 年 2 月 8 日 Anik - B 卫星就发生过这种事件，不过该卫星在 7 年多的运行中仅发生两次。每次事件发生时横滚控制都用小的推进器保持了航天器的正常工作。

又如：在轨的美国"陆地卫星" - 3 上的多光谱扫描仪因经受额外扫描监控脉冲影响引起提早线路启动或额外的行尾代码，这些事件归因于地磁异常，造成该扫描仪很难提供高质量可靠的图像。

2.7 空间真空和冷黑环境及其对航天器的影响

2.7.1 真空和冷黑环境

在太阳系内，行星际空间的主要物质是太阳活动产生的，主要为氢离子（约占 90%），其次是氦离子（约占 9%）。它们的密度极小，压力极低。地球周围随着高度的增加，大气压力降低，逐渐过渡到行星际空间。标准大气压为 1.01325×10^{5} Pa，90km 压力为 1×10^{-1} Pa，200km 为 1.5×10^{-4} Pa，500km 为 10^{-6} Pa，1000km 为 10^{-8} Pa，行星际空间压力低于 $10^{-10}\sim10^{-12}$ Pa。

大气密度也随高度的升高逐渐降低，海平面大气密度标准值为 1.225×10^{-3} g/cm³；高度为 3000km 处，气体密度为 7.5×10^{-13} g/cm³；宇宙空间气体密度极为稀薄，仅为海平面的$10^{-14} \sim 10^{-15}$。

由于宇宙真空的本底压力很低，在此压力下，分子间几乎不发生碰撞，从航天器上逃逸出来的气体分子一旦离开航天器，将保持其初始发射的方向飞向宇宙深处，不再返回航天器，宇宙空间气体分子运动的这种特征称为分子沉效应。无限的宇宙空间是一个对于各种分子捕获概率(或吸收概率)为1的绝对吸收体，这就是说，无论哪种气体分子一旦进入宇宙空间都会被宇宙空间这个绝对吸收体吸收掉，如同分子黑洞一样，吸收能力是无限的，这就是宇宙空间的分子沉环境。

不考虑太阳及其附近行星的辐射效应时，宇宙空间的辐射能量很小，仅为10^{-5}W/m，相当于温度为3K的绝对黑体的辐射能量，因此航天器在宇宙空间运行中辐射的能量将被无限大的宇宙空间全部吸收。宇宙空间对任何辐射的吸收率为1，没有辐射的再反射，是理想的绝对黑体。这个低温的黑背景环境(或称冷黑环境)称为热沉环境。综上所述，空间的真空和冷黑环境又称为分子沉和热沉环境。

2.7.2 空间真空和冷黑环境对航天器的影响

1. 真空环境对航天器的影响

1) 温度效应

在自由空间真空的主要效应之一是热传输仅能通过辐射进行。航天器的平衡温度受到航天器内产生的能量影响，航天器的能量来自外面的太阳并且发射到外面的宇宙空间。在太阳系自由空间内太阳是仅有的电磁辐射源。从式(2-1)可知太阳辐射输入的能量是与太阳距离的函数。可以假设自由空间的背景温度$T_{space}=4K$，同时行星反射的太阳输入能量、航天器发射到空间的能量和航天器发射到行星际的能量也应考虑进去。这样就可以给出航天器绕任何行星低轨道的能量平衡方程式：

$$Q_{sun}+Q_p+Q_j=Q_{s \cdot s}+Q_{s \cdot p} \tag{2-2}$$

太阳输入到航天器的能量：

$$Q_{sun}=\alpha_1 \cdot A_T \cdot I_{sun} \tag{2-3}$$

行星反射太阳输入的的能量：

$$Q_p=\alpha \cdot \alpha_1 \cdot f_{sp} \cdot A_1 \cdot I_{sun} \tag{2-4}$$

航天器内部产生的能量：Q_j，Q_j 由航天器内仪器的热功耗决定。

从航天器发射到空间的能量：

$$Q_{s \cdot s}=\sigma \cdot \varepsilon_1 \cdot f_{s \cdot s} \cdot A_1(T_1^4-T_{space}^4) \tag{2-5}$$

从航天器发射到行星的能量：

$$Q_{s \cdot p}=\sigma \cdot \varepsilon_1 \cdot f_{s \cdot p} \cdot A_1(T_1^4-T_p^4) \tag{2-6}$$

式中　α 为行星的反照率；α_1 为航天器表面吸收率；ε_1 为航天器表面发射率；$f_{s \cdot s}$

为航天器对空间的视角因子；T_1 为航天器温度；T_{space} 为空间背景温度；I_{sun} 为太阳辐射能量；A_1 为航天器面积；A_T 为航天器投射面积；$f_{s.p}$ 为航天器对行星的视角因子；T_p 为行星的温度；σ 为斯忒藩—玻耳兹曼常数。

设 $T_{space}=0$ 并且 $f_{s.s}+f_{s.p}=1$。

在平衡状态下，上面的平衡方程式可以成为

$$\sigma\varepsilon_1 A_1 f_{s.p} T_p^4 + Q_{sun} + Q_p + Q_j = \sigma\varepsilon_1 A_1 T_1^{\ 4} \tag{2-7}$$

在自由空间环境，方程可简化为

$$Q_{sun} + Q_j = \sigma\varepsilon_1 A_1 T_1^{\ 4} \tag{2-8}$$

由式(2-8)可知航天器的平衡温度为

$$T_1 = \sqrt[4]{\frac{\alpha_1 A_T I_{sun} + Q_j}{\sigma\varepsilon_1 A_1}} \tag{2-9}$$

T_1 取决于航天器内仪器的热功耗和吸收的空间外热流。

2）材料效应

由于在自由空间是真空环境，材料会发生物理和化学变化。材料和真空环境相互作用就会产生材料的真空效应。材料在以下几方面受到影响：

（1）出气。黏附在材料表面的气体层丢失。这个分子层中的分子脱离表面逃逸到空间去，使空间活动零部件的驱动力矩加大，影响温控涂层的吸收和发射系数，造成对航天器的污染。

（2）升华和蒸发。材料在真空条件下，固体材料升华，液体材料蒸发，从而使质量减少。损失一部分质量会影响材料的力学、电学和光学性能，结构尺寸也会发生微小的变化。

（3）扩散。当材料之间无气体层，固体材料能紧密地接触，这会导致因材料的相互扩散而引起冷焊。

为避免材料失效，应选择材料表面状态和对材料进行表面处理以适于暴露在自由空间真空环境。

（4）紫外线使材料降解，由于光子与表面相互作用，高能光子可以打破分子键。

（5）真空环境改变材料的吸收率、反射率和透射率特性，使材料的传导和强度也受到影响。

2. 冷黑环境对航天器的影响

航天器或空间站在轨运行中受到太阳辐射、行星的反照和高能粒子辐照等环境作用，垂直阳光方向的辐照表面可能被加热至上百摄氏度的高温，而进入地球阴影区时，由于冷黑环境的影响，其温度降至 -200℃左右，因此会引起航天器的各种结构问题：

（1）航天器一边被太阳加热，另一边被深冷空间冷却，航天器在这两种温度作用下会在结构和材料中产生应力，影响航天器的性能。由于热胀冷缩的原因，会影响活动机构的性能。

(2) 燃料的温度会影响航天器的体积与质量,因此冷黑环境影响带有燃料的部件的性能。

(3) 低温和真空环境会影响润滑的性能。为保证航天器的正常运行,温控系统是非常重要的,有可靠的温度系统才会保证航天器各系统和航天员在要求的温度范围内正常工作。

(4) 敏感的电子系统要有足够的冷却能力,温度波动可能使导线和焊接点疲劳,导致系统故障的产生。

(5) 热环境突变可能引起热控制流体过多的冻融循环,太极端的环境可能要求辐射器尺寸超标准或可能引起辐射器永久冷冻。

例如:从航天飞机“亚特兰蒂斯”发射的“伽利略”木星探测仪在轨天线未能正确部署,操作人员推断这是由于在空间热环境下使用的机械连接处润滑油功能故障,这个异常结果减少了传回地球的数据。

2.8 微流星和空间碎片环境及其对航天器的影响

2.8.1 微流星和空间碎片环境

当地球与彗星的轨道交叉时,就会产生流星雨,并且每年会发生数次。

由于人类频繁的空间活动,在轨残留物日益增多。除有效工作载荷外,还存在火箭和卫星碎片和火箭喷射物。所有这些物质会在轨残留很多年,危及未来的空间任务。微流星和碎片的碰撞是极高速冲击,90g 粒子将会对航天器造成 1MJ 能量的冲击。很小的微粒就会引起表面很大损伤。

2.8.2 微流星和空间碎片环境对航天器的影响

微流星和空间碎片粒子环境的冲击能损坏或全部损毁航天器。

很小的粒子在低地球轨道下移动的动能是如此之大以至于造成严重后果。微流星冲击的典型速度是 15 ~ 20km/s 并可能大至 70km/s。例如,油漆微粒冲击航天飞机窗户会引起足够大的凹坑。另外,粒子冲击能导致结构和表面材料在电压低于 100V 的受力状态下电弧放电。

微小颗粒的宇宙尘会沙蚀表面材料,使表面变粗糙,改变热控涂层的特性,使太阳电池阵表面性能降低。微小粒子污染能严重降低空间载荷光学系统的性能。微小粒子落在航天器附近会发射和散射足够的能量到敏感的传感器系统,使传感器探测错误。在航天器周边的粒子或碎片是由航天器表皮剥落和火箭发动机(特别是固体火箭发动机)在空间环境渗漏的废物形成的结晶体所造成的,这些碎片和粒子的控制是很困难的。由于航天事业的发展,在低地球轨道它们以接近指数的速度增长，这已成为长寿命航天器特别是载人航天器的严重威胁。

例如，1994 年 9 月发射的航天飞机 STS－68 不得不替换 46 个轨道飞行器的挡风玻璃，这是因为挡风玻璃已被空间碎片撞击出坑，虽没影响关键任务，但必须对任务负责。

2.9 航天器充电和空间辐射对电子设备的影响

航天器各部件在空间都会受到空间环境的影响，由于空间环境的叠加和协同作用使航天器在空间的工作环境更加恶劣。下面讨论航天器的充电效应和空间辐射对航天器电子设备的影响。

1. 航天器的充电效应

航天器会产生静电放电（ESD）。放电可以是表面放电形式或物体放电形式。当表面电压超过表面材料击穿电压时就会发生表面放电，结果是产生高至几百安培的电流。另外，当电介质被暴露到空间并受到辐射时，激发电介质放电，这会直接危害电子设备。

电弧放电主要是来自航天器内部充电。放电导致的异常现象包括半导体设备错误的逻辑变化或部件故障、传感器和太阳能电池板退化。这些异常会严重影响航天器的正常工作。

放电也可能导致严重的表面物理损伤。局部加热和材料损耗是由电弧放电造成的。材料损耗可能导致航天器结构损伤。此外，表面污染能改变和降低材料的性能。

3 种放电形式分别是闪络、击穿现象和向空间放电。从一个表面到另一个表面的放电称为闪络或跳火。击穿现象是从航天器内部结构穿过它的表面的放电，空间放电是从航天器到周围等离子体的放电。

航天器充电效应是等离子体、高能电子、太阳辐射和地磁场空间环境单独或协同效应造成的。

2. 辐射对航天器电子设备的影响

空间辐射环境对航天器电子设备有重要影响，辐射的空间环境一种是受到限制的空间辐射环境，包括范艾伦辐射带和南大西洋异常，另一种是瞬态辐射环境，包括太阳宇宙射线、银河宇宙射线和地磁场效应。

辐射源对电子设备有害，这是因为高能粒子能在微电子电路中沉积能量并中断它们的正确工作，能量沉积可以是电离形式或原子位移形式，它们可以永久损伤电子设备，或处于瞬态损伤。这种瞬态或永久损伤取决于事件的严重性。质子的能量沉积是通过电离和原子位移两者中的一个完成。

航天电子设备系统非常敏感，航天器表面充电和辐射效应已经变得比任何时候都重要，必须发展适应空间环境的先进科技。

2.10 空间环境和污染对光学器件的影响

航天器及其重要部件的表面在空间环境和污染的条件下，会影响航天器及相关部件的可靠性和质量，因此空间环境和污染问题受到了广泛关注，并进行了大量研究工作，以便研讨有效适应空间环境和控制污染的措施，保障航天器能正常运行和顺利完成飞行任务。空间环境和污染对光学器件造成的损害会使航天器可靠性受到重要影响。

光学器件不仅用于光学仪器，而且也用于保护太阳能电池，太阳能电池在许多卫星上是产生电功率的主要方式，太阳能电池也能在辐射器和航天器外表面用于光学太阳能反射器。光学器件通过与空间辐射进行热交换形成卫星热控制。在观测卫星、气象卫星、空间望远镜等卫星上使用的各种光谱仪和成像仪都是由反射镜、透镜、滤光器、探测器和标准源等光学器件组成，最近又发展了高功率激光光学器件用于雷达仪器。它们对空间环境和污染特别敏感，在应用中，为了提高光学器件的性能，往往要涂镀不同材料的涂层。要求反射器、热控制和辐射制冷器等光学器件必须有高发射率，而对航天器辐射热源有最小的吸收率。为提高光学器件的发射率并减少对热源的吸收率，光学器件要涂镀一些改善性能的涂层，例如，“地球同步运行环境卫星” - 12(GOES - 12)上的光学太阳能反射器使用了复合的氧化硅和氧化铝涂层。

光学器件中的光学仪器、太阳能电池、辐射器和光学太阳能反射器等部件都是航天器上的重要部件，其中任何部件性能的降低或损坏都会影响航天器可靠性。光学器件及其光学涂层必须要经受住空间环境和污染的考验才能保证航天器的可靠性，所以讨论和研究空间环境和污染对光学器件及其光学涂层的影响和污染控制技术是非常必要的。

2.10.1 空间环境对光学器件及其涂层的影响

光学器件及其光学涂层要经受空间环境的考验。当涂层不够致密而是多孔涂层时，空间真空会引起光谱漂移，由于水的释放带来压力的变化。低轨道原子氧会引起腐蚀。空间辐射环境会引起光学器件吸收损失。在阳光照射或其他高能辐射的作用下，会使敏感表面产生光化学反应。暴露到太阳辐射的涂层由于紫外线照射会使出气污染固定，增加了污染沉积的可能，改变了沉积层的特性，会使污染层变暗，颜色加深，给敏感表面带来严重影响。在激光诱导污染下，造成高吸附和潜在的激光损害。在背对太阳要承受 -270℃的低温。在太阳照射下温度要超过 300℃。这样恶劣温度条件对光学器件及其光学涂层是严重的挑战。

空间光学器件主要问题之一是空间环境下会产生性能退化，而且在轨时无法修复。这就要求在地面进行非常高水平的空间环境模拟试验，以保证在轨的性能。一般卫星任务时间是3～15年，这时要进行寿命试验以便预测任务结束时的性能，这就要求加速试验。多种环境都存在时还要做综合环境模拟试验。

空间主要环境成分为真空、低温、太阳辐照、空间辐射和原子氧，它们对光学器件及其光学涂层的性能产生重要影响。

下面将讨论每个空间环境对光学器件及其光学涂层的影响。

1. 空间真空的影响

空间真空压力低轨道典型环境压力为10^{-6}MPa，在高轨道和行星际任务轨道压力会更低。对于光学器件高致密涂层，真空的影响很小，但对于多孔涂层会造成光谱响应向较低波长移动。经典的电子束蒸发涂层有大的孔隙度，特别是在界面处。

空气到真空的变换对仪器性能的影响是显著的。大气激光多普勒设备(ALADIN)上的激光器主振荡器内的电介质偏振器在空气到真空的变换会引起Q开关机构完全失效，这是由于激光腔体无源损失的增加造成的。很显然，在空间的涂层必须完全致密化才会避免这种影响。

由于涂层水损失的影响，使涂层总应力产生变化，其应力从压缩应力变为拉伸应力，这对具有校准性能并敏感的焦平面仪器会引起不可接受的散焦。

激光器涂层会影响激光损伤阈值(LIDT)，在对大气激光多普勒设备上的激光器进行广泛试验比较后可观察到，在真空状态下激光损伤阈值比相同样品在空气中试验值减小。这是因为涂层有一个显著的孔隙。在致密涂层，从空气到真空时激光损伤阈值没有减小。

2. 在真空环境中的热循环

在空间的光学器件及其涂层常承受大幅度的热循环。一般来说，光学器件特别是敏感的校准仪器在空间的热环境是用加热器和辐射制冷器来控制的。这些在低地球轨道工作的光学器件仍要承受－40～＋50℃范围的热循环。太阳帆板的盖玻片直接暴露到太阳下，这意味着它们暴露到－40～＋120℃热循环状态。在太阳照射下任务会经受更高的热幅度，它们可能暴露到20个太阳常数(几百度)和日食期间极低温度(－150℃)，光学器件和低温探测器会工作在更低的温度。

真空热循环涂层的失效是经常的，这是由于水释放引起应力变化，当材料由涂层和衬底两层组成时，材料热膨胀系数不同就会造成应力。

3. 太阳辐照

太阳粒子辐射和无粒子辐射的作用不同。来自太阳光谱较高能量的紫外线波长能引起涂层变黑，这是由于有机污染物聚合。在这种情况下，在紫外光谱频率最高时涂层吸附的增加最大。

由于太阳辐照，太阳能电池盖玻片和用于辐射制冷器的光学太阳反射器的性能降低很严重。太阳能电池盖玻片性能降低，会使太阳能电池的转换效率明显减小，造成太阳帆板产生的功率减小。太阳反射器的性能降低，会使辐射制冷器效率受到损失，造成效率大降。在地面试验中，在真空试验中带有紫外辐照时，太阳能电池保护罩性能明显降低。

对于光学太阳反射器，性能降低导致涂层太阳吸收率增加，这意味着辐射率降低，这会使辐射制冷器效率降低，将导致卫星温度总体增加。

4. 粒子辐射

我们主要关注质子和电子对空间光学器件的影响。质子和电子定性地定义为低能量（<1MeV）和高能量（>1MeV）粒子。对于涂层我们最关注低能量粒子辐射，薄的涂层可以完全吸收低能量粒子辐射，而较高的能量辐射仅部分被吸收。具有能量小于240keV的质子可以导致特别严重的性能降低，这是由于多数损伤发生在质子在材料中截断的地方。

粒子辐射引起的性能降低效应一般类似于紫外线造成的性能降低，因为通常在较低波长时光学性能有更大的降低，随着移向较高波长，粒子辐射影响逐渐减小。

可以用适当的掺杂剂减轻对粒子辐射诱导衰变的敏感性。例如太阳能电池保护罩使用铈掺杂或防辐射玻璃进行防护。无保护玻璃会显示出快速变暗。

空间辐射环境对光学器件的影响主要表现在两方面：总剂量效应（TID）和置换损伤效应（DDD）。这两种效应都属于累积效应。反光镜、光滤波器等光学器件主要影响因素是TID效应。光学材料中结构缺陷捕获带电粒子，形成新的电子构型中心从而吸收入射光，形成吸收带，即色心，引起材料光学性质的改变。光学材料外在表现为变暗变黑，透射率下降，造成光学成像系统的成像信号衰减。这些材料光学性能的变化会影响光学系统的整体性能。

5. 紫外线辐射

紫外线辐射会使污染的光学器件受到更大影响。污染表面暴露到紫外线辐射时，光学表面污染气体沉积比无紫外线辐射时明显增加，这是由于光学器件表面污染物被紫外线激活了的聚合反应和在空间的协同效应。

类似的例子是激光诱导污染（LIC），暴露在非氧化性环境中高强度辐照的激光器光学器件区域会形成大量吸附沉积物。大气激光多普勒设备激光器真空试验中，由于在紫外线光学器件上激光诱导污染，在6h内使激光器能量降低2倍。

6. 原子氧

在地球轨道高度700km时原子氧（ATOX）是大气中的主要成分。它的主要影响是反应溅射和腐蚀表面，特别是遇到含有与氧元素有反应的表面，这个影响更明显。原子氧对航天器的主要影响是腐蚀。由于航天器表面会产生剥蚀，释放气体产物，这些气体产物也是空间分子污染的另一个来源。污染层对光学器件表面会带来影响，并且可能与其他环境效应产生反应，使污染变得更加复杂。金属银特别容易受到原子氧影响而性能下降，当用银作卫星望远镜反射器的涂层时，银涂层可能会影响望远镜的性能。在使用保护层时必须当心针孔和其他缺陷的存在。

2.10.2 污染对光学器件及其涂层的影响

1. 污染的来源

（1）粒子污染。它是在制造、装配和试验中产生的粒子，油漆气、绝缘碎片、衣服纤维及人类活动产生的物质等地面活动的残留物都会在空间真空失重条件下污染航天器。组件内部及部件缝隙捕获的粒子在振动、运输和发射中会释放，也会产生粒子污染物。姿态控制系统或主推进系统排气尾流和闪蒸发器水释放都会产生残留云环境，排水孔排出的挥发排放物和控制定位发动机不完全燃烧物是污染的重要来源。

（2）分子污染。在地面加工零件时机械和润滑油的残留物及地面运输环境是分子污染的重要来源，有机材料是最危险的放气源。

航天器表面和材料出气是分子污染的重要来源。空间真空造成非金属材料高效出气，这些非金属材料不可避免地要用于航天器结构。例如：胶黏剂、绝热层用于航天器热控制，碳纤维加筋增强塑料用于航天器结构件，电缆绝缘用于电气线束。成为航天器污染源的结构、包封、涂层胶黏剂和肢带的主要材料是环氧树脂、聚氨酯树脂、有机硅、聚酰亚胺和氟橡胶等。

发射前，在装配和试验中应特别关注减少放气，对材料使用真空烘烤可以减少放气，但放气会长期存在。

和残留大气分子或中间物体碰撞返回的出气分子流也是污染源的一部分。推进系统羽流碰撞冲击引起非挥发物沉积在光学表面。原子氧剥蚀产物的释放也是分子污染的重要来源之一。

污染源分子污染物到达光学表面的数量与污染源出气率、分布情况、两者的视角系数和光学表面的温度有关。当污染物与光学表面接触后，一部分留存，另一部分重新发射，后者称为第二源反射，第二源反射产生的沉积率小于直接污染一个数量级。

下面以“地球同步运行环境卫星”-12（GOES-12）为例说明航天器在轨分子污染的概况。

“地球同步运行环境卫星”-12（GOES-12）使用X射线成像仪（SXI）和探测仪，它们用辐射制冷器排放探测器的热量和屏蔽来自太阳的辐照，辐射制冷器包含一个光学太阳反射器（OSR）阵列以阻止太阳光照射到辐射制冷器。通过“地球同步运行环境卫星”-12飞行污染试验可知，由于被静电重新吸引到卫星的分子污染使光学太阳反射器温度增加很大。太阳X射线成像仪镜面计算出的太阳吸收率增加5%。X射线成像仪、探测仪辐射制冷器和太阳X射线成像仪孔径辐射器上的污染质量积累分子层厚度在6000天内分别是约3nm和437nm。太阳X射线成像仪孔径辐射器比辐射制冷器有更多的污染，这是因为成像仪直接面向主体和太阳帆板，辐射制冷器视角仅能面向空间。

对“地球同步运行环境卫星” - 12（GOES - 12）污染研究中给出：辐射器在40℃时表面出气率是1.1×10^{-12}g/($cm^2\cdot s$)，多层绝热用的聚酰亚胺薄膜在40℃的放气率是3×10^{-13}g/($cm^2\cdot s$)。

2. 污染的影响

污染会影响光学器件及其光学涂层的热光学性质，影响表面吸收率和发射率的变化，严重影响航天器的热环境。污染分为两种：一种为粒子污染，它是微小尘埃和制造加工产生的碎片；另一种为分子污染，它是航天器非金属材料出气产生的气体凝结而成的分子薄膜。小尘埃和碎片会引起光遮拦，虽然在发射和上升期间粒子进行了再分配，但它们具有不随时间或温度演变的属性。分子污染则不同，出气材料凝结的分子薄膜具有的性质依赖于源温度、材料表面温度、表面吸附能力和与真空紫外及高能粒子辐射的光化学反应活性。污染会造成观测精度下降，使光学器件在分子污染影响下，导致波长0.4～18μm范围内的可见光及红外光透过率降低，使传感器失灵或失去能见度。污染气体沉积膜能严重影响表面发射率，在正常发射率0.05的抛光金表面有1μm水 - 冰薄膜厚度时，发射率将增加2倍或3倍。水冰凝结会导致低于 - 150℃在轨低温探测器性能下降。

下面分别论述污染对太阳能电池、辐射器、热控涂层和光学太阳能反射器、传感器、反射镜、透镜及焦平面阵列等各种低温光学器件的影响。

（1）传感器是航天器中对污染敏感的部件，航天器中主要有紫外传感器、可见光传感器和红外传感器等。它们可以容忍的污染数量高度依赖于它的性能。紫外传感器对分子污染最敏感，红外传感器对分子污染敏感性最小，可见光和红外传感器对粒子污染最敏感。分子污染会影响紫外传感器、可见光传感器和红外传感器的信号强度，使信号强度下降。

（2）太阳能电池、辐射器、热控涂层和光学太阳能反射器都是航天器上的重要光学器件。污染会使太阳能电池能量转换效率降低，随着污染厚度的增加功率输出下降。污染会使辐射器和光学太阳能反射器温度升高。

热控涂层吸收/发射比是保证其性能的关键参数，污染后其吸收率增大。但水蒸气沉积在红外区会有大量吸收，这又会给发射率带来影响，最后使吸收/发射比变化，影响温控效果。

（3）反射镜常用作遥感望远镜第一个光学元件，用于反射光辐射，通过一系列光学器件到达探测器。污染对反射镜的影响是降低被反射镜反射的信号强度，继而降低焦平面阵列的信噪比（SNR）。

在紫外线比红外线吸收更多的分子污染。对给定的传感器信噪比的影响将依赖污染的吸收系数和使用的波段。

分子污染也可以引起镜表面热发射率增加或从镜面的散射。这些影响的综合作用可能升高附加噪声和降低传感器的信噪比。

粒子在反射镜上的污染将减少信号强度,此信号强度减少将传递到下一光学元件。信号损失的大小与被粒子遮拦部分的面积成正比。

(4) 透镜及焦平面阵列和反射镜一样,在透镜和焦平面存在污染薄膜时将由于传输信号数量的降低而降低信号强度。但在透镜上的污染要比在反射镜上的污染对信噪比的危害较轻。这是由于光线穿过透镜上的污染物一次,而在反射镜上要穿过两次。光学望远镜设计中要使内部元器件远离外部污染。望远镜的外部主要部件设计是防污染的关键。

任何粒子污染存留在透镜或焦平面阵列都将阻碍光学元件传输信号并且与遮拦部分面积成正比地减少信号强度。对于透镜,特别是焦平面,由于它们在光学系统的位置不同于主镜,污染对它们的危害程度也不同于主镜。信号从主镜宽的采集区域被聚焦到非常小的横截面,结果是在最终光学元件或焦平面粒子污染比主镜有更大的危害。例如,假设主镜是 $1m^2$ 面积,焦平面仅 $10cm^2$,被主镜聚集的信号在到达焦平面之前已被聚焦 1000 倍。在最后位置吸收信号的危害为 1000 倍。更严重的是现代焦平面探测器尺寸甚至小于污染粒子(直径小于 5μm)。因此粒子污染对空间光学望远镜有较大影响。

即使粒子部分能导电,除非焦平面被非导电滤光器覆盖,否则它将使一个或更多像素短路。粒子可能产生热问题,因为红外传感器工作在低温($<77K$),这些焦平面冷却功率一般要求几毫瓦。假如部分能导电粒子对温度较高的传感器部件产生热短路并且靠近焦平面的地方,制冷器冷却功率有可能不能保持焦平面的温度。假如焦平面被航天器上的制冷剂冷却,这会影响航天器寿命。

焦平面必须预防外部污染,但它们易受到内部污染损害。为控制污染,全部传感器部件应由不出气的薄片材料制造。

(5) 低温光学器件更容易受到污染。许多现代空基传感器工作在电磁光谱红外部分,即波长大于 0.7μm。这至少因为:①许多物体在这些波长全部或部分有红外辐射;②红外辐射较可见光或紫外光能较好地传输信号通过地球大气(包括云、尘埃等)。在空间观测针对地球背景的物体时,选择适当的红外波长有消除地球发射或散射的背景辐射的优点。对于许多空基光学传感器,波长选择和它的相关带宽是关键。许多应用都选用红外波长。

光学传感器工作在红外,特别是中波红外(MWIR)($\lambda > 5\mu m$)必须被冷却,为的是限制传感器自身产生的背景噪声。背景噪声是由反射镜、透镜和传感器等其他部件反射的光子组成,并包括与传感器焦平面相关的电子设备热噪声。光学红外背景将有一个普朗克波长分布,幸运的是它的强度被大量低发射率光学表面减少到黑体的 5% 或更少。多种电子噪声和约翰逊噪声将降低传感器的性能。任何传感器都希望有最大的满足要求的信噪比,冷却的传感器(特别是红外传感器)可以减少光学和电子热噪声。为得到可探测的信号,常需要对传感器进行冷却。

航天器被冷却零件,特别是红外传感器,平均分子滞留时间是温度的指数函数。分子将不粘附到热表面,将有冗长的时间停留在冷表面上。例如水在室温下,平均驻留 1s,但在 77K 表面驻留时间有大约 10^{17}s,因此冷表面对大多数撞击到的分子就像吸气剂。

航天器上冷表面分子污染的后果依赖于污染的性质以及表面的敏感性。在使用的波长范围内不散射、反射或吸收红外光子的分子不值得关注。对于 Ne、Ar 和 N_2、O_2 气体,它们是一个和两个原子的气体,一个原子没有振动模式,两个原子的气体仅有一个振动模式,旋转模式集中于频谱的微波部分,污染研究很少关注。H_2O、CO_2 和 NH_3 是 3 个和 4 个原子的气体,它们有几个振动模式,其中的一些是在红外有用的区域并且是噪声源和附加源。因此,冷却光学传感器表面分子污染是个必须注意的问题。冷冻的清洁水常产生更不透明的固体冰,因此低温表面污染控制问题是空间系统设计更需要重视的因素。

对于低温的空间光学器件污染的影响特别严重,污染气体凝结的可能性明显增加,例如水冰凝结导致低于 -150℃ 在轨低温探测器性能下降。事实是即使进行了广泛的真空烘烤,几乎不可能防止卫星对水分的再吸附。主要预防的方法应是好的仪器设计(保证敏感光学器件的视觉系数被限制,尽可能远离出气源)并要保证低温探测器光学器件是最后一个被冷却。通常要安装加热器以便去除污染气体。

2.11 光学仪器及其器件的污染控制技术

2.11.1 污染控制技术的几个基本要点

空间环境和污染对航天器的影响是目前高可靠性长寿命航天器设计时非常重要的问题之一。认识空间环境的影响和采取有效措施减少空间环境的影响及控制污染是解决问题的关键。

1. 正确的结构设计

(1) 航天器在设计中就要考虑到光学器件污染控制问题。有效污染控制过程必须从概念设计开始一直到在轨工作的整个过程。通过有效污染控制使各分系统污染最少,使空间环境和污染对分系统的影响最小。

航天器设计中光学器件配置必须合理,污染表面要远离放气源,污染分子流到达敏感表面分子数量与接收面离放气源距离的平方成反比,与两者连线和敏感表面法线之间夹角余弦成正比。航天器出气源和光学器件表面之间视角系数应最小化,航天器出气质量大部分产生于航天器内部,航天器需要配置提供出气口的路径，该出气口要远离敏感表面。确定推力和高度的姿态控制分系统用的推进器也是污染源，设计时推进器与敏感表面之间视角系数也应最小化。

航天器内部常使用蜂巢板，它的排气也需要传到航天器确定的出气口。为减少出气量，蜂巢板要进行真空烘烤。

低温光学器件污染控制的主要方法应是良好的仪器设计（保证敏感光学器件的视觉系数被限制，尽可能远离出气源）并要保证低温探测器光学器件是最后一个被冷却。通常要安装加热器以便去除污染气体。

针对激光诱导污染，缓解的方法是：高温真空烘烤、用障板减小视角系数、分子吸附器和光催化涂层。但这些方法仅部分消除激光诱导污染。另一个成功减轻激光诱导污染的方法是实现低压氧环境，这种方法将用于大气激光多普勒设备。较好的方法是保证高功率激光器外露到真空环境的光学器件表面数量最小化，大气背向散射激光雷达（ATLID）就是采用的这种方法。

（2）航天器结构设计中材料的选择很重要。为减少出气量，使用前材料要进行真空烘烤。航天器结构设计中应选择出气率最小的非金属材料，应避免使用经试验证明总质量损失（TML）超过1%或能产生收集的挥发性可冷凝材料（CVCM）超过0.1%的材料。要选用原子氧剥蚀率小的材料。

焦平面阵列必须预防外部污染，但它们也易受到内部污染伤害。为控制污染，全部传感器部件是由不出气的薄片材料制造。

金属材料本身不是污染源，但如果被腐蚀，可能成为分子和粒子污染源，为预防镉、锌和未融合的电镀锡等金属材料被腐蚀，应避免使用。詹姆斯·韦伯空间望远镜上的中红外仪器早期设计中，其污染控制罩就采用了镀镉螺钉固定件，后来才发现这个错误并改正。

2. 地面设备，在制造、装配和试验过程中要进行污染控制

在装配、集成过程中，工作区域全部时间应保持清洁。光学器件不能暴露到低于100级清洁室环境，时间应最少。光学器件是航天器污染敏感表面，污染控制必须从制造就开始，装配和试验全部时间应保持清洁。

分子污染材料除气可以用加热方法加速，根据经验，每增加10℃温度蒸发加速一个数量级。烘烤温度上限由所选材料决定，一般不超过80℃。

全部外部光学表面发射前要检查并保持清洁。光学仪器经常在试验和在轨工作时使用污染控制罩以减轻污染。

3. 污染监测

每个光学敏感表面对污染能容忍的污染数量必须用仪器监测。分子污染低敏感表面常用重力测量法或光激电子发射法，敏感表面则使用残留气体分析仪（RGA）、质谱仪和石英晶体微量天平（QCM）监测。分子污染监测是在真空状态下进行的。质谱仪用于分析污染物成分，QCM用于测量质量沉积。颗粒污染在地面用可见光检查，用白色光对金属检测，用紫外光对有机粉尘颗粒检测，并用辐射尘感光板测量污染绝对数量。

4. 清洁污染表面是发射前必须做的工作

清洁工作必须满足一般标准。过程不应损害相关的表面,必须不留下残留物,溶剂擦拭能有效清除分子和颗子污染。非接触清除分子污染可采用加热、带电离子束、等离子溅射和激光束等多种方法。清除粒子污染可采用智能直喷洁净系统。

5. 发射前在贮存、运输中要保持部件清洁

任何时间清洁部件必须用抗静电的袋子或较好的清洁容器覆盖,在长期贮存期间,系统必须用空气或优质的干燥氮气充入袋内,袋内相对外部环境是正压,以防止外部污染物进入。在净化或在航天器内和袋内双倍保护光学部件必须在100级清洁环境中。

2.11.2 低温光学仪器和空基激光仪器污染控制技术

在发射前和之后,航天器搭载的低温光学仪器和空基激光仪器及其器件在装配、集成和检测期间关键的问题是要避免由于污染的危害使设备性能降低。工作在任何状态的复杂仪器都要求它们的环境和部件保持清洁,要控制分子污染和粒子污染。粒子污染主要依赖设备在制造和试验过程中在符合要求的清洁室内完成。

分子污染控制比粒子污染控制更有挑战性。困难之一是各种光学仪器必然会携带气体分子并在真空条件下工作,因此在热真空试验和在轨时会造成分子污染。对于关键的空间任务要使用低放气率材料,有机材料是危害最大的放气源,但它又是不能省略的电气绝缘材料,因此在航天器上采用聚四氟乙烯和聚酰亚胺作为低温导线的绝缘材料,因为这两种有机材料具有放气率低及耐低温的特点。对于每种光学器件都需用专用烘烤设备在热真空状态下进行除气处理。烘烤设备内除试件外,还有抽气和加热设备、清洁保持罩、污染控制罩、质谱仪和石英晶体微量天平。

对于工作在空间封闭的低温光学仪器首先要分析其在轨时的空间环境和污染源,仪器内热表面为分子污染源而冷表面为接受端,最冷的表面是最危险的表面。关键低温部件不受污染是污染控制的核心。

对于空基激光仪器及其器件,限制其污染损害的主要因素是激光器物理设计、材料选择、清洁过程、装配和研制过程产生的污染和暴露的环境。激光器污染控制应遵循光学器件污染控制技术的几个基本原则,激光腔是污染控制的重点。

1. 詹姆斯·韦伯空间望远镜(JWST)中红外仪器(MIRI)低温光学仪器和器件污染控制技术

下面阐述詹姆斯·韦伯空间望远镜(JWST)上的中红外仪器(MIRI)低温光学

仪器和器件污染控制技术，它也给我们展示了空间低温光学仪器和器件污染控制设计技术的基本原则和方法。

詹姆斯·韦伯太空望远镜（JWST）在波长 0.6 ~ 28μm 工作，用于研究宇宙和行星的形成，它是位于距离地球 150 万 km 的 L_2 拉格朗日点。发射后，巨型太阳光遮光罩展开，中红外仪器焦平面要求冷却到 6.8K。它的光学系统冷却到 15K 以抑制背景噪声水平使其达到可以接受的水平。中红外仪器要求冷却到 6K。该仪器在成像质量、视野、低背景光和环境稳定性方面具有很大的优势。

1）中红外仪器光学组件

中红外仪器放置在综合科学仪器舱（ISIM）内，发射后仪器舱用被动冷却方法冷却到 32 ~ 40K。中红外仪器冷却到低于 7K。中红外仪器分为两个部件：一个是光学平台组件（OBA），包括光学组件、仪器控制电子设备和焦平面电子设备；另一个是低温系统，初期它用的是 MIRI 杜瓦以及控制电子设备，后来改为机械制冷低温系统。成像仪和光谱仪安装在光学舱（OM）内，这两台仪器是从装在输入光学器件和校准装置交界面的拾取镜输入信号，并且它们的位置紧靠望远镜焦平面。3 个探测器或传感器芯片阵列被安装在独立的焦平面舱外罩内。

2）詹姆斯·韦伯太空望远镜在轨时的空间环境

中红外仪器光学舱和制冷用杜瓦（或制冷器）安装在望远镜综合科学仪器舱外壳内。综合科学仪器舱是热发射源，然后被冷却到 32 ~ 40K，这需要长达 6 个月时间，然后展开遮阳板和配置望远镜构件。综合科学仪器舱结构由碳纤维塑料构建，在外壳装有大量多层绝热材料和导线。这些部件在发射后会释放出大量水和其他种类的气体，对仪器造成潜在的污染危害。一个表面污染的实际程度依赖若干参数，包括：在综合科学仪器舱（ISIM）内不同部件放气的种类和数量；在冷却阶段温度分布；综合科学仪器舱泄漏和在综合科学仪器舱内最后产生的压力分布；光学舱泄漏和光学舱内最后产生的压力分布。对综合科学仪器舱层面的初步分析估计表明，综合科学仪器舱内部的这些表面会有 1 ~ 2μm 水冰，综合科学仪器舱冷却速率类似仪器舱的辐射散热器。这些水冰污染造成光学表面和热控表面吸收有明显增加。

图 2 - 1 所示为望远镜和仪器达到工作温度后，在詹姆斯·韦伯太空望远镜内所处环境情况。我们可以认为热表面为分子污染源而冷表面为接受端。分子从热零件向系统最冷零件迁移，中红外仪器为系统最冷零件，成为环境中最终的污染接受端。因此中红外仪器最大危险来自污染。

3）中红外仪器清洁度要求

可接受的粒子污染水平是由尘埃颗粒诱发的衰减（散射和吸收）效应决定的，尘埃颗粒在地面中占主要地位。在望远镜层面，尘埃颗粒会限制中红外仪器长波长频道的敏感性。

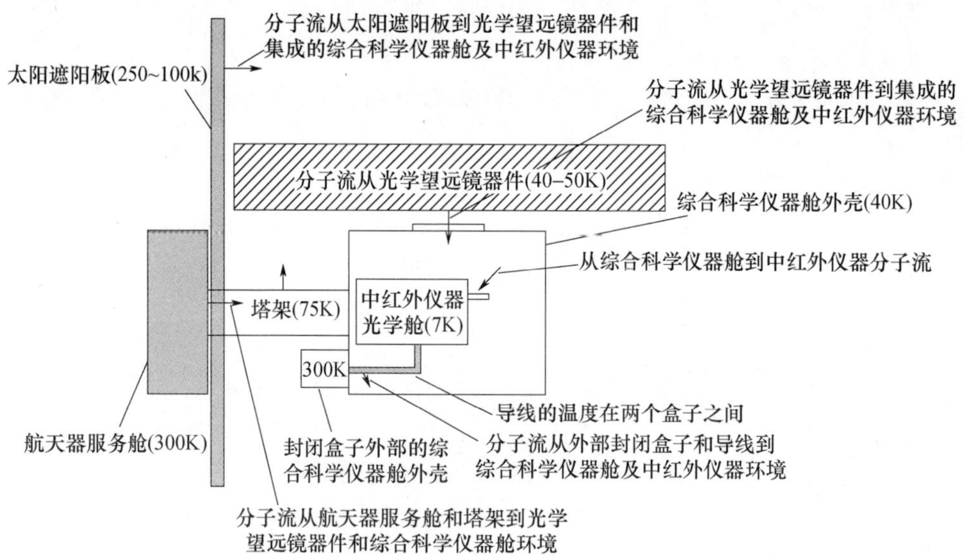

图 2-1　詹姆斯·韦伯太空望远镜可能的分子污染源和分子沉环境

可接受的分子污染水平是基于以冰的形式沉积在热控表面和更关键的光学设备上的放气的气体种类的影响。虽然主要预期的污染物是水冰,其他的标准化学物质也应考虑。在交付综合科学仪器舱时中红外仪器光学舱内部和外部清洁度要求 300A,在发射时光学舱内部要求 300A,外部要求 300A-B。在使用开始期间内部要求 310B,外部要求 415C。在使用结束,期间,内部要求 350D,外部要求 450G。

根据美国军标 MIL-STD-1246C 非挥发物残留物清洁度等级 A、B、C、D、G 级每升非挥发物极限含量分别为:10.0mg、20.0mg、30.0mg、40.0mg、100.0mg。

4)中红外仪器光学舱污染控制

(1)为保证低温传感器和低温光学组件在要求的工作温度下工作,必须对辐射热进行绝热。由于绝热材料会放气,也会带来污染的问题,因此在热设计中要两方面兼顾。

中红外仪器光学舱热设计如图 2-2 所示。低温光学仪器的污染有其特殊性,它是一个相对封闭的系统,污染主要来自内部。气体分子从热零件向冷零件迁移,因此中红外仪器光学舱热设计时要同时考虑污染控制的问题,两个设计要兼顾。中红外仪器光学舱热设计中要考虑如下污染控制的问题:

① 光学舱与综合科学仪器舱之间及中红外仪器传感器芯片阵列与光学组件之间要进行绝热。前者为了减少固氢杜瓦热负荷;后者首先为严格保持温度的稳定性和限制热负荷,使传感器芯片阵列温度低于 7K,其次是为在消除污染的水冰放气时在原地加热传感器芯片阵列,以免敏感的传感器芯片阵列受到污染。

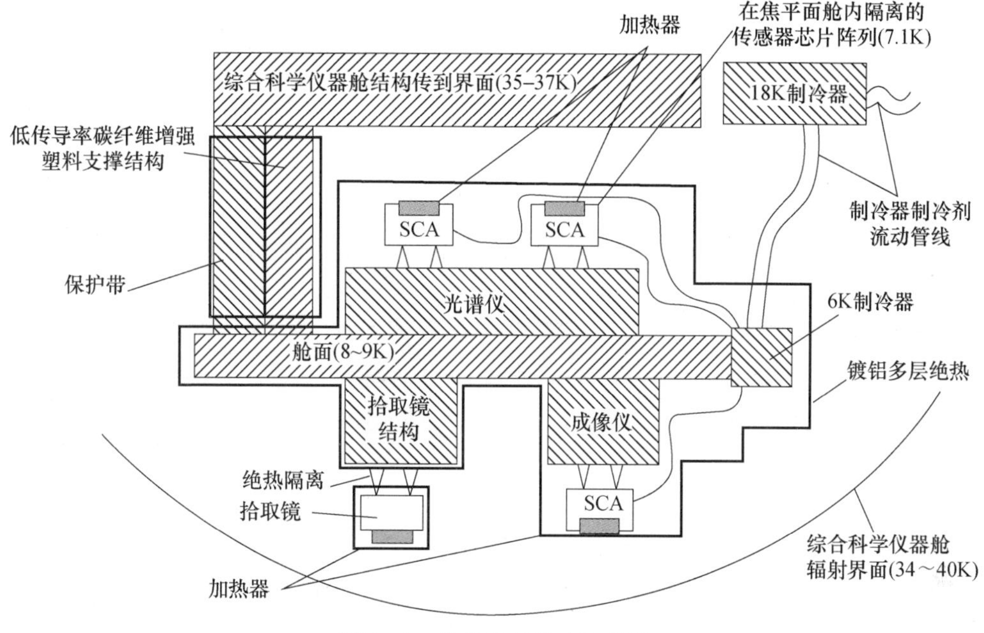

图 2－2　光学舱热设计示意图

② 拾取镜及镜上的加热器和温度传感器要与光学舱绝热，这样才可以保证在冷却期间拾取镜不受到污染，并且允许在轨清除拾取镜的污染。

③ 在地面进行热循环试验期间，加热器和温度传感器用于控制光学舱温度，这样可以保护光学舱不会受到外部污染源的污染，并且保证在低温试验后在合理时间内恢复到室温。

④ 多层绝热的多层覆盖物是粒子和分子污染源，为解决这一问题，将覆盖物用镀铝聚酯薄膜代替聚酰亚胺屏蔽，并且在每个覆盖物中有专用的过滤通风口代替穿孔的外层，这样就减少了粒子污染，同时控制了覆盖物排气的方向。

（2）中红外仪器光学舱污染控制设计需考虑以下几点：

① 在综合科学仪器舱内预期会有潜在的大量分子污染。

② 在轨时，中红外仪器光学舱用加热和烘烤去污方法不可行，这是因为：首先是大加热功率会带来导线寄生热负荷，其次是低温仪器在严重的热循环中存在危险性。而且加热过程会使污染从光学舱内壁等非关键表面向滤光片和探测器等关键表面转移。

③ 中红外仪器子系统箱不透光设计提供了对粒子污染的保护，但对分子污染仅有有限的保护。在子系统集成后，将接触内部组件。

④ 光学舱作为综合科学仪器舱内最冷的部件将是该环境中最后的热沉，因此有最大污染的危险。

⑤ 光学舱污染发生于在轨最终冷却下来之后，由于物质活性在 40 ~ 7K 之间，

污染物主要沉积在光学器件和校准装置表面，这是由于它们的表面温度低。

（3）中红外仪器光学舱污染控制可以分为3个阶段，即地面活动、在轨冷却和正常工作。每个阶段污染控制方法如下：

① 制造、装配、集成和试验阶段。污染控制开始于设计阶段，用于光学舱内的全部材料有严格的放气量要求（全部质量损失（0.2%），收集到的挥发性可冷凝材料（0.2%），应基于子系统和部件的清洁情况来确定洁净室的级别和暴露的时间。在光学舱集成后，全部分系统和光学舱在交付前要经受烘烤检测，作为最后的清洁过程并验证清洁度级别。在地面活动期间，光学舱的污染沉积都要用石英晶体天平进行监测。

在热试验期间从室温到7K时，光学舱用主动制冷控制周围环境温度，保证光学舱和拾取镜在关键的瞬态阶段总是比周围环境温度至少高20K，这可预防试验期间周围环境对拾取镜造成低温泵一样的污染。同样，在试验关键阶段对传感器芯片阵列进行温度控制，使其温度比拾取镜高10K，以预防这些敏感表面来自拾取镜的污染。

在拾取镜和进入焦平面之间设置污染控制罩（CCC）用于清洁在轨的拾取镜，污染控制罩也用于在地面防止光学舱内部光学设备的污染。另外，有可移动的污染控制罩可以遮蔽光学孔径以防止拾取镜在集成时的粒子污染，并用于干燥氮气净化系统，以便控制在地面光学舱的湿度。

② 在轨冷却阶段。在入轨后最初阶段，综合科学仪器舱、碳纤维增强塑料结构部件、多层绝热结构和导线等会呈现有大量放气的水。初步估计，会有1～2μm的水沉积在这些仪器的外表面，并且以与综合科学仪器舱冷却速率类似的速率被冷却下来。所设计的污染控制罩中，拾取镜是冷却期间唯一暴露在外的光学器件。进行热和污染分析可以预测拾取镜污染程度和被动冷却情况以及冷却期间用加热改善拾取镜污染的可能性。

因为光学舱是铝制成的，因此预期内部有很少的污染源，每个分系统不透光的盒子也要求有效的排气，这可以用排气孔来达到，为控制杂散光排气孔必须限制面积，并且不能直接看到任何内部光学器件或传感器芯片阵列。光学舱被冷却到最后工作温度时仍然要注意，传感器芯片阵列将可能比光学组件较快冷却，这可能使它成为任何残留污染的热沉。因此，应保证在冷却期间传感器芯片阵列保持温度最高，这样，在传感器芯片阵列冷却之前污染物就不会被吸附到关键表面上。

③ 正常工作阶段。全部光学表面同样易于受到污染并初步预测使用期结束每个表面会有0.04μm厚的污染层，这意味着超过5年的任务平均汇集到光学器件的分子流量不超过10^{-14}g/(cm^2·s)。CO、CO_2、CH_4、NH_3、O_2、N_2O_4、NO这些物质在室温下是气体，但在40K时会形成冰，在很低的蒸气压时它们会升华。

存在的危险是在一些部分封闭体积内的夹带气体或在一些碳纤维增强塑料

支撑杆或多层绝热这些开放结构中夹带的气体,在冷却期间它们可能转变成冰并且此后充当污染源。假如中红外仪器被冷却前,综合科学仪器舱没有完全除气,有可能造成污染分子流量超过要求的危险。这种可能性很低,但是在这个阶段没有确定数据可用于预测在综合科学仪器舱内除了水以外存在的其他物质。因此可以认为中红外仪器在执行任务期间将被污染并据此进行设计。

保护中红外仪器免受污染的方法是防止光学器件被外部污染源的分子流污染。除了望远镜焦平面入口孔外,对大部分光学器件外壳进行光学密封,因此也就是对污染分子进行了隔离,则外部污染分子就不能污染大部分光学器件,但拾取镜还是容易遭受在轨的污染。为了解决这个问题,可以把拾取镜与其余结构分离,并且在镜子的背面安装加热器和温度传感器。即使拾取镜在轨被污染,也可以加热到40K以去除任何低温污染。位于拾取镜和进入焦平面之间设置的污染控制罩在上述加热过程中是必需的,可用于防止其他光学器件受到影响。

使用模拟污染出气和排气的分析软件COMOVA的污染模型可以对光学舱在冷却期间的污染进行初步的评估。

5）污染控制罩

中红外仪器可能会在轨冷却阶段和综合科学仪器舱或拾取镜去污循环阶段受到污染。这时的去污是通过加热结构或拾取镜以便蒸发被冷冻的分子和粒子。因此中红外仪器必须在拾取镜和最近的反射镜光学入口之间设置污染控制罩,用于密封内部光学器件,防止冷却和去污阶段外部污染。

污染控制罩是仪器多用途封闭门,因而能用作光学快门。暗天空测量是它的最大优点,光学快门在日冕观测期间是很有用的。

污染控制罩的尺寸被输入光学器件和校准装置筒及光束所需空间所限制,要保证当控制罩打开时光束能通过。污染控制罩由固定在输入光学器件和校准装置上的密封框架、密封罩(可移动零件)以及用于电动机和轴的安装结构所组成(图2-3)。密封罩夹层面积109mm×126mm,全部污染控制罩质量为640g,其结构零件由铝合金制造。

污染控制罩是单点故障装置,假如它打不开,仪器就失去作用。因此,污染控制罩的设计要有最大的安全系数、高可靠部件和有充分冗余的执行器,以保证它的主要功能。

位于控制罩板边缘的污染控制罩密封是迷宫系统,它由密封罩板上的凹槽和基架组成。凹槽的齿宽0.9mm,高3mm。当污染控制罩关闭时,这些齿配合在一起,并形成无接触迷宫密封。最小间隙在密封罩板内齿的顶部,并且根据温度在5～230μm之间变化。

非接触式迷宫密封有潜在的结冰风险。在拾取镜或综合科学仪器舱去污循环期间,密封罩板将暴露在相对高密度分子流中,这个分子流大部分立刻黏附到较冷表面。为防止密封罩密封冻结到框架上,污染控制罩的密封必须设计为无接

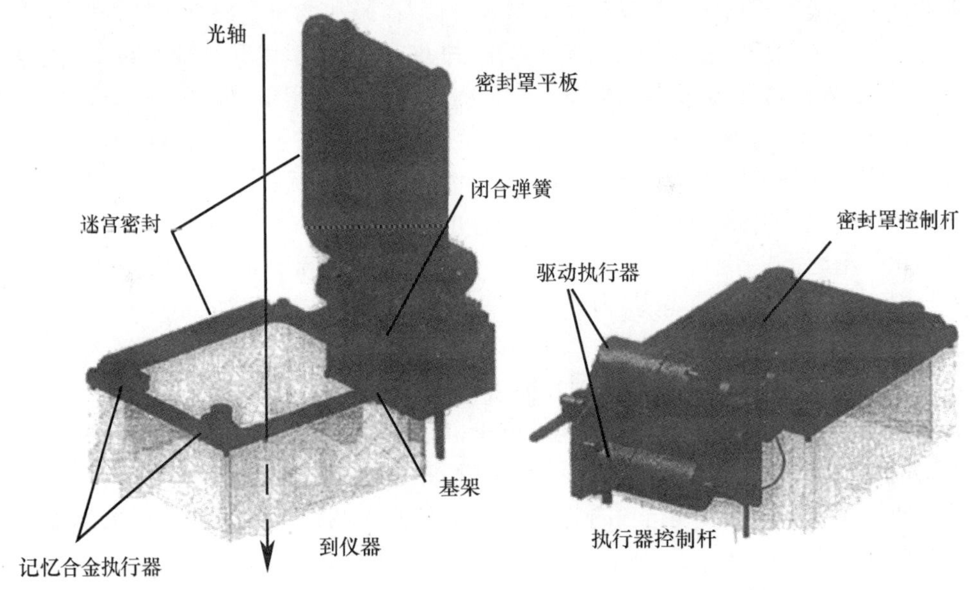

图 2-3　污染控制罩

触的。密封的少许泄漏是允许的,因为污染控制罩不会受到高压差。工作在空间、在地面试验和长期贮存时对污染控制罩密封性能的要求是不同的。在任何环境条件下,都应尽可能减少分子流和黏性流,在轨或在低温状态应控制间隙尺寸最小以避免密封罩板被冻住。当间隙尺寸最小时,分子流可以减少 3 个数量级。为满足不同要求,迷宫密封最小间隙尺寸的变化由形态记忆合金执行器完成。其工作原理是基于两个不同材料弹簧的反作用力,一个是不锈钢制造,另一个是镍-钛合金制造。镍-钛合金弹性模量随温度变化规律遵循磁滞曲线。迷宫密封最小间隙的变化是温度的函数。

污染控制罩的设计要符合冗余概念,这样可保证密封罩在故障情况下能打开。当两个扭簧迫使密封罩关闭时,两个独立的二相步进电动机与行星齿轮(传动比 100∶1)通过两个控制杆系统推动密封罩打开。执行器的齿轮和球轴承采阴极溅镀 MoS_2 干润滑,在正常工作期间,仅使用主执行器,而其备份处于关闭状态。假如主执行器在任何中间位置出现故障,冗余电动机仍能打开密封罩。两个执行器都有冗余线圈和接线。

旋转轴也有冗余转动的枢轴,这可保证这些移动表面之一受阻时,仍可用另一个轴旋转。枢轴用轴承支撑,轴承固定在密封罩上,并用弹簧支撑,弹簧安装在框架结构上。在密封罩打开或关闭时,枢轴依靠罩轴承或弹簧支撑。罩轴承和弹簧的涂层是硬化涂层,枢轴是硬化涂层加上聚四氟乙烯。另外,在枢轴与罩之间加有聚四氟乙烯垫圈,在弹簧支撑与罩轴承之间加有聚酰亚胺垫圈,这两个垫圈是为防止发射振动负荷期间由于轴移动造成污染控制罩的阻塞。

污染控制罩带有位置传感器和温度传感器。

2. 空基激光仪器及其器件污染控制技术

空基激光仪器在空间得到越来越多的应用,并不断拓展其应用范围。主要用于地面到卫星或月球目标测距、重力测绘和飞船对接的激光测距,并用于激光测高、激光雷达、深空间激光通信和用于主动传感器的激光遥感及地球到航天器的激光充电。由于激光激发会产生激光诱导污染损害,特别是在光学器件表面在晶格中产生缺陷的情况下会发生激光损害。在有污染环境下,激光辐射会加速对光学器件的损害,因此控制污染非常重要。

下面以月球轨道器激光高度计(LOLA)为例说明空基激光仪器及其器件污染控制技术。

(1) 月球轨道器激光高度计将以 28 次每秒发送激光脉冲并且最终将收集 40 亿月球表面高度的测量值绘制月球地图。月球轨道器激光高度计是多通道仪器,它能产生 5 个激光束并具有 5 个独立的接收器。月球轨道器激光高度计的光学组件多数是关键污染敏感表面。光学组件包括激光光学系统、光束扩散器、接收器望远镜、纤维光学耦合器和探测器光学器件,这些部件都对分子和颗粒污染敏感。表面上的非挥发性残留物将会使入射的能量衰减并降低信号强度。积累的颗粒污染将使能量漫射和散落。在空间长期的工作任务将会增加激光器污染的威胁。因此,月球轨道器激光高度计仪器表面污染水平必须严格控制到任务结束,保证信号损失能达到允许水平。

(2) 月球轨道器激光高度计信号损失是在激光腔被封闭后测量的。在完成任务时,由于月球轨道器激光高度计污染累积造成 5dB 信号损失。激光高度计试验装置清洁水平将达到 100A/3,激光器部件清洁水平将达到 300A/3,外表面清洁水平将达到 450A/2。激光仪器中光束扩散器组件外部是最敏感部分,为保证减少交叉污染,其清洁水平将达到 100A/3。应尽量限制有机硅材料的使用。

(3) 材料选择是污染控制的另一个关键问题。用于制造激光高度计的全部材料必须满足真空环境中放气引起的总质量损失为 1.0% 和收集到的挥发性可凝结物为 0.1% 的要求。可凝结物测试(ASTM E595)用于确定材料的可接受性。激光高度计材料必须是低出气、不脱落和无表面剥离的材料,采用的非金属材料为聚酰亚胺和聚四氟乙烯,金属材料为铝、铍、钛、因瓦合金、铜、铟、铂、金、镍和不锈钢等,金属饰面为钝化铝、镀镍和镍金。半导体选用带掺杂剂的 InGaAsP 和 SbBi:SeTe。光学材料选用熔石英、石英结晶、Nd:(Cr)YAG 等。

(4) 全部月球轨道器激光高度计部件必须烘烤,真空烘烤在压力为 10^{-3} Pa 热真空室内进行。真空烘烤在最大允许温度下完成。全部光学器件需要烘烤。在烘烤的最后阶段要对烘烤效果进行鉴定,这时使用的温度为预测的在轨最高温度。

(5) 激光高度计的激光腔在地面过程的全部时间要进行连续的氮吹除。部件从低碳氢化合物、低湿度和高清洁度环境下的吹除罩中取出并组装仪器。在热真空试验期间,吹除不起作用,但在从热真空试验模拟器返回环境压力时,需预先排除污染物进入激光腔,需设置气体过滤器。在激光高度计加工期间要连续吹除。要限制外露导线。

(6) 月球轨道器激光高度计在设计时要保证全部出气产物从激光器排走。敏感表面要远离放气源。正确的放空必须是使用定向放空,使用分子和粒子过滤器。激光器放空孔配有过滤器。在地面加工、试验,一直到发射期间激光腔"呼吸"都要经过过滤器。

(7) 要把月球轨道器激光高度计作为污染敏感仪器进行污染控制。为了减少仪器污染关键表面,在设计、制造、装配、集成、试验、包装、运输和发射场活动都必须建立相关程序。为更深入地研究激光器污染控制,应进行空间激光器长期的飞行试验和激光诱导污染试验。通过试验可验证设计中的问题和污染过程。

总之,空基激光仪器及其器件污染控制的重要措施是仪器的合理设计,应避免涂料的退化和污染表面及基材中任何不完善,因为晶格中的缺陷会造成激光诱导污染。在研制全过程控制污染,激光器污染控制最重要的目的集中在最小化激光腔材料的污染威胁。

空间环境对光学器件的影响是很明显的。由于污染对光学器件和空基激光仪器及其器件性能的严重影响,促使我们必须有效控制污染。有效控制污染的方法是在设计航天器时就要考虑污染控制问题,并从生产到发射的全过程都要保证污染控制在要求的水平。对于低温光学仪器要根据外部污染情况分析结果,分别在制造和试验、在轨冷却和在轨工作 3 个阶段进行控制污染。对于空基激光仪器及其器件除了用一般光学器件污染控制方法外,应更深入地研究激光腔的污染控制技术。

2.12 空间环境污染对空间制冷器的影响

航天科技的发展,航天器在轨寿命的大幅延长,对航天器的可靠性提出了更高的要求。航天器及其重要部件的表面污染会影响航天器及相关部件的可靠性和应用目标质量,国内外已开展了大量研究工作,以获得有效控制污染的方法,保障航天器能正常运行和顺利完成飞行任务。

空间污染主要分为两种:一种为粒子污染,它是由姿态控制发动机不完全燃烧物和地面生产活动残留物等颗粒状物质沉积在航天器表面引起的;另一种为分子污染,它是由航天器表面或使用的有机非金属材料在真空条件下放出的气体分子在航天器表面沉积形成的。污染对航天器的影响主要体现在光学仪器、温控涂层、空间制冷器、太阳翼等部件,会影响它们的热光学性质,严重时会影响航天器的性能。

空间环境因素,尤其是在阳光照射或其他高能辐射的作用下,会使敏感表面产生光化学反应。紫外辐射对污染的固结作用增加了污染沉积的可能,改变了沉积层的特性,使污染层变暗,颜色加深,对敏感表面带来严重影响。

空间制冷器的主要任务是为航天器提供所需低温条件,为航天器应用的各种低温探测器、超导器件、低温电子器件和低温光学器件提供稳定、可靠的低温环境,保证其获得良好的工作性能。空间制冷器在多个领域和多项空间任务中发挥了重要作用,在低温电子学和通信、地球观测和气象卫星、空间监视和弹道导弹防御系统、空间大型磁体的冷却、载人空间站和火星探测任务中都使用空间制冷器作为冷源。在空间天文学、空间物理学、月球和行星科学、空间生命学、微重力科学研究中相继发射的各种空间望远镜、空间探测器都使用了空间制冷器冷却的低温探测器或低温光学系统。因此,空间制冷器的可靠性关系到航天器和空间任务的成败。机械制冷器是通过做功把热量从低温端向高温端输送,并向冷空间排放而获得冷量的;辐射制冷器是通过与冷空间辐射换热而获得冷量的。辐射制冷器外表面和机械制冷器冷头或管路温度都很低,在空间环境污染条件下作用像冷阱,它们的敏感表面很容易受到污染。因此,防止污染对各种制冷器的可靠性和性能都有非常重要的意义。

2.12.1 污染对辐射制冷器的影响及污染控制

1. 污染对辐射制冷器的影响

辐射制冷器外表面的作用像冷阱,它会凝结围绕在它周围的航天器和仪器在大气中吸附的污染物。因为辐射制冷器表面工作在低于15K,在这些敏感表面冷凝污染物是不可避免的。污染不仅能导致辐射制冷器升高温度,而且会造成被冷却器件或光学系统失效。结构设计中防止污染问题非常重要。

用于辐射制冷器内的光学器件比发射体表面或相互面对面的表面更容易受到污染。因为传输器件比反射器件对污染更敏感。中度污染对金属红外反射率的影响可以忽略,但它严重减少红外窗口或镜头的传输。因此,折射或传输器件不应暴露在比自身温度高的大气中。

每个航天器和仪器都会携带大气进入轨道,其中占主导地位的是水蒸气,它也可能是作为推进剂副产品而产生的。水蒸气在给定的温度下比大多数气体有较低的蒸气压,结果它通常首先凝结在敏感表面上,例如发射体表面。镜面屏蔽和低温表面水蒸气以冰和霜的形式凝结。

冰总是冷凝在面向太空的冷发射面上,一般发射表面工作温度低于150K并漆成黑色以便最大限度地对空间辐射(发射率0.92或更高)。由于经过发射器的发射,在发射器表面冰的形成不明显。对于100K的发射表面。冰的热传导率为0.06W/(cm·K)。对于40μm厚的冰,通过冰层的温度下降约3.6×10^{-5}K。辐射制冷器冷表面分子污染的后果依赖于污染的性质以及表面的敏感性。对于辐射制冷器冷表面,污染的影响特别严重,污染气体凝结的可能性明显增加,污染控制问题是辐射制冷器非常需要重视的因素。

2. 辐射制冷器的污染控制

(1) 辐射制冷器内部或周围污染环境不可能完全消除,控制的方法是要求辐射制冷器对污染的敏感性最小化。因此,污染源要远离光学表面,否则会在表面凝结并降低仪器性能。

(2) 在组装制冷器、装配工序完成后以及系统级试验和航天器与仪器集成任务完成后,都要清洁外表面和各敏感表面(发射表面、光学太阳反射板瓦片和镜面屏蔽),应在尽可能接近发射时进行清洁工作,以保证光学系统的性能。

(3) 正确设计辐射制冷器。在发射后最简单的控制污染环境的方法是对全部光学器件出气和去污。发射后,光学器件应该保持在等于或高于周围仪器的环境温度,直到环绕航天器周围的大气有足够的时间减少。分配给最初在轨放气时间是30天,有这样足够的出气时间,这将使航天器周围的大气减少到不会在敏感表面有凝结。辐射制冷器应具有去除初始出气后去除积累的污染物的方法。出气或去除污染不能被视为控制污染的主要方法,而应被认为是一个备份解决方案。控制污染的主要方法是正确设计辐射制冷器。

外部热控制表面,像光学太阳反射镜片、白色油漆、银色聚四氟乙烯和镜面反射屏蔽都要保持足够高的温度以防止外部大气中水蒸气凝结。正如以前讨论的一样,实际的最低限是150K,这个最低限的选择意味着在最初在轨出气期间,全部非黑色外部辐射器发射器表面(包括镜面反射屏蔽表面)都要保持在等于或高于150K。

(4) 辐射制冷器内部的被冷却的光学器件应该永远不要暴露在比它自身温度高的大气中。保护被冷却的光学器件的一种方法是设置一个冷阱,该冷阱冷凝温度低于光学器件的温度,另一种方法是加热光学器件(主动或被动方法)到环境温度或略高于环境温度。

(5) 正确设置辐射制冷器的出口通路。辐射制冷器的出口通路应设计成使产生的出气直接放到太空。光学窗口应该用于辐射制冷器冷级和辐射制冷器温暖级之间,它面对周围的仪器。一旦最初在轨出气时期完成,并且辐射制冷器已冷却下来,排气通路将成为污染入口。光学器件周围增加冷阱用于降低进入的水蒸气温度和冷光学元件温度。辐射制冷器和环境仪器之间的外部窗口作为屏蔽防止从仪器来的污染物进入辐射制冷器。

(6) 应尽量避免材料的聚合反应。如果可能时,多层绝热材料和聚酰亚胺在辐射制冷器内应避免使用。

当表面不是暴露在紫外线下,污染就不是永久的并能用加热方法去除。加热表面超过200K往往会使表面上的分子停留很短的时间。在任务的最初几个月时间,大量的围绕航天器和仪器大气内的污染物会出现。在初期在轨出气期间最重要的事情是考虑到遮蔽敏感表面以避免暴露给阳光。遮蔽方法可以用可展开或自动关闭的覆盖件完成。覆盖件实际上减少了出气需要的加热功率或允许达到较高的出气温度。

多层绝热覆盖物和聚酰亚胺可以用作辐射制冷器的覆盖件,但多层绝热是水蒸气的主要来源。聚酰亚胺也保留水分,它的饱和温度是 152K。因此它们不能用于低于 152K 的光学器件。对聚酰亚胺进行烘烤是无效的,因为这种材料有从周围大气中重新吸收水分的趋向。围绕辐射制冷器的大气通常保持在高的湿度以避免静电放电。辐射制冷器各级最好的材料是环氧玻璃,因为它留不住水。

有机材料聚合的结果会增加外部非黑色热控制表面(如光学太阳反射板瓦片和镜面屏蔽)太阳能吸收率。一旦聚合反应发生,污染就是永久的和不能被加热去除。航天器或仪器内部大量有机物(碳氢化合物)的扩散会导致聚合反应的发生,静电回归过程是造成有机材料聚合反应的原因。静电回归过程允许污染现场非线性传播,此污染成为在发射器和屏蔽表面上最后的沉积和聚合。

材料可产生聚合反应的数量取决于材料与排气路径和出气源靠近的情况。在航天器或仪器内的排气路径必须仔细检查,要保证不能直接看到关键光学器件或敏感的热控制表面。受太阳紫外线影响的表面会产生聚合产物沉积。材料的聚合反应与污染物的蒸气压或表面温度无关。当表面没有暴露在紫外线时,污染不是永久的,并且能用加热去除。

(7) 粒子和分子污染物充当入射太阳光的散射中心,当散射中心停留在镜屏蔽表面时,当面对冷级(低于 150K 的冷级)时,就会产生热负荷,导致冷级不正常的热平衡。用于控制冷凝和污染物聚合的措施有助于控制太阳光散射。当镜面屏蔽直接承受太阳光照时,屏蔽配置需设计为对冷级形成高散射角。用这种方法设计屏蔽可以使被散射太阳光在冷级上造成的热负荷最小化。

2.12.2 污染对空间机械制冷器的影响及污染控制

在讨论污染对空间机械制冷器的影响及污染控制之前,首先要研究一些与污染有关的物理现象,包括污染薄膜厚度和污染沉积速率问题。

1. 污染薄膜厚度对发射率的影响

非常薄的污染气体沉积膜能严重影响抛光金或抛光铝这些低发射率表面的发射率。图 2-4 所示为抛光不锈钢对不同物质沉积薄膜发射率的敏感度。从图中可知:水冰薄膜具有特别突出的作用,抛光材料 77K 时在初级阶段水冰厚度每增加 1μm,发射率增加 $\Delta\varepsilon = 0.2$。水冰膜的发射率继续增加,当薄膜厚度增加到大于 20μm 时,发射率达到 1。

我们能用这些数据评估低温表面上允许的水冰薄膜厚度。例如,正常发射率 0.05 的抛光金表面,在该表面有 1μm 水冰薄膜厚度时,发射率将增加 2 倍或 3 倍,这将使辐射热负荷急速增加。

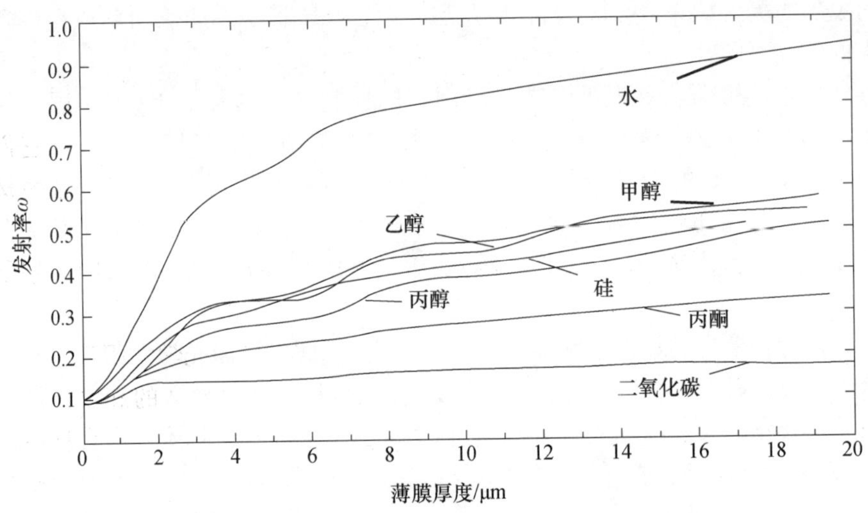

图 2-4 抛光不锈钢在 77K 时的发射率与不同冷冻气体薄膜厚度关系图

非常薄的污染气体沉积膜能严重影响低发射率表面的发射率,因此薄膜形成的速率就很重要,下面将探讨与污染形成速率有关的问题。薄膜的形成速率依赖围绕目标表面污染气体的分压和表面的温度。

2. 预测典型薄膜沉积速率

大部分应用的制冷器和低温表面将被较大体积并且比低温表面温度高的物体包围。例如,低温制冷器冷头封闭在室温真空室内,或 60K 制冷器冷头封闭在 150K 热屏蔽内。对这种情况,在容器内滞留气体的温度将几乎等于真空室或屏蔽壁的温度,沉积薄膜将保持在低温表面温度。万一气体分子碰撞到低温表面,它就不会返回到环绕低温表面的气体。气体分子粘贴到低温表面和加速薄膜成长的速率可以参考低温泵的抽速。这个速率仿照基于气体动力学的文献进行计算。对于现在讨论的情况,滞留气体压力比低温表面的饱和蒸气压高 10 倍以上并参考了低温泵分子流状态下冷面上的最大体积理论抽速,因此低温表面搜集到的质量流为

$$m = 5.83 \times 10^{-2} AP \sqrt{\frac{M}{T}} \tag{2-10}$$

式中:m 为搜集到的质量速率(g/s);A 为低温表面面积(cm^2);P 为表面滞留气体压力(托)(1 托 = 133.3Pa);M 为滞留气体相对分子质量(例如:$M = 18$);T 为外部气体温度(与外部壁温度相同)(K)。

式(2-10)也适用于表面升华速率,这时表面的蒸气压比封闭该平面容积的滞留压力大许多(>10 倍)。这种情况下,低温表面温度 T,压力 P 是与低温表面温度相适应的薄膜饱和蒸汽压。

为估计形成薄膜的速率或损失的速率,我们必须讨论薄膜密度和面积。形成

薄膜厚度速率为

$$\delta = 5.83 \times 10^{-2}(P/\rho)\sqrt{\frac{M}{T}} \tag{2-11}$$

式中:δ 为形成薄膜厚度速率(cm/s);ρ 为薄膜密度(水冰典型值 0.9g/cm^3)。

例如,抛光的 80K 金表面被 133.3×10^{-5}Pa 分压力和温度 300K 残留水蒸气包围。此时膜的沉积速率为:$\delta = 5.83 \times 10^{-2}(10^{-5}/0.9)\sqrt{18/300} = 0.0037\mu\text{m/s}$。这样,大约 5min 将堆积 1μm 水膜,相应发射率增加 $\Delta\varepsilon = 0.1$,这将使辐射热负荷增加。

3. 污染对空间机械制冷器的影响

低温制冷器的热负荷粗略划分为 3 种类型:①被冷却零件,如焦平面探测器电功率消耗;②支撑件和电缆传导热负荷;③辐射热负荷,它取决于表面发射率和围绕低温表面热物体的辐射角系数。一般来说,电功率负荷和热传导热负荷相对稳定和可以预测,而辐射热负荷严重依赖表面温度和发射率,它们可能随时间变化,不容易预测。辐射热负荷的关键因素如下:

(1) 因为热负荷与发射率成正比,非常低的发射率($\varepsilon < 0.05$)会形成很小的热负荷,然而,发射率很小的变化($\varepsilon < 0.05$)对热负荷将会有很大的影响。

(2) 较热的背景温度辐射到低发射率低温表面时,辐射热负荷变化是背景温度的四次方。

(3) 全部低温表面面积受到辐射时,热负荷与全部低温表面面积成正比。

由于上述原因,低温系统大部分敏感零件被高温围绕时,要使用低发射率零件,以减小热负荷。对低温系统设计的最大困难在于这些低发射表面需长期保持其发射率,它们会在执行任务期间受到凝结水薄膜和出气产物污染的影响,污染增加了空间制冷器的热负荷。

污染对空间机械制冷器的影响从下面两个飞行试验可以得到证实:①平流层和中间层探测器飞行试验中,使用了两台牛津 80K 制冷器,由于污染气体被吸附到制冷器冷管路低发射率表面,使制冷器从 80K 变化到 85K,制冷器热负荷增加 10mW,制冷器热负荷增加 12%;②对流层污染测量仪器飞行试验中,使用两台背靠背 BAe 50~80K 制冷器冷却两个探测器。试验结果表明,一号制冷器热负荷增加 130mW(8%),二号制冷器热负荷增加 230mW(15%)。

4. 空间机械制冷器的污染控制

控制污染的形成,减少污染对空间制冷器的影响是需要解决的重要问题。在许多应用中,空间制冷器或低温表面常使用多层绝热或物理障板使空间制冷器或低温表面与外部污染源进行密封隔离。

1) 物理障板限流隔离污染控制

限流隔离污染控制的方法就是使用物理障板进行污染控制,为达到要求的沉积率,了解如何更好地限制流动是很必要的。对于典型情况,通过限制外部压力,可使外部压力比低温表面(低压力体积)压力大很多(>10 倍),这样,质量速率就要按新的内容改变,同式(2-10)一样,将低温泵分子流状态下冷面上的最大体积理论抽速用到这里,方程如下:

$$m = 5.83 \times 10^{-2} AP \sqrt{\frac{M}{T}} \tag{2-12}$$

式中:m 为通过孔进入低压力体积(低温表面)的质量速率(g/s);A 为孔面积(cm^2);P 为孔外气体压力(E)($1E = 133.3Pa$);M 为气体相对分子质量(例如:$m = 18$);T 为孔外气体温度(K)。

比较式(2-10)和式(2-12)可知,质量速率和膜的沉积率的减少与孔面积对低温表面面积之面积比值成正比。因此用低温表面面积 1% 的孔就能使污染减少上百倍。

2) 多层绝热污染控制

空间制冷器在应用中使用镀铝聚酯薄膜中间加有隔离物所组成的厚覆盖层进行绝热,这就是多层绝热,中间的隔离物减小了膜与膜间的直接热传导。多层绝热对于空间制冷器既是绝热层又是防污染层。多层绝热实现了低发射率表面。不同的多层绝热层工作就如同逐步增加温度叠放了一系列的辐射屏,从低温表面到环境温度。它的作用也就如同一系列低发射表面并在各个相当冷的、各层上形成气体迁移屏蔽。因为隔离物为带孔网状织物,镀铝聚酯薄膜上要打孔,因此可视多层绝热为多个密封隔离,防污染效果更好。但多层覆盖物高温层也是明显捕获表面水分的来源,可能成为低发射率表面冷凝的水蒸气源。

3) 单一低发射率表面污染控制与多层绝热污染控制效果的比较

BAe80K 制冷器在地面空间模拟器寿命试验中,可比较出多层绝热与单一低发射率表面污染控制的优劣。BAe80K 制冷器于 1992 年在 TRW 公司的空间模拟器进行了约 160 天寿命试验。模拟器中保持真空度 10^{-3}Pa,制冷器冷头包覆了多层绝热材料。冷头寿命试验期间温度连续增加接近恒定速率 5.48K/年。这种性能的降低是由于暴露于外部低发射率表面污染造成的。试验中从 BAe80K 制冷器 52K 温度时每年增加 5.48K 相当于辐射热负荷增加 140mW/年。

试验中已知模拟器热环境温度为 296K,包覆多层绝热的制冷器冷头面积 $25cm^2$。由于热负荷的增加是发射率增加造成的,在上述已知条件下,可求得发射率增加值为

$$\begin{aligned}\Delta\varepsilon &= \Delta Q / [5.67 \times \text{面积} \times (T_H/1000)^4] \\ &= 0.14W / [5.67 \times 25cm^2 \times (296/1000)^4] = 0.13/\text{年}\end{aligned}$$

如果相对于这个多层绝热有一个单一低发射率表面,参考图 2-4 可知:其发射率增加在与多层绝热相同时,对于单一表面冰膜厚度增加为 0.7μm/年 = 2.2×10^{-12}cm/s。对于单一低发射率表面相似的情况,可以根据式(2-11)估算这种薄膜增加率条件下求得背景水蒸汽压,即

$$P = 17.15\delta p\sqrt{T/M} = 17.15(2.2\times10^{-12}\text{cm/s})(0.9)(300/188)^{0.5} = 1.86\times10^{-8}\text{Pa}$$

从上述结果可知：这时水的分压远低于模拟器真空室内的水蒸气压，从上述多层绝热与单一低发射率表面对比中可知，使用多层绝热要比单一低发射率表面污染控制效果好。

总之，航天器材料在高真空环境中的放气是航天器污染物的主要来源。辐射制冷器为控制污染，应在尽可能接近发射时进行清洁工作，用以保证光学系统的性能。

控制污染的主要方法是正确设计辐射制冷器。

控制污染的方法是使辐射制冷器对污染的敏感性最小化，污染远离敏感表面。外部辐射器发射表面（包括镜面反射屏蔽表面）都要保持在等于或高于150K。辐射制冷器内部的被冷却的光学器件应该永远不要暴露在比它自身温度高的大气中。保护被冷却的光学器件的一种方法是设置一个冷阱，该冷阱冷凝温度低于光学器件的温度。材料可产生聚合反应的数量取决于材料与排气路径和出气源靠近的情况。航天器或仪器内的排气路径必须仔细检查，要保证不能污染关键光学器件或敏感的热控制表面，辐射制冷器控制污染的主要措施是正确而巧妙地设计和与航天器合理的匹配。

已深入研究了空间机械制冷器的空间污染问题和污染对低发射表面的影响。有关水的有效分压和多层绝热对水膜集结敏感性的合适值等参数只能依据试验或在任务中已被验证的参数。这些参数可用于预测空间机械制冷器的寿命。对于典型的总热负荷1W量级的空间机械制冷器，由于低发射率表面污染使制冷器热负荷增加10%～20%是可能的。多层绝热控制污染的效果要比单一低发射率表面效果要好。

为解决热负荷增加问题，必须定期加热低温表面用以蒸发污染物。这种热循环对系统是有影响的。为保证长期无障碍工作，在去污循环期间必须保证制冷器足够的余量，制冷器需要适当加大尺寸以适应增加的热负荷。

减少或消除空间制冷器在轨污染的影响将是空间应用中重要的研究课题。

第3章　空间制冷器

3.1　概　　述

空间制冷器主要任务是为航天器提供所需低温条件，为航天器应用的各种低温探测器、超导器件、低温电子器件和低温光学器件提供稳定、可靠的低温条件，保证其获得良好的工作性能。

空间制冷器根据工作方式可分为主动式热泵循环和被动式制冷两种工作方式。通过制冷器做功把热量从低温端向高温端输送，并向冷空间排放，获得有效制冷量的方式称为主动式热泵循环制冷系统。通过辐射换热或者贮存的低温制冷剂的相变换热，为被冷却对象提供有效冷源的方式称为被动式制冷。目前在航天器上应用的制冷器主要有辐射制冷器、固体制冷器、机械制冷器、吸附式制冷器、$^3He/^4He$ 稀释制冷机和绝热去磁制冷机等。

由于受空间环境条件限制及制冷设备本身尺寸小、重量轻、能耗低和无维修工作寿命等特殊要求，地面使用的制冷设备不能直接用于空间。航天器所处的空间环境不仅具有超高真空、微重力、高能粒子辐照和极低(3 ~4K)背景温度等特点，空间制冷器还要经历发射加速、剧烈振动、冲击负荷等恶劣力学环境的考验，空间制冷器在应用前必须在热真空和力学环境试验合格后才能使用。空间制冷器要满足以下要求:

(1) 必须能够在航天器和有效载荷约束条件下适应空间环境的特殊要求，要经受住热真空和力学环境的考验。

(2) 工作寿命长、可靠性高。只有高可靠性的制冷器才能在轨工作期间提供在要求温度下有足够的制冷量。

(3) 制冷效率高，能耗低。航天器在轨期间因受能源限制，因此制冷器要有高效率，尽量节省能耗。

(4) 体积小、重量轻、结构紧凑。

(5) 自身产生的振动、噪声和电磁干扰小。能适应微重力工作环境。

(6) 适应航天器工作模式的要求。

3.2　固体制冷器

3.2.1　固体制冷器工作原理和工作温度范围

1. 固体制冷器工作原理

在空间冷却探测器有效的贮存制冷剂的方法是冷冻。这种方法清除了流体处理和流体系统相关的相分离的问题。另外，固体相具有较大的密度和每单位质量有较高的热含量。使用这种方法的制冷器称为固体制冷器。

固体制冷器的工作基于固体制冷剂的压力和温度在平衡状态下与它的蒸气压力的关系，蒸气压力与温度的关系见图 3－1。在图中指出的区域增加额外的热量会导致固体直接转换成蒸气，绕过了液体状态，温度依赖于固体上面的蒸气压，在给定的热耗情况下，制冷器能保持非常稳定的温度。

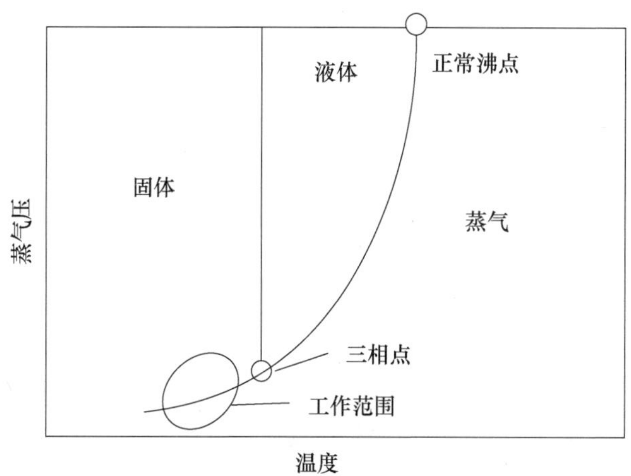

图 3－1　固体制冷器工作原理

2. 固体制冷器的工作温度范围

表 3－1 所列为用于固体制冷器的多种制冷剂的热物理性质以及它们的工作温度范围。

表 3－1　所选固体制冷剂的热性能

制冷剂	升华热/(J/g)	固体在熔点的密度/(kg/m^3)	工作范围/K	
			0.1mm Hg①	三相点
氨(NH_3)	1719	822	150	195
二氧化碳(CO_2)	574	1562	125	216
甲烷(CH_4)	569	498	60	90
氧(O_2)	227	1302	48	55
氩(Ay)	186	1714	48	84
一氧化碳(CO)	293	929	46	68
氮(N_2)	225	1022	43	63
氖(Ne)	106	1439	14	25
氢(H_2)	509	80.4	8	14

① 1mm Hg = 133.322Pa。

表中制冷剂以最低温度递减的顺序排列，在制冷器工作期间最低工作温度依赖于可以持续的最小背压。最低温度是 0.10mm Hg 压力时的温度。如果热负荷很小并且排气管足够大，又是较低压力时，这时可以达到较低的温度。例如宽视场红外探测器的固体氢制冷器压力低到 0.015mm Hg，用以保持氢贮罐最低温度达到 6.7K。制冷剂最高温度，保持固体状态时的压力为三相点时温度。正确的设计出气系统就可以达到上述表中两个极端值之间的任何温度，因此固体制冷器的工作温度范围比贮存液体制冷剂更宽。

3.2.2　固体制冷器的特性和设计原理

固体制冷器的基本原理如图 3-2 所示，它的工作特性如下：①制冷剂的适用范围从低于 8K 到高于 200K；②热负荷的大小在一定范围内不受限制；③使用寿命仅受到有效负荷能力的限制；④温度的稳定性好；⑤没有动力要求；⑥可靠性高；⑦结构简单；⑧没有振动和电磁兼容性的问题；⑨航天器仅需一个很小的出气孔；⑩地面维护需要地面冷却和抽真空；⑪安全性取决于使用的制冷剂性质，使用易燃和有毒气体时要注意安全。

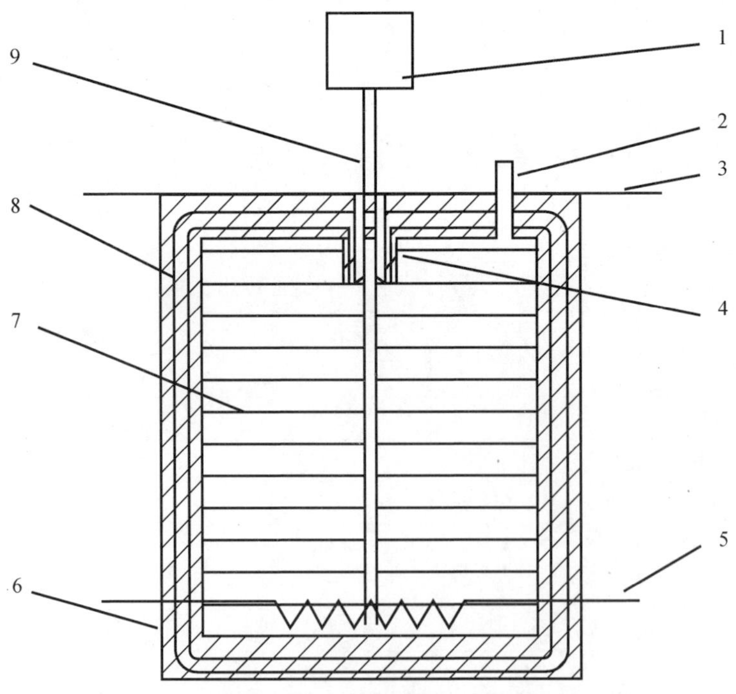

图 3-2　固体制冷器结构原理图

1—冷却试验用容器；2—向空间排放管线；3—安装法兰；4—低漏热支撑；5—地面维修冷却液管路；6—真空容器；7—内部热交换器；8—多层绝热；9—热连接。

当制冷剂消耗时，封闭在导热泡沫或基质凝固的制冷剂会使泄热增加，固体制冷器由真空容器，多层绝热的覆盖层，低传导率的支撑，排气通路，从制冷剂到仪器（或冷却探测器）的热连杆组成。

固定制冷器的缺点如下：①适于作为制冷剂的数量有限；②不能承担大的热负荷或长寿命的任务；③需要地面维修设备和人员支持；④发射时保持状态的可能性有时会受到影响；⑤高的服务费用；⑥可能使用可燃和有毒蒸气；⑦如果固体制冷器设计不正确，可能会影响卫星姿态控制废气排放。

固体制冷器的向太空放空孔必须要保持一定的压力水平。如果排气速率很大，气体可能不得不直接通过航天器重心轴线排气，推力补偿装置必须用于防止姿态干扰。为了维持所需的工作温度，需要排出的压力对应于给定温度的蒸气压。

在航天器发射前，不允许固体制冷器排放任何气体或对制冷器进行维护。在此期间，制冷器内的固体制冷剂必须保持在其三相点以下的固体状态，如果超过三相点，制冷剂会全部变为液体。固体制冷器的温度稳定性较好，设计固体制冷器必须考虑最高级隔热技术、冷量回收技术和高强度低导热支撑技术。隔热和支撑结构既要漏热最小，又要有高的抗冲击的强度。固体制冷器在航天器总体配置中不应影响航天器的性能，具体考虑的问题是：①固体制冷器的安装位置应在航天器舱内接近卫星质心处，制冷器排放管位置应在卫星前进方向的尾部，以减少对卫星造成的扰动力矩；②固体制冷器排放的气体不应造成对卫星的污染；③增大排气口管径和长度，以减少排气产生的推力和干扰力矩。

固体制冷器热负荷主要来自探测器组件热负荷、隔热层漏热、支撑、排放管、测温线及液氮进出管传导漏热和颈管辐射热负荷。

图 3 - 3 和表 3 - 2 为哈勃空间望远镜近红外照相机和多目标分光仪使用的 NICMOS 制冷器，它是固氮制冷器。近红外照相机和多目标分光仪是第二代哈勃空间望远镜仪器（1 ~ 2.5μm）。

NICMOS 固体氮制冷器应保持探测器温度在（58 ± 2）K，制冷器有 3 个热屏蔽，即蒸气冷却热屏蔽、热电冷却内屏蔽和热电冷却外屏蔽。初始设计的前封头和蒸气冷却屏蔽挡板之间有（5 ± 1.2）mm 间隙，由于发射和安装的问题增加了附加热负荷 422mW，这增加了制冷剂升华速率，减少了使用寿命，使探测器温度从 58K 升到 60K。由于固氮制冷器的热短路，使用寿命从 60 个月减到 22 个月，经改进，在杜瓦中加一个制冷器于 2002 年重新投入使用。

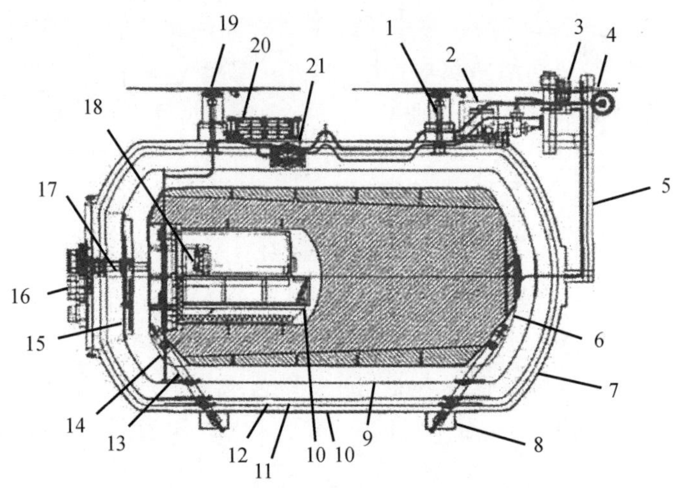

图 3-3 近红外和多目标分光仪固体氮制冷器

1—内在的热电制冷辐射器;2—冗余的放空阀门;3—填充、放空;4—管路接口金属板;5—冷却液管路;6—氮;7—主屏蔽;8—圆筒环;9—蒸气冷却屏蔽;10—探测器(相机 1 和 2);11—热电冷却外部屏蔽;12—热电冷却内部屏蔽;13—支撑带;14—冷光学平台;15—滤光轮;16—滤光轮驱动电动机;17—光学端口;18—探测器(相机 3);19—热电冷却内部辐射器;20—缓冲器座;21—过滤器组件。

表 3-2 NICMOS 固体氮制冷器热特性

特性	数值
探测器	工作在 58K
混合制冷系统组成	
固体氮	120L 固体氮温度为 58K,蒸气冷却屏蔽温度为 150K
半导体制冷器	4 台 2 级热电子制冷器(1.5W),2 台在 200K,2 台在 218K,输入功率 32W
两个辐射制冷器(0.28m^2)	275K
主屏蔽	270K
设计寿命	4.5 年
发射时间	1997 年 2 月 14 日

3.2.3 固体氢低温恒温器

宽视场红外巡天探测器用于天文起源探索任务。宽视场红外巡天探测器仪器由低温冷却的 40cm 远焦望远镜、扫描镜部件及工作温度低于 17K 的成像舱和光束分光镜部件组成。对于固体氢低温恒温器,不仅贮罐设计重要,管道的设计也非常重要。

1. 主制冷贮罐和辅助制冷贮罐

固氢主制冷贮罐是 26.8L 的贮罐,用于冷却宽视场红外巡天探测器焦平面舱体部件。它要满足宽视场红外巡天探测器接口温度在(7.6±0.5)K。在这个温度，需要压力低于制冷剂的蒸气压（在 7K 大约为 1.1×10^{-4}Pa），并且需要使用高热导率的连接，以便不会使所需的制冷剂操作温度超过必要的温度。由于使用辅助固氢贮罐起到预防作用（正常温度为 10K），寄生效应减少到很低的水平。结果，实现制冷剂温度的管道要求也降低了（12.7mm 管线用于贮罐内），低温恒温器与焦平面舱体部件连接的热连接要求最小化了，报废时在贮罐内的温度下降是很小的（预测小于 0.011K）。贮罐内有 1100 泡沫铝热交换器，罐内有 1.9kg 氢。

固氢是冷却望远镜最佳制冷剂选择。光学设备温度要求比宽视场红外巡天探测器焦平面舱体部件要求的温度高，辅助贮罐的固氢可以冷却光学设备到低于 13K。辅助贮罐在 10K 的蒸气压为 1.4×10^{-2}Pa，能适应进入贮罐 12.7mm 管线较大的流速。另外，10K 时比 7K 时的升华热高出大约 6%，这可以改善系统的效率。辅助固氢贮罐 197L，罐内也有 1100 泡沫铝热交换器，这些填充物使使用期内温降小于 0.15K。罐内有 14.0kg 氢。

2. 管道结构

固氢低温恒温器管道结构不仅要保证低温冷却的功能，还必须保证工作期间的安全性，为进行地面和轨道操作，对低温恒温器管道的要求包括主贮罐和辅助贮罐制冷剂轨道温度控制，在地面泵送主贮罐和辅助贮罐制冷剂，在真空空间也是泵送制冷剂，用气态仲氢填充和放空两个制冷剂贮罐，在填充和过冷工作期间用液氦冷却主贮罐和辅助贮罐的制冷剂，用液氦冷却仪器孔盖的内屏蔽并在突发事件时为放空制冷剂作好准备。

可适应全部工作和安全要求的宽视场红外巡天探测器用固体氢低温恒温器管路如图 3－4 所示。4 个主要汇总管分别是冷却液管路、辅助贮罐放空汇总管、主贮罐放空汇总管和真空汇总管。

辅助贮罐放空汇总管适应全部地面和轨道工作要求：在地面时，密封关闭阀用于填充气体（仲氢气体）和在试验时抽真空，在确定贮罐热耗率时用以稳定温度和测量流速；在发射和在轨工作时，这个阀门要关闭。密封关闭阀也常用作常闭烟火阀，在发射时这个烟火阀关闭，但在发射航天器整流罩被弹出后该阀立刻打开。根据制冷剂当时的温度情况打开烟火阀，制冷剂或者快速排空以达到它的平衡温度，或者连续地用不可察觉的放空缓慢加热直到最后达到它的平衡温度。当瞬间流速很高时，要在很短时间打开烟火阀。烟火阀轨道放空管线下游有一段管线由航天器控制，航天器放空位置要根据系统情况决定。

与地面和轨道放空阀门平行的是 0.1MPa 爆破片/止回阀部件，它们的出口端在全部低温恒温器工作期间连接到设备的放空管线，直到发射前最后过冷后，紧急事件时放空管线的尺寸应适应最坏情况的流速，同时保持贮罐压力低于设计极限（0.2MPa）。全部填充和工作的管线在紧急情况时要完全放空低温恒温器，系统中加有冗余放空管线以保证系统的安全要求。

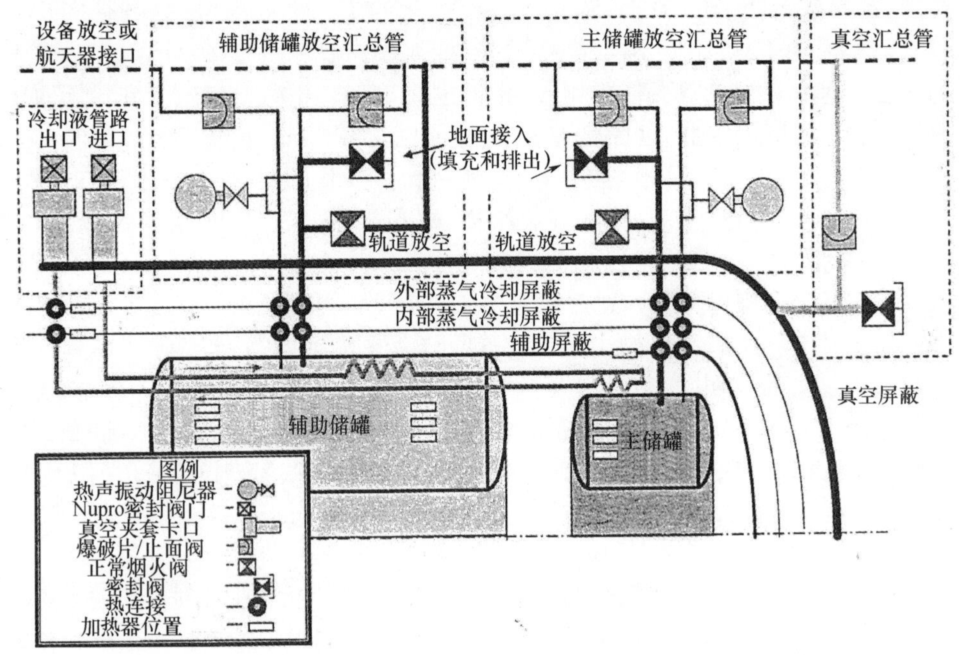

图 3-4 可适应全部工作和安全要求的宽视场红外巡天探测器用固体氢低温恒温器管路

因为制冷剂的工作温度较低和存在热边界,可能会有热声振动出现在封闭管线中,热声阻尼器会缓解热声振动的产生。

主贮罐放空汇总管类似于辅助贮罐放空汇总管,仅有两个值得注意的不同:①没有与航天器用于排放污物的轨道排放管路连接,这是因为将制冷剂背压最小化所需管路直径会大到足以影响航天器设计,并且向主贮罐主轨道排放管路添加任何管路都会在满足主贮罐温度要求方面增添风险,对于主贮罐,在低温恒温器主放空汇流排的放空将停止。②主放空管线被连接到蒸气冷却屏蔽,这样的连接可控制主贮罐放空管路内的温度分布。

制冷剂汇总管(在低温恒温器和孔盖)要求卡口不能有渗透,要有好的封密性能,低温恒温器汇总管用液氦冷却主贮罐和辅助贮罐,而孔盖制冷剂汇总管仅冷却内屏蔽。在低温恒温器系统液氦制冷剂通过辅助贮罐内的盘管与辅助贮罐进行热交换,从辅助贮罐制冷剂直接到主贮罐,辅助贮罐盘管冷却主贮罐盘管,从主贮罐用冷氦气的预热冷却内部和外部屏蔽。冷却屏蔽结构是很重要的,这可以延长低温恒温器在地面的维持时间。

真空汇总管是相对简单的设备,它主要包括抽真空用的密封关闭阀及用于外壳超压保护的爆破片和止回阀,作为紧急事件的另外救灾管路,爆破片和止回阀的下游一侧必须连接到设备放空接口以便安全地去除所有排放物。

3.3 辐射制冷器

3.3.1 概述

辐射制冷器是通过对空间环境辐射热交换用于航天器部件冷却的被动热装置,深太空的有效温度大约3K,这样它就成为非常好的辐射沉,辐射制冷器能用于航天器是因为这些仪器工作在没有对流传热的高真空环境。辐射制冷器是长寿命装置,因为它没有运动零件及贮存的制冷剂。为维持稳定温度仅需要很小量的电功率消耗,能够关闭全部覆盖的发射表面。

辐射制冷器的工作温度范围为60~200K,最低温度是由辐射热传输 T^4 的性质决定的。低于60K时,辐射制冷器的体积或重量会太大。

一般辐射制冷器提供的温度范围由具体应用的部件工作温度决定,应用最广泛的领域是仪器中的探测器。对于典型的HgCdTe量子探测器,不同的波长要求的温度在表3-3中给出,为了比较,认为0.56μm波长相当于人眼睛最大日光敏感度。

表3-3 HgCdTe探测器有用的敏感度要求温度

最大波长/μm	有用的敏感度温度/K
7	215
10	150
12.5	120
15	100
20	75
30	50

辐射制冷器的原理如图3-5所示,被冷却的部件直接固定在辐射表面(也称为冷块)或通过柔性金属带热耦合到辐射表面,冷块(最里面的冷平台)是用低热传导支撑的方法安装到围绕制冷器的外壳内。外部热输入,包括地球的热负荷,观测到热的航天器或仪器结构造成制冷器锥体和热级的热负荷。辐射制冷器可设计用于低、地球静止和大椭圆形轨道面向地球的航天器上。

在大多数应用中,辐射制冷器需要高镜面反射面屏蔽,屏蔽的向外倾斜壁设计成使得面向冷空间的外部壁面能在发射面视角范围内,是直接或在壁上反射(漫反射屏蔽表面将不工作,因为它们将反射某些能量到冷块)。锥体的作用像个投影多棱镜或定向天线,它限制了冷块唯一地向着冷空间的视野,屏蔽壁板可以固定到环境温度冷却器上或仪器外壳上。这样处理意味着屏蔽或锥体温度约300K。

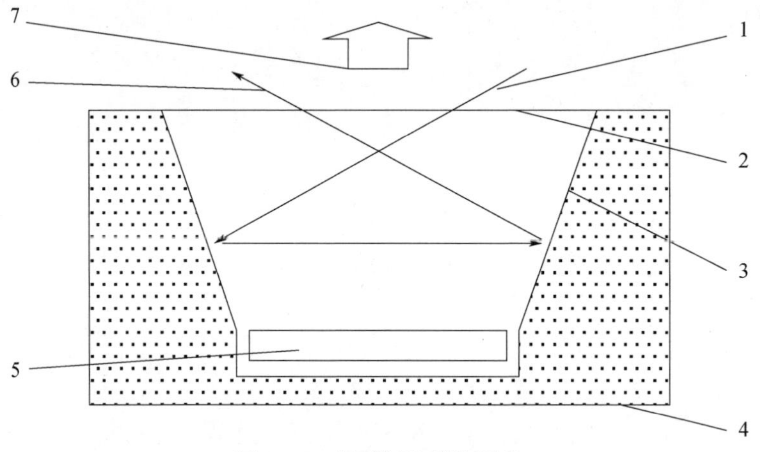

图 3 - 5 辐射制冷器的原理

1—来自环境的输入射线;2—锥体帽沿;3—锥体壁或屏蔽壁;4—航天器或仪器外壳;5—冷块;6—到环境的反射线;7—到空间。

为减少从屏蔽到发射面的辐射热负荷,可将热控制涂层、白/黑颜料或光学太阳反射器瓦片用到锥体末端的锥体帽沿上,用以冷却屏蔽。锥体末端的锥体帽沿可以消除一些从热结构传入的能量,因此可降低锥体温度,锥体末端的发射表面不允许辐射到冷块,以免提高冷块温度。

为了使辐射制冷器工作在 60 ~ 100K,往往采用多级制冷器,辐射表面由中间级辐射制冷器或附加的被冷却的外壳包围,多级的加入减少了在冷块的总附加热负荷。

3.3.2 辐射制冷器热平衡

辐射制冷器或其他低温辐射系统的概念设计遵循稳定状态能量平衡方程进行,即输入到具体辐射制冷器冷级或辐射表面的热量与被排放到太空环境的能量平衡。式(3 - 1)为典型的辐射表面热平衡方程。

$$Q_p = Q_{cs} + Q_{cw} + Q_i + Q_w + Q_o + Q_j + Q_e + Q_c + Q_s \quad (3-1)$$

式中:Q_p 为辐射表面向太空发射的热量;Q_{cs} 为通过结构支撑热传导输入的热量;Q_{cw} 为通过电气导线热传导输入的热量;Q_i 为通过较高温度围绕绝热层的辐射热输入;Q_w 为通过围绕的屏蔽或壁辐射热输入;Q_o 为通过光学端口的热辐射;Q_j 为探测器或其他需要冷却的部件所产生的热量;Q_e 为从行星或太阳对辐射表面带来的环境热负荷;Q_c 为制冷级热控制要求的加热器功率;Q_s 为从航天器结构直接发射或反射到辐射表面的辐射热。

根据具体任务情况决定式(3 - 1)中各项,固定的发射区域的尺寸和面积决定了具体的制冷级产生的最大冷量。辐射到空间的功率由式(3 - 2)计算。为保持辐射器的温度,进入具体制冷级的总热负荷必须不能超过制冷级向空间辐射的功率。

$$Q_p = \eta \cdot \varepsilon \cdot \sigma \cdot A_p \cdot T_p^4 \tag{3-2}$$

式中:ε 为发射表面的发射率;Q_p 为辐射表面向太空发射的功率;η 为辐射器翅片效率;σ 为斯忒藩—玻耳兹曼常数($5.670 \times 10^{-8}\mathrm{W/(m^2 \cdot K^4)}$);$A_p$ 为发射表面面积;T_p 为发射表面温度。

辐射制冷器的性能计算中一般假设辐射器翅片效率 $\eta = 1.0$。

辐射器概念设计阶段首先选择初始发射面积和工作温度。然后计算输入到具体制冷级的热负荷,通过热平衡方程确定要求的工作温度能否达到。如果输入的热负荷超过了发射到空间的功率,必须改变设计或增加发射器尺寸以提供附加的冷量。这个过程要反复进行直到辐射制冷器的热性能、体积、质量、可靠性都能满足要求。

3.3.3 航天器轨道的考虑

在低地球轨道三轴稳定航天器的太阳光照情况会受到轨道的限制,在一个特定轨道形成过程中,从航天器到太阳的矢量产生一个圆锥,这个锥的半角等同于轨道法线到太阳的角度 γ(对于在航天器一侧的辐射器,它是在平行于轨道平面并且面向太阳的地方)。当正常轨道日照角 $\gamma > 90° - \Omega$ 时航天器是在明暗界限轨道上部漆黑的部分,Ω 角是辐射器表面到最低点连线与地球切线之间的夹角。

地球静止轨道(GEO)三轴稳定航天器的太阳光照情况一年四季不同。太阳矢量与仰角 θ_s 产生一个锥体,在 12 个月时间内,θ_s 在轨道(赤道)平面上下 23.5°。在夏至期间 θ_s 为 +23.5°,在冬至期间 θ_s 为 −23.5°,0°仰角对应于秋分和春分,在 24h 期间(一天),太阳完成有关方位角旋转($\Delta\mu = 360°$)。方位角为 0°时是午夜,当地中午方位角是 180°。

当卫星不具备春秋分调头功能时,辐射制冷器开口要求指向地球的北极或南极,此时接受的阳光照射为最小。在一年中阳光入射角的变化为:春分 0°→夏至 23.5°→秋分 0°→冬至 −23.5°→春分 0°,如此循环变化,夏至时阳光照射达到最大。辐射制冷器为获得所需的制冷性能,需设置一个太阳屏蔽,它可以屏蔽最大角度的阳光照射。

了解轨道环境是成功设计辐射制冷器或低温辐射系统的关键问题,要仔细研究和考虑。

3.3.4 辐射制冷器的初步设计和分析

1. 环境热负荷

计算辐射制冷器上的环境热负荷、被行星反照和红外发射引起的地球热负荷、直接的太阳热负荷和航天器热表面的热负荷,在项目详细设计阶段使用 THERMICA、IDEAS/TMG 或热台式计算机分析工具来确定。为加速辐射制冷器的概念设计,可以使用环境升温速率的简单方法评估屏蔽的几何形状和冷块的表面面积或冷级的面积。

2. 镜面屏蔽

在设计辐射制冷器时一个最重要的任务是确定需要哪种屏蔽抵御外部辐射热源。对于地球轨道任务,屏蔽被用于阻挡从地球来的显著的环境热负荷。对于地球静止轨道航天器,屏蔽的设计要使太阳不能照射冷块级。屏蔽的另一个重要任务是要阻挡低温辐射级对航天器热表面(太阳帆板和天线)的影响。这些屏蔽板是很高的镜面表面。

多幅图像技术是反射光学设计与标准热分析实践相结合的产物。发射表面和镜面屏蔽之间的辐射交换是以发射体屏蔽的有效反射率为特征。

屏蔽表面的有效反射率为

$$\rho_{ew} = \sum f_n \cdot \rho_w^n = \sum f_n \cdot (1 - \varepsilon_w)^n \tag{3-3}$$

式中:ρ_w 为屏蔽表面的反射率,ε_w 为屏蔽表面发射率;f_n 为在完全反射屏蔽($\rho_w = 1.0$)中,在 n 次镜面反射后辐射体到达太空的辐射通量的比值。屏蔽表面的有效反射率确定了被冷级发射到达太空的辐射功率的比值,利用克希霍夫定律,可以确定屏蔽的有效发射率相当于 1 减去反射率,即

$$\varepsilon_{ew} = 1 - \sum f_n \cdot (1 - \varepsilon_w)^n \tag{3-4}$$

有效发射率可以根据式(3-5)确定从屏蔽到发射体的辐射热输入。比值 f_n 与常规热分析软件中使用的视因子(也称为形状因子)相同。$F_{e-m(n)}$ 等于从发射器 e 经过屏蔽板中 n 次镜面反射后屏蔽开口 m 的视因子。在全部屏蔽板形成屏蔽口镜面图像阵列,我们可以用传统的热分析技术确定从屏蔽输入辐射的问题。

$$Q_{屏} = \varepsilon_e \cdot A_e \cdot \varepsilon_{ew} \cdot \sigma \cdot T_w^4 = \varepsilon_e \cdot A_e \cdot [1 - (1 - \varepsilon_w))^n \cdot F_{e-m(n)}] \cdot \sigma \cdot T_w^4 \tag{3-5}$$

式中:$Q_{屏}$ 为从屏蔽板对发射体表面热负荷;ε_e 为发射体表面的发射率(发射体表面的 IR 吸收率);A_e 为发射体表面面积;σ 为斯忒藩—玻耳兹曼常数(5.67×10^{-8} $W/(m^2 \cdot K^4)$);ε_{ew}为发射体的屏蔽板有效发射率;T_w 为屏蔽板的温度;ε_w 为屏蔽板的发射率;$F_{e-m(n)}$ 为从发射体到屏蔽板内经 n 次镜面反射所形成的屏蔽开口 m 的视因子。

图 3-6 为地球静止轨道卫星辐射制冷器屏蔽原理图,它由三级冷却级组成,使用帽沿发射表面冷却的第一级外壳固定在镜面锥体屏蔽的开口,在夏至时工作在约 240K,辐射器和冷块发射级是固定在其平面的布置方式。辐射器围绕着冷块级,作为一个中间级以减少对冷块的附加热负荷,屏蔽设计是对称的,这说明太阳的明显圆锥运动是在发射体表面法线周围。辐射体工作在约 144K,冷块在夏至时维持在 99K。

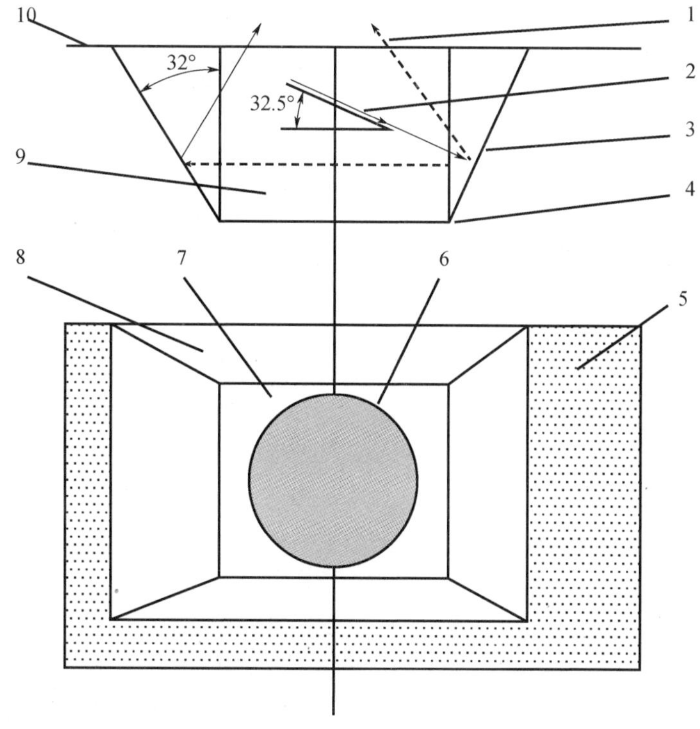

图 3－6　地球静止轨道卫星辐射制冷器屏蔽原理图

1—入射的太阳射线在屏蔽板反射出来的光线；2—入射的日照角度；3—屏蔽锥体壁；
4—辐射器和冷块发射表面；5—第一级发射器面积；6—冷块级；7—辐射器级；
8—镜面屏蔽锥体；9—入射到屏蔽上光线导致多次反射；10—第一级发射器表面。

在制冷器内金属件位置到空间的半球视场影响到屏蔽的设计。在地球静止轨道卫星上的仪器增加了屏蔽角度，从 25°到 32°，由于一些大型机构和太阳帆板会减小冷块热负荷，一些大型机构和太阳帆板所引起的热负荷可能会占冷块不可控制热负荷的 50%，镜面屏蔽板仅增加 30% 对冷块的不可控制的热负荷，剩余的热负荷是由辐射器各级间的辐射、结构支撑和电气导线的热传导漏热和探测器的热损耗所形成的。

在低地球轨道辐射制冷器要安装在不直接暴露在太阳光的表面上，地球是冷发射表面可见的仅有的热源，可以简单添加一个半圆形屏蔽屏蔽发射表面，半圆形屏蔽阻挡了地球对着的角度（图 3－7），朝向发射体或冷块级的屏蔽表面有高的镜面、低发射率表面涂层。假如全部地球可视圆面被阻挡，屏蔽的尺寸就是发射体的全部面积，有时简单的添加垂直的侧面延伸到屏蔽表面可以最大限度地减少屏蔽整体尺寸，但是这种方法即使用高镜面、低发射率表面，也只是稍微减少了对空间的有效视野。

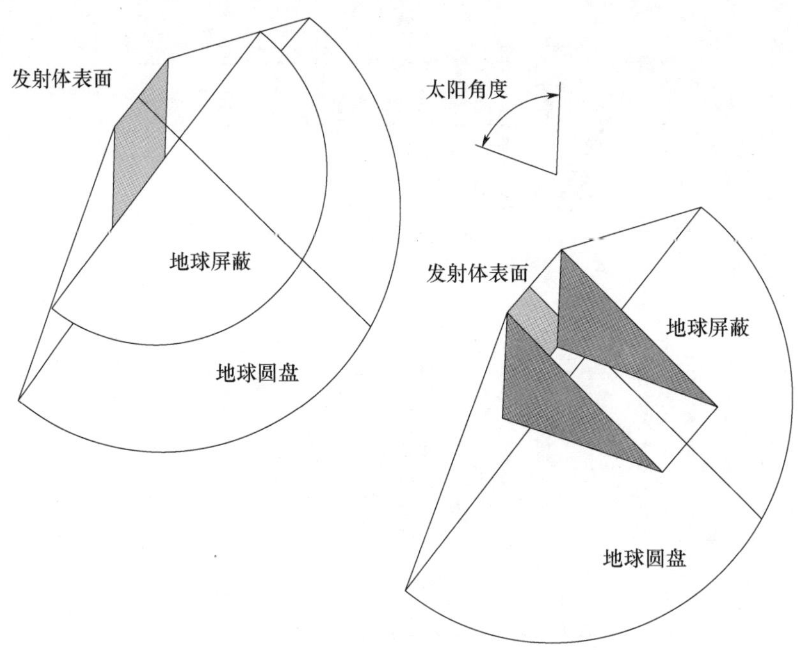

图 3 -7　低地球轨道辐射制冷器屏蔽原理

3. 光学端口辐射热负荷

平面间的辐射能交换、各级间及支撑的热传导热负荷计算在前面已有讨论，这里主要讨论式(3 -1)中的光学端口辐射热负荷 Q_o。光学端口热负荷是由于通过光学端口辐射热交换造成的。光学端口用于从热光学设备中分隔开冷却的光学设备和探测器，辐射制冷器使用的目的是在对输入信号通量没有不利影响的条件下减小辐射热传输。

为减小光学端口热负荷，输入孔径尺寸需要尽量减小，对于每个频谱波段使用分开的光学端口有助于减少频谱成分和光学端口的物理尺寸，使用反射式带通滤波器光学端口能使发射率减小。为减小端口热负荷应限制冷光学元件到热元件的频谱波段。放置带通滤波器在较温暖的级将会限制辐射制冷器最冷级的热负荷。

对特定的辐射制冷器级光学端口热负荷用式(3 -6)计算。

$$Q_o = \sum Q_{ij} + \frac{1}{2}\sum Q_{ij} = \sum Q_{\text{i-w}} + \frac{1}{2}\sum Q_{\text{i-g}} \tag{3-6}$$

式中：Q_{ij}为从 i 到 j 的辐射输入；总和($\sum$)为在特定的冷却级中包括来自窗口或相邻间隙可见的所有的端口输入源；分数$\frac{1}{2}$为入射到间隙的辐射输入有 1/2 被冷级吸收，有 1/2 被较热级吸收。假设 j 指三级辐射制冷器的辐射器级(中间级)，输入到间隙的 1/2 辐射被辐射器级吸收，剩余的部分被真空外壳级(围绕辐射器的暖级)吸收。

在式(3－6)中一个能量 Q_{ij}用式(3－7)计算。式(3－7)的参数如图3－8所示。式(3－7)是对发射源和接收器之间多次反射进行能量辐射交换的保守估计,它是根据使用间隔紧密的几何结构进行评估的。

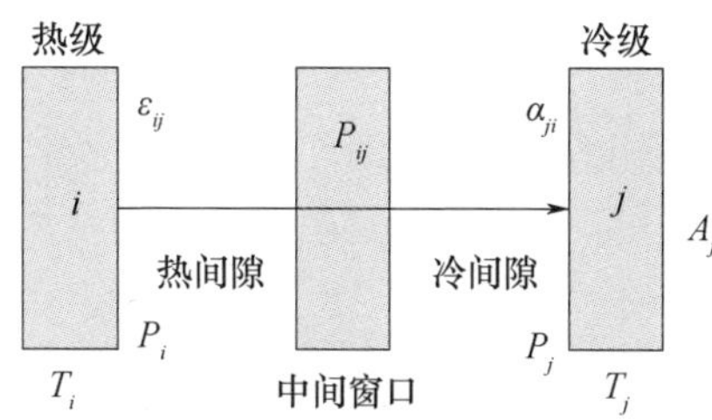

图3－8　为计算一个单独的光学端口热负荷项目所需要的参数

$$Q_{ij}=A_j\cdot\sigma\cdot F_{ji}\cdot\varepsilon_{ij}\cdot\alpha_{ji}\cdot(1-\rho_i\cdot\rho_j)^{-1}\cdot\rho_{ij}\cdot T_i^4 \tag{3-7}$$

式中:A_j 为接收区域(窗口);σ 为斯忒藩—玻耳兹曼常数($5.67\times10^{-8}\mathrm{W/(m^2\cdot K^4)}$);$F_{ji}$为从接收器 j 到发射源 i 的视因子;ε_{ij}为接收器 j 所见的发射源 i 的发射率;α_{ji}为 j 对 i 发射的吸收率;ρ_j 为来自 i 发射到 j 的反射率;ρ_i 为来自 j 发射到 i 的反射率;ρ_{ij}为由窗口/滤光板传输到 j 的从 i 黑体发射的比例;T_i 为发射源 i 的温度。

当计算光学端口负荷时,假设全部间隙吸收率和发射率都为1.0。仪器周围对冷块有清晰视界的带内能量在窗口不被吸收,它通过了辐射制冷器并且全部被最冷级吸收(或反射退出窗口)。

光学端口热负荷计算已使用现代热分析工具或光学设计软件。

光学端口热负荷可以用假设的与周围相邻热级黑体辐射热交换来估算,利用式(3－6)。为完成计算,需估算孔径尺寸,并估算开孔面积。从热表面到冷表面的视因子假设等于1.0,并且假设全部进入的能量都被吸收,式(3－8)指的是从冷级(T_j)到热级(T_i)时纯的热传输为

$$Q_{ij}=A_i\cdot F_{ij}\cdot\sigma\cdot(T_i^4-T_j^4) \tag{3-8}$$

使用式(3－8)评估的光学端口热负荷可以与使用地球静止轨道卫星成像辐射器和冷块级详细模型产生的值进行比较(表3－4),辐射器窗口和对冷块开口的孔径面积是$1.822\mathrm{cm^2}$。

真空外壳级的温度保持在234.7K,辐射器级在139.6K,冷块级在96.2K。表3－4指出,冷块评估的端口热负荷很接近详细的热模型结果,式(3－8)是估算光学端口热负荷的一级工具。从表中还能指出,光学端口热负荷的大小是如何随着温度的四方次减小的。假设允许固定的负荷在96K,辐射制冷器是100mW,仅有3mW分配给光学端口负荷,其余的97mW用于探测器消耗。

表 3-4　估算的光学端口热负荷与模型产生的光学端口热负荷比较

光学端口	孔径/cm²	斯忒藩·玻耳兹曼常数/(W/(cm²·K⁴))	T_i/K	T_j/K	估算的光学端口负荷/mW	卫星上实际的光学端口负荷/mW
辐射器	1.822	5.67×10^{-12}	234.7	139.6	27.33	24.68
冷块	1.822	5.67×10^{-12}	139.6	96.2	3.03	2.02

图 3-9 所示为地球静止轨道卫星三级辐射制冷器光学端口需计算热负荷项目。

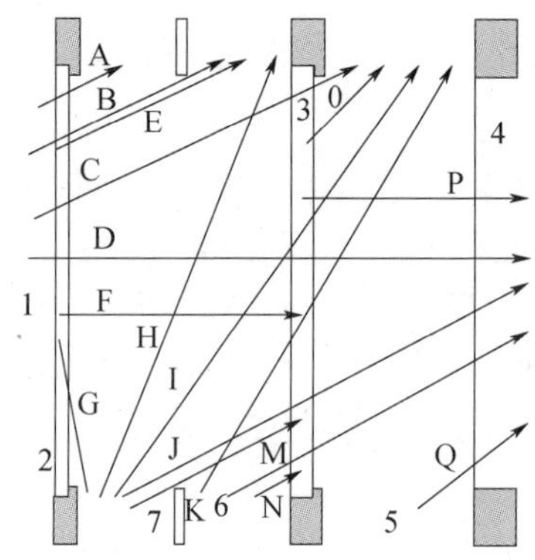

图 3-9　地球静止轨道卫星辐射器光学端口热负荷计算项目示意图

1—保持在 295K 的仪器周围环境；2—安装在真空外壳的窗口；3—安装在辐射器的窗口；4—在旋转探测器的冷块级打开状态；5,6,7—分隔各级的物理间隙。

A—环境对真空外壳空隙；B—环境对真空外壳和辐射器级之间的间隙；C—环境对辐射器级和冷块之间的间隙；D—环境对冷块孔；E—真空外壳窗口对真空外壳和辐射器级之间的间隙；F—真空外壳窗口对辐射器级窗口；G—真空外壳窗口对真空外壳间隙；H—真空外壳间隙对真空外壳和辐射级之间的间隙；I—真空外壳间隙对辐射器级和冷块之间的间隙；J—真空外壳间隙对冷块孔；K—真空外壳间隙对辐射器级窗口；L—真空外壳和辐射器级之间的间隙对辐射器级和冷块之间的间隙；M—真空外壳和辐射器级之间的间隙对冷块；N—真空外壳和辐射器级之间的间隙对辐射器级窗口；O—辐射器级窗口对辐射器和冷块之间的间隙；P—辐射器级窗口对冷块孔；Q—辐射器级和冷块之间的间隙对冷块孔。

4. 辐射制冷器确定几何尺寸要考虑的几个问题

为了得到成功的辐射制冷器的设计，必须确定冷块和辐射器发射器级需要的镜面反射屏蔽的配置和几何形状。镜面反射屏蔽表面的几何形状受冷空间视场限制的影响，冷空间视场是由地球、太阳和航天器仪器结构界面决定的。一般来说，冷块或辐射器发射表面的宽高比需要限定在一个合理值。宽高比经常受到辐射制冷器周围光学接口外部情况的影响。

接近最佳结构的很多方案通常适用于第一级反射面，但具体的选择对第一级的温度没有显著的影响，对于直接暴露在阳光下的制冷器，地球静止轨道应用中常采用光学太阳反射镜片，在低地球轨道应用中采用白色油漆。

一旦辐射制冷器初步几何形状确定，需要确定比例因子，辐射制冷器的概念设计使用互动过程就可以完成。首先辨认哪些输入是固定的和哪些与制冷器尺寸有关，探测器消耗功率、电气连接和光学端口输入负荷是固定负荷并且不受制冷器尺寸影响，结构支撑输入、辐射绝热和屏蔽负荷的规模大小与制冷器尺寸有关。

辐射制冷器尺寸由热导率或辐射耦合率与发射面积、绝热面积或质量的函数的关系来确定，当热传导耦合初步确定后，根据发射体面积缩放这个该耦合率是完全可以做到的。

辐射制冷器的全部外部输入以单位面积的功率值表示。当使用完全围绕发射面的屏蔽时，我们能划分屏蔽口和第一级发射面积的外部输入。

屏蔽板和冷发射面之间的辐射匹配的初步估算也能确定。这些估算的匹配数据可以用于热平衡方程，用于确定辐射制冷器在冷块和辐射级的热负荷。初步了解热屏蔽板和冷级之间的耦合对于确定是否这个输入在这些级占有主导地位的热负荷是非常重要的。

各级之间支撑的热传导测量按单位面积为基础进行。辐射制冷器第一级使用包括发射面积、屏蔽板面和第一级外壳面积的总面积进行测量。第一级外壳面积用冷级发射面积(二级和三级发射面积相加)总和乘以1.2进行估算，对中间级的各级间支撑热传导性用冷级加入的发射面积确定。使用冷级的总和是因为固定到中间级的支撑要支撑全部其他的冷级。对于最后的冷级，结构支撑可以用冷级的发射面积测量，因为它是唯一要支撑的一级。

辐射制冷器尺寸最后的重复工作是检查仪器或航天器所造成的对辐射制冷器体积限制，辐射制冷器发射器需要足够的地方放置探测器和调整机构。在光学端口需要有足够的孔径。在制造过程的工艺审核中，为了制冷器便于安装，制造和维修也会导致制冷器结构的改变。

3.3.5 辐射制冷器的热力学特性

因为辐射制冷器对环境状况、结构、大范围热负荷和温度等参数的敏感性，很难建立一个品质因数，不同的制冷器性能进行比较很困难，但可用以下参数进行初步估算。

1. 辐射制冷器热平衡

单级辐射制冷器热平衡方程已在式(3-1)和式(3-2)中给出。本质上相同的内容以略微不同的方法可以达到不同的结果。冷块的热平衡为

$$Q_{cp}=Q_c+Q_d+Q_{pa} \tag{3-9}$$

式中：Q_{cp}为辐射制冷器冷块全部理想排热(制冷量)；Q_c为探测器加热器功率；Q_{pa}为全部寄生热负荷；Q_d为探测器电子设备散热。

来自多个源在冷块的总寄生热负荷合并到一个单一参数以便于后面新参数的研究，由不同负荷构成的总寄生负荷为

$$Q_{pa} = Q_s + Q_e + Q_o + Q_{sh} + Q_m + Q_{co} + Q_{ee} \tag{3-10}$$

式中：Q_s 为航天器结构表面直接发射或反射到冷块的能量；Q_e 为地球红外和反照热负荷；Q_o 为现场能量，即来自光学元件或落在探测器或冷块上的辐射热；Q_{sh} 为来自圆锥屏蔽、地球屏蔽或冷块能观察到的其他表面的辐射热；Q_m 为来自围绕冷块或探测器热表面通过多层绝热材料的辐射热；Q_{co} 为通过结构支撑的传导漏热；Q_{ee} 为通过电气引线的漏热。

2. 辐射制冷器的性能特征和比较

重新整理式(3－9)的内容可以用简单的方法研究制冷器的性能并进行比较：首先制冷器的纯制冷量（无负荷时制冷量）是已经附加了探测器散热和用于温度控制的加热功率后得到的，这时式(3－9)可表示为

$$Q_{cp} = Q_{id} - Q_{pa} \tag{3-11}$$

式中：Q_{id} 为理想的或理论上冷块最大排热量。假设对空间视因子 100% 则

$$Q_{id} = \sigma\varepsilon A T^4 \tag{3-12}$$

其中：T 为冷块温度；σ 为斯忒藩－玻耳兹曼常数($5.67\times10^{-8}\,\mathrm{W/(m^2\cdot K^4)}$)；$\varepsilon$ 为冷块表面的发射率；A 为冷块面积。

制冷器的相对效率由寄生热负荷占理想制冷量的比值确定，寄生负荷比值 f_p 为

$$f_p = \frac{Q_{pa}}{Q_{id}} \tag{3-13}$$

将式(3－11)代入式(3－13)，得

$$f_p = 1 - \frac{Q_{cp}}{Q_{id}} \tag{3-14}$$

将式(3－12)代入式(3－14)，得

$$f_p = 1 - \frac{Q_{cp}}{\sigma\varepsilon A T^4} \tag{3-15}$$

这样，在已知纯制冷量、冷块面积、发射率和冷块温度的情况下就可以计算任何制冷器的 f_p 值。因为表达式用于假设视觉因子为 1.0，辐射制冷器翅片效率为 1.0，理想排热能力，实际的制冷器要比 1.0 小，与理想值的偏差反映在式(3－15)的 f_p 的计算值。将式(3－15)进行重新排列，对于已知温度、发射率和 f_p 的情况下，每单位制冷量要求冷块的面积可从式(3－15)推导为

$$\frac{A}{Q_{cp}} = \frac{1.76\times10^7}{\varepsilon T^4(1-f_p)} \tag{3-16}$$

根据表 3－5 可以绘制出寄生负荷比值 f_p、单位制冷量冷块面积 $\frac{A}{Q_{cp}}$、温度的关系曲线，它可以显示辐射制冷器的性能。表 3－5 给出多个辐射制冷器数值。在

只有几毫瓦负荷时，探测器温度接近辐射制冷器冷级温度。在较大热负荷时，探测器温度比辐射制冷器冷级温度高3～5K。

当制冷量和温度减小时，用f_p测量的辐射制冷器的效率相对较差，该表用于指导评估正在进行的设计或预测不同的新的辐射制冷器的性能，小制冷量辐射制冷器大部分数据点在80%～90%寄生负荷比值f_p，换句话说，焦平面和控制加热器功耗是全部制冷量的10%～20%。对于用于地球同步轨道工作和使用太阳屏蔽的小制冷量的辐射制冷器在夏至要适应太阳热负荷，寄生负荷可能达到全部制冷量的95%。假如这种类型的制冷器安装到航天器上，航天器每年要偏离航线翻转操纵以排除太阳光照，并且要消除来自航天器太阳帆板、天线和外伸件的热辐射，这样会使寄生负荷降至全部制冷量的60%～70%。

辐射制冷器的结构参数优化设计、辐射耦合因子和热平衡计算方法是设计高性能制冷器的关键。空间辐射制冷器耦合因子计算软件是以蒙特卡罗法为原理，可对专用空间辐射制冷器表面间耦合因子进行计算。

表3-5　辐射制冷器性能比较

辐射制冷器安装设备名称	制冷量/mW	温度/K	寄生负荷比值f_p/%
BE(智能眼)	3400	133	57
CRTU(低温辐射制冷器试验装置)	5000	70	55
DMSP(国防气象卫星计划)	10	100	76
FWS(过滤器楔形光谱仪)	5.8	175	84
HIRS(高分辨率红外探测器)	8	120	63
MSR(多级辐射制冷器)	14000	150	52
	915	80	61
	215	50	47
ABI(先进基准成像仪-改进型)	125	60	68
NIMS(近红外绘图光谱仪)	10	75	91
PMIRR(压力调制红外辐射计)	39	75	47
RM20A(STP-72-2航天器辐射计A)	1000	100	84
RM20B(STP-72-2航天器辐射计B)	10000	135	59
SCMR(表面成分测绘辐射计)	5	110	68
SWIRL5(平流层红外临界探测器)	64	79	63
TM(专题成像扫描仪)	26	87	81
VISSR(可见光自旋扫描辐射计)	2	80	81
VHRR(非常高分辨率辐射计)	1.5	97	97
VGIR(V形槽隔离辐射器)	50	63	68
	400	85	27

(续)

辐射制冷器安装设备名称	制冷量/mW	温度/K	寄生负荷比值f_p/%
FEWS(后续预警系统)	10000	100	61
LLC(长寿命制冷器)	7000	195	—
雷声公司航天器辐射计	1000	145	80
ALARM-1(报警、定位和报告导弹-1)	2000	150	45
ALARM-2(报警、定位和报告导弹-2)	3000	110	32
BSTS(推进监测跟踪系统)	1720	72	35
ABI(先进基准成像仪)	125	60	53
VIIRS(可视化集成成像辐射仪套件)	25	85	86
GOES-M(地球静止轨道环境卫星-M)	4	89	96
GOES-N(地球静止轨道环境卫星-N)	2.5	65	91
SBIRS-H(高轨天基红外系统)	1500	110	57

3.3.6 地球同步静止轨道卫星上的三级辐射制冷器结构和热设计

1. 三轴稳定地球同步静止轨道卫星应用的三级辐射制冷器结构简介

三轴稳定地球同步静止轨道卫星应用的三级辐射制冷器结构,主要由以下各部件组成:辐射制冷器为获得所需要的冷量需要安装一个太阳屏蔽,用于屏蔽最大角度的阳光照射。辐射制冷剂由三级构成。第一级由外壳、太阳屏蔽和太阳屏辐射器(一级辐射器)组成。外壳通过绝热的辐冷安装圈连接红外相机,太阳屏蔽辐射板是主要的散热面,用于平衡一级的温度。第二级用于屏蔽外壳对制冷级的直接热辐射,它是由绝热性能很好的支撑带吊装外壳上,支撑带可采用环氧玻璃纤维或复合材料,由二级辐射器平衡其温度。第三级为制冷级,它用于冷却探测器并与探测器——杜瓦连接,三级辐射器能达到最低的制冷温度。这种辐射制冷器第二级辐射器和第三级辐射器在同一平面内。辐射制冷器结构设计是根据航天器飞行轨道形式、轨道高度、安装位置等约束条件,选择合适的几何形状和参数,以便在热力学计算中得到最佳的性能指标。

这种辐射制冷器与常规辐射制冷器都采用等温模型,将各级设定为温度相等的壳体,建立各自的热平衡方程。

2. 三级辐射制冷器热设计

为获得满意的制冷性能,辐射制冷器要设置一个太阳屏来屏蔽阳光对制冷级的热辐射。采用低吸收高发射的温控表面使太阳屏蔽的温度,即使在阳光照射时也能降到253K以下,可有效地提高制冷效率。例如,美国的"地球静止轨道环境卫星"(GOES)安装的光学太阳反射器(OSR)使太阳能的吸收最小化。

1）外壳级（第一级）的热平衡

进入外壳级的热量除了阳光的热辐射外还有热传导的漏热，热传导漏热是来自固定在第一级到仪器的结构支撑、导线和窗口隔振器，窗口隔振器用于保护光学元件。

外壳级的热平衡方程为

$$
\begin{aligned}
Q_e &= (A_R\varepsilon_R + A_s \cdot \varepsilon_s \cdot E_{s-c}) \cdot \sigma \cdot T_h^4 \\
&= Q_s + Q_a + Q_i + Q_k - Q_c
\end{aligned} \tag{3-17}
$$

式中：Q_e 为第一级发射器输出热量；A_R 为太阳屏蔽辐射板的面积；ε_R 为太阳屏蔽辐射板表面的半球发射率；A_s 为太阳屏的表面积；ε_s 为太阳屏表面的半球发射率；E_{s-c}为太阳屏对其开口的耦合因子；σ 为斯忒藩—玻耳兹曼常数；T_h 为外壳级热平衡温度；Q_s 为太阳屏及其辐射板夏至时阳光的直接照射热量；Q_a 为太阳屏及其辐射板接受来自地球的红外辐射和反照阳光热量；Q_i 为太阳屏和外壳与周围环境通过多层绝热的热交换热量；Q_k 为外部连接件及导线传导漏热；Q_c 为中间级和制冷级传给外壳的热量。

其中

$$
Q_s = (\alpha_s \cdot A_R \cdot \sin\varphi_s + E_{s-sh} \cdot A_{s-sh} \cdot \cos\beta) \cdot S_o \tag{3-18}
$$

式中：α_s 为太阳屏辐射板对阳光的吸收率；φ_s 为阳光照射太阳屏的角度；E_{s-sh}为阳光对太阳屏的耦合因子；A_{s-sh}为太阳屏被阳光照射的面积；β 为入射阳光与太阳屏相交点处太阳屏法线方向的夹角；S_o 为太阳常数，$S_o = 0.14\mathrm{W/cm^2}$。

$$
Q_a = (\alpha_{e-sh} \cdot M_\tau + \varepsilon_{e-sh} \cdot M_e) \cdot A_{e-sh} + F_{R-e} \cdot A_R \cdot (\alpha_{SR} \cdot M_\tau + \varepsilon_R \cdot M_e) \tag{3-19}
$$

式中：α_{e-sh}为太阳屏对地球反射阳光的有效吸收率；ε_{e-sh}为太阳屏对地球红外的有效反射率；M_τ 为平均地球反照的出射度；M_e 为地球平均红外辐射；A_{e-sh}为太阳屏被地球反照照射的面积；F_{R-e}为太阳屏辐射板对地球的视因子；α_{SR}为太阳屏辐射板对地球反射的吸收率。

辐射制冷器第一级热负荷占主导地位的是阳光的直接照射，在夏季阳光照射到第一级发射器和屏蔽、热传导和辐射漏热是较小的热负荷。

2）第二级的热平衡

辐射制冷器第二级辐射器与第三级辐射器（冷块）安装在同一个平面。固定到第一级的屏蔽板应排除阳光照射到辐射器或直接照射到冷块。由于辐射器和冷块发射器会观测到固定在航天器上的天文展开机构和太阳帆板，它们会辐射热量到辐射器和冷块发射器。

辐射制冷器第二级热平衡方程为

$$
\begin{aligned}
Q_r &= E_{d-c} \cdot A_d \cdot \varepsilon_d \cdot \sigma \cdot T_d^4 \\
&= Q_{s-d} + Q_{di} + Q_{dk} + Q_{do} + Q_{db} - Q_{dc}
\end{aligned} \tag{3-20}
$$

式中：E_{d-c}为第二级辐射器对太阳屏开口的耦合因子；A_d 为第二级辐射器的面积；

ε_d 为第二级辐射器的有效辐射率；T_d 为第二级热平衡温度；Q_r 为第二级辐射器总输出；Q_{s-d}为太阳屏给第二辐射器的直接红外辐射；Q_{di}为外壳内表面通过多层绝热传给第二级的热量；Q_{dk}为第二级外壳之间的支撑带和电引线的传导漏热；Q_{do}为外壳窗口对第二级的热辐射；Q_{dc}为制冷级传给第二级的冷量；Q_{db}为航天器上的天文展开机构和太阳帆板对第二级的热辐射。

太阳屏给第二级辐射器的直接红外辐射热 Q_{s-d}为

$$Q_{s-d} = E_{s-d} \cdot \varepsilon_s \cdot A_s \cdot (T_h^4 - T_d^4) \tag{3-21}$$

式中：E_{s-d}为太阳屏对第二级辐射器的辐射耦合因子。

第二级热负荷占主导地位的是热传导和热辐射带来的热负荷，为减少寄生热负荷和减小辐射器的温度应考虑减少热传导和热辐射引起的热负荷。

3）第三级的热平衡

探测器固定在第三级（冷块级），打开探测器会导致光学端口负荷入射到第三级。这个输入的热量是由于和辐射制冷器其他级以及环境温度的仪器辐射热交换造成的。

辐射制冷器第三级热平衡方程为

$$\begin{aligned} Q_p &= E_{p-c} \cdot A_p \cdot \varepsilon_p \cdot \sigma \cdot T_p^4 \\ &= Q_{s-p} + Q_{pm} + Q_{pk} + Q_{po} + Q_{pc} + Q_{pb} \end{aligned} \tag{3-22}$$

式中：E_{p-c}为第三级（冷块级）对太阳屏开口的耦合因子；A_p 为第三级辐射器的面积；ε_p 为第三级辐射器的有效辐射率；T_p 为第三级热平衡温度；Q_{s-p}为太阳屏直接看到第三级辐射器的辐射热；Q_{pm}为第三级辐射器与第二级之间的辐射热交换；Q_{pk}为第二级与第三级之间的支撑带和导线的传导漏热；Q_{po}为光学窗口对第三级的热辐射；Q_{pc}为探测器耗散的热量；Q_{pb}为航天器上的天文展开机构和太阳帆板对第三级热辐射。

太阳屏直接看到第三级辐射器的辐射热 Q_{s-p}为

$$Q_{s-p} = E_{s-p} \cdot \varepsilon_s \cdot A_s \cdot \sigma \cdot (T_h^4 - T_p^4) \tag{3-23}$$

式中：E_{s-p}为太阳屏对第三级辐射器的辐射耦合因子。

对于第三级（冷块级），最大的单个热输入是天文展开机构和太阳帆板热辐射，第二高的热负荷来自屏蔽板。

3.4 脉管制冷器

自从20世纪60年代早期 Gifford 和 Longsworth 提出脉管制冷器以来，脉管制冷器技术取得了长足发展。1983年苏联的米库林（Mikulin）在管的末端增加孔和稳定体积使脉管制冷器性能得到很大改善。诺斯罗普·格鲁曼公司在80年代后期综合了牛津型压缩机和脉管冷头，这导致第一个商业可行的脉管制冷器的诞生并应用于空间，我国在脉管制冷器研究和应用中也取得了很好的成绩。

脉管制冷器的优点是结构简单,在冷头无运动部件,可靠性高,但效率略低,高效的、重量轻、温度低于 40K 的脉管制冷器在空间有广泛应用。

脉管制冷器有基本型脉管制冷器、小孔型脉管制冷器、双向进气脉管制冷器、多路旁通脉管制冷器、双活塞脉管制冷器、四阀式脉管制冷器和多级脉管制冷器等多种形式。

3.4.1 脉管制冷器的热力学循环

脉管制冷器区分不同种类的依据是工作气体波动被动相位控制,可以预期,压缩机的活塞将气体推移到死端然后压缩气体。由于相位控制的应用,在脉管制冷器内完成推移气体塞,然后气体膨胀。制冷器最佳相位依赖于实际的总体结构和损失,但是在再生振荡流式制冷器中,当质量流与压力波同相时,制冷量是最大的,在脉管制冷器这种情况是由被动的相位控制实现的,这个方法最广为人知的例子是一个节流小孔和一个准恒定压力安定器(又称气库)。以电气线路作比喻,小孔和空的脉管体积起到电阻 - 电容(RC)移相器的作用。

被动控制由于增加了惯性管和缓冲器得到加强,惯性管是脉冲管和缓冲器之间的细长管,它的作用相当于等效 LRC 移相器中的电感(L)。事实上,现代的脉管制冷器是惯性类型,但它们一般仍被描述为小孔脉管制冷器。

图 3 - 10 所示的脉管制冷器是小孔和气库相结合的结构,它显著提高了脉管制冷器的性能,小孔和气库的存在调节了脉管内的压力波和质量流之间的相位差,从而产生制冷效应。

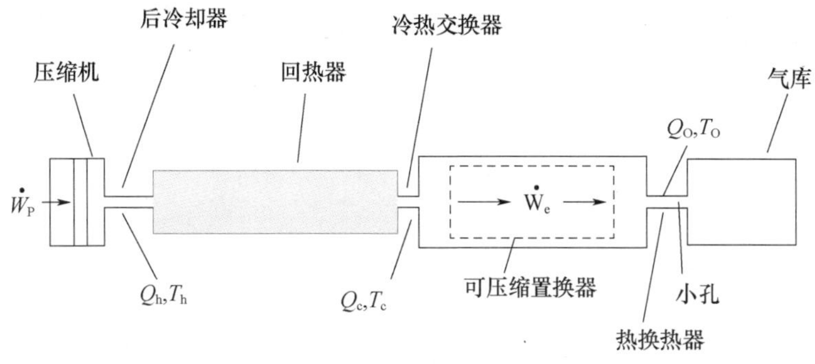

图 3 - 10　脉管制冷器原理图

假设是正确相位,脉管制冷器工作过程和斯特林制冷器工作过程实际一样,分 4 步:①压缩机活塞向内运动 1/2 行程并压缩工作流体,同时排出压缩热;②压缩机活塞和气体活塞步调一致地运送气体到回热器冷端;③气体活塞缩回,在回热器末端膨胀和冷却气体;④第四步两个活塞同步反向运动使气体返回到初始的位置。

在脉管制冷器中,由于少量的不可逆熵浪费了膨胀功,在小孔产生了热,浪费的源头在于小孔的流体阻力，这热消耗用尽了回热器做的功。为了减小损失，热交换器被放置在小孔前面。事实上，这种损失对制冷器的性能影响很小，因为其他的制冷器损失较大。小孔部件是获得气体活塞正确相位的关键。

3.4.2 脉管制冷器的分析模型

小型脉管制冷器的工作原理是小孔和气库能调节脉管内的压力波和质量流之间的相位差，从而产生制冷效应。图 3-11 给出脉管冷端换热器部分能量流平衡图：回热器在冷端换热器左边，脉管在冷端换热器右边。热负荷 Q_c 施加到冷换热器。焓值是能量的特征，因为对任何给定的控制容积来说，系统是开放的，即，跨越边界的质量振荡，在没有能量贮存开放系统内，由热力学第一定律可知：

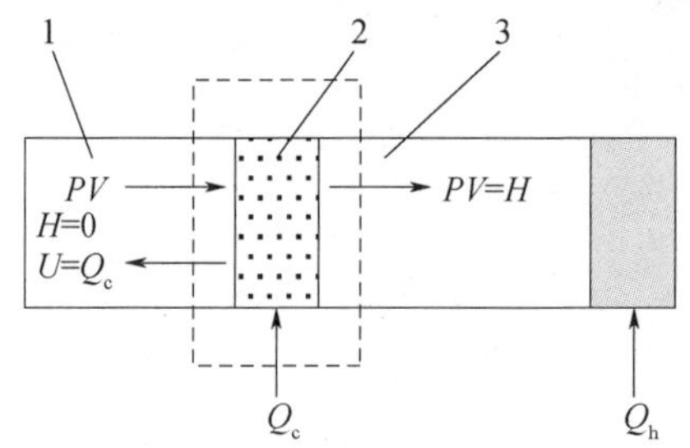

图 3-11　脉管制冷器冷头内的能量流动图

1—回热器；2—冷换热器；3—脉管。

$$Q - W = \Delta(u + pv) = \Delta H \tag{3-24}$$

式中：u 为内部热量；pv 为气体的压力和比容。

对于理想气体，有

$$H = mh = mc_p T \tag{3-25}$$

在回热器的焓必须为零，因为在回热器中时间平均温度 T 是恒量，即在回热器内结束一个循环周期 τ 的焓为

$$\langle \dot{H} \rangle = \frac{1}{\tau}\oint \dot{m}h\mathrm{d}T = \frac{c_p}{\tau}\oint \dot{m}h\mathrm{d}T = 0 \tag{3-26}$$

另外，根据开尔文—普朗克陈述的第二定律，提升的热不能直接转化为气体活塞功，当热被直接传到脉管制冷器热端热交换器时就会出现这种情况。因此，提升的热被泵抽送到回热器并被来自压缩机完全等价的功平衡。这一必然性遵循焓的第一定律。综合上述对开放系统回热器 H 的推导，可知：

$$\dot{H} = \dot{Q} - W = \dot{Q} - pv = 0 \tag{3-27}$$

小孔的正确定相功能能使热量抽到回热器。

对于理想气体，有

$$T = \frac{P}{R\rho} \tag{3-28}$$

所以由式(3-26)和式(3-28)可知：

$$\langle H\rangle = \frac{c_p}{\tau}\int_0^{\tau}\dot{m}\frac{P}{R\rho}\mathrm{d}t = \frac{c_p}{R\tau}\int_0^{\tau}pv\mathrm{d}t \tag{3-29}$$

式中：$c_p,\dot{m},T,P,\rho,h,v$ 分别为工质的定压比热容、质量流速、温度、压力、密度、比焓和体积流速；τ 为交变流动周期；t 为时间。

因为 $Q_c=\langle H\rangle$，因此，当压力与体积流速为正弦波时，有

$$Q_c=\langle H\rangle=\frac{1}{2}\frac{c_p}{R\tau}P_1V_1\cos\theta \tag{3-30}$$

式中：P_1,V_1 分别为压力波振幅和质量流振幅，θ 为压力波与质量流的相位差。

由式(3-30)可知，在 $0\leqslant\theta<\frac{\pi}{2}$的范围内脉管具有制冷效应，当 $\theta=0$ 时，脉管内的时均焓流最大，即脉管制冷器的理论制冷量最大；当 $\theta=\frac{\pi}{2}$时，时均焓流为零，没有制冷效应。

焓流调相理论成功地解释了小孔型脉管制冷器的工作原理，小孔和气库实际上起到了调相功能，为脉管制冷器提供了合适的相位。

从脉管制冷器的质量流 $\dot{m}$ 和压力波 p 之间相位关系的分析可知，由于气库体积比脉管的体积大得多，气库中的压力始终处于全系统的平均压力。在这种情况下，质量流的方向不完全取决于脉管中的压力变化率，而是在很大程度上取决于气库与脉管间的压力差。当脉管中的压力低于气库中的压力时，气流将从气库流向脉管，此时脉管处于升压状态($\mathrm{d}p/\mathrm{d}t>0$)。反之，当脉管中压力高于气体压力时，质量流从脉管流向气库。因此，在一个压力波周期内，大于平均压力的波形部分对应的气体从脉管流向气库，小于平均压力的波形部分对应的气体从气库流向脉管。结果小孔型脉管的质量流与压力波之间为同相位，从而具有高的制冷效应。小孔型脉管制冷器的制冷性能比基本型脉管优越。实际上，小孔型脉管制冷器的气库体积是有限的，存在一定的压力波动，而并非始终处于全系统的平均压力，因此小孔型脉管的质量流与压力波之间不可能完全达到同相位。

3.4.3 脉管制冷器的几种形式

脉管制冷器有多种形式，选择哪种形式取决于应用情况。

选择不同的相位控制、膨胀机及热交换器和压缩机的组合就会有不同的脉管制冷器形式。

对于空间制冷器，选择线性压缩机是基于牛津型设计的可靠性和低污染，对于商业应用，选择旋转压缩带旋转阀的形式较普遍，它们特别适合大负荷制冷压缩机。

双小孔脉管制冷器又称为双向进气脉管制冷器，它的性能得到改善，特别是

在较低温度时可以在较大范围内调节质量流和压力波的相位,使两者在相位上匹配得更好。另外,双向进气对脉管中的动态参数具有调幅作用,脉管中压力振幅随之增长,也有助于提高制冷量。

脉管制冷器中采用惯性管代替小孔也可以实现相位的调节功能,它是利用脉管中气体振荡导致的惯性效应来控制冷器中压力波和速度波之间的相位关系。惯性管一般相当长、直径小。相位控制的改善,减少了在回热器中的质量流,热交换器的正确设计会使脉管的效率更高。热声脉管制冷器,它的谐振冷头工作在高频率,但不适于空间应用。

3.4.4 空间应用的脉管制冷器

空间脉管制冷器使用的是牛津斯特林制冷器,用的是无磨损压缩机,主要的在装配时的差别是被动冷头不要求动平衡。两个相对工作的压缩机安装在一个外壳内,这会产生冷头压力波,可方便地提供动量抵消,冷头组件振动问题也得到改善,制冷器的重量和尺寸也明显减小,脉管制冷器制冷温度可以更低并且逐渐消除全部运动部件,例如热声脉管制冷器,在效率和尺寸方面脉管制冷器有竞争优势,空间应用中存在的问题如下:

1. 脉管制冷器可靠性问题

由于与斯特林制冷器使用相同结构压缩机,脉管制冷器的可靠性设计与斯特林制冷器采用相同的方法。脉管制冷器冷头是被动的并且没有电动机,因此脉管冷头较简单,更可靠。脉管制冷器也有气体污染劣化的问题。脉管制冷器的旁通管和小孔管线对颗粒污染特别敏感,因为这些管线是敏感的相控制器。脉管制冷器在空间应用中多采用冗余方案。然而,在制冷器地面试验中,假如它们没有平行于重力梯度的垂直的力,关闭的制冷器的脉管可能成为工作着的制冷器的对流热负荷。上述问题都是在空间应用中脉管制冷器要解决的可靠性问题。

2. 抑制脉管制冷器振动的措施

除了没有冷头移动质量补偿,脉管制冷器抑制振动的方法与斯特林制冷器相同,这使抑制振动问题简单化,采用头对头的双压缩机或单个压缩机带有一个机动的或被动平衡器就可以达到平衡。另外,用快速傅里叶变换反转振动错误信号馈入压缩机电动机驱动信号方法可使飞行电子波形发生器产生谐波振动抑制,这使脉管制冷器振动更小,在冷头从工作流体的压力振动可以检测到脉管制冷器的微小振动。脉管制冷器冷头能与附件连接,这种连接具有足够的强度和刚度,平衡后压缩机振动输出峰值为 1 ~2 牛(N),当加上电子补偿装置时,峰值降到0.2 ~0.5 牛(N)。目前的空间脉管制冷器已采用集成结构,因此压缩机测出的振动输出代表了制冷器的性能。集成脉管制冷器目前已能满足执行任务期间低振动的要求。

3.5 焦尔－汤姆逊(JT)制冷器

3.5.1 封闭循环焦尔－汤姆逊(JT)制冷器

在等焓状态下,当流体膨胀从高压流向低压时,焦尔－汤姆逊(JT)效应使流体冷却(理想气体的焓值只是温度的函数,因此理想气体节流前后的温度是不变的。而实际气体的焓值是温度和压力的函数,所以实际气体节流前后的温度将发生变化,这一现象称为焦尔－汤姆逊效应。这一效应也意味着会加热流体,在这里我们仅专注于产生冷量和制冷效应的膨胀)。封闭 JT 循环设备示意图如图 3－12 所示。高压流体离开压缩机,通过同流换热器流动,然后经过 JT 阀门膨胀到低压产生了冷却流体,流体流到等温热交换器,在这里热负荷得到冷量。气体再返回同流换热器,返回压缩机,在这里再加压,进行下一个循环,而开式 JT 制冷器中的工作流体在膨胀后排向太空。

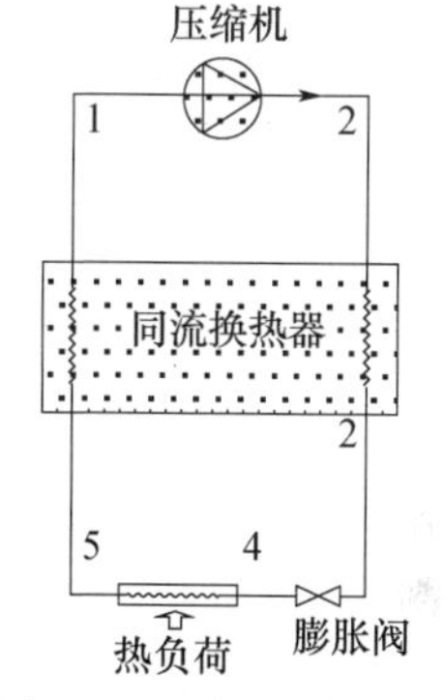

图 3－12　封闭 JT 循环设备示意图

由于 JT 制冷器的特点,因此它在空间应用中受到重视:

(1) 冷量可以供应到距离压缩机相对较远处,因而在冷端减小了振动和电磁干扰。

(2) 在装配和整合中,流路有灵活性,允许柔性连接。

(3) 能在分布很大面积范围进行冷却。

(4) 饱和液体的产生提供了变化热负荷温度稳定性和负荷量。

1. 基本热力学

JT 制冷器焓减少时压力增加。对于理想气体焓的减小不会使压力增加,只有实际气体才会伴有压力增加,液体或接近液体状态的流体多数是实际流体,在有限的蒸气压缩循环工作温度范围内,流体是非理想气体,因此循环能很好地进行。

从图 3－13 氮的温熵(TS)图可知,低温系统能够工作在很大的温度范围,在高温和低压力时等焓线接近一条水平线,在纯的液体系统,这种情况要求使用高压或多级的设计方案。

由温熵图中的等焓线可知,在液化流程中 JT 循环过程非常诱人。接近汽液曲线顶部的等焓线非常陡,因此,相对较小的压力变化就产生大的温度变化。在接近临界点时,在小孔的等焓膨胀似乎比膨胀机等熵膨胀更有效,但现实的制冷方案要具体分析。

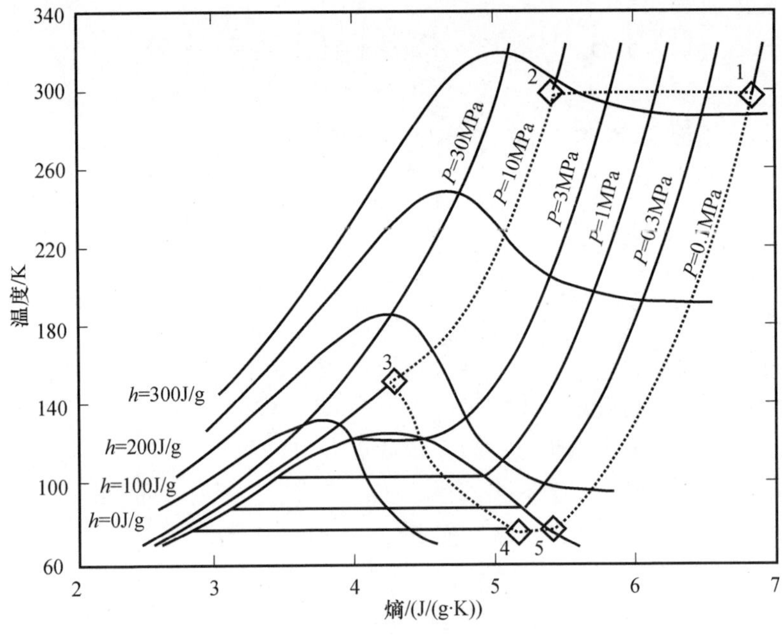

图 3-13　典型的氮气 JT 循环 TS 图

结合图 3-12 和图 3-13 可解释氮的 JT 循环的制冷过程。从温熵图可知：1-2为等压缩，由压力 0.1MPa 压缩至 10MPa；2-3 在同流换热器冷却，温度由 300K 降至约 150K；3-4 是等焓膨胀过程，经过膨胀阀等焓膨胀，压力由 10MPa 降至约 0.2MPa，温度进一步降至约 80K。4-5 是等温热吸附过程，热负荷在此消耗冷量；5-1 是在同流热交换器加热过程，将冷量传给进气的热气流，气体返回压缩机，再重复上述循环。

2. 焦尔-汤姆逊制冷器主要部件

1）充气装置

系统中的蓄气装置要保证当系统被加热到环境温度时绝对压力在安全限制之内，并缓冲由于系统压力变化而造成的温度变化，压力变化是由变化的热负荷引起的。蓄气装置大小应能确保在堵塞冷却回路高增压情况保护系统。

2）热交换器

热交换器能用冷的低压气流预冷从压缩机进入的高压气流，在达到稳态工作后，部分质量流将成为液态。

同流换热器对这种类型的制冷器非常重要，由于损失对热交换器影响很大，因此主要讨论损失的问题，很显然，性能差的换热器将使较高温度的流体进入 JT 阀，这减少了产生的液相镏分。为提高换热器效率，要增加流体和换热器之间的接触面积或使用较小的水力直径。但增加接触面积和减小水力直径直接关系到这两种流体的压力降，为了换热器效率更高就会有大量的压降，这会影响到质量和输入功率。其他损失包括热传导和辐射面积也会受到影响。

最通用的换热器是简单的管中管设计，它是盘绕结构，管子较长，对于较大的系统有较高的质量流速，尺寸增加，损失也增加，对于要求仅几毫瓦的小制冷器，这种换热器还是比较好的。

较先进的换热器是基于穿孔或平行板设计的换热器。这种换热器在较高质量流速下，有较高的效率并且有低的压力降。新的设计有轻的质量又有很高的性能。

3）JT 阀

JT 阀为从高压到低压膨胀流体提供了流动阻力，JT 阀是产生冷量的地方。它受到关注的原因是因为小的流动通道在高压力降下能被工作流体中的污染物堵塞。常常在 JT 阀装有加热器，用于快速加热，以便清除堵塞的冷冻污染物流体。

通常 JT 阀使用孔板、细直径毛细管线或多孔塞制造。毛细管线比孔板有较长的流动长度，因此可以选取较大的直径并且不容易被堵塞。多孔塞提供了大量的小通道，也可以防止全部堵塞。

对于给定压力降和工作温度全部阀可提供一个固定的质量流速。这关系到系统快速冷却的问题。因为 JT 阀的流动阻力是为低温工作状态设计的，低温下流体黏度低，在启动时压力降非常高，当阀门温度高时会造成低质量流速和缓慢冷却。

4）负荷罐

负荷罐又称气库，通常填充多孔材料以便捕获液体。热负荷被施加到含有内部热交换器的罐壁，在空间零 g 状态下累积的液体的管理对系统性能是至关重要的。

在系统设计中必须考虑液体的流动性以替换刚刚蒸发的质量和液体与液体流动之间的相互作用。因为压力下降是系统性能的直接损失，压力变化导致温度变化，负荷罐必须被设计成保持液体流是恒定流动状态，而与填充到负荷罐达到什么水平无关。

5）过滤器和吸气剂

JT 阀对流动阻力的敏感性导致污染能改变阀门在一段时间的性能。冷凝杂质将转移到冷端。在 JT 系统中的污染可能来自固定颗粒和冷凝液体。冷凝污染物对制冷器性能造成严重风险，在系统工作前必须保证流体是清洁的，要选择低出气和不产生颗粒的正确材料，全系统要使用过滤器和吸气剂以防止污染到达冷端。

6）机械压缩机

JT 制冷剂压缩机有几种型式。一些用移动活塞压缩，压缩机有油润滑系统，有涡旋式和旋转叶片式压缩机旋转系统。这些压缩机比线性压缩机更重并有较高的效率，这些压缩机接触和磨损表面要进行润滑，其有非常低的磨损率，但是颗粒的存在和润滑的控制是这种方法的最大挑战。

长寿命 JT 压缩机最成熟的方法是采用清洁密封、线性电动机和柔性轴承技术,这些技术是空间斯特林制冷器和脉管制冷器已应用和发展的技术。JT 制冷器压缩机包括使用组合簧片型阀门的交流压力波型线性压缩机,簧片阀整流正弦压力波并创建 JT 制冷器所需要的交流压力和流量。

3.5.2 开式循环焦尔-汤姆逊(JT)制冷器

1. 工作原理

图 3-14 给出了氩的压力—焓关系图和单级热交换器示意图,用氩气作为例子是因为从 300K 环境温度开始降压,它有极好的 JT 冷却特性。通过一个节流器的 JT 膨胀是一个等焓过程,因此,40MPa 压力温度为 300K 的钢瓶直接降到 0.1MPa 放出的气体以 215K 离开。

进入的气体从 1-2,这是由于在逆流换热器中被 4-5 返回冷气体冷却的结果,温度降到较低的温度。在热交换两端的焓值有了相同的变化。在点 2 的 JT 膨胀结果是从节流阀流出的 40% 流体在相对应压力的饱和温度下是液体。在 3-4 的过程中,理想情况是在热交换器的任何一边不会产生压力降,并且产生的液体在冷却热负荷的过程中被汽化。然后气体退回到 300K 的热交换器的热端。简单的能量平衡计算指出,有效的冷量等于质量流率和 1-5 焓差(即 $h_5 - h_1$)的乘积。

在实际的制冷器中,其冷却过程如图中虚线所示。气体将在较入口气体温度低的点 5′离开,在冷却热负荷时不是全部液体都被汽化。压力降在热交换器两端不明显,这个压力降在高压端影响不明显,但在冷端提高了饱和温度。

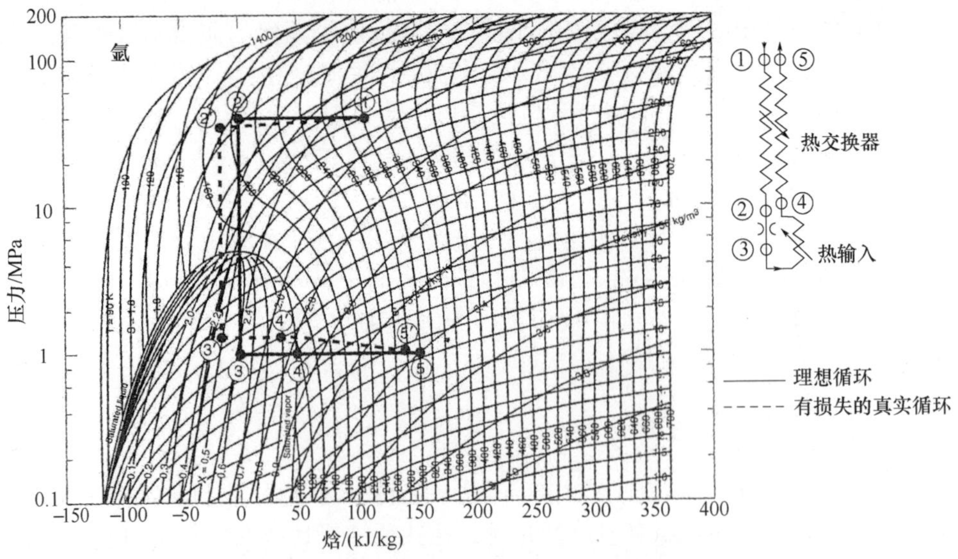

图 3-14 氩气叠加了 JT 冷却的压力-焓图

通过对压力—焓图研究可以得出如下结论：

（1）当环境温度增高时，冷却效果 $h_5 - h_1$ 会减少，直到成为加热效果。

（2）当压力从最高点减少时，冷却效果减少。

（3）当在特别高的压力时，随着压力的增加焓差减小。

（4）大的温差发生在热交换器的冷端。

因为大温差取决于气体性质，因此热交换器可以相对较小。使用小的热交换器，结合高的流率和大的焓差，可以得到快速冷却的效果。

2. 多级制冷器

图 3－15 为两级 JT 制冷器的示意图。氩 JT 制冷器预冷氖制冷器到 90K。氖制冷器 JT 过程可以冷却储液器，直到液氖在 34K 收集。在流动停止后，当液氖经过热交换器排放到真空状态的空间时，一些液氖蒸发，随着氖的升华可能会得到 20K 的低温，假如氖有单独的排放路径，可能会达到 16K。

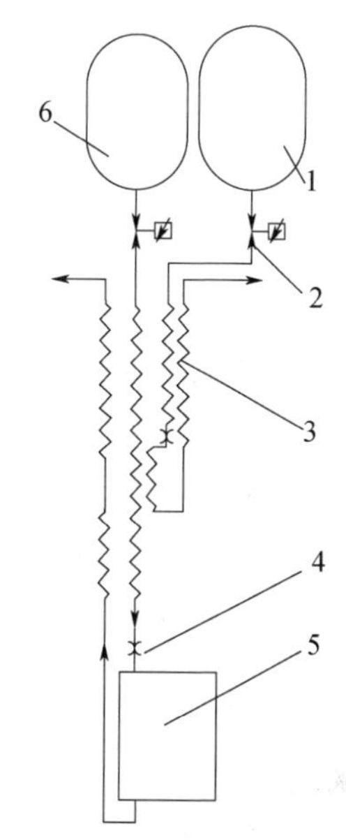

图 3－15　两级 JT 冷却系统示意图

1—氩，55MPa；2—开启停止阀门；3—热交换器；4—膨胀阀门；5—储液器；6—氖，30MPa。

二级 JT 制冷器使用氪预冷氩或氮会冷却得更快，这种系统的重量会比单独的氩或氮单级制冷器轻，如果储液器收集了液体，然后流到两个回路都在同一时间停止，如果氪仅是为了冷却，那么在冷却之后氪就可以停止流动，氩或氮气流保持流动，继续冷却热负荷。二级 JT 制冷器一般用氩预冷氖，用氮预冷氢。

二级 JT 制冷器的设计相当复杂，因为冷却是瞬态性质的过程，在工作过程中两级冷却是不同速率下进行的，当在钢瓶中的压力降低时，其流率也下降，在第 2 级当液体收集在储液器内时会产生流动不平衡状态。

3. 热交换器设计和性能

JT 制冷器中两种最常用的热交换器是翅片管热交换器和型片管热交换器，图 3－16所示为外壳外径 3.4mm，工作在 40MPa，300K 氩 JT 制冷器，热交换器分为翅片管和型片管。热交换设计中一般要使高压和低压气流有基本相同的速度。在两个气流之间很大的密度差别就造成在低压端相对于高压端有更大的表面面积的需要。图中两个热交换器高压气使用了基本上相同的管。在低压端翅片管用缠绕的铜带扩大了面积，缠绕在管上的铜带焊接在管上，用以很好地传热。型片管是将管子固定到粘结隔板的芯体上的一种管子，缠绕的管能承受高压气体的压力。

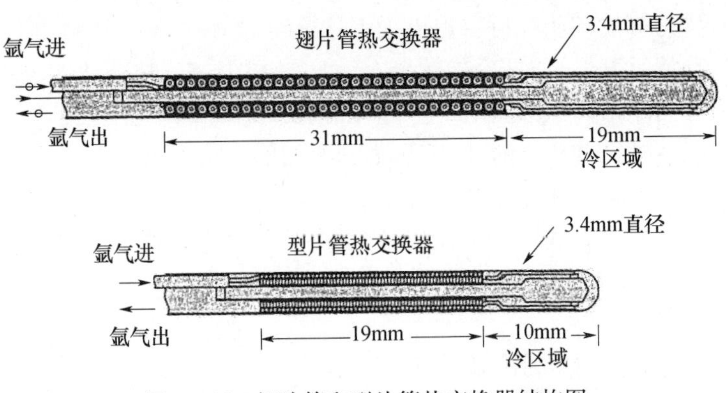

图 3－16　翅片管和型片管热交换器结构图

型片管比翅片管在相同直径情况下更短，因为前者管间距更密合并且单位体积内隔板内的细金属线有更大的表面面积，具有较小的水力直径。型片管的缺点是从一端到另一端热传导比翅片管高，因此翅片管 JT 制冷器最好工作在冷却后同时以低速率产生冷量长时间运行的情况，型片管 JT 制冷器适合快速冷却和罐装储液器、运行时间短的情况。

4. 新的发展趋势

(1) 混合工质。微制冷系统可以采用高纯气体作为工作物质，由于自身热力学性质的限制，不可能获得较高的效率。为大幅度提高制冷量，应用混合工质的研究备受关注。

(2) 自动调节冷量。自动调节冷量的方式特别符合具体工作的要求，因此特别受到重视。为实现自调节功能，双金属材料、压电陶瓷和记忆合金等新材料和新结构被应用到 JT 制冷器。

(3) 新型微型 JT 制冷器。利用光刻工艺制造新型微型 JT 制冷器以满足低温电子和低温探测器的需要。利用蒸发腔抽吸或者喷射器技术可以达到更低的工作温度。

(4) 制冷器平面化。JT 制冷器传统结构是细长结构，当制冷器与探测器组装后会是悬臂梁结构，脉管制冷器改变为平面结构后，脉管制冷器与探测器的组件就具有很好的抗振动和抗冲击性，性能获得显著提高。

(5) 快速启动与自动调节结合。JT 制冷器快速启动在应用中具有重要意义，同时具有快速启动和自动调节功能并且工作时间长的脉管制冷器更符合红外领域的需求，提高对被冷却器件的适应性和对特殊工作环境的适应性是其发展的主要方向。

5. 硅和玻璃热交换器的 JT 制冷器

新材料和新技术的发展带动了 JT 制冷器的发展。下面介绍一种可提供 0.1～1W 制冷量，用硅和玻璃多孔板热交换器的微型 JT 制冷器。该制冷器的阀门可以是宝石孔或压电阀门，可以二者选一。使用微型阀门调节的 JT 系统在压力差为430kPa 时可以达到254.5K。使用宝石孔为膨胀孔的情况下，进口压力为1MPa，乙烷质量流速为0.269g/s 时，膨胀孔温度可以降低76.1K。在短暂状态系统可达200.3K。除了寄生热负荷 300～500mW 外，系统制冷量在228K 时可达200mW，在239K 时可达1W。

微型 JT 制冷器采用的是逆流多孔板热交换器。该热交换器使用众多高电导率硅多孔板与低电导率玻璃间隔件交替叠合而成。因此，通过热交换器形成了一个大的温度梯度，在组装时铂电阻温度计交替地装入其中，以便实时测量温度，热交换器的制造是用晶片上湿蚀刻和玻璃蚀刻技术，用粘接方法组装在一起。多孔板热交换器芯片尺寸为10mm×10mm。25 个芯片总长20mm，硅板厚度500μm。派热克斯玻璃间隔片厚度为300μm。两列开口槽是在每个硅板两个高压和低压侧。槽是50μm 宽和1400μm 长，每个槽之间有50μm 间隙。热交换器实际效率可达0.91，在入口压力到1MPa 时有高稳定性。多孔板热交换器如图3－17 所示。

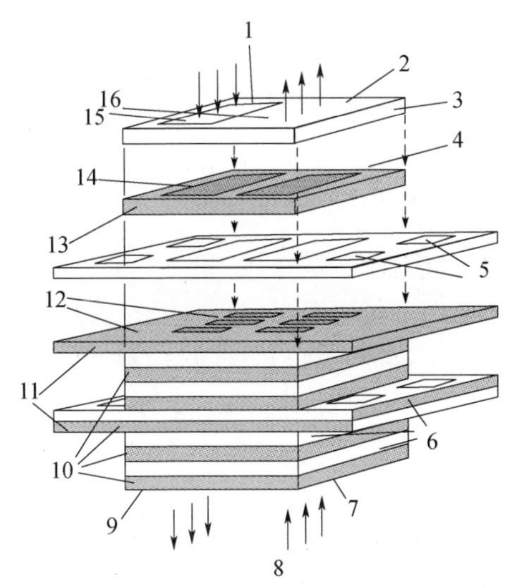

图3－17　多孔板热交换器

1—回热式换热器热端；2—低压流体；3—派热克斯玻璃间隔片；4—低压流体流过的刻蚀插槽；5—连接孔；6—派热克斯玻璃间隔片；7—低压流体；8—回热式换热器冷端；9—高压流体；10—硅平板；11—带铂电阻温度探测器的硅平板；12—硅铂电阻温度探测器；13—硅平板；14—高压流体流过的刻插槽；15—打开的窗口；16—高压流体。

在 JT 系统中，宝石喷嘴已被微机械加工的硅/玻璃压电阀门代替。在这个阀门中，压电陶瓷执行机构带动硅阀座靠在玻璃板上，通过调节阀座和玻璃板的打开程度改变流体的流速。阀座是通过深反应离子刻蚀方法在硅晶片制成的。在室温和低温条件下进行流量调节。阀门总尺寸为1cm×1cm×1cm。试验表明，尽管低温下压电系数减小使调节范围降低，在 80K 低温下，微型阀门(图 3 - 18)仍可以调节流量。

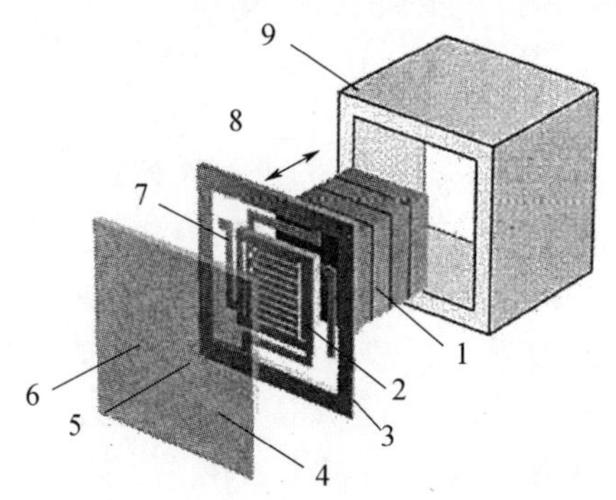

图 3 - 18 硅/玻璃压电阀门

1—压电陶瓷驱动器；2—硅阀门管；3—硅支撑架；4—玻璃平板；5—出口；6—进口；7—偏斜悬挂架；8—压电陶瓷运动形式；9—可加工陶瓷外壳。

3.6 吸附制冷器

3.6.1 吸附制冷器的工作和循环原理

1. 吸附制冷器的工作原理

吸附制冷器的工作原理可以用图 3 - 19 所示的压力—成分—温度(PCT)等温线表示，该组等温线是 $LaNi_{4.8}Sn_{0.2}$系统。该图是 18K 普朗克(Planck)压缩机吸附循环叠加到该等温线上。*AB* 代表吸附，*CD* 代表解吸，从图中可知温度降低和压力升高可以使吸附率增大。吸附床在加热时可以作为压缩机，在冷却时也可以作为抽气泵。吸附床在 *BC* 和 *CD* 过程起到了压缩机的过程，而 *DA* 和 *AB* 起到了抽气泵的过程。利用吸附床加热解吸获得高压压缩，吸附床冷却吸附获得低压抽气，这就可以构成吸附制冷循环。

2. 采用节流制冷的吸附制冷器循环工作原理

吸附制冷器采用了封闭循环 JT 膨胀过程以达到冷却效应，大部分焦尔 - 汤姆逊制冷器使用机械压缩机提供要求的气体流，但是吸附制冷器采用吸附压缩机。

吸附压缩机是热驱动压缩机，使用活性炭一类的吸附床材料。由于多孔结构，活性炭有很大的内表面积，它能吸附大量的气体。加热吸附床材料，气体被解吸，建立了高压。高压气体通过控制方法使气体膨胀而获得冷量。吸附制冷器循环工作原理如图 3 - 20 所示。

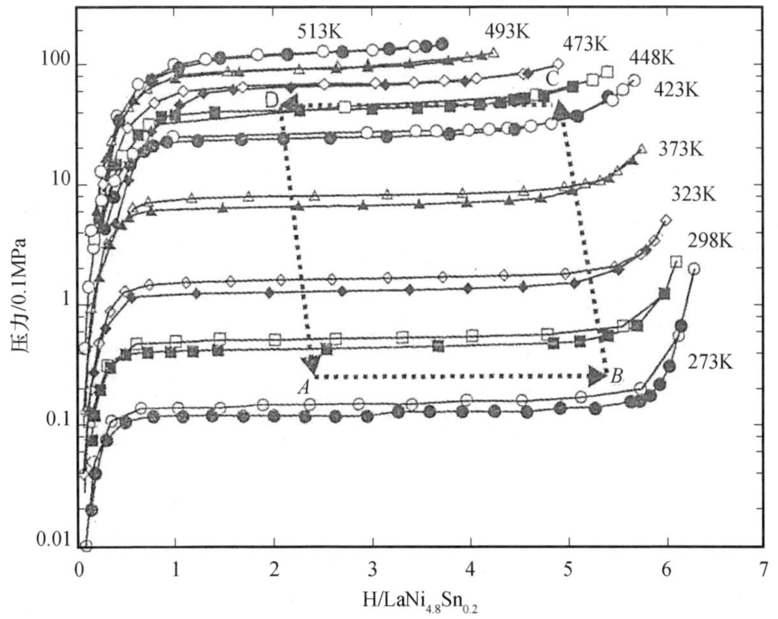

图 3-19 叠加到 $LaNi_{4.8}Sn_{0.2}$ 氢系统等温线上的 18K 普朗克压缩机理想的吸附循环

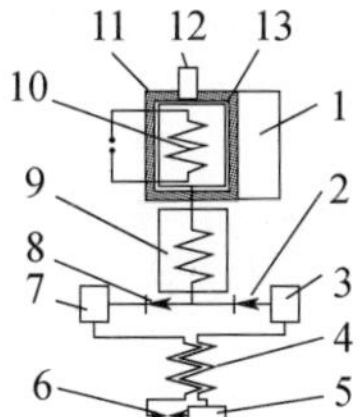

图 3-20 吸附制冷器循环工作原理图

1—热沉；2—低压止回阀；3—低压缓冲器；4—热交换器；5—蒸发器；6—节流阀；7—高压缓冲器；8—高压止回阀；9—后冷却器；10—吸附容器加热器；11—压缩机容器；12—气体间隙执行器；13—气体间隙。

活性炭放在压缩机容器中，该容器用气隙与热沉分离，气体间隙执行机构拥有小量的填充专门选择接触气体的吸附剂材料。加热气体间隙执行机构，这时接触气体解吸并填充间隙，这样会使压缩机容器和热沉之间建立起一个好的热接触，在容器中活性碳冷却到热沉的温度并吸附气体直到容器中的压力降到低于低压缓冲器。在那一点时，低压止回阀打开，从低压缓冲器来的气体流到压缩机容器，在容器中气体被活性炭吸收。在压缩机容器内的活性炭很快处于工作气体饱和状态，气体间隙执行机构的加热已停止，然后在间隙中的接触气体再次被执行机构吸气剂材料吸附，压缩机容器与热沉变成绝热状态。

下一步是内加热器开始加热容器内的活性炭,工作气体解吸,在容器内的压力增高,在容器内的压力很快高于高压缓冲器的压力,高压止回阀打开,从容器中流出的工作气体通过后冷却器流向高压缓冲器。从缓冲器流出的工作气体流经逆流热交换器并通过 JT 节流,气体膨胀冷却下来。工作气体液化并收集在蒸发器中。这就是实际的冷头,这里的冷量是可用的。当液体蒸发时,会吸收来自环境的热,蒸发的工作流体经过逆流热交换器返回低压缓冲器。在经过热交换器时,它吸收了来自高压气体的热,它起到预冷高压节流气体的作用。压缩机容器加热和冷却循环运行使制冷连续工作,采用两级压缩可提高制冷器效率。缓冲器能平衡压力波和在系统是室温情况下防止过度的压力升高。气体间隙执行机构最大限度地减少。在压缩机容器内的活性炭加热阶段向辐射器漏热,另外,预冷器可以在气体进入逆流换热器之前冷却来自压缩机的高压气体。

3.6.2 吸附制冷器的设计

1. 吸附压缩机

吸附压缩机不是用机械压缩气体的方式工作,它是利用热化学循环方式工作的,吸附剂床被加热,在高压供气体进入 JT 膨胀机的入口,同时离开低温恒温器的气体在被冷却的吸附剂床回收这种循环压缩的方式消除了机械压缩机的全部振动和电磁干扰的根源,两个根本的气—固相互作用在吸附过程一直存在。

(1) 物理吸附中气体分子和吸附剂(活性炭、分子筛)之间的相对微弱(热反应范围 0.5 ~ 25kJ/mol)的范德华键。

(2) 化学吸附使气体分子在表面上分离和在固体内分解。氢和氧用于吸附压缩机,众多选择可用于金属氢化物,镨铈氧化物(PCO)适合作氧的吸附剂。这些系统的热反应更高(30 ~ 150kJ/mol),要求吸附温度高于室温。

用作吸附 JT 制冷器的气体吸附剂如表 3 – 6 所列,单级吸附压缩机如图 3 – 21 所示,压缩机由 4 个压缩机元件(每个包括吸附剂床、加热器和气体间隙加热开关)和 JT 制冷器冷级。吸附压缩机的工作本质上是间歇过程,随着从热吸附剂床产生的高压气体,交替着吸附到冷床。

制冷器连续不断地制冷通过几个吸附剂床按顺序分阶段工作就可以达到,可以由 4 个吸附部件组成压缩机(每个吸附部件有吸附床、加热器和带有它的压力控制器的气体间隙加热开关)。

制冷器由 4 个吸附部件完成压缩机完整的循环,一个单独的压缩过程由 4 个阶段完成:在 A 和 B 阶段吸附床加热,在 C 和 D 阶段被冷却。在 B 阶段部件的吸附床产生高压气体流,在 D 阶段低压气体流进吸附剂小孔。

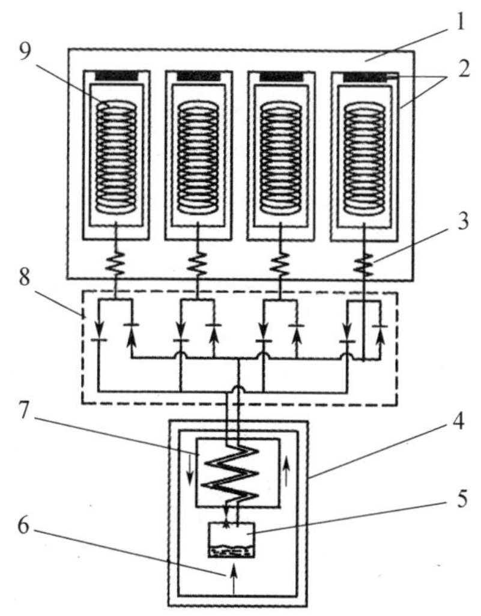

图 3-21　带有 JT 冷却级由 4 个压缩机组成的单级吸附压缩机示意图

1—环境温度;2—带金属氢化物压力控制器的气体间隙热开关;3—后冷却器;
4—绝热真实外壳;5—JT 阀和低温恒温器;6—制冷负荷;7—逆流热交换器;
8—止回阀装置;9—带有加热器的吸附压缩机容器。

表 3-6　用于吸附 JT 制冷器的典型的气体、吸附剂组合

冷却温度范围/K	吸附剂	气体	高压/MPa	压缩机高温/K	压缩机低温/K
155 ~ 210	活性炭	乙烯	1.4 ~ 2.0	550 ~ 600	300
160 ~ 200	活性炭	氙气	2.0 ~ 3.0	550 ~ 600	300
120 ~ 150	活性炭	氪	1.2 ~ 4.0	500 ~ 600	250 ~ 300
100 ~ 140	活性炭	甲烷	1.2 ~ 4.0	500 ~ 600	250 ~ 300
70 ~ 100	活性炭	氮或氩	1.2 ~ 4.0	500 ~ 600	250 ~ 300
65 ~ 90	镨铈氧化物	氧	2.5 ~ 5.0	800 ~ 900	650 ~ 700
30 ~ 17	活性炭	氢	4.0 ~ 6.0	250 ~ 300	60 ~ 100
30 ~ 15	金属氢化物	氢(液体)	5.0 ~ 12.0	400 ~ 550	260 ~ 300
14 ~ 9	金属氢化物	氢(固体)	0.2 ~ 1.0	500 ~ 600	260 ~ 300
8 ~ 3	活性炭	氦	1.0 ~ 3.0	70 ~ 80	15 ~ 25

2. 吸附剂质量的确定

在设计吸附式制冷器时,在确定了制冷温度和压力后,就确定了单位制冷量所需要的气体质量流量 $\dot{m}$,该值与吸附剂质量 m 有关:

$$\frac{\dot{m}}{m} = \left(\frac{\partial x}{\partial T}\right)_p \frac{\mathrm{d}T}{\mathrm{d}t} \tag{3-31}$$

式中:x 为吸附剂吸附气体的吸附率;$\left(\frac{\partial x}{\partial T}\right)_p$ 为等压下吸附率随温度的变化,它是

吸附剂温度 T 和吸附床压力的函数。

式(3－31)表明吸附剂质量与单位制冷量所需要的气体质量流量 $\dot{m}$ 成正比，与升温速率$\frac{\mathrm{d}T}{\mathrm{d}t}$和等压下吸附率随温度的变化率$\left(\frac{\partial x}{\partial T}\right)_p$成反比。

下面以分子筛—氮气为例进行说明。如果选定单位制冷量下的气体质量流量 $\dot{m}=0.272\mathrm{g/s}$，吸附压缩机压力为 0.68MPa，温度为 250K，则$\left(\frac{\partial x}{\partial T}\right)_p=3.5\times10^{-3}\mathrm{K}^{-1}$，设$\frac{\mathrm{d}T}{\mathrm{d}t}=0.03\mathrm{K/s}$，则所需的分子筛吸附剂质量 $m=2.6\mathrm{kg}$。

3. 加热功率设计

空间用低温吸附式制冷器可以采用空间航天器电动装置的余热，通过热辐射将热量传递给吸附器，从而达到加热解吸器的目的。同时也可以将压缩机的热量通过辐射向空间散热，实现吸附床的冷却。这个过程通过吸附器上安装的百叶窗的开启和关闭就可以实现。为简化计算，假设传递给吸附床的热量立即传递给吸附剂并使气体解吸。如果吸附床加热是通过一个恒温 T_{co}向吸附床辐射来实现，设吸附床温度为 T_{h}，辐射传热面是黑体，面积为 A_{h}，辐射角度系数为 1，则热量

$$Q_{\mathrm{h}}=A_{\mathrm{h}}\cdot\sigma\cdot(T_{\mathrm{co}}^4-T_{\mathrm{h}}^4) \tag{3-32}$$

式中：σ 为斯忒藩—玻耳兹曼常数。

由于加热过程中吸附床温度是变化的，因此式(3－32)求得的热量是个保守值。

4. 吸附制冷器在空间应用中值得讨论的一些问题

吸附制冷器主要由吸附床、热交换器、节流装置、管道、阀门、加热/冷却装置组成。由于制冷器中死空间对制冷器性能影响特别明显，因此要求各部件在设计中尽可能减小死空间，同时在系统中要加纯化用的各种过滤器。

为提高吸附床性能要进行传热传质强化。传热强化主要是增大换热面积和提高换热系数，传质强化主要采用减小传质路径的技术手段。活性炭和分子筛等吸附剂可以通过压缩固化的办法提高其热导率，并减小其死体积。对于金属氢化物，因为其热导率较高，因此导热问题容易解决。

吸附式制冷器设计中必须最大限度地减小制冷器的功耗和重量，设计中要考虑如下几点：

(1) 在可能条件下，尽量采用化学吸附代替物理吸附，化学吸附往往在高温热源下工作，其效率较高，排热系统可以做得较轻。

(2) 采用物理吸附时，尽可能采用沸点高的气体作为工质，这样它与吸附剂间的范德华吸附力会大些，因而不需要过高的压比。吸附剂应有吸附率大、吸附空隙容积小的特性，这样可以减小对总能耗的需求，并使得制冷效率得到提高。

(3) 尽量在较高的温度水平对吸附式压缩机进行冷却，吸附式压缩机散热应

通过辐射或对流方式进行，尽量避免采用其他形式的制冷源来冷却。

(4) 对制冷气流尽可能降低到达 JT 节流阀前的温度，这样可以有效地提高节流效果。

(5) 吸附制冷器没有运动零件，因此没有磨损影响。吸附床材料受热循环的影响已经做了试验，没有发现不利影响。吸附制冷器的部件较少，吸附制冷器必须进行寿命试验。

(6) 由于简单的结构和无运动零件，吸附制冷器有很好的可靠性，这使吸附制冷器适合用于长期任务。使用几个平行的吸附容器可以增加整体的冗余水平。即使一个吸附容器失效，也不会影响其他容器的性能，剩余的容器的工作循环经调整去补偿总的性能损失，这意味着对全部压缩机容器共用的吸附循环过程需要适合长寿命的要求。

(7) 吸附制冷器几乎不产生任何振动，它残留的振动源是工作流体在管中的流动和止回阀操作。例如，在红外空间干涉测量任务中要求振动水平低于 $1\mu N/\sqrt{Hz}$，这么小幅度水平的振动很难在试验装置上验证，由于它需要与无所不在的自然干扰进行非常好的隔离，因此现用分析方法确定振动水平，分析证明振动水平能达到任务的要求。

(8) 除了电子设备，吸附制冷器电磁干扰源仅有通过压缩机容器内加热器的电流和通过气体间隙执行机构加热器的电流。在多数情况下这些电流产生的电磁干扰可以忽略。

(9) 目前的吸附制冷器的设计是基于在转移工作循环中标准吸附容器的同时运行，缓冲器稳定系统的压力，一旦有某个吸附容器合格，并联的吸附容器的数目可以变化，以便根据需要调节冷却功率，另外，吸附制冷器压缩机容器的位置相对于冷级可以自由选择。吸附制冷器吸附容器允许自由分布，它比辐射制冷器更自由。

(10) 当使用 JT 节流制冷时，吸附制冷器的效率是个问题。制冷器效率决定了总体功耗和在制冷器热端被排出的热量。寻找高性能吸附床材料可以很大程度改善效率，不仅内表面积决定吸附性能，同时，材料的空隙率也很重要。当吸附容器内的压力变化时，为减少寄生缓冲器影响，空隙率应该尽量低。一般来说，吸附制冷器是卡诺理论最大效率的 2% ~3%，因此应该对提高效率进行更多的研究工作。

3.6.3 两种吸附制冷器简介

1. 普朗克吸附制冷器

普朗克吸附制冷器压缩机由 6 个压缩机部件组成，部件内填充的是 $LaNi_{4.78}Sn_{0.22}$合金，它们提供了适当压力和流速下氢的连续循环。每个压缩机部件使用了气体间隙热开关，它在加热和解吸期间隔离了吸附剂，还在冷却下来和吸收期间排热。气体间隙执行器使用 $ZrNiH_{1.5}$ 通过交替加热和冷却这些氢化物来可逆地改变压力在1.3Pa和1.3kPa之间的氢气压力。氢化物压缩机部件的试验样机被制造并且经历了模拟它们在制冷器中工作状态的长期湿度循环试验,在制冷器内氢气的流动被动止回阀定向,被动止回阀被多孔烧结盘式过滤器保护,以防止细微粒子造成的泄漏。

2. 红外空间干涉测量吸附制冷器

DARWIN吸附制冷器图3-22所示。4.5K吸附制冷器由两部分组成:第一个吸附制冷器是保持14.5K用氢气的制冷器;第二个吸附制冷器使用的是氦气,用第一个氢气吸附制冷器作为预冷级,因此第二个吸附制冷器能达到4.5K。两个制冷器有两级压缩机。氢压缩机与100K辐射制冷器热沉相连接。氢气被50K辐射制冷器预冷,50K热沉也用于冷却氦压缩机。

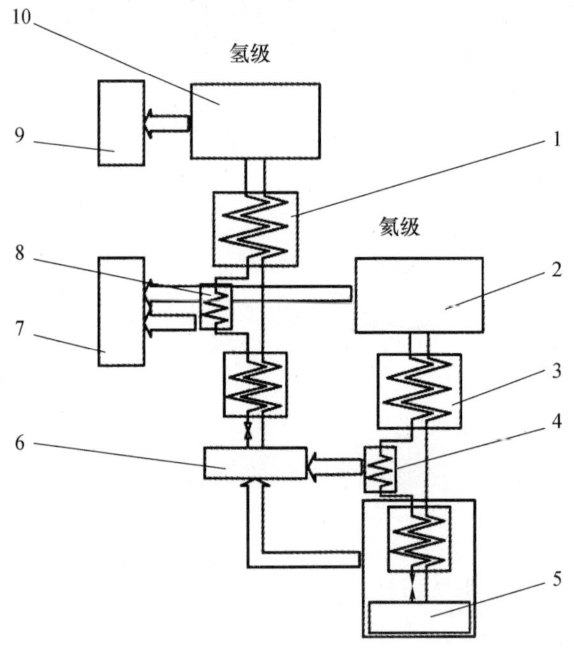

图3-22 红外空间干涉测量任务吸附制冷器示意图

1—后冷却器;2—氦吸附容器;3—后冷却器;4—预冷器;5—4.5K氦蒸发器;6—14.5K氢蒸发器;7—50K辐射制冷器;8—预冷器;9—100K辐射制冷器;10—氢吸附容器。

据文献报道,制造了氦级吸附制冷器并且成功地在实验室进行了试验。另外,全部吸附制冷器部件通过执行空间任务期间对环境负荷的分析,验证了其性能。

对于这个两级吸附制冷器,深冷空间一直在努力匹配被动辐射制冷器,早期DARWIN吸附制冷器的一个问题是大辐射制冷器面积要求。因此吸附制冷器效率的优化成为近期研究的一个课题，这包括各种吸附床材料在实验室的试验，用于测量吸附性能。

经研究，吸附制冷器性能得到很大改善。制冷器的热负荷也减小了，使用现在的辐射制冷器尺寸，综合 V 形槽屏蔽的 DARWIN 辐射制冷器能够完成普朗克任务的有效负荷的要求。

V 形槽由一系列高反射圆锥屏蔽组成，它阻止了航天器向有效负荷的辐射热交换。屏蔽之间的任何辐射经过多次反射都排到深冷空间，DARWIN 吸附制冷器结构中包括两个分离的锥形辐射制冷器，一个辐射制冷器接近锥罩的顶部，它在 50K 为氦吸附制冷器排热，它的面积为 $6m^2$。第二个辐射制冷器面积 $1.5m^2$，形成锥的底部，靠近 V 形槽屏蔽，在 100K 为氢吸附制冷器排热。

太阳帆板在航天器的底部，它的作用就像主太阳屏幕，V 形槽由一组低放射率板组成，由低传导率的管组成的桁架作支撑。这些管支撑锥形辐射制冷器组件，该组件有波纹表面以最大化发射率。在锥形的底座是 100K 面积 $1.5m^2$ 的辐射制冷器，用于氢吸附辐射制冷器的全部表面以最小化翅片效应。

吸附制冷器结构如图 3－23 所示。氦和氢压缩机吸附容器固定在锥形辐射制冷器的内侧，均匀分布整个表面。

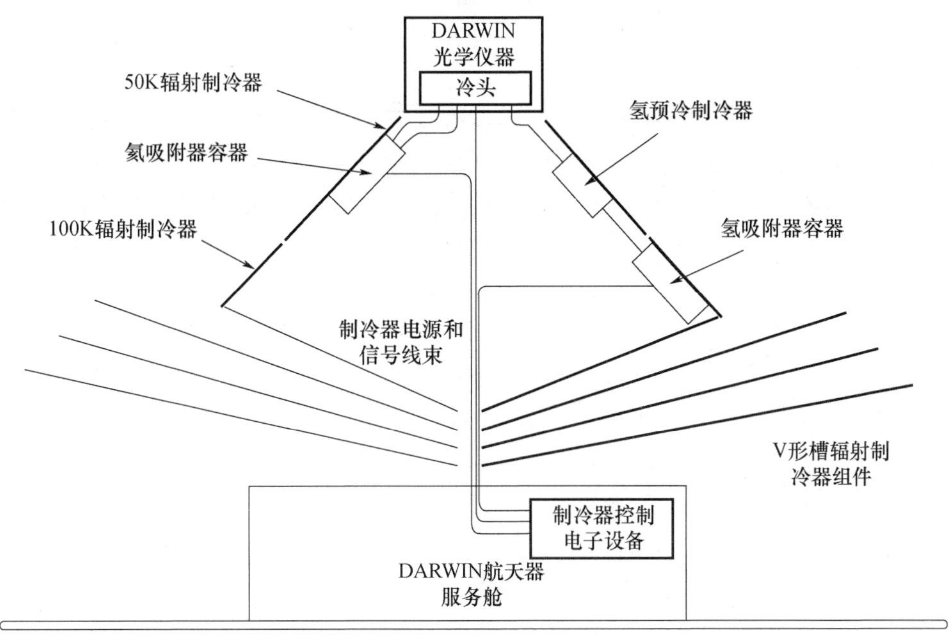

图 3－23　DARWIN 吸附制冷器结构体系示意图

全部制冷器零件都固定在辐射制冷器组件上，航天器热零件内连接制冷器电控设备是通过电气线路连接。

3.7 磁制冷机

3.7.1 绝热去磁制冷原理和制冷循环

1. 绝热去磁制冷原理

1904年,兰热文首先指出顺磁物质磁极化强度的变化会伴随温度相反的变化。德拜和乔克于1926年分别指出顺磁盐的绝热去磁会使其温度降低。乔克和马克杜卡尔于1933年进行了绝热去磁的首次试验,当时达到了0.25K的超低温,并获得了诺贝尔奖。由于航天技术和宇宙探测的需要,使绝热去磁制冷器获得飞速的发展。特别要提出的是居里在研究物质磁化率的时候,发现物质的磁化率与绝对温度成反比,这就是居里定律,用数学式表示如下:

$$X_m = \frac{M}{H} = \frac{J}{T} \tag{3-33}$$

式中:X_m 为磁化率;M 为单位体积物质的磁极化强度或磁矩;H 为磁场强度;J 为居里常数。

居里定律奠定了绝热去磁制冷的基础。

磁性物质系由原子或具有磁矩的磁离子组成的结晶体。磁系统的固有特性为离子具有一定的热运动(或热振动)。磁离子的不规则排列或系统的熵与此热运动有关。在低温下物质状态的特点为粒子的热运动较弱,它与系统中粒子的小的不规则排列程度或低的系统熵有关。对于磁系统来说,在低温下磁离子易于由不规则排列转化为定向排列。在固体中磁离子按一定顺序与磁场平行地规则排列,并伴随着向周围介质排出热量引起熵减少。如果接着在绝热条件下去除外界介质的作用,即去除磁场,那么为了保持系统中磁离子规则排列,必须消耗内能,因此系统温度下降。在绝热去磁时,磁场强度减弱,磁极化强度也随之减弱。

图3-24表示在 $T-S$ 图上的磁制冷循环,图上的曲线为等磁场强度 H 曲线。磁制冷循环由两个过程组成:在初温 T_i 下等温磁化过程 $A-B$,在此过程中排出热量,熵减小;而绝热去磁过程 $B-C$ 是等熵过程,在此过程中温度降到 T_f。

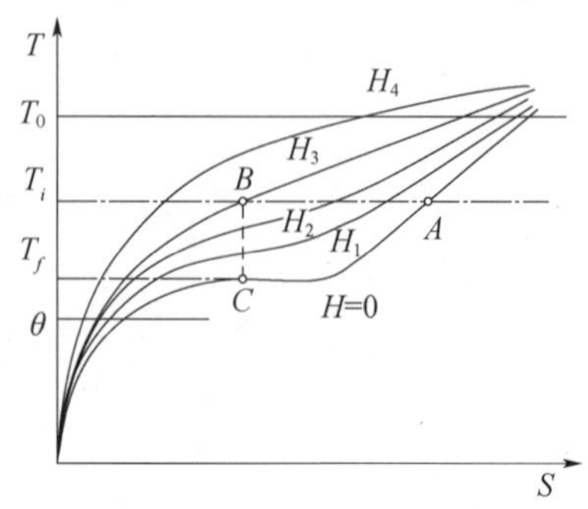

图3-24 在 $T-S$ 图上表示的磁制冷循环

具体的冷却过程分两步。

第一步:当温度为 T_i 时,外部磁场由零增加到 H_i 所释放的磁化热为

$$Q = T_i[S(O,T_i) - S(H_i,T_i)] \tag{3-34}$$

第二步:绝热去磁,外磁场由 H_i 减小至 H_f,

温度于是由 T_i 降至 T_f，该过程的制冷量为

$$\left(\frac{\partial T}{\partial H}\right)_S = -\left(\frac{\partial T}{\partial S}\right)_H\left(\frac{\partial S}{\partial H}\right)_T = -\frac{TV}{c_B}\left(\frac{\partial M}{\partial T}\right)_H \tag{3-35}$$

式中：M 为磁化强度；$\frac{c_B}{V}$为磁场一定时每单位体积的比热，$\frac{c_B}{V}=c_H$；c_H 为定磁场强度比热容。

化简式(3-35)，得

$$\left(\frac{\partial T}{\partial H}\right)_S = -\frac{T}{c_H}\left(\frac{\partial M}{\partial T}\right)_H \tag{3-36}$$

由方程(3-33)居里定律 $M=J\frac{H}{T}$，对其求导，得

$$\left(\frac{\partial M}{\partial T}\right)_H = -J\frac{H}{T^2} \tag{3-37}$$

$\left(\frac{\partial T}{\partial H}\right)_S$ 可以称为微分绝热去磁效应，将式(3-36)和式(3-37)合并，得

$$\left(\frac{\partial T}{\partial H}\right)_S = -\frac{T}{c_H}\left(-J\frac{H}{T^2}\right) = \frac{JH}{c_H T} \tag{3-38}$$

由此可以确定绝热去磁时的温度变化为

$$\int_{T_i}^{T_s} T\mathrm{d}T = \frac{J}{c_H}\int_{H_i}^{H_s} H\mathrm{d}H$$

$$T_i^2 - T_f^2 = \frac{J}{c_H}(H_i^2 - H_f^2)$$

故最终温度为

$$T_f = \sqrt{T_i^2 - \frac{J}{c_H}(H_i^2 - H_f^2)} \tag{3-39}$$

从式(3-39)可知：为了获得尽可能低的最终温度 T_f，必须降低初温 T_i，同时应采用尽可能高的初磁场强度 H_i 及尽可能小的终磁场强度 H_f。

2. 磁制冷循环

在顺磁体绝热去磁制冷中用到的是原子磁矩或核磁矩构成的系统，具体的材料包括硝酸铈镁(CMN，一种电子顺磁体)、铜(核顺磁体)和 $PrNi_5$(一种超精细增强的核顺磁体)。

顺磁体采用绝热去磁可获得低温，但这种制冷方法是充磁和去磁两个截然不同的过程，因此只能间断运行，故而制冷量也是间断产生的。为了连续制取冷量就要采用绝热去磁冷循环。用这种方法将充磁和去磁两个过程连接起来以便完成制冷操作。

根据不同种类过程连接方式可以采用不同的制冷循环。其中具有较高效率的基本循环有磁卡诺循环、斯特林循环、埃里克森循环及布雷顿循环 4 种。

1）磁卡诺循环

磁卡诺循环使用绝热去磁和绝热磁化过程来连接两个等温过程的。在这两个绝热过程中，由于与外部系统之间没有热量的交换，系统的熵保持恒定。

如图3－25所示，当外磁场从B_2绝热减小到B_3时，磁性工质的温度按下式从T_1降低到T_2：

$$\frac{(B_3^2+B_L^2)}{T_2^2}=\frac{(B_2^2+B_L^2)}{T_1^2} \tag{3-40}$$

式中：B_2，B_3为点2、点3处磁感强度；B_L为局部磁感强度。

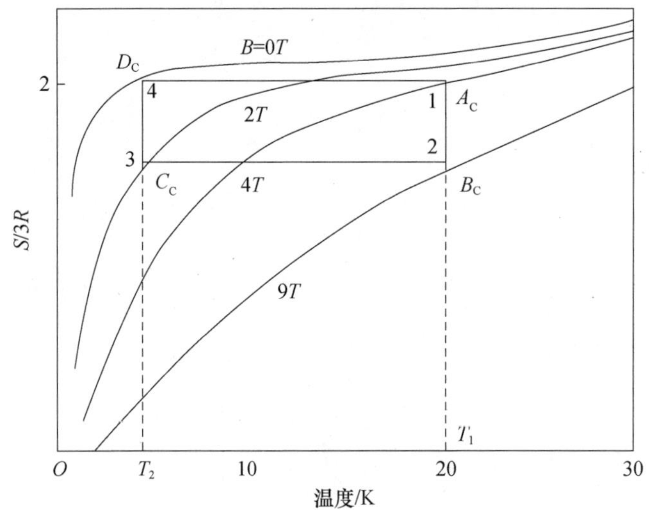

图3－25　熵－温图上的磁卡诺制冷循环

（制冷的工作温区选为4.2～20K）

在等温过程中，磁熵变化也可以在$S-T$图中得到，即

$$|\Delta S_{12}|=|\Delta S_{34}|=|\Delta S| \tag{3-41}$$

因为$B_2>B_1$和$B_3>B_4$，因此在温度T_1的顺磁物质的磁场从B_1等温地增加到B_2时系统的磁熵的变化ΔS_{12}为放热过程，放热量为ΔQ_1，在温度T_2下将外磁场从B_3减小到B_4时，磁熵的变化ΔS_{34}为吸热过程，吸热量为ΔQ_2。

从上式可得到每个循环中，对磁性工质做的功为

$$W=|\Delta S|T_1-|\Delta S|T_2 \tag{3-42}$$

做的功就是图中$A_CB_CC_CD_C$的面积。

2）磁卡诺循环制冷机

磁卡诺循环制冷机的制冷过程如下：

（1）等温磁化过程。先合上热开关Ⅰ，打开热开关Ⅱ，磁场从B_1增大到B_2。通过开关Ⅰ，磁性工质将热量ΔQ_1向高温热源排除，同时磁性工质的熵减少ΔS_{12}。

该过程为 $A_C B_C$ 过程。

(2) 绝热去磁过程。先打开热开关Ⅰ和热开关Ⅱ,将磁场从 B_2 减小到 B_3。由于没有热量流入或流出系统,磁性工质的熵保持不变。磁性工质达到状态3,温度下降到 T_2,该过程为 $B_C C_C$ 过程。

(3) 等温去磁过程。合上热开关Ⅱ,打开热开关Ⅰ,继续将磁场从 B_3 减小到 B_4,磁性工质等温地将磁场从 B_3 降到 B_4,磁场工质等温下去磁,熵增加 ΔS_{34}。同时通过热开关Ⅱ,从低温热源吸收 ΔQ_2 的热量,该过程为 $C_C D_C$ 过程。

(4) 绝热去磁过程。打开热开关Ⅰ和热开关Ⅱ,磁场从 B_4 增大到 B_1。刚好与绝热去磁过程(2)相反,磁性工质等熵变化,温度从 T_2 上升到 T_1。最后到达状态1。该过程为 $D_C A_C$ 过程。

3) 制冷效率

制冷系统的性能用制冷系数(COP)评估其性能。磁制冷循环从低温热源吸收的热量为 ΔQ_2,制冷过程必须投入的功为 W,因此制冷系数为

$$\varepsilon = \frac{\Delta Q_2}{W} \tag{3-43}$$

根据热力学第一定律,每个循环中供给制冷工质的功,应该等于它的放热量和吸热量的差值,因此,有

$$\varepsilon = \frac{\Delta Q_2}{W} = \frac{\Delta Q_2}{\Delta Q_1 - \Delta Q_2} \tag{3-44}$$

对于这种逆向的热机循环,ε 也称为制冷效率,卡诺循环最大制冷效率为

$$\varepsilon_{\max} = \frac{T_2}{T_1 - T_2} \tag{3-45}$$

3.7.2 核磁性及核去磁制冷设备

1. 核磁性

有些元素或化合物不具有电子磁矩,而具有核磁矩,类似于顺磁盐材料的原子(电子)磁矩去磁制冷,核磁矩也可以用来磁制冷。

原子核内部的粒子(质子和中子)也具有自旋,因而也产生磁矩,称为核磁性,原子核的合成自旋用量子数表征。原子核的磁势能用核磁子 μ_N 度量。磁子的大小同粒子的质量成正比,而质子的质量为电子质量的1836倍。

核磁物质在外磁场的作用下也会产生极化,绝热去磁时也伴随有温度的降低,但核磁矩只有原子磁矩的 $\frac{1}{1836}$,因此为了在核磁体系中得到同样比例的熵变化就需要比顺磁盐绝热去磁更大的磁场强度、更低的温度。但在退磁之后可以达到 μK 级的低温。

顺磁盐绝热去磁制冷的一个主要缺点就是制冷材料的导热性能差,因而顺磁

盐绝热去磁制冷不适用于导热好的纯金属材料，这是因为纯金属材料的磁有序（导带电子被磁相互作用极化）温度通常比顺磁盐的电子磁矩有序温度高很多。

核去磁制冷方法，可以利用纯金属材料。另外，金属的核磁矩密度实际上很大，提供了很大的熵密度。两种最重要的核去磁制冷材料是铜和 $PrNi_5$。

2. 核绝热去磁制冷的原理及设备

图 3-26 所示为绝热去磁制冷的原理。这种制冷方法的主要设备是核磁体系及其周围的超导磁体，用来产生冷量。设备中需要一个温度保持在 10mK 的预冷冷源，用它作为核绝热去磁制冷循环中的高温热源。预冷冷源用铜线与核磁体系连接，在连线上装有热开关。

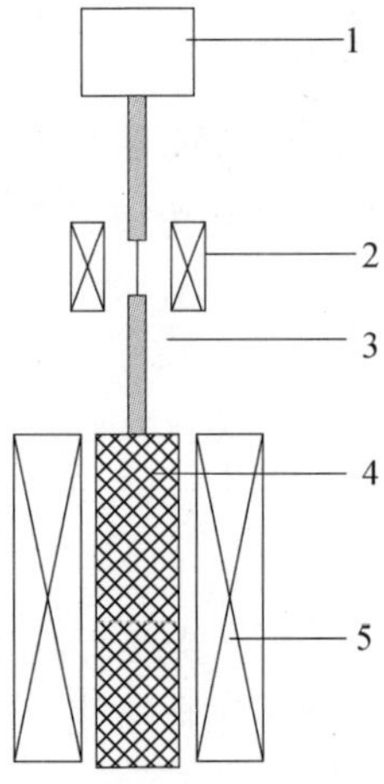

图 3-26　核绝热去磁制冷原理

1—预冷冷源（≈10mK）；2—热开关及其磁体；3—铜线；4—核磁体系；5—超导磁体。

10mK 预冷冷源的温度只有氦稀释制冷器或顺磁盐的磁制冷设备才能提供。因此图中的预冷冷源可能是氦稀释制冷器的混合器或者是顺磁盐的磁制冷设备的顺磁盐容器。

核绝热去磁制冷设备的制冷过程如下：

（1）初始状态预冷冷源冷却到 $T_i = 10\text{mK}$，接通热开关。

（2）外场从零升到 B_i，使核磁体系磁化，此时核磁物质的温度可能稍为升高，并将热通过热开关传给预冷冷源混合室或顺磁盐容器。

（3）待核磁体系磁化后并降温至 10mK 左右时，断开热开关，使核磁体系处于绝热状态。

（4）缓慢降低磁场到 B_f，使核磁体系绝热去磁，则温度降至 T_f（$<1\text{mK}$）。

应用复叠式核去磁制冷可以达到更低的温度。

图 3-27 所示为大型两级复叠式核去磁制冷设备，核磁体系的第一级由

4.3mol 的 $PrNi_5$ 制成,第二级由 10mol 的铜(Cu)制成。预冷冷源是用稀释制冷器,可将核磁体系预冷到 25mK。设备中有两个热开关,可控制工作过程的进行。第一次退磁时 $PrNi_5$ 的磁感应强度由 6T 减到 0.2T,从而使设备降到 5mK。在此温度下使铜的磁感强度加到 8T,然后通过热开关Ⅱ使两级核磁体分开。此后 $PrNi_5$ 进一步去磁并冷却到 2mK,以起到热防护作用而铜去磁到 10mT,这使铜核被冷却到 5μK,传导电子被冷却到 40μK(两者之间的热平衡需要很长时间)。这一降温过程大约需要 4 天时间。

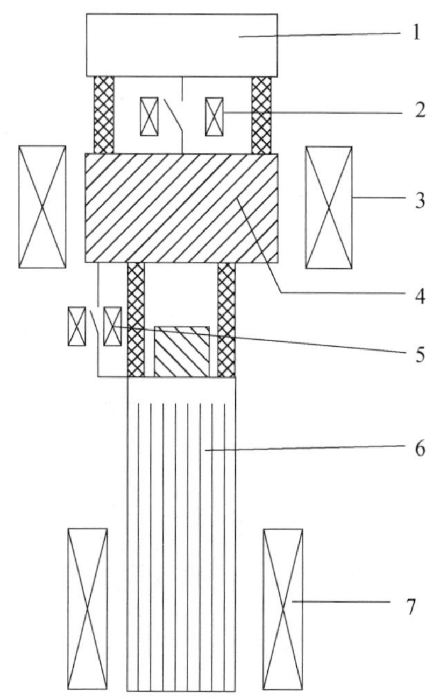

图 3-27　大型两级复叠式核去磁制冷设备结构

1—氦稀释制冷机混合室;2—热开关Ⅰ;3,7—线圈;4—$PrNi_5$;5—热开关Ⅱ;6—铜棒。

3.7.3　磁制冷机低温恒温器

1. 顺磁盐的定量化描述

为了描述磁冷却,必须考虑到顺磁物质的电子自旋系统。电子自旋系统根据温度分布能级,通过一个外部磁场操控能级并决定电子分布,这个操控就是磁致热效应的基础,冷却循环就建立在这个基础上。考虑到理想的自旋系统允许推导出熵,它取决于两个变量,即外部磁场 B 和温度 T。此外,顺磁系统的热容量也是重要参数,下面将推导这个参数。值得注意的是:得到的数据是在自旋系统仅受到外部磁场的影响,可是这能够量化顺磁盐的总热容,可用于绝热去磁制冷机(ADR)的安装。

由于外部磁场,单一的顺磁离子的电子自旋能级为

$$\varepsilon_m = m\mu_B g_e B \tag{3-46}$$

式中:μ_B 为玻尔磁子($\mu_B = 9.274 \times 10^{-24}$ J/T);g_e 为电子 g 因子($g_e = -2.002$);m 为磁量子数,它是在 $-J$ 和 J 之间的半整数值,J 是顺磁离子的总角动量。这样,可能有 $2J+1$ 电子能级。

在顺磁体中全部电子分布通过配分函数 Z 给出。利用式(3-46),Z 为

$$Z = \left[\sum_{m=-J}^{m=J} \exp\left(-\frac{\varepsilon_m}{K_B T}\right)\right]^{nN_A} = \left[\sum_{m=-J}^{m=J} \exp(-mX)\right]^{nN_A} \tag{3-47}$$

式中:n 为顺磁离子的摩尔数;N_A 为阿伏加德罗常数($N_A = 6.022 \times 10^{-23}$/mol);$K_B$ 为玻耳兹曼常数($K_B = 1.381 \times 10^{-23}$ J/K);用 X 代替以下值:

$$X = \frac{\mu_B g_e B}{K_B T} \tag{3-48}$$

通过考虑恒定体积和磁场,由自由能可得到熵为

$$S = K_B \frac{\partial(T/nZ)}{\partial T} \tag{3-49}$$

将式(3-47)代入式(3-49),得

$$\frac{S}{nR} = \frac{x}{2}\left[\coth\left(\frac{x}{2}\right) - (2J+1)\coth\left(\frac{(2J+1)x}{2}\right)\right] + \ln\left[\frac{\sinh((2J+1)x/2)}{\sinh(x/2)}\right] \tag{3-50}$$

这个方程描述的是自旋系统的熵,因为 X 与 B/T 成正比,所以温度 T 与磁场 B 成比例。真实的顺磁系统是由恒定的内磁场 B_{int} 和施加磁场 B_{app} 给予,即

$$B = \sqrt{B_{int}^2 + B_{app}^2} \tag{3-51}$$

B_{int} 限制了最低温度,式(3-50)中 $J = 5/2$,$nR = 1$J/K。施加磁场 B_{app} 的变化从 0 到 6T,并假设 $B_{int} = 0.05$T。

从熵可以推导出热容,对于恒定磁场,热容 C_B 为

$$C_B = T\frac{\partial S}{\partial T} \tag{3-52}$$

利用式(3-50),得

$$\frac{C_B}{nR} = \left(\frac{x}{2}\frac{1}{\sinh(x/2)}\right)^2 - \left(\frac{x}{2}\frac{(2J+1)}{\sinh[(2J+1)x/2]}\right)^2 \tag{3-53}$$

需要指出,摩尔数 n 相当于 $nR = m/MZ$,此处 m 是质量,M 是顺磁盐的相对分子质量,Z 是在化合物中具有磁性质原子的数量。

为了取得顺磁盐的总热容,声子的贡献 C_{deb} 必须被添加上,总热容为

$$C = C_B + C_{v,m} \tag{3-54}$$

由德拜模型给出声子的贡献,即

$$C_{v,m} = m/M \cdot f_{deb} \cdot T^3 \tag{3-55}$$

式中：$f_{\mathrm{deb}}=\dfrac{12\pi^4K_B^4}{5h^3W_{\mathrm{deb}}^3}$为来自德拜模型的因子；$W_{\mathrm{deb}}$为德拜频率，$h$ 为普朗克常数（$h=6.626\times10^{-34}\mathrm{J\cdot s}$）。

式（3－54）是包括了外磁场影响在低温下顺磁盐的定量化描述，使用这个公式表达了 ADR 系统的每个盐丸的热容，它可用于估计 ADR 系统每个盐丸的热容。

2. 磁制冷机低温恒温器结构

为了达到低于 100mK 的环境以满足 mK 环境中光子探测器的要求，研制绝热去磁制冷机（ADR）低温恒温器是完全必要的。现在的 ADR 低温恒温器的特点是无制冷剂、紧凑、独立操作的 mK 制冷机，仅需要外部供应冷却水和电源。由于稀释制冷机（DR）需要^{3}He，因此 ADR 低温恒温器比 DR 低温恒温器便宜。ADR 的缺点是在 mK 温度由于热力循环限制了工作时间。但是 48h mK 保持时间和 2h 再充电的条件在 ADR 可以实现，因此 ADR 系统可以用于超导传感器的应用。

ADR 低温恒温器主要包括以下几个部件：①预冷系统；②杜瓦和冷却级；③绝热去磁系统，它包括超导磁体、盐丸装置和热开关；④操作和监控基本设备，包括温度测量、压力测量、磁体电流源和热开关控制。

（1）预冷系统。ADR 低温恒温器系统的预冷系统包括：①两级脉管制冷器；②封闭的^{4}He 气体循环；③水冷却的压缩机装置。这些部件建立了连续的冷却循环。由以上三部分构成了完整的两级脉管制冷机，它用于预冷绝热去磁制冷机。第一级冷却到 65K 时制冷量为 25W，第二级冷却到 4.2K 时制冷量为 0.4W。真空泵保证真空绝热的中控要求。

（2）杜瓦和冷却级。ADR 低温恒温器系统最重要部件是其冷却系统。冷却系统安装在杜瓦内部。真空杜瓦由圆柱形容器和法兰组成。上部法兰处于低压力环境，顶部法兰上安装有几个真空电子传导器件——脉管制冷器的冷头装置，为了温度测量、磁铁电流和热开关的电引入线用于 SQUID 低温电缆的电引入线和光纤引入线的接口，同时也要有安装真空泵管路接口和安全阀的接口。

ADR 低温杜瓦的结构如图 3－28 所示。

① 300K 级包括顶部法兰和真空容器及屏蔽，用于建立真空环境，温度为环境温度。

② 70K 级包括铜板和铝屏蔽，它们被脉管制冷器第一级冷却。

③ 4K 级包括铜板和铜屏蔽，它们被脉管制冷器第二级冷却。

④ 钆镓榴石（GGG）级是铜板，它连接到盐丸装置的丸，工作时可达到 500mK 温度。

⑤ 硫酸铁铵（FAA）级是铜棒，冷头，它连接到盐丸装置的内部丸。工作时温度可以达到低于 30mK。

顶部 300K 法兰、70K 铜板和 4K 级铜板之间用玻璃纤维增强塑料制造的悬架相互连接，保证了足够的机械稳定性，同时减少了漏热。脉管制冷器和相应各级

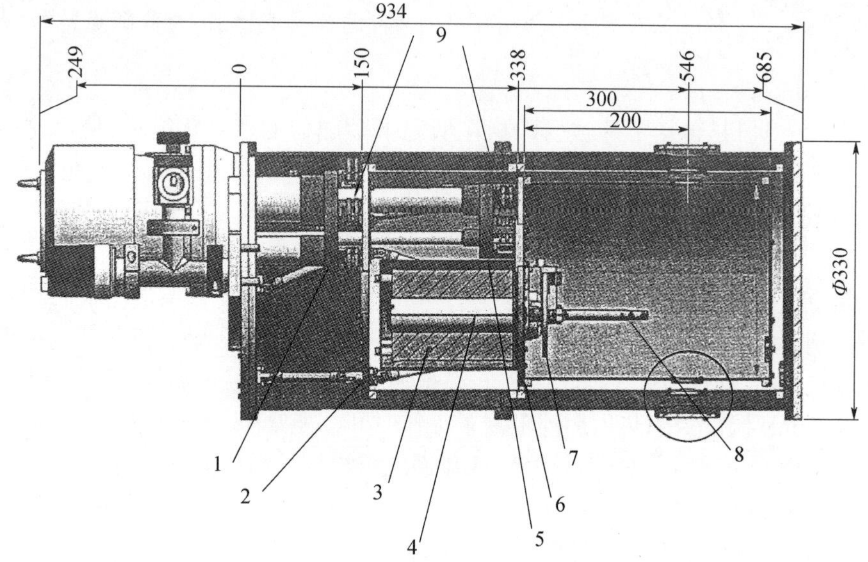

图 3-28 ADR 低温杜瓦剖面图

1—70K 脉管制冷器;2—70K 板;3—带屏蔽的 6T 磁铁;4—双线盐丸充填;5—4K 脉管制冷器;
6—4K 板;7—GGG 级(约 500mK);8—FAA 级(小于 100mK);9—隔振装置。

的热接触采用铜线,目的是减少振动。

(3) 绝热去磁系统。4K 级是绝热去磁冷却的热沉(冷槽)。下面的部件安装在 4K 级,它们组成了绝热去磁系统:

① 超导磁体。在底部安装有超导螺线管型的 6T 磁铁。磁铁被高磁导率镍铁合金(cryoperm)材料制造的被动磁屏蔽包围,为的是防止试验空间受到杂散磁场的侵扰。螺线管围绕盐丸装置并磁化盐丸的偶极子。

② 盐丸装置:盐丸装置由两级充满盐的容器构成。每个盐丸装置充当顺磁自旋系统。

GGG 丸:外部丸的盐是约 80g 钆镓榴石($Gd_3Ga_5O_{12}$)。GGG 丸围绕内部丸,为的是防止内部丸受到 4K 级热辐射的侵扰。朝向 GGG 丸安装有铜板,它提供了引向 FAA 级电缆的热沉。

FAA 丸:内部丸是被(95 ± 5)g 的硫酸铁铵($Fe_2(NH_4)_2(SO_4)_4 \cdot 24H_2O$)充满。在成功地热力循环后,该级可达到温度低于 100mK,这可用于超导传感器的冷却。传感器模块固定到 FAA 丸冷却级。

每个盐容器安装 6 个聚酰亚胺制造的插脚,3 个在顶部,另 3 个在底部。聚酰亚胺插脚从 300K 到 mK 温度显示出足够的机械稳定性和在低温下优良的绝热性能。每个盐丸的热容用式(3-54)计算。

(4) 热开关装置。用热开关使两个盐丸与 4K 级热耦合和退耦,因此每个盐丸级铜棒有通向4K级的热开关装置。热开关装置由陶瓷压力执行器组成,它移动两个铜衬垫向前和向后,铜衬围绕盐丸的铜棒。

3.7.4 连续的绝热去磁制冷机

绝热去磁制冷机对空间科学计划中不断增长的低温要求至关重要。X射线、红外和亚毫米任务用的超敏感探测器要冷却到低于0.1K,为的是达到空间分辨率的要求,而这些探测器的大阵列意味着制冷器必须有相对更大的制冷量。戈达德空间飞行中心研制的几种连续的绝热去磁制冷机(CADR)可以连续工作在0.035K或以上用于冷却低温探测器。多级的较高制冷量的连续的绝热去磁制冷机还可以冷却空间望远镜。

1. 绝热去磁制冷机冷却在空间的低温探测器

以前的绝热去磁制冷机(ADR)是单个装置,它们在限定的时间内产生冷量,然后需要把循环热排到较高温度的制冷器。现在研制了用多级ADR串联可提供连续制冷。这种方案允许个体的每一个比以前的ADR小,但能有效地冷却较大的热负荷。连续ADR(CADR)作为试验模型已用于星座-X和X射线及远红外空间任务。它由4级ADR组成,每一级有用很细的超导材料缠绕的线圈,用超导材料目的是减小输入电流。

全系统重8.2kg,系统能在0.035K温度连续制冷,在0.1K时制冷量为30μW。它有较高的热效率,几级ADR串联的结果,其排热温度也提高了。采用30mW、6K的机械制冷器就能满足要求。

根据这个方案,可以增加更多级,达到较高的排热温度或提供在中间温度连续制冷。如果采用硝酸铈镁($Ce_2Mg_3(NO_3)_{12} \cdot 24H_2O$)允许工作在低于0.01K。使用$GdF_3$允许使用范围扩展到10K。各级不需要辅助设备,并可能安装在仪器内部,这便于装配和操作。

2. 绝热去磁制冷机冷却空间望远镜和仪器

多数在空间的远红外望远镜要求冷却到4K以便使探测器有更高的灵敏度,光学仪器在4K的热发射比背景辐射低,这样,微弱的天文源能被观察到。

为冷却主镜需要4K制冷器,太阳屏蔽和地球屏蔽和辐射制冷器根据轨道的具体情况需要120~30K之间的制冷。在航天器服务舱中的机械制冷器压缩机工作在室温,而机械制冷器可提供30K,15~20K和4~10K的冷量。绝热去磁制冷器可以提供4~10K到0.05K的冷量。未来发展目标是4~30K绝热去磁制冷机冷却空间望远镜。

已发射的红外望远镜,例如:红外天文卫星(IRTS)、红外空间天文台(ISO)和ASTRO-F红外天文卫星都是采用内部氦杜瓦作冷源,Spitzer空间望远镜设备是用超流氦杜瓦蒸发的氦气作冷源。于液氦杜瓦寿命有限,重量又较重,结构复杂,随着制冷器技术的成熟和发展,特别是低于4K探测器应用的增多,空间任务中制冷器应用越来越多。

正在研制4K的绝热去磁制冷机用于冷却望远镜和仪器，排热温度在10～12K。为了有较高的温度和较大的制冷量（10～100mW），绝热去磁制冷机的系统质量问题受到关注。使用环形几何形状能消除外部被动磁屏蔽，这样，节省了系统50%质量，同时降低了杂散磁场。使用8个线圈分段串联连接的环形室会减轻质量又能大大减小杂散磁场。

为了实现这种理念，研制了可以到30K的两个环形室设计。这里的连续绝热去磁制冷机是8级系统配置，这时，交替级存在于每两个环形室并且用被动气隙热开关连接。每环形室由8个线圈连线串联组成。两个环形室工作在180°异相位。经模拟试验指出这一方案不仅工作在平衡状态，而且升至30K。这提高了排热温度，当轨道和望远镜工作允许时可以使用标准单级制冷器或不用制冷器全部使用先进的被动制冷器冷却到30K。几种新的磁致热材料用于这个温度范围，这些材料有相对高的磁热效应。

绝热去磁制冷机发展的另一个关键问题是使用超导电磁线圈，利用超导性而不是普通的有电阻的导线是为了允许较高的磁场和非常小的损失。使用电磁线圈而不是铁磁体允许有较高的磁场和消除移动零件。目前铌钛（Nb－Ti）线用于电磁线圈冷却到5K。小直径的线在小电流线圈能产生4T磁场，使用Nb_3Sn线温度可以达到约12K。随着新的高温超导材料的出现，将会产生更先进的绝热去磁制冷机。

3.8 稀释制冷机

1964年P. Das等人做出了第一个稀释制冷机，最低温度可以达到220mK，1966年H. E. Hall和Neganov等分别制造出比较成功的稀释制冷机，最低温度分别达到65mK和22mK。

目前最好的稀释制冷机可达到2mK，一般产品可达到5～15mK。稀释制冷机是获得mK温度的最有效手段，也是获得μK级温度前级和绝热去磁制冷机前级的最有力工具，被广泛用于空间低温探测器的冷却。

3.8.1 稀释制冷原理

^{3}He比^{4}He轻，这意味着液态原子间的结合能较弱，导致较低的蒸发潜热。^{3}He较低的潜热导致较高的蒸气压，^{3}He由3个核子组成，这使它成为一个费米子，然而，^{4}He由4个核子组成，这使它成为一个玻色子。正是这种差异形成了稀释致冷的基础。

^{4}He能够很容易地从自然界提取，^{3}He是更稀有的同位素，它是作为核子反应的副产品生产出来的。大多数可用的^{3}He气体用于安保探测器的应用，约10%用

于低温制冷技术。

纯^{4}He 的核自旋数 $I=0$,它服从玻色子统计,不遵守泡利不相容原理,即一个量子态可以被任意多个粒子所占据。在2.17K 可以转变到超流体。纯^{3}He 的核自旋数 $I=1/2$,它服从费米统计,遵守泡利不相容原理,即一个量子态只能被一个粒子所占据。因此,在特别低温度之前阻止了^{3}He 超流体转变,当达到很低温度时,自旋配对,然后服从玻色子统计。^{3}He 与^{4}He 混合物的超流体转变温度取决于^{3}He 的浓度。

^{3}He－^{4}He 混合物在饱和蒸气压的 $x-T$ 图在图3－29 给出,图中显示了这些同位素液体混合物的几个显著特点。首先考虑到的是纯液体,当温度在2.177K时^{4}He 液体变成超流体,而此时^{3}He 费米液体没有任何相变(事实上在低到mK 温度时^{3}He 液体也会变成超流体)。如果稀释玻色子液体^{4}He 与费米液体^{3}He,那么^{4}He 液体的超流相转变温度会降低。当^{3}He 浓度超过67.5%时,^{4}He 的超流动性将不复存在,在这个浓度和温度为0.867K 时,入线满足了相分离线的条件。低于这个温度对于取决于温度的某些限定浓度的两个同位素是可混合的。在图中划剖面线(斜线)相分离区域对于氦混合物是不能接近的温度和浓度范围。如果冷却氦混合物(随着 $x>6.6\%$)到温度低于0.87K,液体氦最后将分离到两相,一个是^{4}He 富相,另一个是^{3}He 富相。由于^{3}He 富相有较低的密度,因此它浮在^{4}He 富相的上面。如果温度降到接近绝对零度,可以看到^{3}He 富相液体变成纯^{3}He。但是在^{4}He 富相一边^{3}He 的浓度在温度接近绝对零度时,不等于零,更确切地说在饱和蒸气压甚至 $T=0$K 时,在^{4}He 中还有3.6%^{3}He 恒定浓度。这有限的溶解度是^{3}He－^{4}He 稀释制冷技术最为重要的。由于稀释过程是在一定条件下的吸热反应,通过^{3}He 原子从浓缩相进入稀释相诱导溶解产生冷却作用。

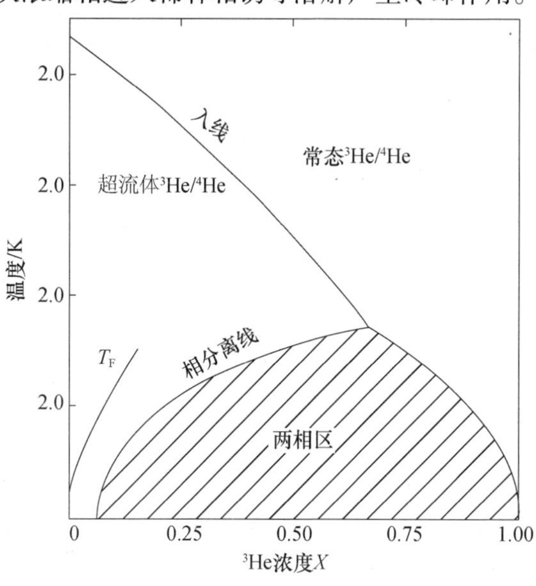

图3－29 在饱和蒸气压时^{3}He－^{4}He 混合物液体相图

图 3-30 所示为^{3}He-^{4}He 稀释相和浓缩相的温度与焓的关系曲线。从图中可知,在同一温度下,稀释相的焓大于浓缩相的焓。由于在 0.867K 以下,每一个温度的混合液都对应一个固定的浓度,它必须在该浓度下才能达到相平衡状态,所以当通过减低稀释溶液的浓度将混合液中的^{3}He 原子取出时,两相间的平衡状态就被破坏。这时浓缩相中的^{3}He 原子必然向稀释相转移,以求达到平衡。由于稀溶液的焓大于浓缩溶液的焓,因而当保持温度一定时,^{3}He 原子通过两相分界面,从浓缩相向稀释相移动进入稀释相的过程是一个增熵过程,必然是一个吸热过程。另外,从稀释溶液和浓缩溶液熵的差别也可以解释上述过程为吸热过程。^{3}He 在浓缩相的熵 S_C 比它在稀释相的熵 S_D 小得多,$S_D/S_C = 106T/22T$,因此 $S_D = 4.8S_C$。如果系统是绝热系统,则必然使系统本身的温度下降获得低温。因此只要能把大量的^{3}He 原子从稀释溶液中连续抽出,就可以获得有效的连续制冷。让稀释溶液在蒸发器中减压蒸发,并用真空泵将蒸发的气体抽走就可以连续制冷。

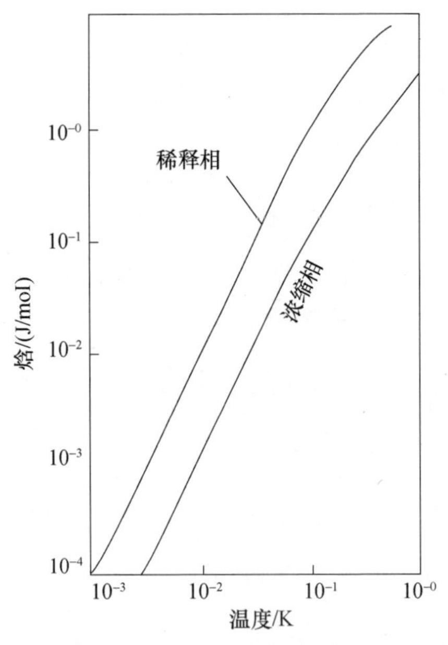

图 3-30 稀释溶液和浓缩溶液的温度与焓的关系

3.8.2 稀释制冷机的设计

1. 稀释制冷机的工作流程

图 3-31 所示为稀释制冷机示意图,工作流体是^{3}He,它在室温下用泵使流体循环。

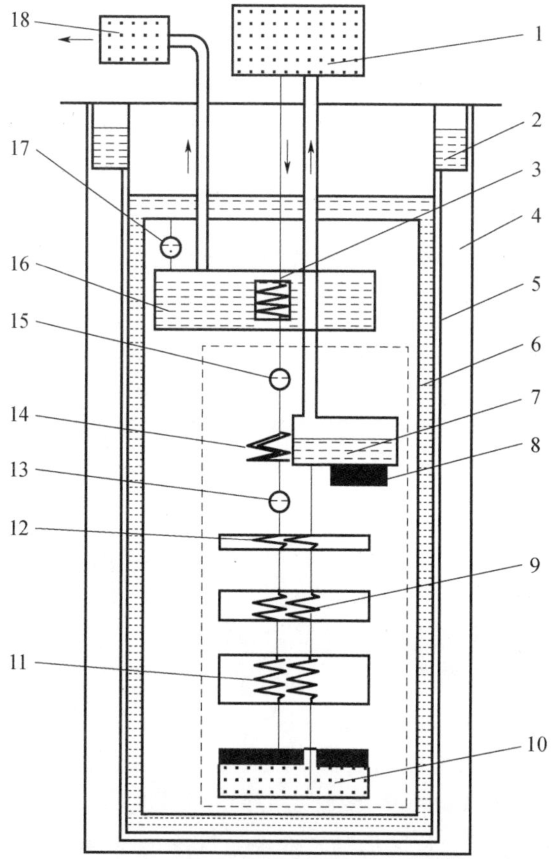

图 3-31　稀释制冷机示意图

1—^3He 泵和纯化系统;2,6—液氦槽;3—冷凝器;4—真空绝热层;5—热屏蔽;7—蒸发器;8—蒸发器加热器;9,11,12,14—热交换器;10—混合器;13—副阻抗;15—主阻抗;16—1K 罐;17—1K 阻抗;18—1K 冷槽泵。

稀释制冷机的工作流程如下:

(1) 在室温下可以将^3He 用泵达到 P_C 为几百毫巴。它进入低温恒温器并被^4He 冷槽冷却到 4.2K。

(2) ^3He 进入真空室。在那里进一步冷却到 1K,冷槽的温度为 1.2 ~ 1.5K。当 P_C 大于^3He 在 T_{1K}时的蒸气压 $P_V(T_{1K})$时,^3He 冷凝在热交换与 1K 冷槽内。冷凝热被 1K 冷槽移出。

(3) ^3He 进入主阻抗。流动阻力值力:$P_C > P_V(T_{1K})$。

(4) ^3He 与温度 $T_S = 0.5 \sim 0.7K$ 的蒸发器交换热量。

---

① 1 巴(bar) = 10^5 Pa。

(5) ^3He 进入第二次的阻抗。流动阻力为:在热交换器到蒸发器 ^3He 压力大于局部蒸气压 $P_V(T_S)$。这阻止了 ^3He 在 1K 冷槽内被液化,在蒸发器热交换器内再次蒸发。$T_S = 700mK$ 时的蒸气压 P_V 约为 100Pa。

(6) ^3He 进入逆流热交换器,在热交换器被在稀释相的 ^3He 冷却,在热交换器另一边中,^3He 向上流动。通常高温区域热交换器是管型。在更冷的区域热交换器结构更复杂。

(7) 离开最冷的热交换器后,^3He 进入混合器,在混合器内 ^3He 穿越浓缩相和稀释相之间的相界面。制冷机的冷却能力必须保证稀释所需的热量。^3He 在稀释相内离开混合器。

(8) 稀释相中的 ^3He 冷却在浓缩相向下流动的热流。

(9) ^3He 进入蒸发器,在蒸发器中的液体仅包含 0.7% 的 ^3He,其余的是 ^4He,但是,在蒸发器中的蒸气事实上 96% 是 ^3He,加热功率 P_S 施加到蒸发器以保持 ^3He 流经系统保持稳定流动。

^3He 的冷凝发生在一个点,在那个点进入的 ^3He 流体处于与 1K 冷槽热接触状态。这是一个系统中已定义的点。已知包括混合器一半容积的浓缩一侧的体积,人们就精确地知道在混合器中需要多少 ^3He 施压相边界。给出相边界位置就可以计算出 ^4He 的数量保证在蒸发器中液面在静止状态。稀释相一边是 ^3He。还必须加上已经计算的在浓缩相一边的 ^3He 数量和制冷机在室温部分的数量。这样就可以知道 ^3He 和 ^4He 的数量,可以确定稀释制冷机气体混合物的组成。

当制冷机中的液氮和氦冷槽用脉管制冷机代替时,该稀释制冷机就称为干式稀释制冷机。它的优点是 1K 冷槽与它的泵系统不再需要。

2. 稀释制冷机的热力学分析

混合室的冷却是由于 ^3He 从浓缩相转变为稀释相。为了理解这个过程需要知道 $^3He-{}^4He$ 混合物的热力学和纯 ^3He 的性质。

1) 1K 冷槽的作用

1K 冷槽是必须的,原因如下:

假设没有 1K 冷槽,这时图 3-31 虚线轮廓图为一个系统,根据第一定律可知:

$$0 = \dot{Q} + \dot{n}_3(H_{m1} - H_{m2}) \tag{3-56}$$

式中:下标 1(2) 表示 ^3He 流以摩尔速率 $\dot{n}_3$ 进入(离开)冷槽;$\dot{Q}$ 为施加到系统的热功率。假设无 1K 冷槽,进入的 ^3He 温度是 4.2K。在压力为 0.5bar 时,相应的摩尔焓可从图 3-32 得到 H_{m1}(0.5bar,4.2K) = 99J/mol。现在假设稀释制冷机工作正常,抽吸蒸气离开系统的温度在 0.7K。这时 H_{m2}(0bar,0.7K) = 35J/mol。用这些数据代入式(3-56),有

$$\dot{Q} = \dot{n}_3(35-99) = -64\,\frac{J}{mol}\dot{n}_3 \tag{3-57}$$

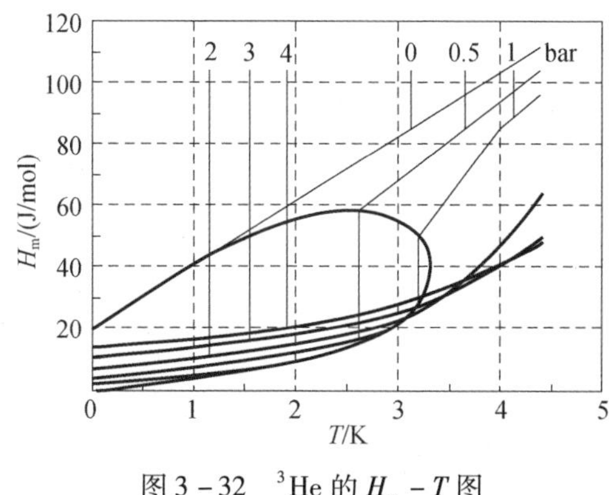

图 3－32 ^{3}He 的 H_m-T 图

式(3－57)指出,维持系统正常热量是负的才有可能产生正向流动,因此需要附加冷却,这附加冷却由1K冷槽提供。从1K槽给出的功率至少是式(3－5)给出的值。

2）蒸发器加热的作用

稀释制冷机的蒸发器需要加热,其原因如下:

由于1K冷槽有1.2K液体的存在并进入图3－31虚线轮廓代替4.2K气体。从图3－32可知 $H_{m1}=6$J/mol。将此值代入方程式(3－58),可给出加热功率为

$$\dot{Q}_S=\dot{n}_3(35-6)=29\ \frac{\text{J}}{\text{mol}}\dot{n}_3 \tag{3-58}$$

比热量通常提供给蒸发器,但这里的加热功率计算并没有使用混合物的性质,原因是仅有纯^{3}He通过了系统边界。冷却功率必通过1K冷槽从0.5bar和4.2K变成0.5bar和1.2K才能提供,即

$$\dot{Q}_{1\text{K}}=\dot{n}_3(99-6)=93\ \frac{\text{J}}{\text{mol}}\dot{n}_3 \tag{3-59}$$

从式(3－57)可知,有66J/mol巴足够了。这就解释为了保持循环的运行为什么对蒸发器加热。1K冷槽有太多冷却能力,另外,对蒸发器加热是将循环速率设置为设计值非常方便的方法。

3）混合器热力学分析

为了获得混合器内的热交换,需要从热力学进行分析。因为粒子从浓缩相到稀释相的运动本质上是相的变化,这就需要相平衡条件,即

$$\mu_C=\mu_D \tag{3-60}$$

式中:μ 为化学势,下标C为浓缩相,下标D为稀释相。

化学势为

$$\mu=H-TS \tag{3-61}$$

式中:H 为每摩尔的焓;S 为指定相中每摩尔的熵。

从物理的基本平衡状态可知焓 H 为

$$H = U + PV \tag{3-62}$$

式中：U 为内能；P 为压力；V 为体积。

因此

$$\mu = H - TS = U + PV - TS \tag{3-63}$$

平衡方程叙述的是如果一个相变更为另一个相化学势改变是零，这可以用下式表示：

$$\Delta\mu = \Delta U + P\Delta V - T\Delta S = 0 \tag{3-64}$$

上式是假设两相的压力和温度是一样的。

在制冷机中总会有一个压力和温度梯度，由于浓缩相是被冷却而且是在顶部。但是由于容积都很小，两相是紧密接触，因此认为上述假设是近于真实的。

平衡条件为

$$\Delta U + P\Delta V - T\Delta S = 0$$

为了理解 $T\Delta S$ 的可逆变化时 $T\Delta S = \Delta Q$ 热变化。如果一相膨胀变化到另一相，$P\Delta V$ 就是这一相做的功。因此上式左侧陈述的是当一相变到另一相时，这一相 1mol 的总能量保持不变。

如果就是这样的话，那么这两个相将保持平衡状态。

在浓缩相和稀释相的化学势在平衡状态时，下式成立，$\mu_C = \mu_D$，再引入式(3-61)，因此可得下式 $\mu = H - TS$，可以写为

$$H_C - TS_C = H_D - TS_D \tag{3-65}$$

因为 C 代表浓缩相，D 代表稀释相，混合的焓变应该为

$$H_D - H_C = TS_D - TS_C \tag{3-66}$$

这就是所估计的混合器内混合的热变化。我们需要找出在两个相中的熵 S_C 和 S_D。为找到每个相的熵，必须确定比热容。能量守恒定律或热力学第一定律表明：

$$\mathrm{d}Q = \mathrm{d}U + \mathrm{d}W \tag{3-67}$$

式中：$\mathrm{d}W$ 为膨胀或收缩所做的机械功。

因为现在是液体中的气体，体积变化非常小。如果忽略 $\mathrm{d}W$，则式(3-67)变为

$$\mathrm{d}Q = \mathrm{d}U \tag{3-68}$$

因为 $\mathrm{d}S = \mathrm{d}Q/T$，对熵积分，得

$$\int \mathrm{d}S = \int \frac{\mathrm{d}Q}{T} \tag{3-69}$$

进行整合，用虚变量在积分中替换 T 和 S，即

$$\int \mathrm{d}S' = \int \frac{\mathrm{d}Q}{T'} \tag{3-70}$$

下一步，必须设置极限。根据热力学第三定律，当温度是 0K 时，熵就是零。当温度是 T 时，熵为 S。因此，有

$$\int_0^S \mathrm{d}S' = \int_0^T \frac{\mathrm{d}Q}{T'} \tag{3-71}$$

以热容为单位，可得

$$S = \int_0^T \frac{\mathrm{d}Q}{T'} = \int_0^T \frac{\mathrm{d}U}{T'} = \int_0^T \frac{C}{T'}\mathrm{d}T' \tag{3-72}$$

为求得熵需要知道作为温度函数的热容。纯^{3}He 在温度低于 40mK 时，从测量可知其热容为

$$C_3 \approx 22T \quad (\mathrm{J/(mol \cdot K)}) \tag{3-73}$$

浓缩相的熵为

$$S_C = \int_0^T \frac{C_3(T')}{T'}\mathrm{d}T' = \int_0^T 22\mathrm{d}T' = 22T \quad (\mathrm{J/(mol \cdot K)}) \tag{3-74}$$

原则上，可以用相同的方法求得在稀释相中^{3}He 的熵。

^{3}He 是费米气体，因此可以根据其特征求得比热，在稀释相^{3}He 的比热通过费米气体公式可得

$$C_3 = \frac{\pi^2}{2}\frac{T}{T_F}R \tag{3-75}$$

假设稀释制冷机混合物的浓度接近 66%，利用有效质量 $\overset{*}{m} = 2.45m_3$ 和费米能公式，可以得到（$\overset{*}{m}$ 为有效质量，m_3 为^{3}He 的真实质量，T_F 为费米温度）

$$C_3 = 106T \quad (\mathrm{J/(mol \cdot K)}) \tag{3-76}$$

因此在稀释相中^{3}He 的熵为

$$S_D = \int_0^T \frac{C_3(T')}{T'}\mathrm{d}T' = \int_0^T 106\mathrm{d}T' = 106T \quad (\mathrm{J/(mol \cdot K)}) \tag{3-77}$$

这样可得到两相的熵分别为

$$S_C = 22T \quad (\mathrm{J/(mol \cdot K)})$$
$$S_D = 106T \quad (\mathrm{J/(mol \cdot K)})$$

从上式可知在混合器中混合热变化为

$$H_D - H_C = T(S_D - S_C) = 84T^2 \quad (\mathrm{J/mol})$$

这个变化是正的，这意味着内能的增加。因为能量守恒，因此必须从周围吸收热能，因此就能制冷。制冷功率为

$$\dot{Q}_0 = \dot{n}_3 \Delta H = \dot{n}_3(H_D - H_C) = 84\dot{n}_3 T^2 \quad (\mathrm{W}) \tag{3-78}$$

式中：n_3 为^{3}He 从浓缩相运动到稀释相每秒的物质的量。功率与 T^2 成正比，对于典型值 $\dot{n}_3 = 100\mu\mathrm{mol/s}$，在 $T = 10\mathrm{mK}$ 时制冷功率为 $1\mu\mathrm{W}$。

3. 封闭循环稀释制冷机

开式循环稀释制冷机完成空间任务不切实际，因为这要求大量气体贮存在发

射的卫星上。这驱使人们研制新的重力无关的稀释制冷机,该稀释制冷机的混合物不喷射到空间,而是分离出进入到部件,然后再喷射进系统(图3-33)。

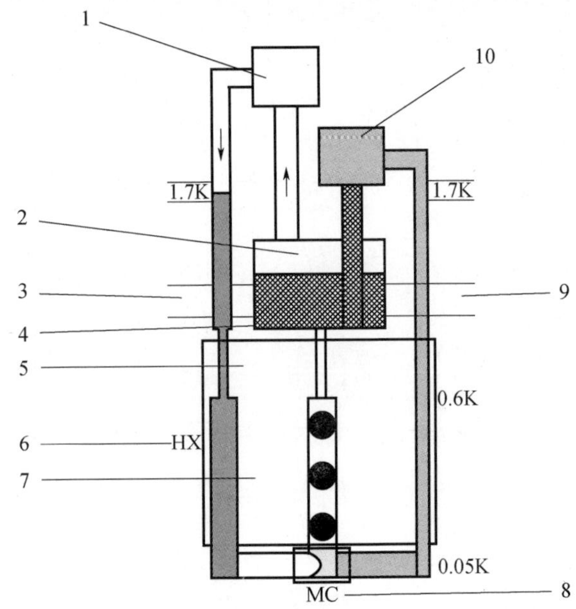

图3-33　对重力不敏感的封闭循环稀释制冷机示意图

1—^{3}He泵;2—蒸发器1K;3,9—蒸发器热交换器;4—多孔材料;5—单相混合物;6—热交换器;7—双相混合物;8—混合器;10—喷泉作用泵。

新的制冷机与开式循环稀释制冷机的主要区别是增加了一个分离循环系统,返回的混合物进入蒸发器,在那里两个部件被分开。通过抽吸气相重新获得^{3}He,这使上部比液相(约10%)有更丰富的^{3}He(>90%),这与传统稀释制冷机一样,要求使用^{3}He压缩机。保持返回的混合物的两相保证^{3}He在蒸发器中的高浓度,因此,蒸发器压力比传统的稀释制冷机明显地高,它放松了^{3}He循环器的限制,允许压力在合理尺寸压缩机范围内,在蒸发器内的^{4}He液体流过超漏并通过工作在2K的喷泉作用泵进行循环。

在分离之后,两股液体首先被1.7K的热贮存器预冷(^{3}He也重新冷凝),然后在蒸发器中温度处于1.1~1.2K,最后经由逆流热交换器,^{3}He和^{4}He然后在混合器中混合并提供冷却能力。混合物然后进行逆流热交换器并预冷流向蒸发器进程中的纯流体。

闭合循环需要的气—液界面类似于经典稀释制冷机蒸发器的界面,但要适应于失重。允许在蒸发器中放置多孔材料用于限制液体进入蒸发器,以达到相分离的目的。

3.8.3 稀释制冷机的主要部件

稀释制冷机主要部件有混合器、热交换器、蒸发器、限流器、冷凝器、^{4}He 液槽及真空容器。为了保温，在外部有^{4}He 液体杜瓦系统和屏蔽。

下面介绍稀释制冷机的主要部件。

1. 混合器

混合器是稀释制冷机的重要部件，它是制冷机冷端，需要特别注意它和样品的热接触问题，如存在变化的磁场，混合室可用环氧制作，否则多用铜材制作，其本体为一个圆形容器。图 3－34 为混合室的两种结构图，左图为双层壁环氧混合室，右图为铜混合室。双层壁环氧混合室^{3}He 稀释相出口用的是 CuNi 管，与该管连接的是金属连接非金属密封接头，该接头的漏率也是个重要的技术参数，混合室的下部为锥形塞。在铜混合室中，为了增加液氦与铜之间的接触面积，在混合室内烧结金属粉末上要钻孔，无论哪种结构，都必须使^{3}He 在混合器里向纵横各方向扩散。

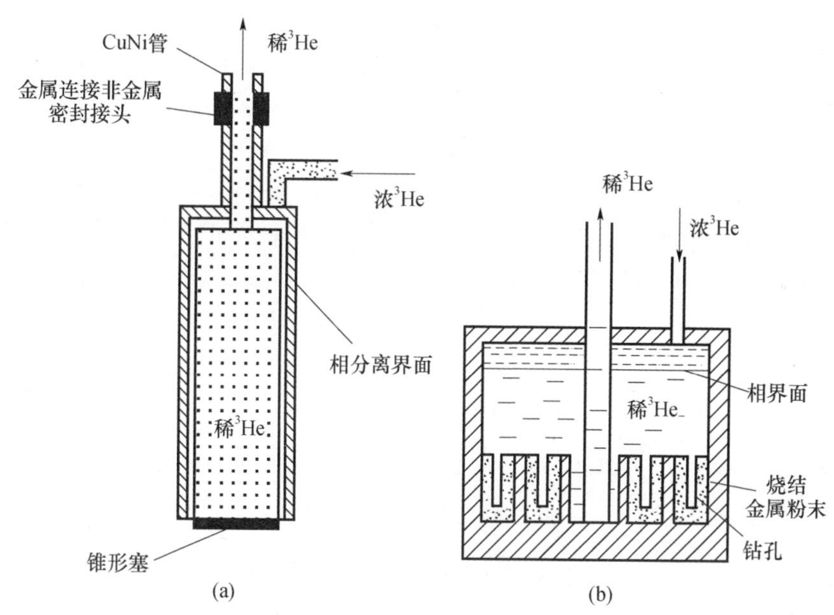

图 3－34 稀释制冷机混合器

(a)双层壁环氧混合器；(b)铜混合器。

2. 热交换器

稀释制冷机中热交换器的形式较多，一般分为连续型和非连续型两种。在连续型交换器中，温度是连续变化的，沿它的长度方向温度随位置而异，两种流体的流动方向相反。连续热交换器由热导率低的薄壁管材制成，其中一种是用 3 根直径几乎相同的管子套起来制成同心管。流体在两个狭窄的环形空间(0.1 ~ 0.2mm)流动。另一种是直径较小的管子(<2mm)套起来制成,套管对管采用了相同直径的外管,内管采用了不同直径和不同材料的内管,内管为浓缩相,内外管间隙为稀释相溶液。热交换器冷端温度可达几十 mK。为了防止由地心引力引起的管间流体的对流,必须选择足够的外管。当然不能过小,否则会使黏性加热增强。管子尺寸应根据^{3}He 循环流量选择,连续型热交换器的优点是能达到很低温度、容积小,所以节省^{3}He,这样会减少预冷时间。为了达到尽可能低的温度和大制冷量,在稀释制冷机中必须使用非连续型换热器或阶式换热器,把它们和连续型换热器串联起来使用。

非连续型换热器通常由铜块制成,它是一种烧结金属粉末的热交换器。在要求达到几十 mK 以下温度的稀释制冷机中,在高温部分一般用上述的连续逆流管式热交换器,在低温部分则采用烧结金属粉末以增加热交换面积,烧结金属粉末热交换器为半连续热交换器,它是用氩弧焊将填充了烧结亚微米银粉的铜镍箔焊接到镀银的铜镍箔上。

3. 蒸发器

蒸发器是根据^{3}He 蒸气压比^{4}He 蒸气压高的原理进行分离^{3}He 与^{4}He 的,从理论上讲,在较低的蒸发温度下,蒸发出来的气体几乎是纯^{3}He。但实际上,由于超流^{4}He 沿器逆向向上爬,并在较高的温度下蒸发而混入^{3}He 蒸气中,使^{3}He 蒸气浓度下降。结果导致稀释制冷机冷却能力下降。因此,在蒸发器上方必须采取措施以防止^{4}He 薄膜流动。图 3 – 35 为^{3}He/^{4}He 稀释制冷器薄膜流抑制蒸发器。蒸发器内的铜挡板会抑制^{4}He 薄膜流动。

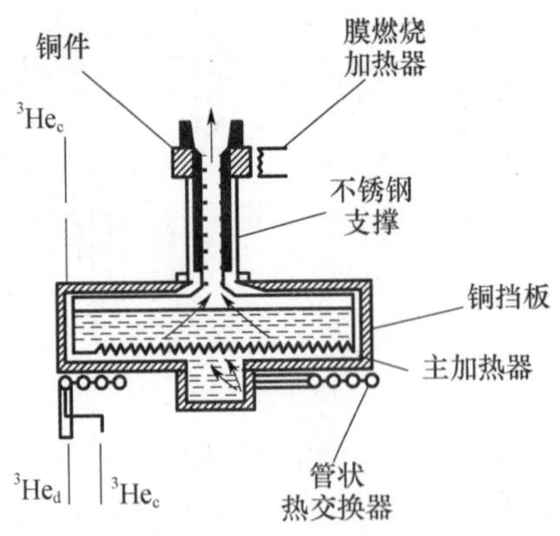

图 3 – 35 ^{3}He/^{4}He 稀释制冷机薄膜流抑制蒸发器

抑制^{4}He 膜流是很重要的,在蒸发器中的混合液是超流体,由于虹吸和蒸发,膜流能够显著增大被抽出的气体中的^{4}He 份额,这是不利的,这是因为它加重抽气系统的负荷,却不产生更多冷量,它会在浓缩^{3}He 返回的管道中造成相分离,释放潜热，还会在浓缩液返回管道中稀释相的泡泡起扰动作用。

另一种限制氦膜的蒸发器设计，即加热的薄壁铜镍管和黄铜挡板一起阻止氦膜在泵管内壁形成，加热本身不会带来额外的问题，因为蒸发器也必须要加热保持一个合适的温度。

3.9 斯特林循环制冷机

斯特林循环是由两个等温过程和两个等容过程组成的热力循环，也称定容回热循环。按逆向斯特林循环工作的制冷机称为斯特林制冷机。

斯特林制冷机按其结构可分为整体式和分置式两种。分置式斯特林制冷机是在整体式斯特林制冷机的基础上发展起来的，它的压缩机和冷头是分开的，用软管连接，这样就克服了整体机的振动问题。

1. 斯特林制冷循环

斯特林冷循环的工作过程和 $P-V$ 图如图 3-36 所示，图 3-37 是 $T-S$ 图，从 $T-S$ 图可明显看出斯特林循环是由两个等温过程和两个等容回热过程组成。从示意图中可知制冷机是由汽缸中的主活塞、排出器和回热器组成。汽缸的下端为热端，上端是冷端，中间是回热器，汽缸与主活塞构成后压缩腔（室温腔），汽缸与排出器构成膨胀腔（冷腔）。压缩腔和膨胀腔由回热器连通，主活塞和排出器做间断式运动。在理想状态下，主活塞压缩气体，而排出器会移动气体从一腔到另一个腔，但气体的体积没有变化。在等容过程中在回热器中进行热交换。系统工作顺序如下：

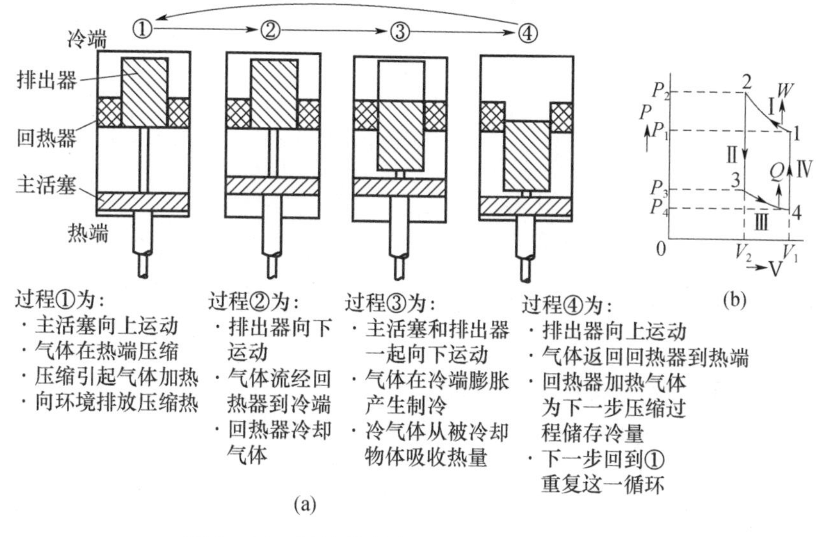

图 3-36 斯特林制冷机工作过程和 $P-V$ 图

(a)斯特林制冷机工作过程示意图；(b)$P-V$ 图。

(1) 等温压缩过程 1 - 2。主活塞向上运动，排出器不动，气体被等温压缩，温度升高，热量排向水冷却器，压缩腔中气体温度不变，压力升高，容积减小。

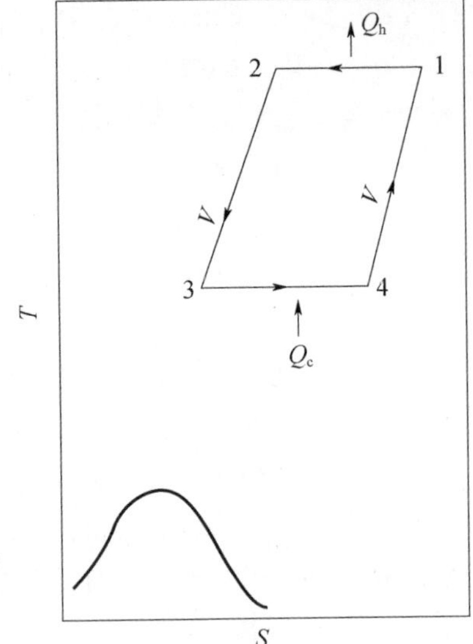

图 3 - 37　斯特林制冷机 $T-S$ 图

(2) 等容放热过程 2 - 3。由于排出器向下运动，气体流经回热器时，将热量传递给回热器中的填料，气体被冷却，气体的温度和压力降低，能量蓄存在回热器的填料中。

(3) 等温膨胀过程 3 - 4。已运行至上止点的主活塞和排出器一起向下运动，气体在冷端进行等温膨胀，使气体冷却并通过换热器从被冷却物体吸收一定的热量。此时容积增大而压力下降。

(4) 定容吸热过程 4 - 1。由于排出器向上运动使冷气体流经回热器返回到热端，当气体经过回热器时，气体从回热器填料中吸收热量，温度升高，压力也增高，回热器蓄存了冷量，为下一个循环做好了准备。

可逆的热传递过程发生在温熵图中 1 - 2 和 3 - 4 过程，用热力学第二定律可得：

排热 Q_h：

$$Q_h = mT_1(S_2 - S_1) \tag{3-79}$$

吸热 Q_c：

$$Q_c = mT_3(S_4 - S_3) \tag{3-80}$$

式中：m 为汽缸中的质量流；T_1，T_3 为相应点的温度；$S_1 \sim S_4$ 为相应各点的熵。

对于循环，必须满足热力学第一定律，因此 $W = |Q_h| - |Q_c|$，理想循环制冷系数为

$$\varepsilon = \frac{Q_c}{W} = \frac{T_3}{T_1[(S_1 - S_2)/(S_4 - S_3)] - T_3} \tag{3-81}$$

对于理想气体循环则 $S_1 - S_2 = S_4 - S_3$，因此制冷系数为

$$\varepsilon_i = T_3/T_1 - T_3 \tag{3-82}$$

2. 回热器效率对制冷机的重要性

回热器(又称蓄冷器)是制冷机的关键部件，回热器的性能优劣对制冷机有决定性的影响，回热器的效率，回热器的阻力和回热器填料中空体积都对制冷机有影响，好的回热器填料应具有很大热容，开关的周期必须很小(即流经回热器的频率必须很大)，传热系数和表面积必须很大，气体通过回热器流率损失要小。

回热器效率小于 100%，在等容放热过程 2 - 3 中，气体流经回热器时，回热器

波能将气体降到要求的理论值,气体温度高于理论值,回热器吸附的实际能量为

$$Q_a = Q_{a,id} - \Delta Q \tag{3-83}$$

式中:$Q_{a,id}$为回热器理想吸附热量;ΔQ 为因回热器效率低而损失的热量。

回热器的效率为

$$\eta = \frac{Q_a}{Q_{id}} = \frac{Q_{2-3,id} - \Delta Q}{Q_{2-3,id}} \tag{3-84}$$

即

$$\Delta Q = (1-\eta) Q_{2-3,id} = (1-\eta) m C_V (T_2 - T_3) \tag{3-85}$$

式中:m 为流经回热器的质量;C_V 为流经回热器的气体定容比热容;$Q_{2-3,id}$为在 2 -3过程中回热器的理想传热量。

假设工作流体是理想气体,在理想状态下,在等温膨胀过程 3 -4,被冷却物体吸收的能量为

$$Q_a = mT_3(S_4 - S_3) = mRT_3\ln(V_4/V_3) \tag{3-86}$$

或

$$Q_{a,id} = (k-1) mC_V T_3 \ln(V_4/V_3) \tag{3-87}$$

式中:$k = C_p/C_V$ 为气体的比热容比。

损失的能量与制冷机理想能量之比为

$$\frac{\Delta Q}{Q_{a,id}} = \left(\frac{1-\eta}{k-1}\right)\left(\frac{T_2/T_3 - 1}{\ln(V_4/V_3)}\right) \tag{3-88}$$

设工作流体的氦气,此时 $K = 1.67$,设 $V_4/V_3 = V_1/V_2 = 1.24$,环境温度为 300K,制冷温度为 77.8K,制冷量损失为

$$\frac{\Delta Q}{Q_{a,id}} = \frac{1-\eta}{1.67-1}\left(\frac{(300/77.8)-1}{\ln 1.24}\right) = 19.87(1-\eta) \tag{3-89}$$

假设回热器的效率 $\eta = 99\%$,则$\frac{\Delta Q}{Q_{a,id}} = 19.87\%$,这说明制冷温度为 77.8K,由于回热器效率从理想状态降低 1%,就会有 20% 的制冷量被浪费,从这个例子中可知,当回热器的效率为

$\eta_{min} = 1 - \frac{1}{19.87} = 1 - 0.0503 = 0.9497 = 95\%$时,全部制冷将被损失,这个例子说明回热器的效率对制冷机多么重要。

3.10 新型固态微型制冷器

固态微型制冷器是基于正常金属 - 绝缘体 - 超导体(NIS)隧道结原理制成的,它可以连续从 0.3K 冷却到 0.1K,无运动件,无振动,这是低温薄膜传感器所需要的。

制冷器由 3 层结构组成:一层是正常金属;一层是绝缘层;一层是超导材料。

当施加电压时，最热的电子从正常金属层经过绝缘体“隧穿”到超导金属层，正常金属层温度急剧下降，消耗了被冷却物体的电子能量和振动能量，达到制冷的效果。

NIS 结面积是装置性能的关键因素，大面积结点是人们希望的，因为它会产生较大功率。然而，在它的结只有亚微米大小时，NIS 装置仅能实现它们的理论性能。在装置内从 0.3K 冷却到 0.1K，在有 10～20μm 结装置内能使温度降低 5mK。在大面积结内，电子“隧穿”进入超导体如同准粒子激发慢慢离开结区域，因为它们必须在只有几百纳米厚的膜内扩散 10～20μm。在超导电极中准粒子的积累通过两个机制降低制冷器的性能：第一，重新结合声子重新激发正常电极；第二，减少了从正常电极移除的能量。

新的 NIS 制冷器设计针对准粒子积累问题提出了结面积仅受所需要的无缺陷隧道屏障限制。我们在看得见的超导单晶体内使基底与超导电极结合，这样一个长准粒子平均自由程和大体积的晶体将阻止结附近准粒子的积累。

1. 固态微型制冷器的结构

图 3－38 为基于超导晶体的 NIS 制冷器剖面图。被冷却的正常电极位于超导晶体的顶部，两个附加的超导引线与正常电极接触，第一个是接地，第二个形成一个 NIS 结，它的电流—电压特性用于测量正常电极的温度，超导晶体的底部用正常金属包覆，准粒子和声子进入这种金属造成电子激发，它们的能量从晶体中移除。

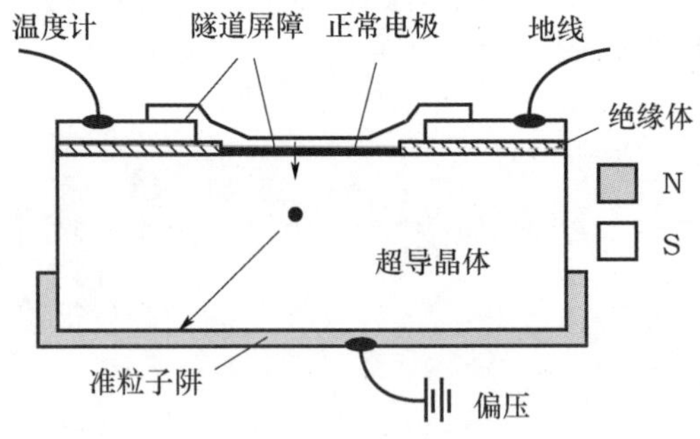

图 3－38　固态微型制冷器剖面图

正确计算装置超导电极的准粒子密度要求扩散方程，该扩散方程包括由于电流的电源项目和由于准粒子再结合及捕获带来的损失项目，这些不准备详细讨论，现在给出的仅是简单的评估。我们设定准粒子，产生的速率为 I/e，电流 I 通过制冷器结点的损失率为 N/τ_{Lo}，这里 N 是准粒子密度 n 和晶体有效体积 V 的乘积，τ_{Lo}是准粒子的寿命，因此 $n=(I/e)(\tau_{Lo}/V)$。假设晶体的厚度为 d，有理由评估有效体积 V 等于 d^3，我们使用的是铝晶体，它的剩余电阻比约为 10^4，相应的电子平均自由程为 460μm。这个长的平均自由程比得上实际处理的晶体薄的厚度，因此准粒子从结点到晶体底部正常金属阱的传输是准弹道的。并且 $\tau_{Lo} \approx 10d/v_f$，式中 v_f 是费米速度，式中的系数 10 是准粒子群能量依赖性和捕获概率的粗略评估。对于 $d = 1\text{mm}$，τ_{Lo} 给出为 5ns，电流 $I = 1.7\mu\text{A}$，准粒子密度 n 是 $5 \times 10^4/\text{mm}^3$。在薄膜结构固态制冷器中，具有方形结的面积 $40\mu\text{m}^2$ 时，在相同的电流条件下经计算 $n = 10^{13}/\text{mm}^3$，从上述比较可知：新结构的有超导晶体的固态微型制冷器比薄膜结构装置准粒子密度减少 8 个数量级。从上述讨论可知：新结构的固态微型制冷器消除了超导电极加热。因为准粒子晶体长的平均自由程和三维的几何形状，准粒子在结附近不累积。再加上由于粒子群在大的晶体体积内被稀释，使准粒子减少再结合的可能。

2. 固态微型制冷器在 X 射线跃迁边界传感器上的应用

基于正常金属－绝缘体－超导体(NIS)隧道结的固态制冷器成功地冷却了 X 射线跃迁边界传感器(TES)。TES 传感器的转变温度为 T_C，NIS 隧道结制冷器可以冷却 TES 从 300mK 到 220mK 和从 220mK 到 160mK。

TES 传感器对于高分辨率 X 射线光谱仪是很重要的技术，特别是 X 射线天文学。TES 探测器是超导薄膜型，工作在约 100mK 性能最佳。在空间应用中，传统的冷却方法是用绝热去磁制冷机和稀释制冷机。搭载的探测器和制冷器尺寸和重量很重要的，NIS 隧道结制冷器具有这方面的优势，经改进的这种制冷器已经可以冷却温度从 300mK 到 100mK。

TES 探测器被 NIS 制冷器冷却的方式如图 3－39 所示。TES 探测器由 $100\mu\text{m}^2$ 的方形双层钼和铜组成，转变温度 $T_C \approx 159\text{mK}$，正常态电阻 $R_{n,TES} \approx 8\text{m}\Omega$。4 个正常金属铜棒用于减少多余的噪声，TES 探测器是偏置电压，分流电阻 $R_s = 118\mu\Omega$。

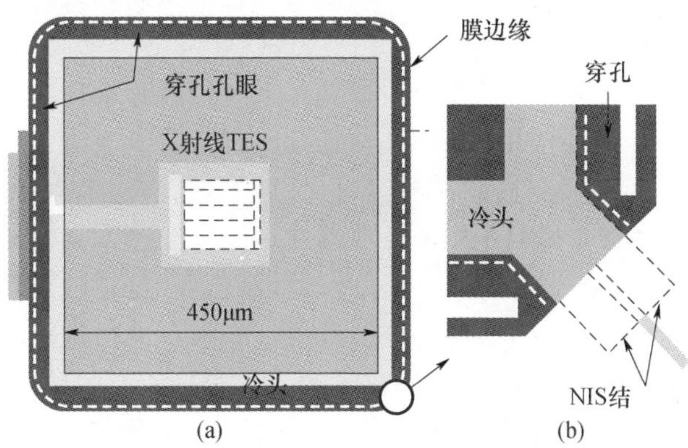

图 3－39　X 射线跃迁边界传感器被 NIS 隧道结制冷器冷却结构图

(a)TES X 射线传感器与 NIS 制冷器集成图。四对 NIS 结(每个 $7\mu\text{m} \times 18\mu\text{m}$)位于基体衬底微加工 SiN_x 薄膜的边缘。Y 形正常金属指状冷头从制冷器结点延伸到膜并且围绕着 TES。$100\mu\text{m}^2$ 的 X 射线传感器位于膜的中心；(b)膜的边缘放大图。在膜的边缘和冷头之间膜是被穿孔的。

TES 探测器悬挂在低应力氮化硅(SiN_x)膜上,0.5μm 厚,面积 500μm²,膜沿边缘穿孔以限制热传导到基板上。得到的膜通过 4 个 23μm 宽角腿和 2 个 14μm 宽侧腿连接到基板上以进行布线。

一对 NIS 制冷器结,每个 7μm 宽、10μm 长,放置在每个膜的角上。制冷器位于主体基板上,正常态电阻 $R_{n,NIS}=252\Omega$,测得的在零偏压时结的电阻 $R_d=500k\Omega$(8 个结串联)。正常金属指状冷头从每个结对延伸到完全围绕 TES 的膜。

为了成功地集成 NIS 制冷器和探测器要用微型机械制造膜。这些装置完全是光刻技术制造的,使 TES 与 NIS 制冷器直接集成。

3.11 空间制冷器可靠性设计和试验

3.11.1 概述

航天器结构复杂、环境严酷、成本高昂,发射后若出现故障,不仅经济上造成巨大损失,在政治上也带来不良影响。因此,可靠性要求极高,从研制的开始就必须进行可靠性设计,以保证航天器可靠性能满足要求。这就要求航天器所搭载的设备也能满足可靠性要求。

可靠性设计就是系统考虑航天器可靠性要求的设计,也就是对航天器性能、可靠性、维修性、费用和研制周期各方面因素权衡,从而试验产品的最优设计。可靠性设计包括多方面内容,对于空间制冷器只讨论冗余设计和环境适应性设计问题。

采取重复办法,即外加硬件来提高系统可靠性就是冗余设计,是否采用冗余,采用什么样的冗余,要通过比较来确定。冗余设计也是一种优化设计,在资源有限条件下,如何配置冗余单元使系统可靠性最大,或者说,这种优化设计是在满足系统可靠性要求下,如何配置冗余单元使耗用的资源最少。

优化设计可使设计的产品结构最合理、性能最好、质量最高和成本最低,使技术经济指标最佳,因而也提高了产品的可能性。

航天器从研制生产到完成任务所经受的环境剖面,包括地面环境、发射环境、空间环境和返回环境。为提高航天器的可靠性,必须在地面进行 4 种环境的模拟试验,其中以空间环境最重要,航天器故障的 70% 是由于空间环境效应造成的。

航天器的空间环境试验分 3 个阶段,即研制试验、正样鉴定和验收试验。航天器整体、航天器分系统和航天器组件都要进行以上 3 个阶段的试验。试验也是提高可靠性的重要手段。

3.11.2 空间低温系统和制冷器的可靠性和冗余设计

包括制冷器在内的低温有效负荷提高可靠性的方法是采用冗余设计方法。

在形式上可采用制冷器冗余或驱动电子设备冗余。在讨论冗余问题时,电开关或热开关也应考虑在内。虽然冗余设计可以防止失败事件的发生,但由于增加了系统的复杂性和增加了热负荷,因此冗余技术对可靠性也有负面影响,在采用冗余技术时也要考虑这个问题。

冗余技术在制冷器应用必须分析不同制冷器冗余方案的优点和缺点。除了对整体系统水平的设备进行冗余方案分析外,还需要对制冷器、电子设备和热开关等与冗余设计有关的关键子系统发展评估可能失败的方法。分析认为:组件的发展状态,其关键故障机理的复杂性和可测性及全部低温负荷对可靠性的影响都会影响冗余设计方案的选择。

总之,各种不同制冷器冗余方案的总的系统性能(可靠性、质量和功率)可以使用各个元素的失效概率和系统相互有关系的元素计算出来。

高可靠性的低温系统必须能够在多年空间任务期间连续制冷不出现故障,这是对制冷器可靠性的基本要求,为达到高可靠性要采取下面3个措施:

(1) 严格试验耐用的部件,例如制冷器和电子设备。

(2) 充分预测全部任务生命周期内的低温制冷负荷,并且加入足够余量的负载增量和随着时间的推移制冷器的损失。

(3) 对部件进行冗余设计以避免个别部件的故障。

评估一个制冷器和低温系统部件的可靠性是要解决的问题,同时权衡从冗余得到的益处与增加系统复杂性的损失以及由于附加冗余引起的低温负荷的增加也是要解决的问题。下面将讨论这些问题并提供选择高可靠性制冷器系统最佳配置的方法。为讨论方便,图3-40给出了4种制冷器系统配置的例子。

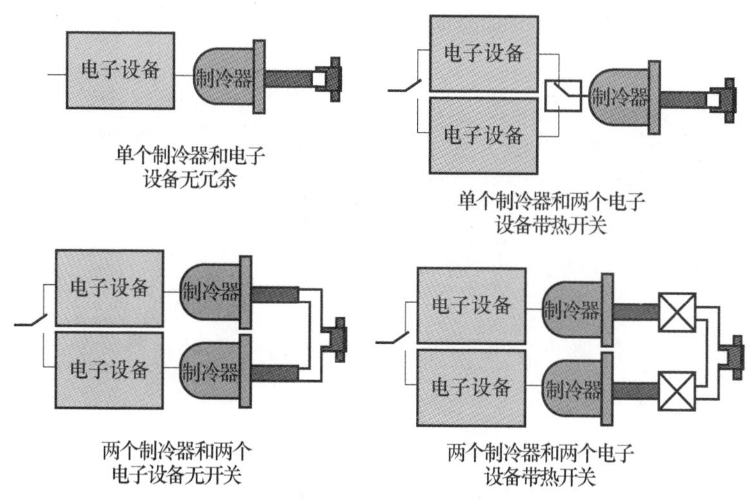

图3-40 制冷器冗余方案的例子

下面对全部低温系统可靠性性能的评估问题分为3个计算步骤进行：①量化分析关键低温系统组件（如制冷器、制冷器电子设备和热开关）的可靠性；②确定与候选冗余选项相关联的全部系统低温负荷；③评估与候选制冷器系统方案有关的整体系统性能。制冷器系统方案包括整体系统的质量和动力性能及其整体的可能性，本书省略了低温负荷的计算。

1. 评估低温系统关键部件的可靠性

最困难问题之一是评估像制冷器或热开关这种性质类似的部件的可靠性。通常，这些装置的每个应用都是按专门要求制造的，很少或没有定量的可靠性或寿命试验数据可作参考。对于这种部件，评估它们可靠性的一个方法是结合装置设计故障，利用专家对装置详细设计知识，确定每个重要故障机理。这份名单包括的项目有：密封的泄漏、柔性元件的疲劳、气体的污染和在发射振动中的结构故障等。这些重要机构的故障概率是基于故障机构关键属性进行评估的。

评估可靠性的最后一步是综合各部件故障概率成为总装配合整体故障概率。部件故障概率远小于1（$P \ll 1.0$），一个设备装配后整体故障概率近似等于各部件概率的总和，即 $P_{总} = \sum P_i$，设备的可靠性就是1减去故障概率，即 $R = 1 - P$。

1）制冷器的可靠性

作为了解制冷系统可靠性的第一步，考核各种长寿命空间制冷器类型的可靠性是必要的。表3-7给出的数据来自无数空间制冷器制造的研制和试验累积的知识，用于确定制冷器故障机理。同样，单个机构级评估是基于多年观察的通用制冷器。机构级故障概率反映了对无数类似制冷器设计的综合观察并且必须纠正任何不利的设计。例如，斯特林制冷器排出器受到侧向力载荷，这会引起内部摩擦和磨损，因此必须采取措施纠正这些问题，以达到长期不磨损，减小漏气，并会得到低的故障概率。

表3-7给出的定性数据不仅提供全部制冷器可靠性的有用的评估，而且找出改善可靠性措施与污染和泄漏有关的耐用性的改善是关键的优先注意事项，这在表中可以看到，同时也可看到，使用脉管膨胀机清除了一些与斯特林膨胀机有关的故障机理。

制冷器故障概率对输入功率值有一定的敏感度，以脉管制冷器为例，可以说明活塞行程大小或最大输入功率的变化对故障概率的影响。当功率从30%和行程65%变化到功率90%和行程95%时，制冷器内部污染的故障概率从1%增加到3%，压缩机电动机接线绝缘击穿和压缩机由于长期磨损漏气的故障概率从0.2%增加到2%。密封处的泄漏、活塞主轴对准中心降低、压缩机活塞位置传感器故障和膨胀机结构故障这4个方面的故障概率与功率和行程的变化没有关系。

表3－7　机械制冷器设计的故障概率　（单位:%）

故障内容 \ 制冷器名称	脉管制冷器背靠背压缩机	脉管制冷器压缩机和平衡器	斯特林制冷器+平衡器，背靠背压缩机	双级斯特林制冷2个压缩机和2个膨胀机
过量内部制冷器污染	2	2	3	4
密封接头或连接线浅漏	2	2	2.5	3
压缩机柔性弹簧疲劳撕裂	0.1	0.1	0.1	0.1
压缩机电动机线圈绝缘损坏	1	1	1	1
压缩机活塞对中故障	0.2	0.2	0.2	0.2
压缩机活塞由于密封磨损漏气	1	1	1	1
压缩机活塞位置传感器故障	1	0.7	1	1
膨胀机结构故障(在发射阶段)	0.2	0.2	0.2	0.3
由于长期磨损膨胀机漏气	0	0	3	4
膨胀机电动机接线绝缘击穿	0	0	0.5	0.5
膨胀机主轴对中故障	0	0	0.2	0.2
膨胀机/平衡器活塞传感器故障	0	0.7	1	1
总故障概率/%	7.5	7.9	13.7	16.3

2）制冷器电子设备的可靠性

除了制冷机本身外，多数制冷器系统还包括相对复杂的制冷器驱动电子设备，它是用于从航天器服务舱的28V电源获得直流电，以便驱动和控制制冷器，并与航天器和仪器进行数字通信。目前，已研制出评估电子设备可靠性的方法，并且能给出制冷器电子设备4个主要组成部分评估出的故障概率，这些制冷器电子设备包括功率驱动电子设备、传感器电子设备、数字控制电子设备和控制软件。制冷器电子设备故障概率与制冷器功率和行程的关系为：当功率30%，行程65%增加到功率90%，行程95%时，压缩机驱动功率电子设备故障概率从1%增加到3%。而数字控制电子设备、传感器电子设备和制冷器软件的故障概率保持不变。

3）热开关的可靠性

制冷器使用冗余设计时一般考虑热开关，以便从主要工作制冷器中关闭备用制冷器，这会隔离备用制冷器的热负荷，而当需要时热开关就连接备用制冷器。如果不使用热开关，制冷器负荷可以是总负荷的1/2。因为一般认为热开关是相对高风险的装置，它会添加显著的附加负荷，热开关的可靠性和性能必须包括在制冷器冗余方案专业研究中。

目前共有3种类型的热开关设计：①以不同热膨胀系数材料为基础的热开关，也称为CTE为基础的热开关；②由氢化物吸附汞供给的气隙热开关；③瓶装气体供给的气隙热开关。

CTE 为基础的热开关是利用很大差别的热膨胀系数(CTE)材料,当高膨胀系数材料被冷却时,引起高膨胀系数材料(如铝和铜)外部元件收缩,并紧紧地围绕在低膨胀系数材料(如钼或铍)。这种设计在真空条件下有冷焊的问题。当热膨胀系数的大小接近时会导致两种材料间的间隙相当小(约 25μm),小的气隙由于小的侧负荷短路使设计相当脆弱,这种热开关总故障概率为 7.5%。

第二种是气隙热开关,在开关的两半之间维持一个非常小的间隙,因为这种情况下气隙总是打开的,因此冷焊不会有问题。启动气体间隙开关时,氢被引入间隙造成气体通过间隙,热开关需要填充和抽气,这会带来一些可靠性的问题。这 3 种热开关中,以不同热膨胀系数材料为基础的热开关最可靠。其余两种气隙热开关总故障概率为 11.6% ~11.7%,这主要是由于气体系统泄漏、气体排气系统故障和气体注入系统故障概率较高造成的。

2. 制冷器系统的总可靠性

1)系统可靠性计算

当不同的部件以串联或并联形式连接时就构成冗余,不管哪种方式组合它们,可靠性仍用经典可靠性理论描述。虽然可靠性的定义是 $1-P$,使用与可靠性结合形成的方程比使用与故障概率结合的当量方程更复杂。由于这个原因,所以我们选择使用故障概率 P,而不是可靠性 $R=1-P$。

典型的制冷器系统如图 3-41 所示,它由元件或部件串联或并联组件组成,其中的每个单个的故障概率为 P_i。当 P_i 与 1 比较是很小时,一系列组件(如带有热开关串联的制冷器)故障概率的组合就是它们单个故障概率的总和,即 $P_s=\sum P_i$。这只要是真实的故障,从统计学认识都是独立的,即一个故障对其他故障是无影响的,并且每个必须为系统工作。

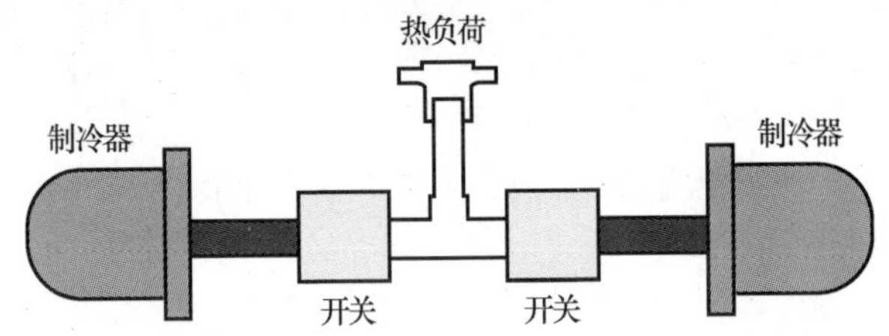

图 3-41 典型的带热开关的双制冷器配置

另外,假设任何一个并联分支起作用,当多个组件处于并联系统工作时,系统的综合故障概率恰好是个别故障概率的乘积,即 $P_s=\prod P_i$。

利用这些关系,如图 3-41 所示的系统总概率可以按下式计算,设制冷器故障概率为 P_c,热开关故障概率为 P_{sw},则系统总概率为:$P_s=(P_c+P_{sw})^2$。这一计算方法可以用于检验各种制冷器冗余方案的系统级可靠性。

2)CTE 热开关系统的可靠性

在图 3-41 所示的热开关是热膨胀系数材料不同为基础的热开关,这些热开关倾向于断电短路。这样，假设该系统由工作正常制冷器的有故障热开关组件与工作正常热开关与有故障的制冷器组件组成。这两种故障情况使用基于二项分布统计分析技术进行检测。在这种组件中，一个部件故障不是系统故障，2/3 故障是系统故障，并且全部部件中有 3 个或 4 个故障也是系统故障。

当热开关和制冷器故障概率相等时，无热开关有制冷器冗余或者 100% 可靠热开关情况，可以使可靠性得到很大的增加。同样，热开关与相同可靠性制冷器组合在一起可提升系统故障概率，它将是无热开关系统的 4 倍以上。

3）制冷器各种冗余方案时的总故障概率计算

在以上分析的基础上，结合图 3－40 我们可以对各种制冷器冗余方案进行系统级的可靠性计算。大部分冗余方案包括双制冷器或双电子设备，其故障概率大约是无冗余单制冷器系统的 1/2。双制冷器会伴随着系统质量和功率相对增加。分析证明全冗余方案是一种较好的选择。在无热开关而使用 160K 热拦截器时会改善工作制冷器的效率，但会增加关闭制冷器附加负荷。

下面介绍制冷器不同冗余方案总系统故障概率的计算方程。

（1）两个制冷器带有两个电子设备，无热开关，带有热拦截器的系统总故障概率：

$$P_s = (P_c + P_E)^2 \tag{3-90}$$

（2）两个制冷器带有两个电子设备，无热开关的系统总故障概率：

$$P_s = (P_c + P_E)^2 \tag{3-91}$$

（3）两个制冷器带有两个电子设备，带热开关的系统总故障概率：

$$P_s = (P_c + P_E + P_{sw})^2 \tag{3-92}$$

（4）单个制冷器带有两个电子设备，带电子开关的系统总故障概率：

$$P_s = P_E^2 + P_c + P_{sw} \tag{3-93}$$

（5）单个制冷器带有单个电子设备，无冗余的系统总故障概率：

$$P_s = P_E + P_c \tag{3-94}$$

式中：P_c 为制冷器故障概率；P_E 为电子设备故障概率；P_{sw}为热开关故障概率。

总的结论：①轻载，全冗余制冷器带有减小附加热负荷的热拦截器的制冷器系统可达到最高的可靠性；②热开关可以改善一些系统的热效率，但故障概率会有明显的增加；③仅使用冗余电子设备（带电子开关）与带有热开关的系统有类似的可靠性，但会有较低的质量和功率；④单制冷器提供了最轻的重量，最低的功率和最少的经费，但对于高可靠性的任务可能具有勉强够格的可靠性。

3. 采用冗余设计改善空间制冷器的可靠性，冗余方案的选择和设计

多种空间仪器中的红外探测器使用了长寿命空间制冷器，要求制冷器有很高的可靠性。需要的高可靠性不仅是制冷器本身的可靠性，而且要求采用冗余技术以提高制冷系统的可靠性。常见使用的是被动冗余，而主动冗余也是另一种同样可行的选择。

下面将讨论主动冗余与被动冗余的区别。通过推导新的模型给出制冷器在故障前和故障后的故障概率，并比较两种冗余方法对空间仪器系统的各方面的影响。主动冗余方法可改善可靠性并能改善系统的性能。

冗余其实是一个很宽泛的技术概念，而不是技术方法。冗余的原始概念是重复配置系统的一些部件，当系统发生故障时，冗余配置的部件介入并承担故障部件的工作，因此减少了系统故障时间。冗余按类型分为主动和被动形式，主动和被动主要是从切换的能动性上来分析：主动冗余是主动切换，就是随时自行切换；被动冗余是指当正在进行的组件坏掉或者不正常的时候才会切换到备用组件，其中也包括用户手动或者用户程序切换方式。

多年的空间任务要求连续制冷，改善制冷系统方法是采用冗余部件以防止个别部件故障。有很多冗余方案，图 3-40 示出 4 种方案。到目前为止大部分空间制冷器没有采用冗余方案，许多重点任务采用了双电子设备无开关双制冷器的方案，对于双并联冗余系统的可靠性分析可以采用经典方程进行。经典方程描述工作超过 T 年双制冷系统的可靠性 R

$$R = 1 - (P_u \cdot T)^2 \tag{3-95}$$

式中：P_u 为每个整体制冷器装置（机械制冷器加上电子设备）每年的故障概率。

由于电子设备和机械制冷器是串联的（它们两个为整体制冷器装置一起工作），因此得到

$$P_u = P_e + P_{cr} \tag{3-96}$$

式中：P_e 为电子设备每年故障概率；P_{cr}为机械制冷器每年故障概率。

式(3-96)为简化方程，假设故障概率很小($P \ll 1$)。更精确的方程为

$$P_u = P_c + P_{cr} - P_c P_{cr} \tag{3-97}$$

对于串联或并联冗余的这些经典方程可以设定制冷器是如何工作的。

有的空间仪器选用了被动冗余的工作方式。采用这种工作方式时，当主制冷器在工作期间第二台制冷器或冗余制冷器不工作。主制冷器工作期间这减小了备份制冷器故障机会。制冷器配置的第二种方式是两台制冷器在减小功率的情况下同时工作，直到一台出现故障，然后用剩余的一台好的制冷器单独工作为未完成的任务服务，直到完成任务，这称为主动冗余。

无论哪种方式，每个制冷器必须能承担仪器的热负荷和由于关闭制冷器带来的传导热负荷，并按这两种热负荷选择其制冷量的大小。主动冗余的低温系统由于关闭制冷器引起的附加热负荷接近工作着的制冷器总热负荷的 1/2。当两个制冷器共同负担热负荷时，单一制冷器仅有 1/4 热负荷要承担。

为正确量化确定和了解这两种工作方式的可靠性，必须明确解决在全部执行任务期间冗余制冷器和主制冷器在不同工作状态（关闭、相对低功率、相对高功率）对可靠性的影响，这要求对可靠性的分析公式化。当考虑两种工作方式的优点时，需要重点考虑两种冗余方法对空间仪器系统的影响，包括输入功率的大小、

对瞬态单件停工的耐受性和在空间热负荷增加时的耐受性，如由于空间低温污染带来的热负荷增加的耐受性。

4. 冗余设计中的可靠性模型推导

假设有两个并联的制冷器装置 A 和 B：

（1）制冷器 A 一直成功运行没有出现故障完美地完成任务。

（2）制冷器 A 出现了故障，制冷器 B 仍能继续正常工作，制冷器 B 能完成剩余时间的任务。

从上面分析可以看出，3 个故障率能支配系统级的可靠性：①在出故障前，制冷器 A 每年故障概率 P_A；②制冷器 A 出现故障前制冷器 B 每年故障概率为 P_{B1}；③制冷器 A 出现故障后制冷器 B 每年故障概率为 P_{B2}。引进这 3 个不同的故障概率 P_A、P_{B1} 和 P_{B2} 允许我们对两个制冷器在转换到冗余装置前和转换到冗余装置后分配不同的故障率。

根据基本原理，可以计算完整系统超过任务长度（T）的可靠性，任务时间长度 T 是可能工作的总长中成功工作的一部分。成功工作包括：①制冷器 A 从来就没有故障的情况；②制冷器在时间 t 出了故障，制冷器 B 在时间 t 仍能工作，并且制冷器 B 在剩余的时间 $T-t$ 能连续工作。

从来没有出现故障，成功工作时间 T 的制冷器 A 的可靠性为

$$R_A = 1 - P_A T \tag{3-98}$$

对于全部其他可能的情况，用图 3-42 说明计算过程。任务持续时间 T 分成无数的时间间隔 Δt，用启动任务时间 t 定义每个时间间隔。对每个时间间隔要知道什么是在这段时间间隔制冷器 A 的故障概率，以及什么是制冷器 B 成功完成任务中的部分故障情况。制冷器 B 成功工作时的部分故障情况很容易计算，应该是 1 减去制冷器切换之前和以后的故障概率。这样，对于每个 Δt 间隔在每个 t 时间成功工作的一部分可靠性为

$$R_t = P_A \Delta t [1 - P_{B1} t - P_{B2}(T-t)] \tag{3-99}$$

式中：P_A 为在时间间隔 Δt 期间制冷器 A 的故障概率；$P_{B1}t$ 为时间 t 之前制冷器 B 的故障概率；$P_{B2}(T-t)$ 为时间 t 之后制冷器 B 的故障概率。

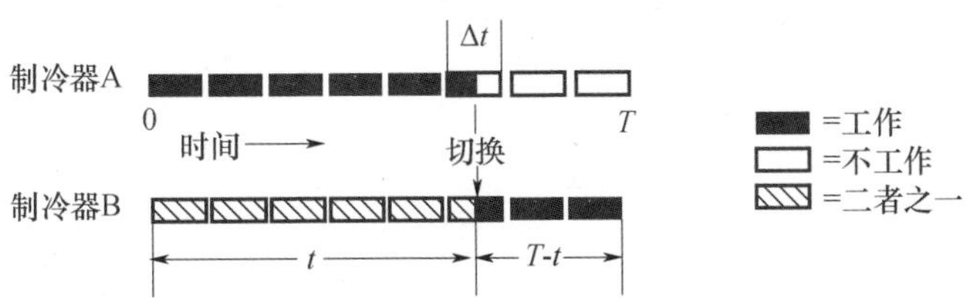

图 3-42　使用寿命（T）可靠性计算的时间间隔（Δt）示意图

现在可知，完成任务的可靠性是式（3-98）加上式（3-99）所有可能的从 0 到 T 的 ΔT 时间的总和，即

$$R = 1 - P_A T + \sum R_t \tag{3-100}$$

转换式(3－100)到整体在微小时间 Δt 的情况，得

$$R = 1 - P_A T + \int P_A (1 - P_{B1} t - P_{B2}(T - t))\mathrm{d}t \tag{3-101}$$

可以得到

$$R = 1 - 1/2T^2 P_A (P_{B1} + P_{B2}) \tag{3-102}$$

$$P = 1/2T^2 P_A (P_{B1} + P_{B2}) \tag{3-103}$$

式中：R 为超过 T 年工作制冷器系统的可靠性；P 为在 T 年内制冷器系统的故障概率；P_A 为制冷器 A＋电子设备 A 一年的故障概率，此处装置 A 第一次出现故障；P_{B1} 为制冷器 B＋电子设备 B 在装置 A 出现故障前的期间一年故障概率；P_{B2} 为制冷器 B＋电子设备 B 在装置 A 出现故障后的期间一年故障概率。

上述情况，根据式(3－96)和式(3－97)制冷器加上电子设备的故障概率已给出，例如，制冷器 A 的故障概率为

$$P_A = P_{crA} + P_{eA} \tag{3-104}$$

5. 两台制冷器组成的系统级可靠性分析

用前面推导的可靠性方程和系统水平影响的论述，我们现在准备以一个数值例子评估两个冗余方法的可靠性。现在增加了与热循环相关的焦平面故障率和附加的在发射期间制冷器装置故障概率。这个发射故障风险不是工作时间的函数，所以它是增加一条不相关联的新项。因此，得

$$P_S = P + P_{FP} = (P_A T + P_L)(P_{B1} T/2 + P_{B2} T/2 + P_L) + P_{FP} T \tag{3-105}$$

式中：P_S 为在 T 年，低温有效负荷系统总故障概率；P 为在 T 年内冗余制冷器系统故障概率；P_A 为制冷器 A＋电子设备 A 的故障概率，此处制冷器 A＋电子设备 A 所组成的装置 A 第一次出现故障；P_{B1} 为制冷器 B＋电子设备 B 在装置 A 出现故障前的期间内故障概率；P_{B2} 为制冷器 B＋电子设备 B 在装置 A 出现故障后的期间内故障概率；P_L 为在发射时制冷器/电子设备故障概率；P_{FP} 为焦平面（假设不是冗余）每年的故障概率。

表 3－8 总结了故障概率典型的数值。同时，为说明用途选取了有代表性的焦平面故障率的值。

表 3－8　典型制冷器系统部件故障概率

制冷器驱动水平	焦平面热循环	机械制冷器	制冷器电子设备	焦平面
制冷器在 85% 行程	数量大	0.010/年	0.010/年	0.010/年
制冷器在 65% 行程	最小的	0.005/年	0.007/年	0.002/年
制冷器无动力	—	0.0025/年	0.0035/年	—
发射环境	—	0.01	0.01	—

1）主动冗余情况

使用表 3-8 的数值用于主动冗余情况，制冷器装置是机械制冷器加上它的电子设备（简称装置），给出的数值如下：

P_A = 装置 A 工作时故障率 = 0.005 + 0.007 = 0.012/年

P_{B1} = 装置 A 故障前装置 B 故障率 = 0.005 + 0.007 = 0.012/年

P_{B2} = 装置 A 故障后装置 B 故障率 = 0.010 + 0.010 = 0.020/年

P_{FP} = 焦平面故障率 = 0.002/年

P_L = 发射期间制冷器装置故障概率 = 0.01 + 0.01 = 0.02

在任务期限 $T = 5$ 年时，代入上述数据于式（3-105）得

$$P_{主动} = (0.012 \times 5 + 0.02)(0.012 \times 2.5 + 0.020 \times 2.5 + 0.02) + 0.002 \times 5$$
$$= 0.0080(对制冷器) + 0.010(对焦平面) = 0.018 \quad (3-106)$$

因此系统可靠性为

$$R_{主动} = 1 - 0.018 = 98.2\%$$

2）被动冗余情况

使用表 3-8 的数值用于被动冗余情况，制冷器装置是机械制冷器加上它的电子设备，给出的数值如下：

P_A = 装置 A 工作时故障率 = 0.01 + 0.01 = 0.020/年

P_{B1} = 装置 A 故障前装置 B 故障率 = 0.0025 + 0.0035 = 0.006/年

P_{B2} = 装置 A 故障后装置 B 故障率 = 0.010 + 0.010 = 0.020/年

P_{FP} = 焦平面故障率 = 0.010/年

P_L = 发射期间制冷器装置故障概率 = 0.01 + 0.01 = 0.02

在任务期限 $T = 5$ 年时，代入上述数据于式（3-105），得

$$P_{被动} = (0.02 \times 5 + 0.02)(0.006 \times 2.5 + 0.02 \times 2.5 + 0.02) + 0.01 \times 5$$
$$= 0.0102(对制冷器) + 0.050(对焦平面) = 0.0602 \quad (3-107)$$

系统可靠性为

$$R_{主动} = 1 - 0.0602 = 94\%$$

3）结果的说明

首先，忽略焦平面对可靠性的贡献，从上面计算的结果表明：主冗余配置的制冷器比被动冗余配置的相同制冷器可靠性高。当减少焦平面热循环影响时，主动冗余系统的可靠性仍优越得多。

3.11.3 空间制冷器加速寿命试验和可靠性评估的方法

1. 空间制冷器加速寿命评估的必要性

制冷器在空间的应用就排除了维护的可能性。因此，10 年以上的工作寿命要求是非常正常的要求，无接触活塞的压缩机和膨胀机及无运动零件的脉管膨胀机能满足长寿命的要求。

由于要求长寿命制冷器应用领域不断增加，因此导致新的制冷器设计和试验技术的发展。要求5~10年甚至更长时间无维修和维护，这就是必须在经费和进度限制条件下达到要求的可靠性。我们不可能浪费10年时间去试验制冷器的可靠性，要找到一个合理试验方法保证制冷器的高可靠性。因此，要建立一个适用于多种制冷器的模型，以解决与寿命和可靠性评估相关的问题。

在可靠性实证的另一个考虑的问题是在长期耐久性试验中，主要问题是试验设备的可靠性。试验箱控制系统磨损或者要求维护、数据记录仪开关磨损或出现故障、低温膨胀机冷头的绝热这些问题都会影响试验设备的可靠性。最大的问题之一是可靠的电力供应，电力供应可能瞬时触发报警和关闭试验。因此，可靠性试验中必须考虑试验设备的耐久性，必须用加速试验的方法。

2. 可靠性模型

机械系统的一个代表性的可靠性模型如图3-43所示。图中描述的是接触式密封的线性制冷器设计的故障率。在图中有3个不同故障率区域：①早期失效区域，在这个区域材料缺陷和工艺方面的问题在故障率中占首要地位；②偶然故障区域，在这个区域没有单一的故障方式控制故障率，并且故障率保持相对是永恒值；③磨损或结束区域，在这个区域不确定的故障控制故障率并最终耗尽剩余的样品也找不到故障的原因，例如在无接触运动部件的制冷器故障是由于气体污染造成的，如果从运动部件找故障的原因就会出现这种情况。

可靠性是最初确定一个系统在一个特定的运行时间内有效运行概率的一个标准。可靠性的衡量需要系统在某段时间内保持正常的运行。

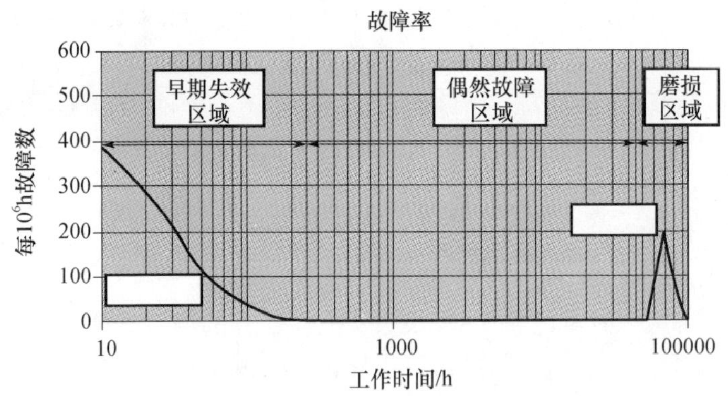

图3-43　机械系统典型故障率

目前使用最广泛的衡量可靠性的一个参数是平均失效前时间(MTTF)，定义为随机变量、出错时间等的“期望值”。但是平均失效前时间经常被错误地理解为“能保证的最短的生命周期”。MTTF的长短通常与使用周期中的产品有关，其中不包括老化失效。MTTF也称为平均失效时间。

MTBF为平均故障间隔时间又称为平均无故障时间，它是指可修复产品两次相邻故障之间的平均时间。它是衡量一个产品的可靠性指标,反映了产品的时间质量,是体现产品在规定时间内保持功能的能力。产品的故障总数与寿命单位总数之比称为故障率,用 λ 表示。当产品的寿命服从指数分布时,其故障率的倒数就称为平均故障间隔时间。

设有一个可修复的产品在使用过程中发生过 N_0 次故障,每次故障后经过修复又和新的一样继续投入使用,其工作时间分别为:$t_1, t_2, t_3, \cdots$,那么产品的平均故障间隔时间,也就是平均寿命 Q 为

$$Q = \mathrm{MTBF} = \frac{1}{N}\sum_{i=1}^{N_0} T_i \tag{3-108}$$

式中:N_0 为不可修复的产品数量。

MTTR 为平均修复前时间,即平均维护时间。它是随机变量恢复时间的"期望值",包括确认失效发生所必需的时间和维修所需要的时间。MTTR 也必须包括获得配件的时间,维修团队响应时间,记录所有任务的时间,还有将设备重新投入使用的时间。对于一个简单的可维护的元件,MTBF = MTTE + MTTR,因此 MTTR 通常远小于 MTTF,所以 MTBF 近似等于 MTTF。由于空间制冷器不能维护,因此这里不讨论 MTTR,MTBF 可以用于可维护性和不可维护的系统。

在偶然故障区域 MTBF 是故障率 λ 的倒数,它可以用于推导出由多个元素组成的一个系统的统计平均故障间隔时间,因此可得

$$\mathrm{MTBF}_{系统} = 1/\lambda_{系统} \tag{3-109}$$

$$\lambda_{系统} = \sum \lambda_{部件} \tag{3-110}$$

关于 MTBF 对系统的知识允许建立满足工作寿命要求概率的概念。平均无故障时间作为已确定的工作时间,在这工作时间内全部单元测试的 50% 将不合格,无故障时间是直接测量单个部件失效前的工作时间。很明显,MTTF 和 $\mathrm{MTBF}_{系统}$必须超过整个系统运行寿命的要求。

3. 可靠性验证的论述和方法

对待可靠性验证的许多论述和方法已得到了发展。值得注意的方法如下:

(1) 用试验直到被试设备失效来验证设备的可靠性。这种方法要有大量的样品进行寿命试验,直到故障的出现,这可以在制造厂完成,这将是最终的可靠性试验,因为它是实际故障的显示。通过统计试验中数据可以推导出平均无故障时间和平均故障间隔时间,但是对于长寿命的制冷器和高成本的制冷器这种验证可靠性的方法不合适。

(2) 通过持续短时间实验来验证故障率。这种方法是用统计上的很大数量样品承受短期试验,从中得到故障率的数据,从数据求得平均故障间隔时间,试验持续时间必须超过早期失效区域以提供平均故障间隔时间推导需要的偶然故障率必要手段。这个方法用于常规的电子部件和某些试验数据合适的装置。这种方法不能解决长期工作才能出现故障的这类机器设备的可靠性问题。

（3）作战用制冷器用无故障时间验证可靠性，作战部队采用无故障时间验证的方法对他们使用的标准制冷器设计确立工作寿命。选择3个或4个制冷器作为单元测试的对象，它们将经受典型工作状态工作循环的考验，其工作状态要超过制冷器的寿命。单元测试对象将工作到失效或验证到最小的可接受的无故障时间。总的工作小时数可以被单元测试确立的验证无故障时间的数目区分开。这个试验类似于生产线试验，对于标准产品最多进行小于10000h的寿命试验。

（4）试验的方法验证制冷器的可靠性。因为缺少空间制冷器长期耐久性评估的验收试验方法，因此这个问题需要解决。美国空军研究实验室进行了长期空间制冷器的研究，他们将有关技术反馈到系统设计和制冷器发展中，这会减少和纠正发现的缺陷，改善制冷器的性能，满足5～10年寿命的要求。

多级制冷器在耐久性评估中，除了周期性的热负荷，在整个耐久性试验阶段制冷器工作状态保持在恒定水平。全部制冷器排热温度是300K（正常温度）±10K超过4～6周的循环。耐久力评估试验在模拟设备中进行，即在热真空室空间模拟设备中试验，热真空室提供了逼真的空间真空和制冷器热传导环境。制冷器和真空室的仪器用热电偶提供温度分析情况，热电偶冷端二极管、加热器和加速度电缆通过穿透装置从真空室中与外面连接，然后电缆连接到监测仪器和数据采集软件。排出温度用专门的冷却液体循环保持在设定的温度，制冷器在真空室壁用绝热垫圈隔开，利用粗抽泵和分子泵保持真空室的真空至少为10^{-6}Pa。

（5）基于气体污染模型预测寿命验证制冷器的可靠性。这种用于制冷器加速寿命试验方法是根据制冷器内低温沉积污染物在一定时间的累积量和出现故障时间的经验数据进行制冷器的加速寿命试验。低温沉积污染是故障的重要原因。

（6）加速动态应力试验验证制冷器的可靠性。用于提高振动水平的方法可以加速振动试验。为了生成一个曲线，加速试验在3个振动水平上进行，3个试验点会连成一个曲线，数个装置将在每个振动水平试验，在每个振动水平都可以测量出故障出现的时间。当制冷器不能满足制冷性能要求时就会出现故障。使用增强振动水平的加速试验基于美国军用标准MIL－STD－810D。

（7）加速热应力试验验证制冷器的可靠性。这个方法单元测试部件要承受升高的温度评估随着时间推移材料性能的下降。大多数性能下降的过程表现为，当温度增加5～10℃时性能下降接近一半。用这种方法评估有10年存储寿命的低温电动机的互换性。这个方法对确立材料的适用性是有益的，航天器中的多种部件特别是电子部件都要在加速热试验箱中接受考验，有的部件还进行冷热冲击试验和热循环试验，加速热应力试验验证是空间制冷器可靠性的重要手段。

（8）用声音信号特征验证制冷器的可靠性。这种方法是利用单元测试装置声音频谱信号的改变来确定性能信号的改变，主要用于机械装置磨损的监测。

4. 用于空间制冷器的加速寿命试验方法、可靠性评估方法和故障模式

经多年对空间制冷器的研究说明带压缩机和膨胀机的制冷器和脉管制冷器

主要的故障模式为：弯曲疲劳、挠曲微振磨损、多种形式的制冷气体污染、虚漏、氦气滞留，理解造成每个故障模式的根源是评估每种故障模式寿命的手段。

下面将介绍用于每个故障机理的加速试验方法。

(1) 弯曲疲劳加速应力试验。弯曲零件在多次循环中疲劳故障与峰值应力有直接关系。应力上限会加大变形，工作频率也会影响制冷器的寿命。大多数弯曲材料在 50 万次循环时的极限应力是相关的无限寿命运行时应力极限的 10% ~ 20%。增加负荷压力或增加输入功率会改变行程，增加峰值弯曲变形。使用辅助分析方法建立所需要的应力负荷水平。对于工作在 50Hz 的制冷器，50 万次循环试验能在 280h 内完成。

(2) 挠曲微振磨损加速试验。挠曲是由于运动与支撑件之间有微观的运动并产生了挠曲，在行程峰值时弯曲变形，这时磨损更严重。这种磨损的特点是磨损率小并且很难精确的定量。推荐的加速试验方法是进行有限磨损评估试验，典型的是进行 1000 ~4000h 试验，然后将零件拆卸并且评估关键界面磨损的证据，测量磨损量确定弯曲材料磨损率。分析工作材料的损失量，分析在弯曲范围内对许用应力的影响。作为早期获得识别磨损范围，对试验和分析问题很有价值。但是，由于只进行了几千小时的试验预测 80000h 或更长时间的状况，基于外推获得的数据，其结论对评估边界设计条件是有限的。

(3) 密封磨损加速试验。密封磨损关系到密封零件与其匹配部件的滑动接触。压缩机和膨胀机中，这个滑动接触是由于密封件组装时不对中造成的(在其他类型压缩机密封问题是由于相反方向滑动的相反速度和滑动接触压力造成了磨损)。密封磨损加速试验方法是进行有限磨损评估试验，典型的是 1000 ~4000h 试验。然后拆卸并评估关键界面磨损证据。可测量的磨损需定量确定密封零件的磨损率，然后分析在工作寿命时间内评估材料的损失量及对密封性能的影响。

试验技术可以不要求拆卸硬件完成测量密封磨损，试验要求在密封间隙连接气路管道。通过具体压力差流率的测定，通过密封间隙流率性质的变化可以评估磨损情况。这种试验方法可以精确评估磨损情况。

(4) 气态污染及废气排放率分析。在制冷器工作 100h 后，污染率由气体的扩散率支配。在此时应观察到虚漏，在虚漏时捕获的挥发物质和未固化的材料慢慢扩散。捕获的液体由于小的分压力和温度因素转换成气体形式。扩散率由材料的分压来决定。继续扩散过程，直到全部挥发材料均已扩散，时间可能会持续数月或更长时间。为评估总污染水平可用低温沉积方法，制冷器分成两个不同的运行时期(1000h，2000h)，然后进行气体采样，在 1000h 或更长时间由扩散和挥发泄漏引起的污染后，已知污染率时就可以确定总污染，长期漏率可以外推出制冷器内总污染限。另外，初期的气体负荷可以测出可接受的纯度界限。调整这些最初的污染到最大可接受的限量并根据长期漏率将会建立最坏情况到制冷器寿命终点的污染水平。

第4章　低温探测器

4.1 概　述

低温探测器在空间得到广泛应用是由于这种器件有两个关键优点:①较高的灵敏度(由噪声等效功率 NEP 表达);②更好的能量分辨率(用分辨能力表达,$E/\Delta E=\lambda/\Delta\lambda$)。由于低温探测器工作在低噪声背景,为提高灵敏度和能量分辨率提供低温条件是必须的。低温探测器在空间的应用促进了低温技术在空间的发展和应用。在空间应用的低温探测器是需要低温冷却的光子探测器。

红外探测器技术的进步促成半导体红外探测器的应用与发展,它属于光子探测器一类。低温光子红外探测器是复杂的器件,它能探测被粒子或辐射释放能量的一些事件和现象。为完成探测任务还需要低温技术和低温光学系统相配合,基础物理学、空间物理学和宇宙学推动了这项技术的发展。宇宙微波背景的测量和在宇宙中搜寻弱相互作用粒子即寻找暗物质这些科学目标都带动了低温光子红外探测器的发展。

低温探测器能量分辨率的极大改善使相关科学领域有了很大变化。低温微量热量计在20多年前就已达到7eV半峰宽(FWHM),接近晶体光谱仪分辨率(1eV),并且有高的量子效率(100%而不是10^{-3})。

低温探测器的进步是为满足更多更复杂的空间任务,为此必须提高性能,试图探测越来越低的能量激发,探测器根据电离和激发过程要求每个量子20eV,半导体产生一个电子-空穴对需要3eV。发展低温探测器的动力是希望有效地使用在超导体内库珀对很小的结合能(大约在meV级)或在非常低温条件下声子的低能量(在10mK时热声子peV),低温条件会增加探测器的敏感性和分辨率。很显然,为了不是由于热量产生这样的激发状态,探测器必须工作在低温状态。

低温试验中已用Ge热敏电阻作为测量10mK很小温度范围的温度计。微辐射热计是探测器,它是由吸收装置和传感器组成,低温测试中用微辐射热剂阵列探测无中微子双β衰变。微辐射热量计阵列也用于暗物质的探测。

低温探测带动了低温在空间的应用,依据工作温度、温度稳定性和有效负荷系统的结构来确定低温探测表。表4-1给出了低温探测器性能的概况,包括典型功耗、阵列尺寸和工作温度。

表 4-1　低温光子探测器和 SQUIDS 的主要性能

探测器类型	工作温度范围/K		能耗/W		像素/μm	阵列/$n\times n$	波段
	最小	最大	最大	最小			
Ge 晶体	50	100	0	0	10000	<10	γ 射线
CCD	150~200	300	0.1	20	10~30	10^6	X 射线/可见光
STJ(超导隧道结)	0.01	1	10^{-9}	10^6	20~50	$<10^3$	X-UV-Vis-NIR
μ 热量计	0.05	0.3	10^{-12}	10^{-11}	100	<100	X 射线
TES(跃迁边界传感器)	0.05	0.3	10^{-11}	10^{-9}	100	<100	X-UV-Vis-NIR
近红外光导探测器	30	100	0.01	0.02	30~50	10^6	NIR
中红外光导探测器	2	20	0.01	0.02	50~100	$<10^4$	MIR
远红外光导探测器	1	2	0.001	0.003	50~100	$<10^3$	FIR
亚毫米辐射热计	0.1	0.3	10^{-9}	10^{-8}	100~500	$<10^2$	亚毫米
SQUID(LTS)(超导量子干涉器件)	1	4	10^{-12}	10^{-11}	—a	—a	读数/加速度计

电磁光谱低能端(亚毫米波和 IR)受益于使用低温探测器,半导体热量计满足了在这个波长天文学的需要,它们的工作温度从 50K(近红外 NIR)到 0.1K(亚毫米),噪声等效功率(NEP)达到低于 $10^{-17}\mathrm{W}/\sqrt{\mathrm{Hz}}$。在很大的光谱范围,从近红外(NIR)($\lambda=1\mu\mathrm{m}$)到远红外(FIR)($\lambda=200\mu\mathrm{m}$)并集中注意力于低背景、高灵敏度和大尺寸阵列,红外天文学卫星(IRAS)使用了 62 个探测器元件,从 1995 年大尺寸阵列对于红外天文学全部像素超过 10^6。

在远红外(FIR)对研究对象进行天文观测要比在可见光或波长范围在 30~300μm 近红外(NIR)观测黑体辐射(被温度从 100K 到 10K 物体发射的)要冷一些。这个冷物体的例子是在银河系(在 20~30K)星际的灰尘。远红外(FIR)辐射完全被大气层阻挡。因此要求从同温层气球(40~50km 高)进行观测,最好是从空间进行观测,光导探测器代表了用于红外(1R)范围最主要的探测技术。在低温和低光子流量时,这些半导体材料的导电常受吸收红外(IR)光子的影响,光子能电离不纯的和自由电荷载体。杂质的电离能量能设置这些探测器的截止波长,范围从 200μm 到 40μm。这样,光导器件工作在 $T<3\mathrm{K}$,成像光偏振计是航天器、红外空间天文台 4 个仪器之一,它是远红外成像、偏振测量与分光光度测量设备,Ge:Ga 探测器结合低噪声互补金属氧化物半导体(CMOS)整合前放大器和多路扫描器工作在 2K 达到噪声等效功率 $10^{-18}\ \mathrm{W}/\sqrt{\mathrm{Hz}}$。

辐射热测量器也用于探测亚毫米光子,中子蜕变掺杂(NTD)Ge 探测器工作在 300~100mK,噪声等效功率为 $10^{-17}\ \mathrm{W}/\sqrt{\mathrm{Hz}}$,此装置将用于欧洲航天局 Plank 卫星任务。

亚毫米波范围超外差接收器提供了非常高灵敏度,频率可高达 500GHz。几个实验室指出:基于超导体-绝缘体-超导体(SIS)器件(如超导隧道结STI)的接收器要比肖特基二极管为基础的系统提供更好的性能。铌基结应用在300~500GHz范围内,显示噪声温度低于肖特基器件相应值的5倍。在频率$\gamma>500$GHz时称为热电子辐射热测量器(HEB),它在下一代外差接收机的应用中与SIS和肖特基二极管竞争。在这些器件中,射入的辐射激发全部电子粒子(要么在半导体中或在超导吸收器中),这时并不加热相应的晶格。激发的电荷载体总数决定了器件电阻的变化。

在近红外(NIR)(波长为1~5μm),其他光导探测器得到应用,主要是PtSi、HgCdTe和InSb。在过去的10年,二维InSb阵列的推出大幅改变了红外天文学领域,这是由于基于混合技术使用了1K×1K像素阵列。这些探测器工作温度范围在77~35K之间并已用于哈勃空间望远镜上的近红外线相机和多目标分光仪。

新一代光子探测器的代表是超导隧道结(STJ)和跃迁边界传感器(TES),这两种探测器在可见光和近红外范围内以内在的光谱能力用于光子计数。超导隧道结工作温度为0.5~0.1K,这依赖于使用的超导体(典型的是Nb、Ta)。它有很高的响应度和分辨率,计数速率最大为10^4件/s。跃迁边界传感器工作在约0.1K,也有很高的响应度和类似的能量分辨率并且最大计数速率约为10^3件/s。这样的性能组合对现代天文学具有很大的吸引力,超导隧道结和跃迁边界传感器能工作在大量光子能量范围并在紫外线和X射线中有非常有趣的性能。两种技术提供了超过传统紫外线(UV)探测器的明显优点。主要的好处是特别高的探测效率(接近100%),光子计数和内在的光谱能力也很好,并且有好的成像分辨力(单个像素约20μm)。在超导隧道结经试验的能量分辨率在6keV时为15eV,跃迁边界传感器也达到较好的性能(在6keV时只有几个电子伏)。未来空间观测台会使用低温探测器。

基础物理和行星科学也会得益于使用低温探测器,其代表的例子是以超导量子干涉器件(SQUID)为基础的重力梯度仪被用于低高度地球和行星任务。除了绘制重力强度图外,这些传感器能验证等价原理,这时假设重力和惯性质量相等。超导量子干涉器件为基础的加速度计是唯一能达到精度要求的加速度计。低温超导量子干涉器工作温度在4K。高温超导体的超导量子干涉器件是工作在大约77K。

下面简单介绍几种用于空间低温冷却的低温光子红外探测器和以STJ、TES和SQUID为代表的新一代光子探测器。

4.2 低温光子红外探测器

4.2.1 概述

低温光子红外探测器通过与电子的相互作用,辐射被吸收到材料内。观察到的电输出信号是由改变电子能量分布造成的。光子探测器显示选择的波长依赖每单位入射辐射功率的响应。它们表现出完美的信噪比性能和非常快的响应。但是为实现这一目标，光子探测器需要低温冷却。低温光子红外探测器最重要类型是本征探测器、非本征探测器、光子发射（金属硅化物肖特基壁垒）探测器和量子阱探测器。

在过去的几十年，汞镉碲化物（HgCdTe）对于中、长波长（$\lambda=3\sim30\mu m$）低温红外光子探测器已经成为最重要的半导体器件。对于短波长范围，InGaAs、InAsSb 和 InGaSb 这些器件占主导地位。Si:As 用于 VLWIR 波段。

InSb 和 HgCdTe 工作在 SWIR 和 MWIR 波段超过 400 万像素阵列的可用性的条件是：探测器系统必须被冷却到低于它的最大允许的工作温度，另外，探测器本身的工作噪声必须减少到低于探测器预期输出的 1/6。这个工作噪声来自探测器几个源，许多热激发会产生“暗电流”，暗电流减少了探测器的灵敏度。

在空间应用中，探测器为了能探测到遥远和暗淡的目标必须冷却。这一点在背景噪声支配着探测器噪声情况下没有实际意义，但在太空态势感知遥远的没有发光背景的移动目标对，较大的冷负荷和较低温度是有利的。

曾多次尝试用其他材料取代 HgCdTe。目前几个已知的其他可变间隙合金系统包括密切相关的汞合金 HgZnTe、HgMnTe，铅锡碲化合物和硒化物，InAsSb，带有铊和铋的混合物，自由载流子探测器和低维固体。支持尝试替代 HgCdTe 的主要动因是解决这些材料的技术问题，这些问题之一是弱的 Hg－Te 结合，这导致主体表面和界面的不稳定性。均匀性和收益仍然是有问题。尽管如此，HgCdTe 仍是红外探测器中最主要的半导体器件，原因如下：

（1）没有一种新材料的性能超过 HgCdTe，各种窄隙半导体的品质因数 α/G（α 为吸收系数，G 为热生成率）似乎非常接近 HgCdTe，自由载流子探测器和 GaAs/AlGaAs 超晶体器件的 α/G 要小几个数量级。

（2）HgCdTe 有最大程度的适应性，很容易构造多种器件。

（3）红外光电探测器是通过复杂带隙异质结构进行控制的。在各种可变的能带隙半导体合金中，HgCdTe 是具有几乎相同晶格常数覆盖整体红外光谱范围的器件。CdTe（$E_g=1.5eV$）和 $Hg_{0.8}Cd_{0.2}Te$（$E_g=0.1$）之间的晶格常数差别约为 0.2%，用 Zn 或带有 Se 的 Te 替代小部分 Cd 能补偿剩余的晶格失配。构成晶格参数的独立性是 HgCdTe 超过任何其他材料的主要优点。

异质结有助于在实践中取得高性能。

当背景光子噪声是占优势的时候，探测器工作在理想模式，探测器显示背景限制性能（BLIP）。BLIP 温度定义：器件工作在此温度时，在给定视场（FDV）和背景温度下，器件的暗电流等于光电流。BLIP 工作需要的温度是截止波长的函数。可以注意到大多数本征红外探测器的工作温度比其他类型的光子探测器要高些。HgCdTe 探测器在 BLIP 工作状态，这时用热电冷却器冷却，它处于中红外范围，但长波红外线(LWIR)探测器($\delta \leqslant \lambda_c \leqslant 12\mu m$)工作在约 100K。HgCdTe 二极管比非本征探测器、硅化物肖特基势垒和 QWIP 呈现较高的工作温度。截止波长低于 10μm 的 QWIP 冷却要求与非本征探测器和肖特基势垒器件比较不太严格。

最近,更大的兴趣聚焦在 PN 结异质结构光电二极管。与异质结构比较,同质结具有较低的击穿电压和大的反向漏电流。光电二极管设计的另一方面是为高速操作必需的带宽。

非常低功耗的光电二极管容易在焦平面硅芯片上多路传输,对读数器件和电路噪声要求不是那么严格,光电二极管能组装在包含非常大量元件的二维阵列中,元件数量仅受现存技术的限制。

晶体外延附生是获得器件要求质量材料的更可取的技术。在各种各样的外延技术中,液相外延(LPE)是最成熟方法。液相外延生长必须在相对高的增长温度伴随附着的相互扩散,并且产生分级接口。最近努力的目标主要针对低增长温度技术,即金属有机物化学气相沉积(MOCVD)和分子束外延(MBE)。

短波红外(SWIR)、InGaAs 和 HgCdTe 这些基本的探测器结构是 P^+ - on - n 器件(符号 P 表示宽的间隙)。在双层异质结构中埋入的狭窄带隙活动层的结合减少了隧道电流并增加了耐辐射性,两者都是遥感应用必不可少的探测器属性。为了接近统一的量子效率和低的暗电流,基本区域的厚度应该进行优化。基本厚度(典型的大约为 5 ~ 7μm)应略高于单通道器件逆吸收系数。

为了少产生热和具有高的量子效率,低掺杂是有益的。因为在吸收区域的扩散长度典型地是比它的厚度长,在基本区域产生的任何载流子都能被收集使探测器器件产生光电流。

4.2.2 低温光子红外探测器技术的发展历程

第一个光电导元件是在 1917 年由凯斯研制出的,1933 年柏林的 Kutzscher 发现了硫化铅是光电导材料。红外探测器技术和理论经过多年的发展,研制出许多低温光子红外探测器材料。在 20 世纪 40 年代可以看作是现代红外探测器技术的起源。人们感兴趣的波长集中在两个大气层窗口 3 ~ 5μm 和 8 ~ 14μm,近代由于空间应用的刺激,关注点集中在较长的波长。

为完成空间科研任务的光谱仪、光谱成像仪、红外辐射仪、X 或 γ 射线探测器和空间望远镜等配备有满足任务要求的低温光学系统,空间科学也带动了低温光学的发展。

从第二次世界大战到 20 世纪 60 年代,红外探测器从 PbS 迅速发展到 PbTe 和 PbSe 薄膜型探测器,最长的响应波长在液氮温度下达到 7μm。同时研制出以 Ge:x 为材料的第一个非本征光电导探测器。工作波段为 1 ~ 3μm 的高性能 PbS 红外探测器首先用于空空红外导弹。工作波长 3 ~ 5μm 的 InSb 探测器和工作波长为 8 ~ 14μm 的锗掺杂探测器用于机载红外武器上。锗掺汞是 8 ~ 14μm 波段当前最好的红外探测器，工作温度为 37K，有很宽的响应光谱。

20 世纪 60 年代中期，美国研制的 8 ~ 12μm 的 $Hg_{1-x}Cd_xTe$ 探测器已发展到实用化水平。同时另一种三元系材料 8 ~ 12μm$Pb_{1-x}Sb_xTe$ 异质结探测器也研制成功，但由于它很难制成混合焦平面器件，因此被淘汰。该时期是碲镉汞探测器应用最广泛的时期。

20 世纪 80 年代光纤通信的快速发展使 InGaAs 探测器得到了很大发展，同时研制成功了 10μm 量子阱红外探测器和 SPRITE 探测器。由于 SPRITE 探测器内部实现信号的时间延迟和积分，使得红外系统更加紧凑和可靠。20 世纪 90 年代国外开始重视红外焦平面阵列技术的发展，因为它是解决军用红外系统所用探测器的关键。由于军事上的需要，包括前视红外成像仪，空中入侵预警器，红外侦察、搜索与跟踪装置，导弹寻的器，水下潜望成像仪和便携式瞄准器等仪器的需要，促进了高灵敏和高分辨红外焦平面阵列的发展。

红外焦平面阵列的研制是以混合技术和单片技术为基础，利用集成电路将探测器装在同一块芯片上并具有信号处理功能，利用少量引线将上万个探测器信号读出到信号处理器中。进一步发展将会在一块芯片上大规模集成更多的单元器件，制成超高密度和超高像光素的焦平面阵列。

4.2.3 几种用于空间的低温光子红外探测器

表 4-2 给出电磁辐射的种类和波长、黑体温度，应用探测器类型和要求的温度。电磁光谱的不同波长、发射这些波长的黑体温度、用于这些波长的探测器和这些探测器必须冷却的温度都在表中给出。红外探测的区域包括室温（300K）物体（在 10 ~ 15μm）和天体物体（在 20 ~ 500μm）。在这些红外波长内，在探测仪器上应用时不仅要求探测器冷却到低温，而且要冷却相关的光学系统，这样才能保证这个仪器所形成的热系统处于要求的状态，保证探测器的温度要求。低温红外探测器温度范围是 150K 到接近绝对零度。

表 4-2 电磁辐射的种类和波长、黑体温度和探测器种类及其要求的温度

辐射的类型	波长/μm	黑体温度/K	探测器种类	探测器温度/K
γ 射线	10^{-5}	3×10^8	Ge 二极管	80
γ 射线	10^{-4}	3×10^7	Ge 二极管	80
X 射线	10^{-3}	3×10^6	微量热量计	0.05
X 射线	10^{-2}	3×10^5	微量热量计	0.05
紫外线（UV）	0.1	3×10^4	CCD/CMOD	200 ~ 300
可见光	1	3×10^3	CCD/CMOD	200 ~ 300
红外线（IR）	2	1.5×10^3	HgCdTe	80 ~ 130
IR	5	6×10^2	HgCdTe	80 ~ 120

（续）

辐射的类型	波长/μm	黑体温度/K	探测器种类	探测器温度/K
长波红外线（LWIR）	10	3×10^2	HgCdTe	35～80
LWIR	15	2×10^2	HgCdTe	35～60
LWIR	20	1.5×10^2	Si：As	7～10
LWIR	50	60	Ge：Ga	2
LWIR/μ 波	1×10^2	30	Ge：Ga	1.5
微波	2×10^2	15	辐射热测量计	0.1
微波	5×10^2	6	辐射热测量计	0.1

下面讨论几种低温光子探测器。

1. Ge 二极管

应用于低温空间的仪器是γ射线仪，γ射线是极短波长的光，γ射线是原子核能级（10^8K）跃迁蜕变时释放出的射线。通过 Ge 二极管可探测到恒星表面发射的γ射线，得到恒星表面的元素图，这些元素包括 O、Mg、Fe、Si、Ti、K、Ca 和 U。通过这些探测活动理解行星的起源，并理解太阳系的起源。Ge 二极管也称为γ射线探测器。

γ射线可轻易穿过大部分材料，但不能被镜面反射。最普通的探测器是室温碘化钠闪烁晶体，当它被γ射线照射时会产生发射光激发。当低温冷却的锗晶体二极管被γ射线照射将释放电荷。锗探测器提供较好的能量分辨率，较小的噪声，它比室温闪烁晶体有更好的空间分辨率。它必须被冷却到 80K 才会有上述优点。

γ射线探测器在多个空间任务中得到应用，例如，1971 年发射 SESP72－2 卫星，使用了γ射线探测器冷却到 126K，用洛克希德·马丁公司的固体甲烷－固体氨低温恒温器冷却探测器。1979 年发射 STP78－1 卫星，γ射线探测器被冷却到 77K。2002 年发射的国际γ射线天体物理实验室是欧洲航天局的科学任务，上面的γ射线光谱仪用了 30kg 锗探测器阵列，它用的是斯特林制冷器，被冷却到 85K。2002 年发射的 Ramaty 高能太阳分光镜成像仪，用的是γ射线探测器，冷却到 65K，用的是斯特林制冷器，仪器辐射屏冷却到 155K，用于观测太阳耀斑。

2. InSb 光电二极管

InSb 材料远比 HgCdTe 更加成熟，超出 7cm 直径大块好质量的基质已市场化。InSb 光电二极管从 20 世纪 50 年代就已经开始使用，它们通常用杂质扩散和离子注入方法制造，不使用外延附生，相反，标准制造技术开始使用掺杂浓度约 $10^{15}cm^{-3}$的大容量 n 型单晶晶片。

InSb 光电二极管工作在 77K 以上的温度范围内。温度上升到 160K 也不影响 InSb 光电二极管最佳量子效率，探测能力随着减少背景通量（狭窄视场或冷过滤）

而增加。

InSb 光电二极管探测器广泛用于陆基红外天文学和用于空间红外望远镜设备，最近 InSb 混合 FPA 的性能已取得惊人的进步。因为 InSb 探测器材料能薄到小于 10μm，因此 1024×1024 的阵列就可能制成，64、128 和 256 个元件的线性阵列形成能用正面被照亮探测器制造。元件大小取决于器件形式，尺寸范围从 20μm×20μm 到 200μm×200μm。

低温冷却的 InSb 和 HgCdTe 阵列在中波红外（MWIR）光谱带有类似的阵列大小和像素成品率。然而，在波长可调谐性和量子效率方面的优点使 HgCdTe 成为首选材料。

3. HgCdTe 光电二极管

HgCdTe 光电二极管可用于光谱范围 1～20μm 探测，通过调整 HgCdTe 合金的成分，使其适应光谱截止。

外延技术是获得红外器件中 HgCdTe 比较好的技术。在硅基片上外延生长 HgCdTe 探测器阵列（而不是 CdZnTe）已成为特别有前途的方法，用该方法按比例增加晶元尺寸并能实现有成本效益的生产。分子束外延（MBE）为材料和器件工程提供了独特的能力，分子束外延技术具有最低的生长温度、超晶格生长和对于最复杂的成分和掺杂分布的能力。分子束外延生长温度小于 200℃。但对于金属有机气相沉积大约是 350℃，由于 Hg 空缺的形成，使其难以在金属有机气相沉积中控制 p 型掺杂。

不同的 HgCdTe 光电二极管结构已被制造成兼容背面和正面照明的混合焦平面 FPA，HgCdTe 光电二极管的制造通常基于最常见的 n^+-p 和 p^+-n 双层异质结（DLHJ）结构。在这些光电二极管基础 p 型层（或 n 型层）被夹在 CdZnTe 基片和高掺杂（在 n^+-p）结构，或宽的间隙（在 p^+-n 结构）区域两者之间。由于背面照射（穿过 HgZnTe 基片）和内部电场（它阻塞少数的载流子），因此表面复合对光电二极管的影响就被清除了。由于布尔斯坦－莫斯效应，光学的和热生成被抑制在 n^+ 区域，由于宽的间隙光学的和热生长被抑制在 p^+ 区域。表面复合的影响通过使用适当的纯化处理可以避免。几种技术可以进行 HgCdTe 的纯化处理。

在光电二极管的基础区域，以可控制的方式最低的掺杂水平可以达到（对于 n^+-p 结构，$N_a=10^{15}cm^{-3}$；对于 p^+-n 结构，$N_a=5\times10^{14}cm^{-3}$），在给定截止波长和温度条件下，两种类型光电二极管的性能是类似的。

中波红外（MWIR）p－on－n HgCdTe 光电二极管，最高性能器件是通过在大容量 CdZnTe 基板上进行分子束外延生长外延层被处理得到的。对于较短的截止波长器件（$\lambda_c\approx3\mu m$）扩散限制至少在 125K。对于较长截止波长（$\lambda_c\approx5\mu m$）的器件扩散限制到约 110K。低于这个温度试验数据掩盖了发生重组和隧道电流限制的可能发生。

目前，光电的 HgCdTe FPA 主要基于 p 型材料，线性（240，480 和 960 个元件),具有时间延迟和积分(TDI)功能的扫描阵列,以及2D凝视幅度,从32×32到2048×2048都已制造出来了。像素尺寸范围从18μm^{2}到1mm^{2}都已经做成,使用混合结构得到最好的结果。

4. 光电发射的PtSi肖特基势垒探测器

最流行的肖特基势垒探测器是PtSi探测器,它能探测的范围是3~5μm光谱范围,辐射是通过p型硅和金属PtSi(不是在半导体)传输,然后发射越过位垒进入离开带负电荷的硅。利用直接电荷注入法,硅化物的负电荷转移到电荷耦合器件(CCD)。

在3~5μm大气窗口内,有效量子效率非常低,大约1%,但是用接近面阵全帧集成的方法,可获得有用的敏感性,使用薄的PtSi薄膜和实现"光学腔"可以改善量子效率。由于非常低的量子效率,肖特基势垒光电发射探测器的工作温度较其他类型的红外光子探测器更低。

肖特基光电效应不依赖于半导体掺杂、少数载流子寿命和合金成分这些因素,因此它具有空间均匀性特性,这使它远优于其他探测器技术。

大部分报道的肖特基势垒FPA具有行间转移CCD结构,使用1.2μm充电扫描设备技术在512×512单块集成电路结构用6μm×20μm像素可达到高的填充因子为71%,在300K噪声等效温度差(NETD)估计为0.033K。现在的PtSi肖特基FPA主要在150mm晶片加工线上制造,利用1μm光刻技术,单块集成电路PtSi肖特基势垒FPA的性能已达到稳定水平。

5. 非本征光敏电阻

非本征光敏电阻使用在几个微米到接近300μm广泛的红外光谱范围。它们的主要探测器工作在$\lambda > 20\mu m$范围。与其他材料本征光敏电阻比较,基于硅和锗的探测器有更广泛的应用,硅有几个优点超过锗,如可得到3个数量级更高杂质溶解度,因此具有更好空间分辨率的更薄的探测器可以用硅制造。硅比锗有更低的介电常数,硅的相关器件技术现在已经得到彻底开发,包括表面钝化、成熟的金属氧化物半导体(MDS)和CCD技术。此外,硅探测器在核辐射环境下以出众的硬度为其特点。

高度成熟的硅MDS阵列技术设备的有效性整合了大的探测器阵列和用于读出和信号处理的电荷转移器件,得到确认的技术也有助于统一探测器的制造和形成低噪声。大的非本征硅FPA在地球应用的潜能已经被验证。硅在空间的应用受到关注,因为在那样的低背景和13~20μm波长条件下,HgCdTe的应用就存在困难,在锗中微弱的杂质能量允许探测器光谱响应超出100μm波长,但非本征锗的主要工作波长仍在约20μm。

为最大化量子效率和非本征光电导体的探测能力,掺杂水平需要尽可能的高。这一概念在阻塞杂质带(BIB)器件已实现。BIB Si:As器件与散装Si:As器件比较更长的光谱响应是由于前者有更高的掺杂程度,减少了电子的束缚能。

BIB 器件可以掺杂硅或掺杂锗来制造，它们分别在 2μm 和 220μm 红外波长范围敏感。在大的凝视阵列格式的 BIB 器件已商业化。用 Si：As BIB 探测器混合的 FPA 工作在 4 ~ 10K 温度范围，它们已经在低、中等和高红外背景下被最佳化。

6. GaAs/AlGaAs 量子阱红外光电探测器

在不同类型的量子阱红外光电探测器（QWIPS）中，GaAs/AlGaAs 多量子阱探测器是最成熟的。

QWIP 技术是基于发展良好的 A^3B^5 材料系统，它在军事和商业应用中有广泛的工业基础。作为单一器件，特别是在较高的温度工作（>70K）时，QWIP 无法与 HgCdTe 光电二极管竞争，这是由于与带间跃迁有关的局限性所致。然而 HgCdTe 的优势在温度低于 50K 时不明显。尽管 QWIP 是光电导体，但它的诸如高阻抗、快速响应时间、长的积分时间和低功耗等性能都完全符合大的 FPA 制造要求。由于在低温下高的材料质量，在超长波红外（VLWIR）FPA 应用中的阵列尺寸、均匀性、系统的产量和成本等许多方面，QWIP 具有超过 HgCdTe 的潜在优势。

QWIP FPA 有两种探测器结构：一种为束缚到扩充；另一种为束缚到微带。束缚到扩充时，在受束缚到连续区的 QWIP 光电子能从量子阱逃到连续区运输状态，不需要穿透屏障。结果是需要有效地收集光电子的偏压显著减少，因此使暗电流降低。当第一激发态从连续区降到阱顶部不损失响应率时，暗电流显著地降低。

在微带传输 QWIP，红外辐射被吸收在掺杂的量子阱，激发的电子进入微带并在微带内传输，直到它被收集或重新捕获到另一个量子阱。微带 QWIP 显示比束缚到连续区 QWIP 有较低的电光导增益，因为光激的电子传输发生在微带，在微带电子必须通过导致较低移动性的许多薄的杂障碍才能传输。

对于 n 型 GaAs/AlGaAs QWIP 在不同温度下探测能力依赖波长截止。考虑到不同的掺杂、不同的晶体生长方法、不同的光谱宽度和不同的激发态，截止波长的范围可能为 $8\mu m \leqslant \lambda_c \leqslant 19\mu m$，温度范围可能为 $35K \leqslant T \leqslant 77K$。

QWIP FPA 性能的关键因素是光耦合方案。QWIP 的独特特点是光吸收强度与入射光子的电场成正比。为了成像它必须能均匀地将光连接到这些探测器的 2D 阵列，因此衍射光栅或其他类似结构装配在探测器的一侧以改变正常的入射光子方向，使其进入更有利于吸收的传播角度。2D 阵列的像素变薄到大约 5μm 厚。在被照明的像素内变细存留的衍射光增加了响应率和排除了串扰，变细也允许探测器阵列在与自积分型读出电路（Si ROIC）错配时伸缩和调节热膨胀。

现在已能制成在背景温度 300K，工作温度 70K 时，QWIP 照相机的平均噪声的等效温差（NEDT）为 36mK。

7. 红外辐射热测量计

1）红外辐射热测量计的工作原理

红外辐射热测量计由带有热容 C 的吸收元件组成，这带有热容 C 的吸收元件会将电磁辐射转换成热，并且它们通过热传导率为 K 的传导体连接到温度为 T_s 的储热器。吸收器温度 T_A 用与吸收器接触的温度计测量，当入射辐射热被吸收时，吸收器温度 T_A 随时间以速率 $dT_A/dt = P/C$ 增加，式中 P 为辐射功率，并且接近时间常数$\tau = C/K$时的极限值 $T_A = T_s + P/K$。

红外辐射热测量计的工作原理如图 4-1 所示。辐射热测量计使用半导体或超导体吸附元件，这些元件工作在低温条件下会有更高的灵敏度，辐射热测量计对吸附装置能量的提高很敏感，它不仅能用于电离的粒子和光子，同时可用于非电离粒子，甚至可以搜寻未知的物质和能量（如暗物质），与通用探测器比较，在能量分辨率和灵敏度方面有特别高的效率。

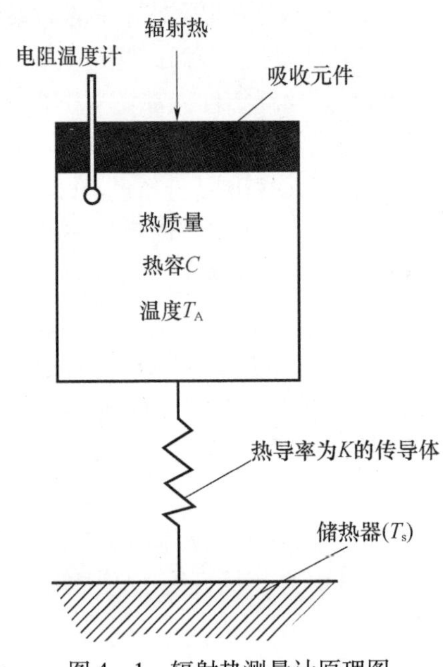

图 4-1 辐射热测量计原理图

2）中子嬗变掺杂 Ge 蛛网辐射热测量计

中子嬗变掺杂（NTD）Ge 蛛网辐射热测量计吸收装置是金属硅氮化物蛛网结构，温度计是非常小的 NTD 位错晶体，蛛网的间距比波长小得多，因此对入射的辐射可以视为一个平面。除了减小热容，蛛网还可减小电离辐射几何横截面，除了氮化硅吸收装置不是蚀刻到网模上外，NTD 辐射热测量计基本上是相同的。

NTD 辐射热测量计工作在 100mK 能很快达到理想探测器的性能，蛛网装置可使噪声等效功率（NEP）达到约 $1.5\times10^{-17}\text{W}/\sqrt{\text{Hz}}$，时间常数 $\tau = 100\text{ms}$，工作温度为 300mK，并可达到 $\text{NEP} = 1.5\times10^{-18}\text{W}/\sqrt{\text{Hz}}$，$\tau = 65\text{ms}$，但工作温度需要更低，$T = 100\text{mK}$。

噪声等效功率 NEP 和时间常数 τ 依赖于热导率 K，在 NEP 保持常数，$(\tau)^{1/2}$

使用优化值，灵敏度和响应速度能用变化 K 值折中选择。

大范围 NTD 材料提供了设备需求范围内的电阻，典型的辐射热测量计几个兆欧电阻和低噪声场效应晶体管(J-FET)前置放大器用于探测器，使用 100Hz AC 偏压允许被提取的信号信息不会被前置放大器 $1/f$ 噪声降低。

NTD Ge 固有的 $1/f$ 噪声非常低，在工作系统中没有超过 20mHz 的噪声，噪声值由读出电子仪器所限制而不是探测器本身。

红外辐射热测量计如图 4-2 所示，NTD Ge 的热敏电阻是长 0.2mm 的立方芯片，其温度 $T_o = 49K$，电阻 $R_o = 8\Omega$，在 300mK 时芯片电阻为 3MΩ，热敏电阻的镀金表面和石墨纤维之间的电触头都是银(20%)、环氧树脂(约 40μm)制造的，热敏电阻与低热容吸收装置连接，吸收装置是覆盖 0.6μm 铋(Bi)膜 2mm×2mm×35μm 的钻石，被选择的铋膜和钻石膜厚度的吸收作用与频率无关，用 4μm 非导电的环氧树脂将热阻电阻粘到钻石上。

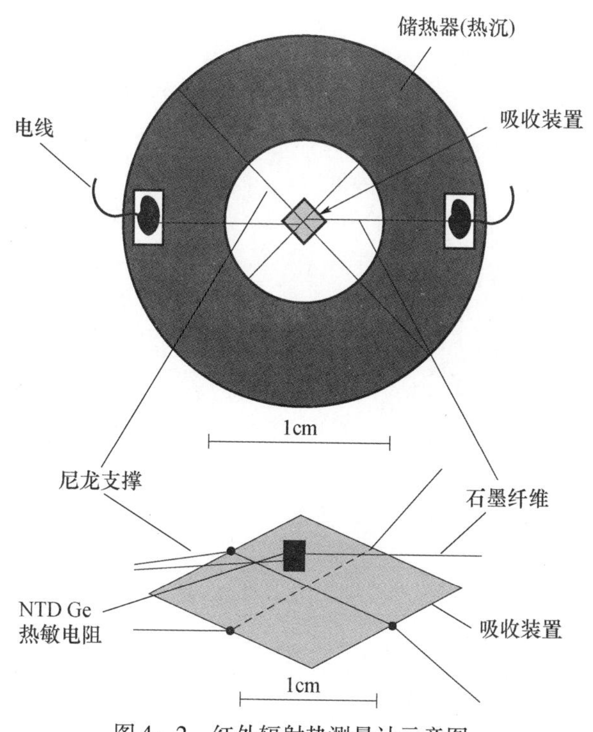

图 4-2 红外辐射热测量计示意图

3）工作在 0.3K 的红外辐射热测量计

工作在 0.3K 的红外辐射热测量计从低温角度讲是很容易描述的，而从现代装置分析是相当复杂的。辐射热测量计的性能很好，在低温下其噪声等效功率小于 $10^{-16}W/\sqrt{Hz}$，时间常数可达 $\tau = 11ms$，可用于宇宙微波背景测量。

辐射热测量计的噪声由两部分组成：一是声子噪声，是由辐射热测量计与散热片之间热能传输中的波动产生的;一是约翰逊噪声,是由热敏电阻引起的。

最佳偏置辐射热测量计($T_b = 1.1T_s$)的噪声等效功率为

$$\mathrm{NEP_b} = \zeta \cdot (4KT_b{}^2 \cdot G)^{1/2} \tag{4-1}$$

式中:T_b 为辐射热测量计工作温度;K 为玻耳兹曼常数;G 为对散热片的热导;T_s 为散热片温度;ζ 为系数,理想情况 $\zeta \approx 1$。

一般红外信号在频率 f 时调制,当 $G < 2\pi f \times C$ 时辐射热测量计的响应率降低,式中的 C 为辐射热测量计的热容,当 $G \approx 2\pi f \times c$ 时,会产生最佳噪声等效功率,将 G 代入式(4-1),得

$$\mathrm{NEP_b} \dot{\approx} \zeta \cdot (8\pi f \cdot c \cdot KT_b{}^2)^{1/2} \tag{4-2}$$

4.2.4 低温红外焦平面阵列

1. 概述

焦平面阵列(FPA)提高性能可以通过 4 个领域的技术进步来实现:探测器材料生长和处理、读出电路设计、大的焦平面阵列杂化和包装。随着 16 兆像素红外成像器的广泛应用,阵列的规模持续扩大,数亿像素的 FPA 正在研制中,更高性能的红外阵列由 HgCdTe 探测器材料制造,这些阵列用于严格要求的空间任务,如哈勃空间望远镜、詹姆斯·韦伯空间望远镜和行星科学。

最先进的红外阵列是由混合的互补金属氧化物半导体(CMOS)结构制成的,它使红外探测器材料的最好的质量与先进的 CMOS 集成电路得到的性能结合在一起,在这个结构中,数字成像前三步发生在探测器层,探测器发现光和收集光电荷,入射的光线激发出光生电子空穴对。光生多子通过半导体衬底流走,光生少子却被半导体金属氧化物(MOS)阵列下形成的一个系统势阱俘获并收集起来。每个势阱中积累的光生少子数与光学图像中各相应像素光照大小成正比。这一过程是由在 CMOS 内的 p-n 结创建的电场完成的。

探测器可以用 p-on-n 型或者相反的 n-on-p 型。每个 $p-n$ 结与读出集成电路(ROIC)相连接,连接使用的是铟。CMOS 读出电路转变电荷成为电压,并且传输电压信号到阵列。

来自阵列的输出在 ROIC 包含模/数转换器时,输出可能是模拟信号或数字信号。最后把信号通过中央处理器进行信号处理后传输到存储器。

最好的探测器是提供价电子带之间定义明确分离的晶格,在价电子带内,电子被捕获,而在传导带自由地穿过晶格。原子价与传导带之间的能量间隔称为材料的能带隙。这个能带隙确定了探测器材料的波长范围。假如能量大于能带隙的光子被吸收,电子将从价带中被激发并进入到传导带。在导带中的光电荷能被收集并被测量出。

红外探测器材料一个独特类型是汞镉碲化物(HgTdTe),它可以依赖汞和镉的混合使它的能带隙调整超过一个数量级,从 0.1eV 到大于 1eV。HgCdTe 通常生长

的截止波长为 1.7 ~ 16.5μm。高性能的 HgCdTe 的生长方法是分子束外延。HgCdTe FPA 在空间已得到成功的应用。几种红外焦平面阵列材料性能如表 4 - 3 所列。

表 4 - 3　几种典型的红外焦平面阵列材料

生产商	尺寸/结构	像素尺寸 /μm	探测器材料	光谱范围 /μm	工作温度 /K	最大探测能力 $D^*(\lambda_p)$/ cm · $Hz^{1/2}W^{-1}$,等价温差(NETD)/mK
雷声公司	256 × 256/H	30 × 30	InSb	1 ~ 5.5	10 ~ 77	
	1024 × 1024/H	27 × 27	InSb	0.6 ~ 5.0	35	
	320 × 240/H	50 × 50	Si : As、BIB	2 ~ 28	4 ~ 10	
	128 × 128/H	40 × 40	HgCdTe	9 ~ 11	80	
	256 × 256/H	30 × 30	HgCdTe	8.5 ~ 11	77 ~ 100	
罗克韦尔/波音	225 × 256/H	40 × 40	HgCdTe	1 ~ 4.6	120	> 10
	640 × 480/H	27 × 27	HgCdTe	1 ~ 4.6	120	> 25
	2048 × 2048/H	18 × 18	HgCdTe	1 ~ 2.5	95 ~ 120	$> 1 \times 10^4$
索弗拉迪	128 × 128/H	50 × 50	HgCdTe	7.7 ~ 10	80	$1.1 \times 10^4/10$
	128 × 128/H	50 × 50	HgCdTe	3.7 ~ 4.8	90	$4.3 \times 10^{11}/7$
德国通用电力公司	256 × 256/M	24 × 24	PtSi	3 ~ 5	77	75
	486 × 640/M	24 × 24	PtSi	3 ~ 5	77	70
	256 × 256/H	40 × 40	QWIP	8 ~ 10	60	10
	640 × 512/H	24 × 24	QWIP	8 ~ 10	60	20
喷气推进实验室	128 × 128/H	50 × 50	QWIP	15(λ_c)	45	30
	256 × 256/H	38 × 38	QWIP	9(λ_c)	70	40
	640 × 486/H	18 × 18	QWIP	9(λ_c)	70	36
注:H—混合式; M—单片式						

用于面阵最受欢迎的光电导材料系统是掺杂的非本征硅(Si : x,这里 x 是 In、As、Ga、Sb 等),它是用传统或杂质能带传导(IBC)技术或者堵塞的杂质能带(BIB)技术制造的。早期的单块集成电路阵列是掺杂的 Si 器件,主要原因是与硅读出器的兼容性,非本征光电导体必须制造成相对厚些(多达 30μm;IBC 的掺杂密度最小化这个厚度要求),因为它们比本征探测器有更小的光子俘获截面。

2. 红外焦平面阵列的体系结构

红外焦平面阵列(FPA)有许多体系结构,一般可分为混合式和单片式两类,设计中要考虑器件的优点和可生产性,每种应用中会有不同的选择,这取决于技术要求、预计成本和进度。

单片阵列的基本元件是金属 - 绝缘体 - 半导体(MIS)结构。MIS 电容器探测和整合红外产生的光电流。现在已经使用狭窄通路半导体制作单片 FPA,用肖特基势垒探测器的硅基 FPA 还是唯一的技术,它已经成熟到实用水平。

混合式 FPA 探测器和多路复用器被组装在不同基板上,通过倒装芯片压焊使它们紧密配合在一起,这种情况下我们可以独立地优化探测器材料和多路复用器。混合式 FPA 的其他优点是接近 100% 的填充因数和在多路复用器芯片上增强信号处理面积。按倒装芯片压焊方法,探测器阵列是通过铟柱压力接触到硅多路复用器衬垫。探测器阵列可能从正面或背面被照明。一般地,从背面照明是最有利的。HgCdTe 混合式 FPA 光子探测器被成形在透明的 CdTe 或 CdZnTe 基底的薄的 HgCdTe 外延层上,因为 HgCdTe 例装芯片混合技术,最大芯片尺寸大约为 $10mm^2$。为了克服这个问题,研制出用蓝宝石或硅作为 HgCdTe 的基底。当使用不透明材料时,基底必须到 10 ~ 20μm,为的是得到足够的量子效率和减少串扰。

现在大量研究活动都针对二维凝视阵列探测器,它由多于 10^6 元件组成。红外 FPA 和动态随机存储器(RAM)集成电路也是研发重点。

两种类型的硅处理电路得到开发:电荷耦合器件系统(CCD)和互补金属氧化物半导体(CMOS)开关。光生载流子首先很完整地用光栅集成,随后转移到慢速(垂直)和快速(水平)CCD 位移寄存器。

一个有吸引力的替代 CCD 读出器的方法是协调解决 CMOS 开关。

3. 典型的红外焦平面阵列

(1) InSb 红外焦平面阵列。InSb 是中波红外探测器材料,现已制成 InSb 红外焦平面,InSb IRFPA 采用 MOSFET 开关电通过铟柱与 InSb 探测器阵列进行例装焊接,构成混合式结构。

(2) HgCdTe 红外焦平面阵列。一般 HgCdTe 红外焦平面是由 HgCdTe 光伏探测器阵列和 CCD 或 MOSFET 读出电路通过铟柱互连而组成混合式结构,现已研制成功用于空间成像光谱仪的 1024μm × 1024μm/2. 5μmHgCdTe IRFPA,用于战术导弹寻的器和空间预警与监视系统的 640 × 640 中波 HgCdTe IRFPA 和 8 ~ 12μm 长波 HgCdTe IRFPA。目前 4 × 288,4 × 448,4 × 960 的扫描型和 64 × 64,128 × 128,640 × 640 凝视型的 HgCdTe IRFPA 已批量生产,HgCdTe IRFPA 的像素现在已可以做到 18μm × 18μm。

(3) 硅肖特基势垒红外焦平面阵列。硅肖特基势垒 IRFPA 用于近红外与中红外波段的热成像,硅超大规模集成电路的红外传感器应用于中红外波段的大面阵,高密度 IRFPA,硅肖特基势垒 IRFPA 的像素也能做到 17μm × 17μm。

(4) 量子阱(MQW)红外焦平面阵列。在金属衬底上用金属有机气相沉积(MOCVD)和分子束外延(MBE)工艺方法,在衬底上依次交替地沉积两种半导体 A 和 B 薄层,形成 ABAB…交替性结构,层的厚度只有几个到几十个原子层,这种新材料称为超晶格材料。现有 3 种超晶格材料,发展最快的是 I 类 AlGaAs/GaAs 超晶格材料,其中 AlGaAs 为势垒,GaAs 为势阱,当势垒较高较厚时,电子的运动被限制在势阱中,这种情况下的超晶格材料称为量子阱(QW)材料,多个量子阱叠加就组成了多量子阱(MQW)材料,它构成的探测器机理是发生在于带间的电子跃迁,并在外电场作用下运动形成光电流,因为子带间的能隙狭窄,因此适用于制作长波红外探测器,量子阱探测器具有材料稳定性好、抗辐射能力强、均匀性好等优点。

4. 双波段红外焦平面阵列

多色能力对于提高红外系统探测能力非常重要,独立的红外光谱波段既能辨别绝对温度又能辨别场景中物体的鲜明特征。通过提供这个新的对比维度,多波段探测也能够使先进的色彩处理算法进一步改善,灵敏度高于单色器件。目前,多光谱系统使用繁琐的成像技术,这会使光信号分散穿过多个红外焦平面阵列(IR FPA)或者使用一个滤光轮专注于一个 FPA 光谱辨别图像,所以这种方法在规模、复杂性和冷却性方面都是欠佳的。HgCdTe 光电二极管和 QWIP 在中波红外线(MWIR)和长波红外线(LWIR)范围内提供多色能力。

多光谱 HgCdTe 探测器在多种器件生长方面使用的分子束外延(MBE)和金属有机物化学气相沉积(MOCVD)技术已显示出相当大的进步。同样,QWIP 技术在制造多色 FPA 方面也取得非常大的进步。对于在 MWIR 和 LWIR 两个波段辐射紧密地隔开的子频带相继和同时探测的器件已经开发出来。

双波段 Hg、Cd、Te、FPAS 的双色探测器阵列通常是根据 n－p－n、Hg、Cd、Te 三层异质结(TLHJ)设计出的。器件的结构通过放置较长波长的 Hg、Cd、Te 光电二极管在较短波长的光电二极管之后的方法实现的,相继模式和同时模式的探测器都是多层材料制造的。

双波段 QWIP FPA 器材有能力同时探测两个单独分开的波长,它是在外延生长时,不同的 QWIP 层垂直堆积叠加而成的。通过掺杂的接触层单独分开的偏电压用于供应每个同时地 QWIP。QWIP 探测器工作温度为 40～100K。QWIP FPA 性能的关键因素是光耦合设计。不同的光耦合机制用于 QWIP。大多数 QWIP 阵列使用二维光栅。

5. 红外探测器技术未来发展预期评估

红外探测器系统未来使用要求如下:

(1) 更高的像素灵敏度;

(2) 进一步将像素密度增加到超过 10^6 像素;

(3) 通过使用更少的冷却传感器技术连同探测器集成和信号处理功能降低红外成像阵列系统的成本;

(4) 通过多谱线传感器的发展完善红外成像阵列的功能。

为减少红外成像系统的真实成本,必须对全部元件采取行动,成本可分解为 3 个部分:芯片、杜瓦、集成和试验,使用中必须增加低温机器成本。这就可以解释为什么 PTS 或 QWIPS 的成本比相同复杂的光子探测器没有明显减少的原因。

现在 HgCdTe 光电二极管和阻塞杂质带(BIB)非本征的硅探测器不是完全成熟。PtSi 技术是成熟的,已达到稳定时期。InSb 和硅辐射热测量计探测器技术用于大的阵列结构时进步显著。

尽管有替代技术的严重竞争和比预期的进步较慢,但在要求多光谱能力和高速响应的高性能应用中,HgCdTe 不可能存在严重挑战。外延技术的稳定进步将使 HgCdTe 器材更加能承担不久将来的任务。HgCdTe 与肖特基势垒器件和低维固体器件比较有较高的工作温度,应用中具有优势。

HgCdTe 光电二极管的基本性能还有发展和改善的潜力。MBE 和 MOCVD 气相外延法将允许带隙工程半导体异制结构器件提高质量和复杂性。另外,像硅这种替代基质外延生长的继续开发和研制将减少二维阵列的成本,双波段阵列将继续发展,并且三波段探测器也将会出现。为提高分辨率光谱成像,大的 HgCdTe FPA 将用于傅里叶变换(FT)干涉仪。为探测到 15μm,光电二极管将取代光敏电阻。

量子阱结构和超晶格独特的探测能力是由于低维固体。QWIP 相机在成像和在 LWIR 光谱带内光谱应用中受到期待。QWIP 技术的潜力与 VLWIP FPA 应用和多色探测联系在一起,不久的将来将会出现三波段 FPA,新的红外探测器概念是微机电结构,这一技术是光蚀刻微影和机械的结合,信号处理功能融入 FPA 的发展是可以预期的。

4.3 新一代光子探测器

4.3.1 概述

以超导隧道结(STJ)、跃迁边界传感器(TES)和超导量子干涉器件(SQUID)传感器为代表的空间低温超导探测器在低温条件下具有更高的灵敏度和能量分辨率。一般地,每个低温探测器是由一个吸收器、一个敏感的传感器和一个冷源组成。传感器和常用的吸收器由薄膜沉积技术沉积到载体基底的薄金属膜上制成,探测器的多数器件也必须冷却,对于最简单的器件,传感器和吸收器是同一个,即传感器也用作吸收器,传感器测得的是入射的光子或粒子,由于粒子停留在吸收器表面,最初激发的主要是声子。声子使量化晶格振动,表现为粒子状能量包并声速透过材料传播。根据材料的类型,声子一部分很快转变为其他激发,例如,在超导体中的准粒子(电子和空穴状激发)或在正常金属吸收器中的“热电子”。

低温探测器分为两种,即非平衡态器件和平衡态器件。STJ 属于非平衡态器件,热电子微量热量计属于平衡态器件。

探测器速度和分辨率依赖于探测器的种类并强烈依赖工作温度。一般在低温下工作的探测器能达到较好的分辨率,但影响其取舍的是响应时间。工作在稍高的温度可以达到较快的响应时间。对于给定的工作温度,非平衡态器件提供较高的速度,而平衡器件展现出较好的能量分辨率和低噪声。噪声依赖探测器的类型和工作温度及从几电子伏到几百电子伏所处的范围。

第一次应用的超导辐射测量计探测涉及离子束直接瞄准在薄膜上的粒子。最近,带有大的非传导性吸收器晶体和跃迁边界传感器的单粒子探测器已在粒子物理应用中得到发展。在这些探测器中,粒子互相作用发生在非传导性的吸收器内,TES 薄膜由相互作用产生的声子测量。这种小型热量计也用于测量有重原子的离子。

非常敏感的 X 射线微量热测量计可以用耦合超导温度计作为正常金属吸收器。近来年,这种热电子微量热测量计在性能上已超越基于半导体微量热量计的能量分辨率和速度。带有基于跃迁边界传感器探测器的单光子能量分辨探测能力已得到展示。热电子微量热量计也已经用于飞行时间质谱分析。

超导隧道结(STJ)探测器是另一种典型的低温探测器。这些非平衡探测器的发展是由于 X 射线天体物理学的需要。

超导量子干涉器件在超敏感的电磁和磁场测量中有关键作用。

4.3.2 超导隧道结

超导隧道结是由两个超导电极和一个绝缘层组成,两个超导电极被一个绝缘层分离开。这个薄的绝缘层也称为绝缘隧道结。例如 Nb - Al_2O_3 - Nb,它们的薄膜沉积到衬底上(图 4 - 3)。

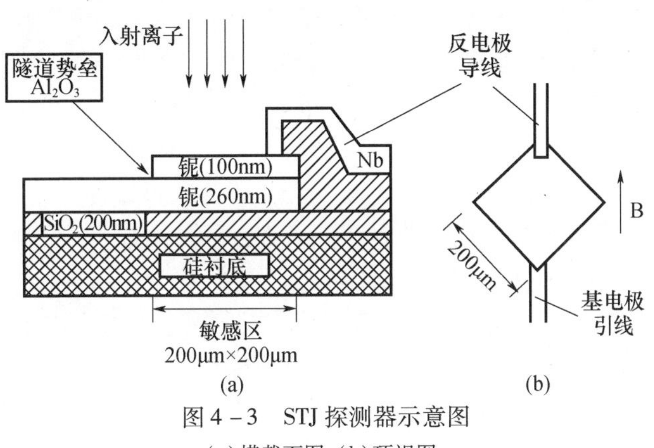

图 4 - 3　STJ 探测器示意图

(a)横截面图;(b)顶视图。

探测器是菱形的,其他普通的 STJ 探测器是正方形和足球形状,

典型尺寸范围从几十 μm 到 200μm。

入射的光子能量可产生与光子能量成正比例的准粒子,这个准粒子实际上就是 X 射线在一个电极吸附后激起的自由的过剩电荷载流子,其能量与超导能隙 Δ 上的 X 射线能量 E_x 成正比。当这些准粒子通过绝缘层时,它们会产生瞬时可测量电流,这是由于偏电压施加到绝缘层,额外的准粒子打开隧道穿过绝缘层,与每个隧道过程有关的电流总量是一个与光子能量成正比的信号。一旦有相反的电极,它能打开通道返回到原始的电极。偏压的恒定极性保证隧道效应过程电流脉冲总是在相同方向,从而强迫准粒子与电子在一个方向。

STJ 探测器最好的工作温度 T 应该低于它的超导薄膜临界温度 T_c,典型的温度 $T \approx 0.1T_c$ 或更低。在这样低的温度,超导层全部传导电子形成弱束缚对,称为库珀对,它是造成超导性的原因。库珀对的束缚能是 $2\Delta_g$,这里 Δ 是超导能隙,其值约为 1meV 或更小。当 STJ 探测器的工作温度远低于 T_c 时,能隙 Δ 实际上已与温度无关并接近它的温度极限 $\Delta(T=0)$。巴丁、库珀和施里弗的超导性标准理论即超导的微观(BSC)理论预测比例原则为 $\Delta(T=0)=1.76K_BT_c$,对于多数材料与试验值基本一致。

在 STJ 探测器增加准粒子隧道效应可能性的非常确实的方法是生产双层结构电极,双层结构的两种材料都是超导体,但是有不同的能隙。超导体对它邻近超导体的影响称为“接近效应”。从全局来看,双层结构产生的能隙是低隙材料和高隙材料之间的某处。更多的状态是在低隙材料中可获得准粒子。这种情况在低隙材料内能造成准粒子约束,或至少在低隙材料中消耗更多时间。准粒子约束也会在接触面间断性的增加,接触面促成准粒子反射。假设隧道绝缘层在低隙材料一边,约束提高了隧道效应的可能性。低隙层通常称为“诱捕层”。

增强准粒子隧道的作用对多隧道有重要影响。假设每个准粒子有机会超过它的寿命打通隧道数次,STJ 探测器的增益会有很大的增加,并且小的能源也会被探测到。铌(Nb)和铝(Al)是最常见的 STJ 探测器材料。光子吸收发生在 Nb 中,准粒子约束在 Al 中,Nb 基 STJ 首先研究非常薄的 Al 层。Al 仅用于帮助 AlO_x 层的沉积。在这些安排中,能隙与 Nb 体积相等,并且 Al 对准粒子的约束是完全无效的。后来使用了厚的 Al 层,强信号增长被有效地观察到,引起单一光子的探测和分辨。这种低隙和高隙材料互相影响的器件称为接近器件。

为理解 STJ 探测器是如何工作的,下面说明它的特点,图 4 - 4 所示为 STJ 典型 I—V 特性图。在零电压出现电流(被称为“超电流”)。在带有 $100\mu m^2$ 面积的屏障的 Nb 基器件的超电流振幅大约 $250\mu A$。这实际上是超导隧道效应产生的电流,通过平行于屏障施加磁场,这个电流可以被抑制。

超电流最大值为临界电流 I_c。假设更强的电流施加到隧道结,库珀对被打破并且不能保证电流的传输了。正常的电子开始传输电流,因此如图 4 - 4 所示,传统的电阻出现。电阻 R_N 是正常的屏障电阻。

当电压加到屏障时,仅有自由载流子能打开隧道。任何超导电流被抑制,这是由于两个电极之间在费米能级的平衡阻碍状态。如果电压小于 $2\Delta/e$,自由电子仅能来自热激发,一旦等于或大于 $2\Delta/e$,电动力就施加到靠近绝缘层的库珀对上,电动力有足够的能力打破它们,并快速过渡到正常状态。

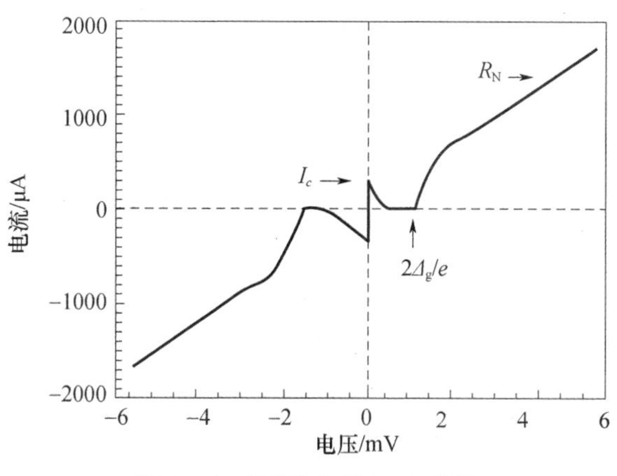

图 4-4　STJ 的典型 I—V 曲线

为了光子探测目的,需要加偏压到隧道结,这样会使光子吸收产生的过量粒子产生隧道效应。因此磁场平行的施加到绝缘层以便抑制任何超导电流,并且温度逐渐下降低于临界温度以避免任何热电流。

Nb 基 STJ 探测器理论上的能量分辨率对于 6keV 光子保持在 12eV。STJ 探测器另一个令人满意的特点是非常快的处理时间和快速响应,典型的是几毫秒,并且有非常好的时间分辨率。

光子的探测过程如下:

当一个光子吸收进 STJ 探测器的任何一个电极时,它的能量 E 造成一系列库珀对的断开,从而每个断开的库珀对产生与其能量成正比的有活力的准粒子。这些准粒子迅速衰减到较低能量,靠近超导边沿 Δ_g。由于这种衰减也产生额外的库珀对断开,衰减又产生了一系列声子,因为大多数这些声子的能量比库珀对结合能 $2\Delta_g$ 大,最终大部分光子能量转变成 Q_o 准粒子。如果 ε 定义为产生一个单一准粒子需要的有效能量,则 $Q_o = E/\varepsilon$。对于 Nb,$\varepsilon \approx 1.75\Delta_g$,假设声子德拜光谱,这个值充分接近其他材料。对于 Nb,如果真实的声子谱代替德拜谱,它也不会有很大的改变。Q_o 准粒子超过了热激发产生的平衡准粒子,如果衰减准粒子直到间隙能量 Δ_g,必须强调 $\varepsilon \approx 1.75\Delta_g$。这样的假设意味着衰减比任何其他包括准粒子过程都快。在衰减过程的开始时这种情况总是受到注意。高能的准粒子在较低能量处有大量可利用的潜力,所以它们的衰减能被全谱声子伴随。然而,在接近间隙能量时,较低能量状态变稀少,只有低能量声子被发射,因此,相对低能量的准粒子的衰减可以和其他竞争者一样长的过程,一般,当准粒子衰减到能量 $E_o > \Delta_g$ 时,Q_o 为

$$Q_o = \frac{E}{1.75E_o} \tag{4-3}$$

对于光子探测有效的准粒子能量 E_o 关于 Δ_g 的概念是很重要的,这能量被称

为平衡能量，因为它是被衰减和其他过程之间的平衡所固定。

偏压器件通过使用直流电位 V_b 穿过屏障，准粒子能被传输到对面的电极。这个转移伴随着穿越屏障的电子隧穿。假设能隙在每一个电极是完成相同的，决定隧道过程方向依据电势的极性，而不管准粒子传输方向。由隧道过程得出的电流脉冲可以集成一个电荷敏感的放大器来提供信号或充电输出。原则上，电荷输出与隧穿数目成正比，电荷输出相应的与光子吸收 Q_o 产生的准粒子数目成比例。因此，STJ 探测器与能量可能是线性关系，然而准粒子受一系列额外过程支配，它们可能取决于能量，因而由于线性产生重大偏差。

Rothwarf – Taylor(RT)方程是平衡方程，它描述在超导体内过剩准粒子在哪里断开的时间演化，并且可以单独应用于每个电极。原则上，它们也描述能量大于 $2\Delta_g$ 声子群的时间演化。事实上，声子库珀对破坏时间比参与的全部特性时间短得多，主要由 2 个准粒子重组产生一个库珀对声子的损失能直接转化到两个准粒子的损失。因此声子群描述可以被纳入准粒子群，为了给出 RT 方程，我们将描述有关的全过程，首先是物理方面，然后是分析方面。过程可以分为两类，这些过程的一种会导致群的减少；另一种导致群的增加。

群减少，是通过准粒子转移到相反的电极或通过系统的损失实现的。

最明显的转移到对面的电极是电子通过绝缘屏障的隧穿。因为有偏压 V_b 使准粒子能量 E_o 打通到对面电极的隧道以有可能最后以 eV_b 超过 E_o 能量状态结束，另一个可能是两个准粒子再结合变成库珀对。重组过程产生一个声子，它可以传入对面电极，在哪里断开库珀对这一过程可以假设为有效的准粒子转移。

来自系统的损失是由于扩散到导线，再结合和诱捕到电势阱。重组是一种损失过程。

另一方面，通过从其他电极的转移或通过激发逃出电势阱(脱陷)，群能增加，通过声子吸收或通过再结合可以发生脱离诱捕。诱捕的准粒子与自由准粒子再结合，能量足够大时，这种再结合会造成声子能量大于 $2\Delta_g$。结果会是这光子断开库珀对，产生两个自由的准粒子。必须强调的是脱离诱捕通过再结合意味着自由的准粒子能量远大于间隙。

4.3.3 跃迁边界传感器和跃迁边界传感器微量热量计

1. 概述

跃迁边界传感器微量热量计用于 X 射线天文学，如星座 – X 和 X 射线演变宇宙光谱学任务。TES 在软 X 射线光子计数光谱仪能达到最好的能量分辨率。改善了暗物质研究的灵敏度，TES 技术已获得很快的发展。

跃迁边界传感器是基于陡峭的超导金属薄膜的电阻与温度的关系，有用的温度范围非常狭窄。这些温度计具有很低的固有噪声，这些金属薄膜是在非常低的压力下通过真空沉积过程制造出来的，用光刻技术或微型精密机器构图，无量纲参数 $\alpha = T/R \cdot dR/dT$ 定义传感器的 DC 质量，已有 α 高于 1000 的跃迁边界传感器（TES）。

为了热稳定性，跃迁边界传感器加偏压是必须的并且输出是电流信号。

事实上，除少数例外，跃迁边界传感器的电阻是非常低的，并且与传统的场效应管（FET）放大器匹配是可能的。被超导变压器耦合到跃迁边界传感器的超导量子器件（SQUID）放大器是常用的方案（图 4－5）。

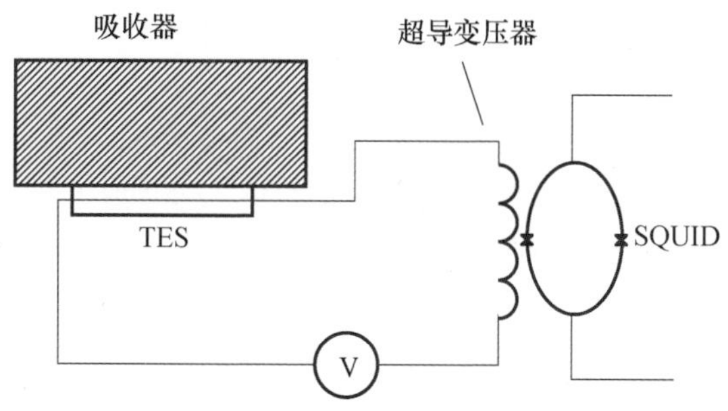

图 4－5　TES－SQUID 系统示意图

在跃迁边界传感器情况下，超导膜焦耳热会产生负的热反馈，它会提高热稳定性，当焦耳热被漏向基板的热量平衡时，就会达到热平衡，假设由于某种原因，在跃迁边界传感器被加偏压，则温度降低，跃迁边界传感器电阻 R 增加，因此偏压功率 V^2/R 增加。

跃迁边界传感器也受到某些限制，例如小的有用的温度范围和非线性转变曲线，反馈技术类似用于电子放大器，减小了这些缺点，也减少了转换边界探测器的时间响应。跃迁边界传感器使用的金属层的超导转变温度取决于所使用的金属材料和金属膜的厚度。

除非允许用超导纯金属，转变温度是需要的，能镀两种金属形成双向层跃迁边界传感器，在多数情况下，两种金属中仅有一个是超导体。在这种情况下，库珀对从超导材料扩展到正常金属材料，而电子在相反的方向扩散，引起邻近效应。这就获得不同性质的金属并且通过改变两金属的厚度转变温度可以有某种程度的调节。

例如，Al/Ag 双向层转变温度为 75～120mK，另一个双向层的例子是使用 Mo/Cu 的跃迁边界探测器。它的转变温度的调节也是通过改变单层厚度得到的。为得到高的无量纲系数 α，需使用非常薄的镀层，生成镀层的蒸发系统必须特别清洁。

超低噪声 MOCU TES 已实现高灵敏度远红外成像阵列用于下一代空间望远镜。该远红外阵列有多于 50 个 TES 分布在 4 个不同的芯片上。TES 以 16 个电子阵列形式并使用超导量子干涉仪时分复用技术读出。装置在 200nm 氮化硅膜上制造,它结构的宽度和长度分别为 1 ~ 4μm 和 160 ~ 960μm,其极限温度为 110 ~ 127mK,这是因为不同的加载杂散光,其暗噪声为 4.2×10^{-19} W/Hz。

2. 超导跃迁边界传感器温度计

跃迁边界传感器是一个非常灵敏的温度计,TES 温度计由一个小的矩形超导薄膜组成。两个金属(铜和铝)的双分子层用于构成 TES 温度计。膜的总厚度小于标距长度相干长度,这样薄膜就像一个超导体,其特性决取于两种金属膜厚度,薄膜厚度决定超导体向正常金属相变的临界温度。

TES 温度计组合到硅衬底之上,硅衬底作用如同一个大的热储层或冷槽。在试验时,基底被冷却到低于 TES 临界温度 T_c 的一个温度 T_{bath},以便 TES 显示超导性,偏压施加到 TES,致使电流增加直到超导体的临界电流 I_c 被超过,并且 TES 变为电阻,选择小的偏压以便产生焦耳热(加热 TES)和磁场,但不能使 TES 完全成为正常金属状态,TES 被约束在超导体和正常金属状态之间的相变状态。

在相变中,TES 的电阻 R 随着 TER 温度的增加迅速增加,电阻与温度的关系如图 4 -6 所示。在低温下,TES 超导电阻是零(*ab* 部分)。邻近临界温度 T_c 时,器件处于相变状态,随着温度的增加电阻大幅增加(*bc* 部分)。在高温下,温度在正常金属状态,它的电阻是正常电阻 R_N(*cd* 部分),在该器件中,相变通常是几 mK 宽,正常电阻 R_N 约为 1Ω。在过渡时期 TES 是非常敏感的温度计,可以使用 TES 温度计测量光子吸收事件。

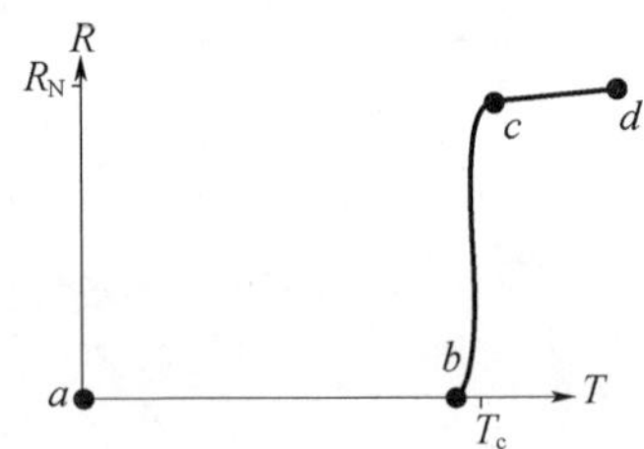

图 4 -6　超导跃迁边界传感器(TES)温度计电阻与温度的关系曲线图

3. 微量热量计

典型的低温能量色散探测器从撞击它的粒子吸收能量。它把能量转变成为激发,以致于在探测器内扩散和被加热。附加的激发的存在产生电阻或探测器的其他可测量性能的改变,这些改变以电子方式被测量出来提供了吸附粒子能量的测量。最后,吸收的能量扩散出探测器进入冷槽。上述过程最后使探测器达到平衡以便为下一次探测器平衡做准备。

微量热量计是一种热能量色散探测器。图 4 -7 示出了吸收器温度计和简单微量热量计冷槽之间的热耦合。电阻式温度计强耦合到吸收器并弱耦合到冷槽,冷槽保持在恒温。冷槽用于保持在没有大的吸收事件情况下微量热量计接近确定的平衡温度状态。温度计的电阻是温度的函数,电阻可以用电子方式测量,电子偏压电路用于测量电阻,通过温度计的电流的焦耳热会引起温度计和吸收器的平衡温度比冷槽温度稍高。

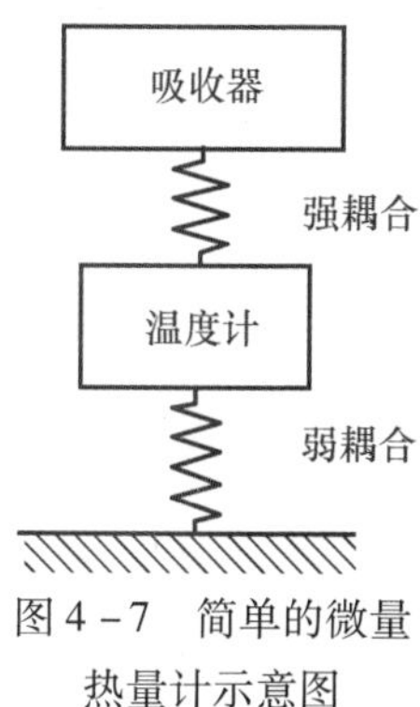

图4-7 简单的微量热量计示意图

从图4-7可知,吸收器强耦合到温度计,微量热量计弱耦合到冷槽,温度计和吸收器如此完美的耦合,它们就像一个热元件,在吸收器中的吸收会引起在微量热量计中温度增加。温度增加是由温度计测量到的。

当在微量热量计内吸收粒子时,其能量被热能化,这会导致微量热量计的温度增加,这时微量热量计的热量会漏到冷槽,冷槽温度会回到平衡值。这样,微量热量吸收粒子就会形成一个脉冲,其过程如图4-8所示。脉冲的振幅与吸收能量成正比。热脉冲上升时间是由吸收事件在温度计中被热化能量变化的时间决定的。在最简单的微量热量计中,衰减时间是由热能量从微量热量计漏到冷槽的时间给出的。来自温度计电偏压的焦耳热能延长或缩短衰减时间。

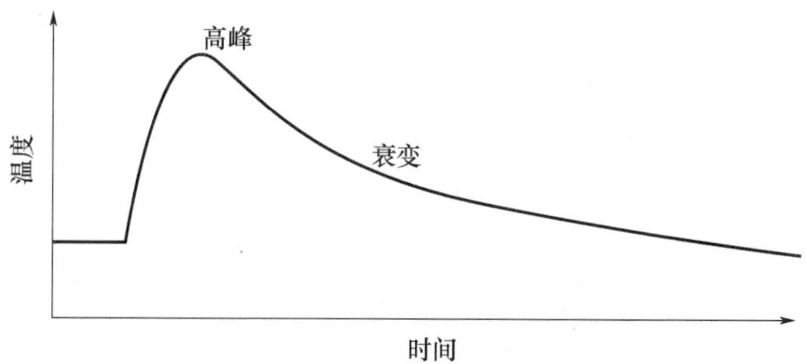

图4-8 微量热量计对粒子吸收的热响应

从图中可知:最初微量热量计是处于热平衡状态。当粒子被吸收时,它的能量被热化。增加的热能引起温度快速上升。热能通过弱热耦合流出微量热量计进入冷槽就会使微量热量计温度下降。在粒子能量被热化之后导致衰减回到平衡。

4. X射线跃迁边界传感器微量热量计

跃迁边界传感器(TES)微量热量计如同全部低温探测器一样,这些器件由吸收器和温度计组成。实际上温度计就是TES。因此TES和TES微量热计关系密切。吸收器使用的类型取决于器件设计中测量的是什么类型粒子。在X射线探测器,吸收器是正常金属薄膜,例如铜,它能有效吸收软X射线。在γ射线探测器,其吸收器由块状超导晶体或介电材料组成,用它们吸收γ射线,但是它们的热容不是太大。这两种情况下,吸收器支配着器件的热容,吸收器要很好地与TES温度计耦合,同时整体微量热量计也要耦合到冷槽。

TES微量热量计的一个例子如图4-9所示。图中示出微量热量计的配置。

它能够以几个电子伏的能量分辨率测量软 X 射线。为了获得这样高的能量分辨率,热容保持很小。软 X 射线微量热量计体积约为 10^{-14} m^3。这些器件是用靶材金属被沉积到薄膜上,这薄膜由硅衬底支撑。在薄膜上沉积的器件保持它们与硅衬底相对地互不影响,硅衬底起到微量热量计冷槽的作用。TES 两端与电子线路连接。当 X 射线在微量热量计被吸收时,电子线路可以测量脉冲。脉冲的振幅正比于 X 射线能量。

在工作中,偏压施加到 TES 温度计,可以测量到流经它的电流。然而 TES 的电阻不仅取决于温度,也依赖通过 TES 电流的大小。

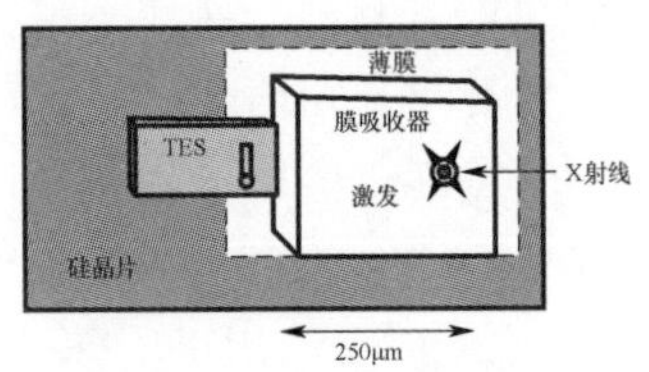

图 4-9　基于测量 X 射线微量热量计的 TES 布局图

(这器件中,薄膜吸收器接到 TES 温度计。吸收器面积为 250μm×250μm,厚度为 0.5~3μm,是用金属膜制造,TES 温度计体积和热容远小于吸收器)

5. 跃迁边界传感器到冷槽的耦合

在散体物料中,声子和不同材料之间的热耦合用材料之间的声失配来描述。跟不同声阻抗在一起的两个材料之间的边界会反射声波。穿过两个材料之间边界的联合热传导称为卡皮查耦合。

TES 温度计是如此之薄,它们不能被视为散体物料。TES 的厚度小于在 100mK 时热声子的典型波长。因此,声子在 TES 和硅衬底之间的边界不是有效地被反射。这样,在这薄膜沉底之间声子很容易地交换。在微量量热计设计中,TES 温度计的一部分位于衬底上。在器件部分的声子能在 T_{bath} 温度很好地耦合到热储层。

在器件的工作温度,电子设备和 TES 内声子之间的耦合与卡皮查耦合比较是相对地薄弱,已经测量出在铜内电子设备与声子的耦合功率。耦合功率为

$$P_{e-p} = EV(T^N - T_{bath}) \tag{4-4}$$

式中:$N=5$;$E \approx 1\times10^9 W\cdot K^{-5}\cdot m^{-3}$;$T$ 为电子设备温度;T_{bath} 为声子温度;V 为电子设备与声子发生耦合处的体积。热导为 $G=\partial p/\partial T$。体积 V 是直接安放在硅衬底上的 TES 的体积。电子设备之间的耦合确定了微量热量计和冷槽之间的耦合。

4.3.4　超导量子干涉器件

1. 概述

超导量子干涉器件(SQUID)在超灵敏的电磁和电场测量中有关键作用。

SQUID 是基于以下 4 个物理特性工作的,即超导电性(零电阻特性)、迈斯纳效应(无磁场特性)、磁通量量化(量子效应)和约瑟夫森效应(量子力学隧道)。当超导体处于超导状态,它就具有完全抗磁的特性,即内部磁场为零,这样一个环形超导体,环路内的任何磁场都会被捕获,穿过环路的磁通量的任何变化都会感应一个遮蔽电流,形成的内部磁场与对外加磁变化相反,以此保持环路内的磁场为一个常量。因而只要测量内部电流的变化即可测量外加磁场的变化。

在一个超导体环路内,磁道量是一个已知磁道量子 φ_o 的倍数。环路内部磁道量 $\varphi_{内}$ 是外加磁场通道 $\varphi_{外}$ 与磁场所穿越超导环面积的函数。

将一个超导体(S)用电阻性材料(N)分成两部分。我们可以视其为电阻器,但是,如果 N 区非常薄的话,对电子即可以在没有电压情况下穿过量子力学隧道,被电阻屏障(电阻)分离的超导体距离小于超导材料相干长度(ξ),并且穿过电阻屏障的电流小于临界电流 I_c,库珀对能打通经电阻屏的隧道,并且超导电流能无电压降穿越电阻屏障。约瑟夫森预言了从一个超导区域到另一个区域的隧道效应,因而称此效应为约瑟夫森效应。

将约瑟夫森结用超导环连接起来形成闭合环路时,结内的临界电流是环孔中的外磁通量的同期性函数。由超导结及其环路而引起的宏观量子干涉现象称为量子干涉现象,这种闭合环路即称为超导量子干涉器件(SQUID)。

超导量子干涉器件分为两大类:一种为直流供电方式称作直流量子干涉器件(dcSQUID);一种是射频供电方式,称为射频超导量子干涉器件(rfSQUID)。

因为 dcSQUID 比 rfSQUID 有较低的噪声,在许多应用中有明显的优点,因此这里仅讨论 dcSQUID(双结 dcSQUID 回路图见图 4-10)。

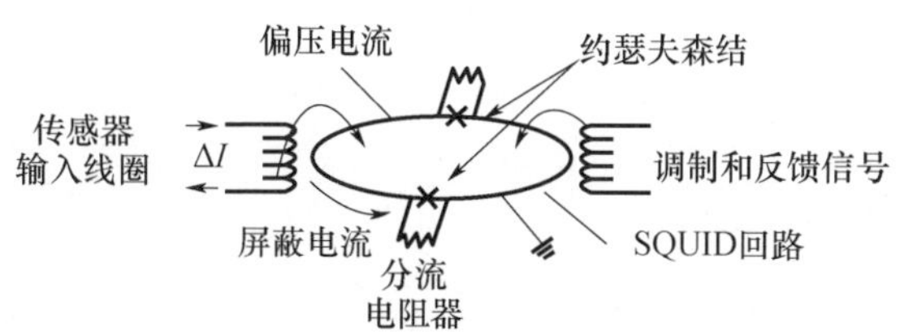

图 4-10　双结 dcSQUID 回路图

(SQUID 是一个或多个约瑟夫森结中断的超导体环)

2. 超导量子干涉器件传感器

dcSQUID 超导环中包含的总磁通量必须满足量子化条件,即穿过超导环中的总磁通量 Φ 只能取磁通量子的整数倍,即 $\Phi = n\Phi_o$,Φ_o 为磁通量子,$\Phi_o = 2.068 \times 10^{-15}$ Wb,这时超导电流达到最大值。当外加磁通 $\Phi_{外}$ 不满足 Φ_o 的整数倍时,根据超导环中的磁通量子化条件,超导环中将出现环流电流 $I_{环}$ 来满足 $\Phi_{外} + LI_{环} =$

$n\Phi_o$ 的磁通量子化条件。根据超导环的电对称性，环流电流 $I_{环}$ 的最大补偿能力应满足 $(LI_{环})_{max} = \Phi_o/2$。

使用 SQUID 环路作为探测线圈的一个问题是它的小面积和相关联的电感。增加环的面积或以串联方式连接一个较大的环路会增加灵敏度，但阻抗失配，这是由于大线圈电感增加将抵消大部分灵敏度增益。大多数低温超导（LTS）SQUID 传感器使用多层磁通变压器耦合到外部探测磁通进入 SQUID 环路。磁通变压器可以制造在一个单独的基片并直接放置在倒装芯片或者它被制造在 SQUID 同一衬底上。这时输入磁通变压器的输入阻抗比 SQUID 环高得多，较大的输入线圈阻抗允许探测线圈比 SQUID 明显增大。另外，使用磁通变压器允许 SQUID 放置在一个噪声减小的环境中。外部电场传感部分可以放在温度状况远超 SQUID 传感器本身操作限制的地方。

另一个提高 SQUID 环灵敏度的方法不是仅连接一个单独探测线圈，而是许多线圈，不是串联，而是并联。临界概念是保持 SQUID 本身非常小的电感，同时具有大面积用于耦合到外部线圈。SQUID 环的圈数从 3 到 16 的器件可以很大地减少场噪声，并有较好的灵敏度，但它对附近物体空间分辨率可能变差。

3. 直流超导量子干涉器件

dcSQUID 不同于 rfSQUID 的地方主要是偏压约瑟夫森结的方式和结的数量。因为 dcSQUID 是两个结，它们需要以百分之几的误差匹配，分流电阻器也同样要匹配。如果两个结失配，性能将显著降低，理想的分流电阻应该有一个温度独立的电阻。使用钯正常金属电阻优于非结晶材料。

图 4-11 所示为一个典型的 dcSQUID 示意图。输入、反馈和调制线圈不是绕着 SQUID 缠绕，但电感耦合到它，偏压电流约等于两倍 I_c，并使直流电压跨越结。通过 SQUID 环路磁通量的变化诱导波函数相位的变化，这增强了通过一个约瑟夫森结电流。当外部磁通（$\Phi_{外}$）增加（或减少），电压将以磁通量子 Φ_o 为周期以周期的方式变化（图 4-12），以 Φ_o 为周期的电压用于提供反馈电流零磁通穿过 SQUID 环路，这个反馈电流是直接测量施加到 SQUID 磁场的变化。如图 4-12 所示，在 $I-V$ 曲线上超导和电阻状态之间的工作点施加了偏压电流 I_b。

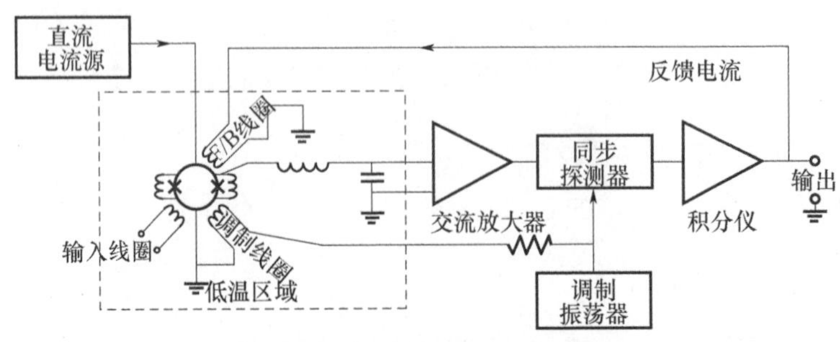

图 4-11 典型的 dcSQUID 框图

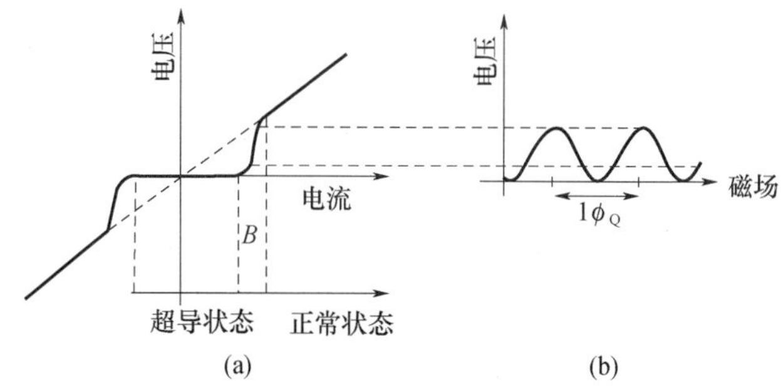

图 4-12　SQUID 电压电流曲线和电压磁通曲线图

(a)约瑟夫森结偏压点(I_b);(b)在恒定偏压电流下,电压与外部施加磁通的关系。

4. 噪声和灵敏度

SQUID 噪声通常被看作等效磁通噪声 $S_\Phi(f)$ 的频谱密度,作为频率的函数或每单位带宽噪声能力 $E_N(f)=S_\Phi/2L$,式中 L 是输入线圈的电感。为了允许与不同的输入电感器件直接比较,讨论 SQUID 器件的灵敏性最好根据能量灵敏度。

$$E_N = L_{输入} I_N^2 = \frac{\Phi_N^2}{L_{输入}} \tag{4-5}$$

式中:$L_{输入}$为器件输入电感;I_N 为电流噪声;Φ_N 为磁通灵敏度;E_N为噪声能量。

磁场灵敏度依赖于 SQUID 自身的探测线圈的几何形状(面积、圈数等)。

dcSQUID 最小噪声能量为

$$E_{N-dc} = 4k_B T \sqrt{\pi L_{环} C} \tag{4-6}$$

式中:k_B 为玻耳兹曼常数;T 为 SQUID 温度;$L_{环}$为 SQUID 环电感;C 为结本身电容。

dcSQUID 的 E_N 是在 $h/2$ 数量级(h 为普朗克常数,$h=6.6\times10^{-34}$ J/Hz)。这些低噪声水平是由于限制动态范围和避免反馈达到的。实用的 LTSdcSQUID 噪声水平可达 10^{-31} J/Hz。

dcSQUID 超导器件有强烈的温度依赖性和磁场依赖性。低温超导(LTS)或高温超导(HTS)器件,都应该在稳定磁场条件下工作。

除了白噪声,还存在 $1/f$ 噪声。当 SQUID 传感器被冷却时由于周围磁场产生 $1/f$ 噪声。冷却的 SQUID 传感器在低的周围磁场时,可以明显改善 $1/f$ 性能。由于 SQUID 系统具有与输入电流成比例的输出,通过使用输入电流提供最大电流进入 SQUID 和满足所有其他装置的限制就可获得最大灵敏度。当一台 SQUID 仪器的探测线圈电感与 SQUID 传感器相匹配时,就会获得最大灵敏度。

5. 超导量子干涉器件冷却系统

用封闭循环制冷代替低温恒温器有几个理由,这些理由是:可以减少工作成本,可以用于远端地点,可以工作在不垂直方向,避免了低温制冷剂供应中断,更安全。SQUID 使用封闭制冷循环有两个障碍,首先是机械运动会最终引起探测线圈在地球磁中移动,第二个是由于低温制冷器冷头和压缩机运动部件的磁场特征,遥远的运动的压缩机将减少它的相对的磁场特征,减少对超导量子干涉器件的影响。从制冷器顶部移动阀门位置将减少它的磁场影响。热交换器不会产生干扰磁信号和振动,加长气体压缩机和膨胀机连接管的长度也可以减少磁场的影响,制冷器有足够大冷量情况下,保持 SQUID 传感器毫瓦冷量是有保证的。

图 4-13 给出 SQUID 的制冷系统。制冷系统基两级 G-M 制冷器,它的一、二级分别达到 77K 和 15K,再用 JT 制冷器冷却到 4K。要求从 SQUID 电子设备的输出中用电子梳状滤波器用过滤法除去 1Hz 压缩机振动。脉管制冷器保持很小的振动,两级脉管制冷器可在 4.2K 提供 1W 冷量,它最低温度可达 2.5K。单级脉管制冷器在 77K 可达冷量 12W,最低温度可达 40K。

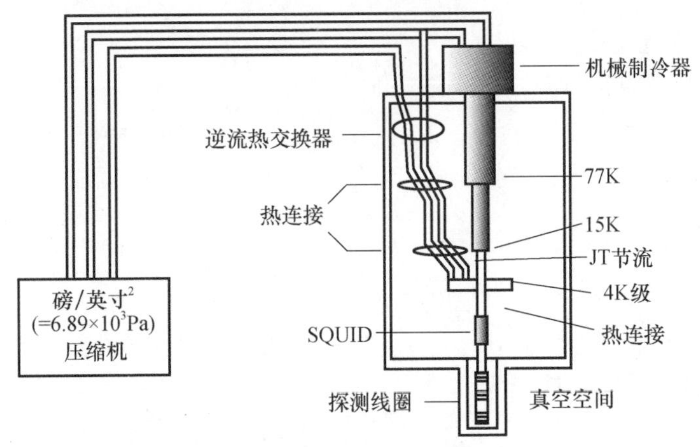

图 4-13 低温 SQUID 部件冷却系统示意图

4.4 低温探测器在空间科学的应用

科学任务支配着低温在空间的应用,低温探测器比传统传感器具有更大优势,因此空间科学和军事任务带动了低温探测器的应用。下面将汇总一些低温探测器在空间应用的项目。

4.4.1 低温探测器在天文学的应用

1. 红外天文卫星

红外天文卫星,于 1983 年 1 月发射。它的主要任务是用红外波长 8~120μm 传感器对整个太空进行测绘。卫星配备了一个 0.6m 直径的望远镜,望远镜用液氦冷却到约 4K。焦平面处于约 3K 的卡塞格林焦点处。它包含测量探测器(由 4 种不同材料 62 个光导器件制造)、低分辨率光谱仪和斩光度测量通道。

2. 德国红外实验室

德国红外实验室大气和天文观测项目,它是德国工业和大学联合体促成,其目的是建造 40 ㎝液氦冷却 1R 望远镜重复在空间实验室飞行。这项研究开始于 1978 年,但由于空间实验室的高消费,该项目于 1985 年取消了。该项目的经验对 1SD 任务是有益的。

3. 宇宙背景探测器

宇宙背景探测器由戈达德飞行中心研制,主要目的是测量宇宙的背景辐射。该卫星于 1989 年 11 月发射,开展近 10 个月的测量工作。它携带了 3 种仪器:红外绝对光谱仪、微分微波辐射计和漫射红外背景实验仪器,工作波段为 1.25 ~240μm。光谱仪和辐射计仪器工作温度为 1.6K,用 650L 超流氦低温恒温器制冷。

4. 红外空间观测台

红外空间观测台由欧洲航天局制造,在 1995 年 11 月至 1998 年 5 月期间,卫星工作在高椭圆轨道上,卫星基本设备有 2200L 超流氦和 0.6m 直径的望远镜,并装有 4 台测量仪器(一台红外照相机、一台光度计和工作在不同波段的两台光谱仪)。4 台仪器所覆盖的工作波段范围为 2.5 ~240μm。仪器使用了不同的探测器材料 InSb、Si 和 Ge 制造,并工作在 1.8 ~10K 温度之间。

5. 中段空间实验装置

MSX 装置是弹道导弹防御组织(BMDO)以一个合作协议的形式开展的一项科研项目。MSX 装置于 1996 年发射,它搭载有 IR 望远镜,望远镜用于固体氢低温恒温器冷却到 8 ~9K 大约 20 个月。

6. 近红外照相机和多目标光谱仪

近红外照相机和多目标光谱仪是哈勃望远镜上的仪器,该仪器是基于 3 台相机同时操作设计,并且工作在 0.8 ~2.5μm 波段,使用的是 HgCdTe 光子探测器,该仪器在 1997 年第二次服务任务中曾安装在哈勃空间望远镜上。照相机用 120kg 固体氮冷却到 50 ~60K。由于低温恒温器变形,系统的性能和寿命不能满足原设计要求,从 1999 年 1 月没有运行,为克服这一问题,用布雷顿循环制冷器代替仪器杜瓦。制冷器将保证 77K 温度。

7. 宽视场红外探测器任务

宽视场红外探测器于 1999 年 2 月发射并计划在空间工作四个月。由于技术问题在调试阶段卫星失败。卫星本来要在中红外波段 12 ~25μm 之间测量太空,其灵敏度比红外天文卫星高 1000 倍,两级固体氢低温恒温器冷却光学仪器到 19K 并保持 128 ×128Si:Ga 探测器降到低于 7.5K。

8. Astro - E 卫星

Astro - E 是 2000 年发射的 X 射线天文学卫星。由于发射器的问题卫星没有运行。Astro - E 卫星是美国航空航天局和日本的一个研究所合作研制的并提供了高分辨率光谱,从 0.4 到 700keV 的 X 射线图像。在卫星上的仪器之一是高分辨率光谱仪,光谱仪基于工作在 65mK ×6 微量热量计阵列。这一温度是由驻留在液氦低温恒温器中的绝热去磁制冷器保持的,恒温器的屏蔽是用固体氖冷却外夹套。制冷剂要保证在轨约 2 年的寿命。

9. X 射线量子热量计

美国航空航天局提供的火箭搭载的小型 X 射线微量热量计阵列被绝热去磁制冷器冷却到 65mK。

10. 空间红外望远镜设备

空间红外望远镜设备是宇航局 4 个天文台家族中的一个,它的目的是完成在大波段范围(3 ~ 180μm)的成像和光谱测量。它是 0. 85m 直径用氮冷却的望远镜。探测器温度是 1. 4K,该探测器低温系统经过优化设计(采用了被动轴射制冷和有效的利用了氦气的焓),保证了超流氢仅 360L 能维持 2. 5 年寿命。

11. 国际 γ 射线天体物理学实验室

国际 γ 射线天体物理学实验室作为利用空间合格的斯特林制冷器的一个范例。它是 ESA 中等规模的任务,主要是在 15keV ~ 10MeV 之间进行光谱测量和成像。在航天器上的光谱仪基于维持在 85K 的 30kg 锗探测器。卫星按计划于 2001 年发射。

12. 下一代空间望远镜

NGST 被认为是哈勃空间望远镜的发展。NGST 计划要求 6 ~ 8m 被动冷却的望远镜最大限度地减少自发射和能够从 1μm 到 30μm 在近红外和中红外进行观测。NGST 的科学目的是研究银河系、恒星和行星的形成,研究宇宙的化学和几何演变过程。NGST 任务基本配置了被动冷却到 50K 的三镜望远镜,科学仪器有:一台近红外照相机、一台近红外低分辨率的摄谱仪和一台中红外相机摄谱仪组合的仪器。前两台仪器用被动辐射制冷器冷却到 30K,第三台仪器可能用透平布雷顿制冷器或者用 H2 和 He 结合的吸附制冷器冷却到 8K。

13. X 射线演变宇宙光谱学任务

X 射线演变宇宙光谱学任务是 X 射线多镜牛顿卫星的继续,该任务于 1999 年底发射,该任务的目的是利用在国际空间站上提供的设施在轨道上放置一台永久性的 X 射线望远镜,所提出天文台的特性是很大的望远镜孔径和在两台窄视场成像光谱仪分别采用了低温探测器 TES 和 STJ。低温系统设计基于斯特林机械制冷器结合 ADR 系统,为的是提高任务的寿命。

14. 亚毫米波低温望远镜

亚毫米波低温望远镜是瑞典、俄罗斯和美国在国际空间站上合作研究的课题,仪器用充满超流氦低温恒温器和^{3}He 吸附制冷器冷却到 300mK,望远镜被冷却到 5K 以减小辐射热背景的影响。

15. 下一代 X 射线天文台

"星座" - X 是 NASA 目前正在研究的下一代 X 射线天文台,这个任务是基于轨道在地球太阳系统第二拉格朗日点的 2 ~ 4 个相同的卫星,从而可在 0. 25keV 和 40keV 之间宽阔的能量范围内实现明显更大的光量子收集区。在望远镜的焦平面，微量热量计将保证高分辨率成像光谱。低温系统需要工作在50mK，考虑了不同的制冷方案，如外部固体氖，中间^4He和内部用ADR制冷，或者用机械制冷代替固体氖。制冷剂要保证任务的寿命在3～5年。

16. 太空与地球之间先进的射电干涉测量

先进的射电干涉测量是美国航空航天局正在研究的任务，任务是由在高椭圆地球轨道25m射电望远镜组成，与在地面上的大量射电望远镜一起进行观测。这样会保证最有活力的天文现象（如活动星系核）高分辨率成像。任务要求工作在20K的低噪声放大器和接收器。制冷系统采用机械制冷器预冷结合氢吸附制冷器。

17. 红外空间干涉测量任务

红外空间干涉测量任务是欧洲航天局地平线2000科学计划中基础候选任务。它的目标是绕着其他恒星轨道内探测类地行星，并且在5μm和30μm之间中红外波段内提供高分辨率成像。包括6台直径1.5m望远镜进行红外干涉测量。两台望远镜和焦平面被冷却到20～30K。

18. 陆地行星探测器

陆地行星探测器任务是宇航局研究任务，它是基于5个航天器从太阳编队飞行约1个天文学位（1AU）并且重点识别太阳系的类地行星。该任务面临着红外空间干涉测量任务非常相似的技术问题，包括冷却光学仪器和红外探测器。现在的制冷系统是用被动冷却到40K并用布雷顿制冷器冷却红外探测器到5K。

4.4.2 低温探测器在低温电子设备的应用

在过去10年工作在低温的电子系统在几个领域有许多的应用，包括航天器上的飞行硬件。在这里要区别为减小噪声系数在低温下工作的基于半导体的器件和只能工作在低温条件下的替代器件。

在这种设备中我们注意到天体物理领域几个科学有效负荷的前端电子设备（FEE）。在许多情况下，负责初始信号调解的结型场效应晶体管（IFET）固定到20K散热片并且当打开电源时工作在约120K。这种配置可以达到最低噪声水平。例如在欧洲航天局红外卫星天文台上的红外短波光谱仪和长波光谱仪探测器装配体应用了上述晶体管。前端电子设备需要尽可能靠近探测器并工作在1.6～1.8K。很多科学任务计划使用冷读出电子设备，特别是在亚毫米和远红外波长范围内。美国航空航天局的空间与地球之间先进的射电干涉测量任务中计划在低温电子设备中使用低噪声放大器和接收器（在5～8GHz频率范围），其工作温度在20K，为此，要求有低温制冷器制冷。

在多年的努力下，研制了新一代高速数字电子设备能够发挥现在的半导体技术。超导电子（SCE）装置显示有趣的性能和潜能用高密度和高速计算系统满足对速度的要求。这些装置在没有功耗问题的情况下允许增加堆密度。在数字应用领域超导电子装置利用了两个主要效应，即通量量化和约瑟夫森效应。因此，该装置可以作为基础逻辑门，有非常快的开关速度并有低功耗，高温超导和低温超导技术的开关能量典型值约为 $10^{-17} \sim 10^{-18}$J，而室温工作的互补金属氧化物半导体(CMOS)装置开关能量为 10 ~ 13J。最新的技术已开始使用单通量量子(SFQ)装置和基于单量子磁通运动而不是在不同的电压等级。单通量量子技术不要求任何滞后的超导隧道结并可提供更低的能耗。

另一个重要的低温装置的类别可以用超导量子干涉器件(SQUID)为代表。超导量子干涉器件是基于两个超导隧道结串联连接形成一个闭环。这种装置是迄今已知最敏感的磁强计，在频率为几赫兹时敏感性可达到几个毫特斯拉($fT\sqrt{Hz}$)。超导量子干涉器件有多种应用，包括非常敏感的重力梯度计、快速数字电子设备和探测器读取输出电路。当使用低温超导装置时可达到最低的噪声性能，可设想高温超导为基础的装置($T>70$K)将用于不要求很高敏感性的场合和适合大的信息输出量的数字系统。

4.4.3 用于空间望远镜的低温探测器

地球观测领域在过去的 10 ~ 15 年有明显的增长，有关地球自然环境和相关行星水循环自然现象研究值得注意的几个任务得到了发展。由于使用了能在近红外和中红外成像地球表面的探测器(工作在 100K 以下)，因此要有低温制冷的要求。由于这些卫星是低轨道，存在地球发射的大量热流，因此排除了单纯使用被动制冷方法，需要使用机械制冷器。

宇宙中的星体和被阳光电离的气体等物体都是冷物体，在红外波段辐射大量的能量。在天文和大气研究领域红外望远镜起关键作用。从地面上进行红外辐射测量是很困难的，因为有大气的吸收和散射效应。天基红外望远镜可以测得可靠而精确的天文和大气研究的数据。但这样的望远镜为得到最佳性能，使用的红外探测器必须冷却到 2K 温度以下，同时要减少望远镜自身的热辐射。低温冷却的焦平面测量系统是得到高分辨率的必备条件。

1. 红外望远镜的主要性能要求

红外望远镜的主要零部件有环形绕组、低温恒温器、套筒式管道、防热和防辐射屏蔽层等，防护层是装在望远镜外壳上，它由高强度、热传导系数低的玻璃纤维制成的，起到绝热作用。温度呈梯度变化，从探测器的 2K 到镜子的 10K，直到望远镜孔径处的 20K。防护层和防辐射层要通过氦气换热器制冷，以确保望远镜的最佳性能。

为提高探测器的灵敏度，它要求冷却到 0.3K，这时它能探测到外层空间和无大气干扰时地球的一些可靠数据。探测器阵列由多个探测器组成，低温探测器置于望远镜的焦面上。低温恒温器的上端可作为辐射屏蔽，防止地球和太阳对望远镜的辐射，外表面也要加防阳光的挡板，探测器阵列可以探测到低至 10^{-15}的辐射通量。

2. 空间实验室望远镜的主要性能要求

红外望远镜在空间实验室或航天飞机上应用。因为光学镜口径较大，有屏蔽罩、仪器指向系统、低温恒温器及其他辅助设备，所有空间实验室上的红外望远镜的整体重量较大。同时为保持所要求的指向精度，要求频繁地进行光学校准。由于氦Ⅱ冷却剂的储备量有限，因此执行任务时间也会受限制。为了满足温度要求并满足不同试验阶段的不同的热负荷，必须精确地控制汽化氦的流量。氦杜瓦的支撑强度和刚度要高并能避免漏热。氦杜瓦要有性能高的多层绝热层和采用高性能的绝热材料，以防止氦汽化泄漏。一般情况下，对一些红外望远镜的部件温度和功耗要求如下：科学仪表舱的温度为：10～20K，主镜要求10K，冷挡板的前端为20K。科学仪表舱热负荷为200mW，斩波器为50mW，氦杜瓦支撑结构、注入管、电线和电缆为70mW。

3. 空间红外望远镜设备

空间红外望远镜设备是美国航空航天局4个大型天文台之一，该天文台是哈勃空间望远镜、康普顿γ射线天文台和先进的X射线天体物理学设备的补充。该天文台对3～180μm光谱范围内天文目标进行光度测定、光谱测定和成像。该天文台由低温望远镜装置、航天器和3个科学仪器组成。低温望远镜装置是85cm孔径望远镜，由360L超流氦蒸气冷却到最低工作温度5.5K。3台科学仪器在低温恒温器内保持在1.4K温度。任务要求工作寿命2.5年。3台仪器分别为红外阵列相机、红外光谱仪和多波段成像光度计。这3种仪器的低温冷却部分连同航天器定位校准和参考传感器于2000年在低温望远镜装置中进行整合和检验。

1）低温望远镜装置的配置

在低温望远镜装置上，3台仪器的冷装配体和定位校准和参考传感器都安装在84cm直径和高21cm称为复合仪器室的外壳内。复合仪器室安装在低温恒温器内的360L氦贮罐的正面圆顶上。望远镜焦平面在复合仪器室内，每台反射镜改变光束进入各自红外探测器阵列。从红外探测器来的响应在航天器总线阵列中读出电子设备进行预先处理。为了阻断低温恒温器对超流氦和望远镜的附加热负荷，从液氦贮罐蒸发的气体沿着低温恒温器冷却屏蔽、氧化铝环氧树脂支撑柱、低温恒温器真空壁和外壁排出，充分利用排出冷氦气的冷量。

使用轻质铍的光学器件的望远镜安装在低温恒温器真空外壳的正面圆顶，真空外壳用从液氦贮罐流出来的蒸气冷却。望远镜靠传导将各个科学仪器冷却到需要的温度，低温恒温器结构必须满足严格的技术要求，因为它是仪器和望远镜之间光学测光路径上的重要元素。安装在低温恒温器真空壁正面圆顶上的望远镜筒挡板有38个叶片。望远镜筒挡板内部和叶片都涂有黑色颜料以减少天体和低温望远镜内部的散射和衍射辐射到达焦平面。

2）低温恒温器

图4－14为低温恒温器的剖面图，它由360L氦贮罐、两个蒸气冷却屏蔽（VCS）、

45 层的多层绝热层和外部保护真空壁组成。贮罐和冷却屏蔽用 6 个氧化铝/环氧树脂支撑柱支撑在真空容器外壁上,支柱的末端装有动态弯曲的装置。支柱要保证绝热的性能,同时在地面和轨道冷下来时允许贮罐和真空容器壁之间尺寸的变化,以避免产生热合力。复合仪器室固定到氦贮罐上。从复合仪器室和每个仪器冷组合件来的电子信号通过低电导率带状缆沿着氧化铝/环氧树脂支撑柱到真空容器壁的电连接器。

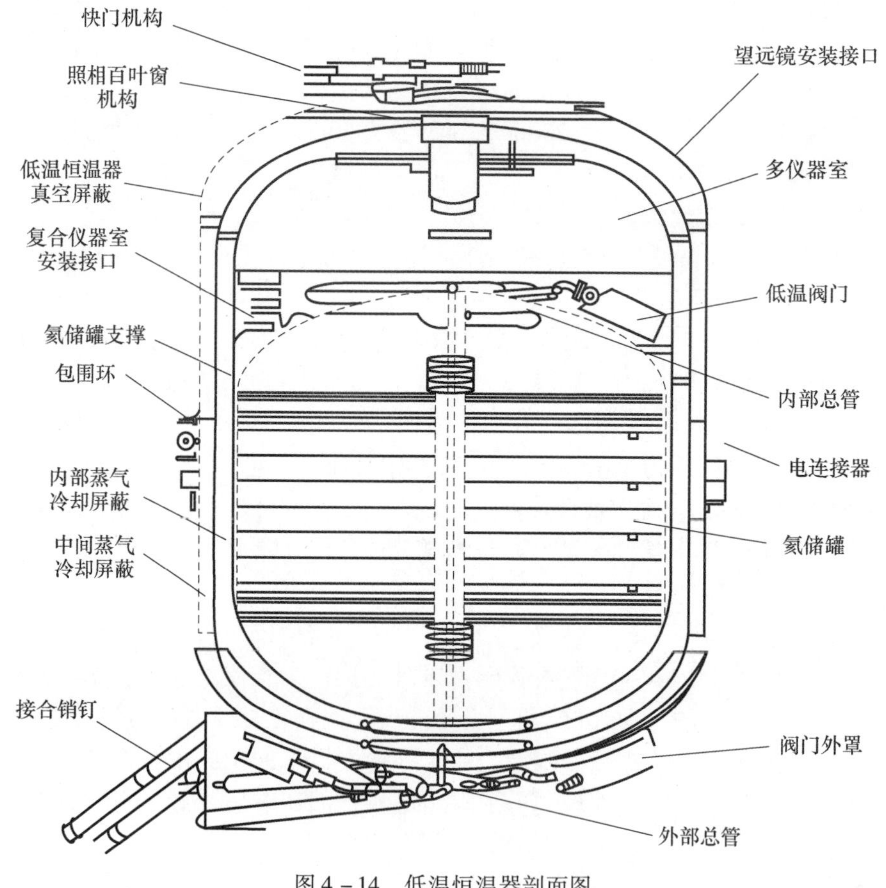

图 4 - 14　低温恒温器剖面图

4.5　用于军事领域的低温探测器

4.5.1　几种军用低温探测器介绍

1. 红外搜索跟踪传感器

红外搜索跟踪传感器能在远距离高分辨率地探测与跟踪诱饵、飞机和巡航导弹。这种传感器的性能与一系列参数有关,如滞留时间、探测器元数、探测器灵敏度、量子效率、探测器阵列的瞬时视场。因为这是一种机载被动传感器，与主动传感器相比，它的功耗小、体积小、重量轻，但能获得较远的探测和跟踪距离。

这种传感器安装在飞机上，能对敌方战斗机进行预警。该传感器采用低温冷却的低温传感器。探测器阵列、微电子元件和处理电路是该传感器的重要组成部分。这种传感器是严格地根据 3 ~ 5μm 和 8 ~ 12μm 波段内的红外特征辐射量的大小进行设计的。二维的低温冷却探测器无论用于凝视系统还是扫描系统提供最佳性能。

焦平面阵列所具备的高性能信号处理能力是焦平面技术的优点。这些优点使凝视和时间延迟积分阵列技术，以最低的成本获得实现。探测器敏感元数越多，系统的灵敏度就越高，探测点源目标的距离就越远。扫描阵列器件构成的系统灵敏度改善取决于低的等数噪声照度。总之，被动红外跟踪传感器被安装在一定高度飞机上，可在 360°范围内，在较远距离有效探测和跟踪导弹。具有高数据率能力的大芯片和用中波红外低温冷却的碲镉汞探测器制成的凝视型电荷成像矩阵 128 × 128 阵列，是满足导弹威胁告警系统的关键部件。

2. 前视红外(FLIR)传感器

前视红外传感器是一种热成像传感器，它提供给飞机驾驶员正前方下视扇形区的视频图像，用于定位和识别地面目标。这种传感器为飞机驾驶员提供全天候精确导航和武器投放能力。前视红外传感器能帮助驾驶员自动搜索、捕获、跟踪、精确导航和武器投放。前视红外传感器由前视红外光学组件、电子电路、低温冷却的探测器阵列的电子模块、电源单元以及控制和处理组件组成。

3. 红外行扫仪传感器

红外行扫仪传感器，除了某些特定的军事应用场合要求用高分辨率胶片外，它还能实时地获得所关注目标的红外图像。这种传感器由高速扫描电动机、低温冷却的探测器阵列、相关光学元件和信号处理用的电子部件组成。探测器在低温状态下才会改善分辨率和精度，碲镉汞探测器阵列在保持在 77K 温度时系统的性能可达到最佳状态。

这种传感器适合在昼夜低空侦查，能提供重要军事目标的高分辨率图像，可满足精确武器投放的要求，空间分辨率和温度分辨率是这类传感器的两个最关键的性能参数。目前这种传感器已能满足重要军事目标的需要。

4. 空间用的激光扫描测距机

空间用的激光扫描测距机可以帮助航天飞机或新发射的卫星与轨道空间站交会对接，空间用激光扫描测距机最适合以高的精度捕获和跟踪目标，特别是两个宇宙飞船的交会和对接，这样的场合要求具有超高精度和可靠度。激光束与同样窄的光接收器视场同步扫描，而无需方向架这类机械装置帮助。这种扫描型激光雷达必须重量轻、功耗小，且不损害交会精度。在飞船之间实行精确对接操作时，高性能的扫描型激光器能提供要求的交会速度和角分辨率。

激光发射机－接收机同步扫描装置,具有电子方法光束扫描能力,而且效率最高、体积、重量和功率较小。激光发射机内的电压驱动镜和接收机内的电磁偏转线圈使激光束做电气扫描。必须将规定的电流加到光接收机的电磁偏转线圈中,用来产生接收机的一个窄的顺时视场。激光束必须以很小的光斑落在高增益的光阴极上,当电磁场改变时,图像有效地扫过光阴极的表面,表示出激光斑确定的位置。扫描型激光器捕获和跟踪空间运动目标的能力与激光束的几何结构、接收器的视场、目标距离和信噪比密切相关。

激光扫描测距机的精度完全能满足空间站对接的要求,而采用别的传感器是不可能的。

5. 半导体激光雷达

砷化镓(GaAs)半导体注入式激光雷达可以用于测距、测高和空间的交会。关键部件包括调制器、发射机和接收机。这种半导体激光雷达有显著的特点,其体积小、内部效率高、用短脉冲或高频波形直接调制,可靠性高而且功率低,因此适用于航天器。

带角反射器的光子限工作时,能获得更远的探测距离。初步计算表明:脉宽为10ns和100ns,峰值功率为10W,光电子数为10时,探测距离可达到70km和125km是可能的。这种情况下的探测距离与发射机的峰值功率和脉宽这两者的4次方成正比。性能最好的激光雷达要求发射光束和接受光束对准,而且要有可靠的传感器将雷达瞄准目标并捕获目标。半导体注入激光器最适合用于精密捕获与跟踪要求高的测距、测高和空间交会的场合。

6. 激光测距系统

用于精确武器投放的激光测距系统提供的空地的测距精度最高,这种高精度对于精确的武器投放是非常重要的。因为空地的测距精度较高,激光制导炸弹是最精确最有效的武器,能获得很高的杀伤概率。对测距用的工作波长的研究表明:采用波长为10.6μm的CO_2横向激励大气压激光技术的激光测距机系统,在战场环境下发挥最佳的性能,因为它的转换效率高,而且对烟和雾的消光系数最低。因为高效率,功率大,以及处在大气的红外透射窗口,这种特定的TEA激光器最适合作测距用。

7. 激光寻的器

激光寻的器是一种被动传感器,能探测经前沿操纵飞机的目标指示器照射后由目标反射出的激光能量,这种传感器可以安装在机身腹部或头部。激光器帮助驾驶员在投掷常规武器时定位目标,或采用类似灵巧炸弹的激光制导炸弹攻击目标。装备了激光照射器和激光寻的器的武装直升机能够执行有效的紧急救援、夜间封锁、武装侦察、精确武器投放以及昼夜打击能力。激光寻的器使武器投射精度提高,可靠性提高,并能维护各种预设程序的逻辑关系。激光制导武器袭击的圆误差概率低。

激光制导炸弹或红外制导导弹中最关键的部分是红外寻的器。寻的器组件由红外整流罩、望远镜、滤光片、调制盘、透镜组和探测器阵列组成。寻的器设计成在规定的大气窗口内工作，3.2～4.8μm 窗口对于降低由云层和地物目标反射阳光所引发的假目标是有利的。低温冷却的锑化铟探测器在此波段能获得最大的灵敏度，寻的器的探测距离与能见度和目标的反射率有关。

寻的器组件必须安装在精密轴承上，以便它能自由旋转，在寻的器的视场内，得到最佳性能。

最近的红外寻的器设计结构采用了视场复用器的设计方案，使得快速获取景物和产生必需的制导信号无需依赖复杂的机电万向架。

寻的器现代的设计采用现代凝视红外传感器的方案，是用先进的焦平面结构和新的光学设计与微系统技术结合。这种寻的器的新结构格式能同时满足捕获视场和小的顺时视场。视场复合器将高分辨率的若干捕获视场成像到一个焦平面阵列上，同时保持高光学性能和高的数据率。

8. 高能激光系统

高能激光器及其附属技术的研发，用于对付多种类型的导弹威胁。高能激光器，如波长为 2.8μm 的氟化氢激光器、波长为 3.8μm 氟化氘的激光器最适合作高能激光器。波长为 1.315μm 的短波长氧化碘激光器用来击落处于助推段的来袭敌导弹，或使卫星失效或摧毁在轨的敌方卫星。波长 10.6μm 的相干高功率二氧化碳激光器最适合打击助推导弹。

使敌方在轨卫星失效的反卫星系统由高能激光发射机、光学系统、高速运行的计算机、高压电源、控制和监控电路等组成。

天基激光监视系统具备对敌方导弹发射实施有效鉴别和可靠预警的能力。它由若干近地轨道卫星和一个机载天基红外监视系统导弹告警传感器组成。天基红外监视系统导弹告警系统对导弹和诱饵能较好地鉴别，并能快速预警，尤其是对发射短程导弹时，它能通过近地轨道卫星将告警中继到各种位置。在导弹防御系统中，有可能应用高分辨率、高能量（HPHE）CO_2激光器，它有机载系统和地面系统。最近的激光技术表明：具有适当功率输出的氧化碘激光器，可能最适合用于机载导弹监视系统。

4.5.2 红外跟踪系统和红外搜索系统工作原理

红外探测系统中加入跟踪驱动机构，红外系统不断跟踪目标就构成红外跟踪系统。在红外跟踪系统上加入一定形式的控制信号，通过驱动机构使探测器系统按着一定规律对目标空域进行扫描，就构成红外搜索系统。

1. 红外跟踪系统

红外跟踪系统用于对活动目标发射的红外辐射进行跟踪。红外跟踪系统的基本组成如图 4－15 所示。当活动目标在红外系统视场内运动时，经光学接收系统收集了来自目标的红外辐射并聚集红外探测器上，经光电转换并经放大后再经过信号处理加到跟踪系统，跟踪系统中的方位测角机构测量出系统测量基准的偏离量，并输出相应的误差信号送入跟踪机构，并通过装在跟踪机构驱动轴上的角传感器测量出跟踪机构的转角，同时标示出目标的相对方位。同时跟踪机构自动驱动系统的测量元件及相关部件向目标方向运动，逐步减小其相对偏离量，使得对目标的测量更加准确，以实现对活动目标的跟踪。

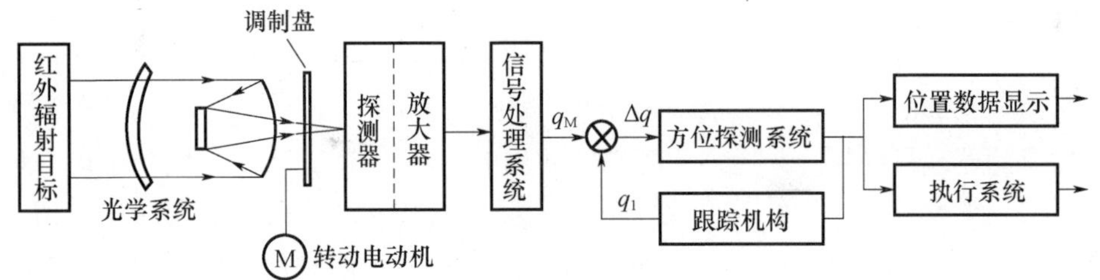

图 4-15　红外跟踪系统的基本组成框图

跟踪系统对运动目标进行跟踪的原理如图 4-16 所示。设 M 和 D 分别表示目标和跟踪系统位标器的瞬时位置，DM 线为目标视线，DX 为任意选定的基准线，目标视线、系统光轴与基准线间的夹角分别为 q_M、q_t。当目标位于光轴上时$q_M = q_t$，失调角 $\Delta q = 0$，系统无误差信号输出。当目标运动偏离光轴时，$q_M \neq q_t$，失调角 $\Delta q \neq 0$，系统输出与失调角 $\Delta q = q_M - q_t$ 相对应的方位误差信号，该信号经电子线路处理后送入跟踪机构，跟踪机构便驱动位标器向减小失调角的方向运动。当 $q_M = q_t$时，位标器停止运动。此时，由于目标运动再次发现失调角 $\Delta q \neq 0$ 时，系统的运动再重复上述过程，这一过程，系统便实现了自动跟踪目标。

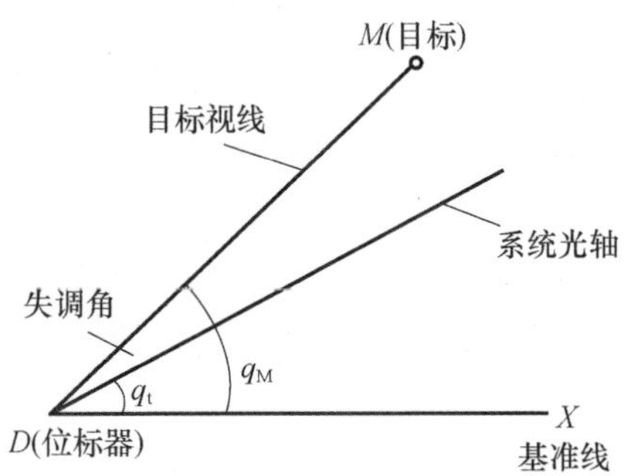

图 4-16　跟踪系统与目标的运动关系

陀螺仪是能够精确地确定运动物体方位的仪器，它用于跟踪系统以提高跟踪精度。传统的惯性陀螺仪指的是机械式陀螺仪。激光陀螺仪结构紧凑、灵敏度高，工作可靠，已成为现代导航仪器的关键部件。激光陀螺仪利用萨格纳克（Sagnac）效应测量旋转角速度。由于 Sagnac 效应，在闭合光路中，由同一光源级射出的沿顺时针方向和反时针方向传输的两束光产生干涉时，相位差或光程差的大小与闭合管路的转动速率成正比，利用检测相位差或干涉条纹的变化，就可以测出闭合光路旋转角速度。激光陀螺仪的基本元件是环形激光器，激光器通常用 1.06μm 的近红外固体激光器或 0.6328μm 的气体激光器。一种典型的气体环形激光器是由石英制成的三角形或正方形闭合光路组成。

红外跟踪系统在防盗预警系统中得到广泛应用,它可以对入侵的飞机和弹道导弹进行捕获和跟踪,并对其他测高和测距系统实施引导,以准确测量飞机和导弹的相对位置。

跟踪系统由方位探测器、信号处理器、状态转换机构、放大器和执行机构组成。其中的方位探测器和信号处理器二者组成方位探测系统,该系统可以使用调制盘系统、十字叉系统或扫描系统。

2. 红外搜索系统

红外搜索系统是以某种确定的规律对一定空域进行扫描,用以探测活动目标的系统。搜索系统可分两大类:红外搜索跟踪系统和红外全方位警戒系统。

(1) 搜索系统与跟踪系统组合在一起的系统。搜索系统与跟踪系统组合在一起的系统置于导弹或飞机前方一定的空域,当搜索过程中发现辐射红外目标后,经过红外检测、变换,以一定的信号形式驱动,使系统由搜索状态变为跟踪状态,这种状态转换过程称之为截获。

(2) 红外全方位警戒系统。红外全方位警戒系统的方位扫描范围可达360°,俯仰扫描范围也有几十度。这种系统用于高性能的制导导弹、飞机等可进行低空或超低空飞行的目标,它能与武器系统对接,引导瞄准或进行伺服控制。

搜索系统由搜索信号产生器、状态转换机构、放大器、测角机构和执行机构组成。由于搜索系统和跟踪系统二者组合在一起才构成搜索跟踪系统,因此有些部件两者是共用的。

搜索跟踪系统处于搜索状态时,搜索信号产生器发出搜索指令,经放大器放大后,送至执行机构,执行机构带动范围方位探测系统进行扫描。在搜索过程中,如果方位探测系统收到来自光学接收系统的辐射信号,并鉴别出活动目标,将该信号送给状态转换机构,使系统转入跟踪状态,同时使搜索信号产生器停止发出搜索指令。这时目标信号经放大处理后,使执行机构动作,驱动扫描部件或位标器跟踪目标,实现从搜索到跟踪状态的转换。

搜索系统和跟踪系统都是伺服系统,搜索系统的输入是预先给定的搜索指令,跟踪系统的输入是目标的方位误差信息。二者的组合就构成搜索跟踪系统。

4.5.3 用于弹道导弹防御系统的低温探测器

低温探测器是弹道导弹防御系统监视、探测、识别、瞄准与拦截目标的关键。美国的弹道导弹防御系统在经过20几年的发展,已从单一的地球静止轨道发展到结合大椭圆轨道再到高轨道组网与低轨道组网相互配合的阶段,而探测器则经历了从单波段向多波段、从少探测像元线阵扫描向多探测像元线阵扫描和大面积凝视阵列的发展过程。因此,红外焦平面阵列技术的发展使弹道导弹防御系统有了突破性的进展。美国还在继续发展完善其弹道导弹防御系统。

1. 美国弹道导弹防御系统的发展

美国弹道导弹防御系统是一个分层防御系统,是美国空军一直在研制的新一代导弹预警卫星系统。从 20 世纪 50 年代末至 1995 年,先后开展了“导弹防御警报系统”、国防支援计划、后继预警系统、导弹警报、定位和报告系统的研究。1995 年,美国决定研制天基红外系统预警卫星。

作为弹道导弹预警系统计划,该系统是美国国家导弹防御系统计划的核心。该系统预警卫星将用于执行战略和战区导弹预警,为导弹指引目标,提供技术情报和战局分析。对洲际战略导弹能提供 20 ~ 30min 的预警时间,满足 21 世纪美军对全球范围内战略和战术弹道导弹预警及天基红外监视的需要。

原 SBIRS 包括以探测导弹发射为主的高轨道天基红外系统和以跟踪飞行中导弹目标为主的低轨道天基红外系统,现在为避免两个系统相混淆,将低轨道天基红外系统改名为空间跟踪与监视系统。

1) 国防支援计划

国防支援计划是 20 世纪 70 年代初由美国和加拿大双边签署的关于北美空中防御计划之一,其目的是监视苏联等国的地下核试验、中程导弹发射和航天器发射,该计划至今已实施了 30 年余,现已演变为美国卫星预警系统,它是天基红外系统的主要组成部分,该计划卫星采用地球同步轨道,由 5 颗卫星组成,有重点的布设在全球各大洲的上空,该卫星上装有双色短波红外、可见光探测器和核爆炸探测器。

“国防支援计划” - 1 卫星上的有效载荷为红外望远镜子系统、星球探测器子系统、信号电子学子系统、激光通信子系统、紫外跟踪探测器。

“国防支援计划” - 1 卫星的技术性能如下:

(1) 预警能力。

① 采用双波段(2. 7μm 和 4. 3μm) 提高了目标的分辨率,对辐射强度低的导弹发射有一定的预警能力。

② 采用 6000 像元的探测器件,提高了地面分辨率(3 ~ 5km)。

③ 三维成像试验成功,可由多颗卫星对同一目标成像。

④ 灵敏度和分辨率较低,难以找到辐射强度低的移动式目标。

⑤ 扫描速度慢,再加上地面处理速度和数据传输速率慢,使预警时延太长。

⑥ 由于太阳耀光的影响存在盲区。

(2) 其他特点。

① 星上采用激光数据传输系统,提高了数据传输速率。

② 紫外跟踪探测器可用于导弹跟踪。

③ 为对抗激光武器攻击,装备了检测和变轨装置。

2)“国防支援计划”卫星的后续计划

为了解决 DSP 系统的一些缺点,如不能跟踪中段飞行的导弹,对国外设站的依赖性大、虚警问题及扫描速度慢等缺点,美国国防部制定了多项后续计划。

(1) 战区空袭和发射预报计划。为提高国防支援计划卫星数据处理速度,预报计划在导弹发射后几分钟内预警并拦截来袭目标。因此,预报计划采用多 CPU 的计算机对该卫星数据进行快速处理,计算速度可达 15 亿次/s。

(2) “眼镜蛇”响应计划。为提高国防支援计划卫星探测能力,计划研制一种新型的红外遥感器代替“国防支援计划”卫星上的双波段设备,主要进行了以下改进:

① 采用 3 个焦平面,通过滤光片旋转实现波段快速切换。

② 快速扫描成帧技术。

③ 提高仪器的灵敏度。

④ 高速星上存储器,可存储 100s(速率为 192Mbit/s)的“国防支援计划”卫星数据。

该计划于 1955 年与天基红外系统结合,“眼镜蛇”响应计划传感器将应用到高轨道天基红外系统上。

3) 天基红外系统的组成和特点

天基红外系统由两部分组成:高轨道部分(SBIRS - High)包括 4 颗地球同步轨道卫星和 2 颗大椭圆轨道卫星。低轨道部分(SBIRS - Low)包括若干颗近地轨道小卫星,组成一个覆盖全球的卫星网,主要用于跟踪中段飞行的弹道导弹,并能引导拦截弹拦截弹道导弹。

空间跟踪与监视系统用于监视、跟踪处于后助推段、中段、末端前端的弹道导弹目标,是带有光学和红外探测系统的卫星,这些系统可对全球范围内的导弹发射进行不间断的监视和监测,提供导弹发射的准确时间和地点,并能监视母舱投放弹头及突防支援装置和诱饵的过程,所以必须能从冷背景中探测跟踪冷的弹头目标,并能识别真假目标,由于目标在星载红外探测系统上是亚像元目标,而且在飞行时间内,目标和伴飞的物体是小间距物体,难以确认群目标中物体的数目、物体的具体位置和辐射强度,因此探测过程要求探测系统要有高性能,空间监视与跟踪系统还会提供有关导弹发射场的特征参数和有关导弹类型的技术情报。

空间监视与跟踪系统每颗卫星携带两类传感器,一类是宽视场短波红外捕获传感器用于发现跟踪助推段的导弹,一类是窄视场高精度凝视型多色(中波、中长波和长波红外及可见光)跟踪探测器,用于跟踪后助推段的导弹以及最后的冷再入弹头。捕获探测器可以通过对比地球背景观察导弹的明光尾焰,探测助推飞行中的导弹(这时导弹还处于地平线以下)。锁定目标后信息便传递给跟踪探测器,对弹道的中段和再入段的目标进行跟踪。

空间监视与跟踪系统装有自身的信号与数据处理机,用于对捕获传感器和跟踪传感器信号及数据进行实时处理,它能够同时探测和跟踪 100 个以上的目标,并要从诱饵、空间碎片、杂波和噪声中识别出导弹和弹头,并将有关目标的数据发送到地面指挥中心。

SBIRS 采用长线列扫描发现战区战术导弹目标，以扩大搜索视场，用大面阵凝视跟踪目标，以提高目标信息的获取速率，星－星通信用于实现导弹弹头轨迹的中继跟踪，星－地通信包括测控指令传输和遥感数据下传。

2. 弹道导弹防御系统用红外焦平面阵列

弹道导弹防御系统当前采用的是基于 InSb 和 HgCdTe 焦平面阵列的低温探测器，为满足更先进防御系统要求，应发展先进的红外焦平面阵列。重点研究甚长波红外焦平面阵列以探测低温背景下的低温目标，发展多色焦平面阵列，发展用于宽视场监视的更大规模的焦平面阵列和进行凝视红外预警相机的研究。

1）甚长波焦平面阵列

硅掺砷（Si：As）低温探测器是用于甚长波红外探测的成熟探测器，它可以有效探测截止波长 23μm 的红外辐射。导弹防御局先进系统部资助 DRS 公司和雷声视觉系统公司开展 Si：As 探测器的研究。包括发展低噪声的 10K 冷却的读出集成电路。

除 Si：As 外，HgCdTe 是另一种甚长波红外波段探测的焦平面阵列材料，现在所做的工作包括将截止波长扩展到 14μm 以上。导弹防御局先进系统部和空间监视和跟踪系统项目部共同资助罗克韦尔科学公司发展大于 12μm 的 HgCdTe 焦平面阵列。采用分子束外延材料生长技术和液相外延技术的甚长波 HgCdTe 焦平面阵列都取得了进展，256×256 器件光敏单元可以做到 30μm，截止波长可以达到 15μm。

2）单片多色焦平面阵列

美国 DRS 公司发展了一种双色 LW/LW HgCdTe 焦平面阵列，符合“宙斯盾”弹道导弹防御系统改进新结构的 256×256 的 30μm 阵元的焦平面阵列。

罗克韦尔科学公司也研制了单片双色 LW/LW HgCdTe 焦平面阵列。这一项目已实现了在 10μm 和 12μm 附近有较长截止波长，且可工作于相对较低背景中的 256×256 焦平面阵列。

喷气推进实验室用量子阱红外探测器发展了一种双色 MW/LW 焦平面阵列。量子阱红外探测器是助推段目标探测的一种可选的器件，因为量子阱红外探测器（QWIP）焦平面阵列的均匀性好，能够抑制较高的背景。当前的双色 QWIP 焦平面阵列的规格是 320×256，阵元大小是 40μm。导弹防御局先进系统部正在资助喷气推进实验室为宽视场机载激光项目发展 1024×1024 中波 QWIP 焦平面和 320×256 中波、长波双色焦平面阵列。

DRS 公司研制的双色 Si：As 焦平面阵列采用一个集成在焦平面阵列上的衍射透镜阵列，项目的目的是研制一种无需滤光轮或滤光条的双色 Si：As 焦平面阵列。

3）弹道导弹防御系统用的新型红外焦平面阵列

弹道导弹防御系统需要能够覆盖整个光谱范围、大尺度的新材料，提供新的低温光子红外探测器。

（1）碲基Ⅱ型超晶格。碲基Ⅱ型超晶格在长波和甚长波波段可能比 HgCdTe、QWIP 和 Si：As 更具有优势，它能覆盖短波红外和中波红外，具有 HgCdTe 的高量子效率的优势和 QWIP 的高均匀性、高成品率的优势，是一种机械上稳健的Ⅲ－Ⅴ材料，且具有内在的抗辐射性。它的带隙可以调整，在 3 ~ 30μm 波段具有强的宽谱吸收，且器件结构易于堆放成多色焦平面阵列。德国 AIM 和美国西北大学已研制出有较高性能 256 × 256 的长波红外焦平面阵列。

（2）硅衬底上生长的 HgCdTe 和高量子效率 QWIP。罗克韦尔科学公司和雷声视觉系统公司已能够研制具有有限性能的在硅衬底上生长的长波红外 HgCdTe 焦平面阵列，导弹防御局先进系统部的目标是研制出具有高均匀性和低缺陷密度的大规格长波红外和甚长波红外 HgCdTe 焦平面阵列，因为只有这样才会扩大视场同时保持角度分辨率。

QWIP 被视为大规格焦平面阵列的理想的备选材料。通过采用先进材料，改进结构和光耦合方案来提高量子效率、优化光导增益，目标是提高 QWIP 的灵敏度，以满足弹道导弹防御应用的要求。

（3）凝视型红外面阵相机。随着面阵器件水平的提高，为面阵凝视型相机的发展提供了前提和保障。面阵凝视型相机具有体积小、质量轻、光机结构简单和功耗低等优点，是采取高时间分辨率和高空间分辨率图像的有效手段。美国在天基红外系统预警卫星系统中也进行了凝视型红外预警相机的研究。

4.6 空间制冷器与低温探测器的耦合技术

高性能的低温光子红外探测器离不开低温度，随着低温探测器和空间低温探测器应用的发展，低温光子红外探测器已从单元发展到线列、面阵，所需的冷量越来越大。为充分发挥低温光子红外探测器的优良性能，降低系统功耗，提高可靠性，必须解决空间制冷器与低温探测器的耦合问题。

1. 耦合方式和冷量传输

按机械结构和冷量传输，低温探测器与空间制冷器的耦合有两种方式，即直接耦合和间接耦合。

（1）直接耦合方式。采用直接耦合方式时，低温探测器直接安置在制冷器冷头端面。由于低温探测器和制冷机冷头不一定在同一个真空室中，因此又可分为直接安装方式和专用器件相互组件套装方式。直接安装方式结构简单、传热温差小、冷量损失小，对于小冷量的微型制冷器适合采用这种方式。采用相互组件套装方式时，其装配、真空排气、引线处理比较方便，具有工作寿命长、维修方便等优点，因此这种方式也得到广泛应用。

空间制冷在工作期间无法维修，因而无耦合维修问题，应尽可能采用直接耦合的方式。对于热负荷较大的探测器组件，可采用辐射制冷器冷却冷屏，以减小冷损。

(2) 间接耦合方式。间接耦合方式是低温探测器通过传热构件与制冷器冷端相连,这种方式允许低温探测器和制冷器的安装位置可以灵活配置,而且可以集中制冷,多点冷却。若采用柔性传热构件可以减小制冷器对低温探测器的影响,也可以减小电磁干扰。由于空间超高真空的背景,使其绝热措施简化,低温探测器与空间制冷器间传热构件多采用薄铜带。

(3) 间接耦合用传热构件、热阻。对于间接耦合,低温探测器与制冷器的冷量靠传热构件传递,其热阻由两端接触热阻和传热构件本身的热阻组成,因而减小接触热阻和本身的热阻。

下面首先讨论传感构件的热阻,如果系统采用不同工作温度的探测器,可以利用传热构件本身的热阻按传输的冷量进行传热分析和设计,达到集中制冷,多点不同温度冷却工作的效果。如果工作温度相差较大,而且热负荷均有一定的数量,那就应考虑多级制冷。以不同的传热构件连接不同的探测器,以便提高系统的热效率。

对传热构件的要求是尽可能减小传热温差,一般选择低温热管或高热导率材料作传热构件,采用高热导率材料作为传热构件最为广泛,在适当条件下也可考虑采用低温热管。

纯铜具有较高的热导率、易加工、焊接性能好,退火状态质软导热好,是较好的传热构件材料。采用薄铜带、铜辫柔性结构可以减小振动,减小因温度变化而产生的热应力。

对于直接耦合方式和间接耦合方式都存在接触热阻引起传热温差的问题。固体材料接触热阻主要取决于材料表面状态、面积、压力和热负荷等因素。在一定压力和77K条件下,两个铜棒的接触热阻为3.1K/W,由于低温探测器与制冷器冷头间紧固螺钉预紧力有限,接触表面的平整度和粗糙度受加工限制,不会达到理想的接触状态。因此,在接触面间往往要填充一层薄而软的导热体,如铟片或导热硅脂材料。根据试验,在压力为0.4MPa时,铟片的导热相当于焊锡,可降低接触热阻,使传热温差小于0.1K。

由于低温探测器和制冷器之间的热阻,因此会产生传热温差,由温差引起的冷量损失对制冷器而言就是制冷量损失。

2. 电磁兼容性

低温探测器光电转换的电信号很小,仅为纳伏级,因此探测器及其到前置放大器的引线极易受外部电磁干扰,制冷器的驱动电动的电磁场对探测器信号是一个电磁干扰源。在系统设计中要尽量不用与制冷器工作频率相同的信号。在设备配置方面,探测器要远离压缩机,并且要采用电磁屏蔽措施。同时要尽量减小和抑制制冷器的外泄电磁场,要尽量降低元器件的背景噪声。

3. 光电通道

(1) 红外光路。低温探测器要接收来自光学系统的红外光信号,这就需要红外光通道,红外窗口会对红外光的透射产生不同程度的衰减。但由于低温探测器需要真空绝热,必须有红外窗口,虽然空间是超高真空环境,似乎不需要真空窗口,但由于低温探测器地面存放和调试时需要真空环境,特别是三元系的锌镉汞探测器,其器件组分的蒸气压是个必须注意的问题,多种因素考虑低温探测器需要真空绝热保护措施。

(2)光栏。为抑制杂散光进入红外器件,降低环境背景噪声,需要在探测器前面设置光栏,光栏宜采用冷光栏,根据入射光的要求设计光栏孔。

(3)电信号引线。探测器的电信号输出引线需要进行电磁屏蔽,引线的电阻和漏热和导线的强度要综合考虑,选取合理直径的引线,引线的材料多选用铜和镍,由于铜的钎焊性能好,因此一般选用铜作为引线材料。为解决漏热与强度的矛盾可采用光刻铜箔等方法。

4. 影响低温探测器工作性能的其他因素

影响低温探测器可靠性的因素还包括振动、真空、污染和工作温度的稳定性等因素。空间用低温探测器在地面要进行随机振动、正弦振动、热循环、热真空、电磁干扰/电磁兼容性、冲击和飞行鉴定等试验,以确保低温探测器在航天器上能正常工作。

(1)振动。空间低温探测器对振动噪声有严格的要求。制冷器是探测器系统中主要振动源,二者耦合时须采取减振措施,以减小振动噪声,低温探测器也应该能承受发射时的振动和加速度的环境。

(2)真空、污染和光校。空间制冷器和低温探测器都要进行地面上的热真空试验,以便能适应在航天器上的工作环境,低温探测器需要红外通道,由于材料在真空环境中都会有解吸和放气,这些气体对低温探测器形成污染源,会使红外通道失效,会污染光学系统中的镜片,容易影响仪器的性能。为解决气凝物污染,可以用加热的方法解决。

红外系统的光标是将低温探测器调整到稳定工作时的焦点位置。结构材料从室温变到低温的温差变形会引起焦点位置的变化,必须进行调整。

4.7 低温光学系统

4.7.1 低温光学系统和低温冷却系统的配置

从图 4-15 红外跟踪系统的基本组成框图和多个低温探测器系统可知:低温探测器或探测器阵列都需要低温光学系统才会构成空间用或军事用各种仪器。低温光学系统是仪器的一部分,低温探测器则是低温光学系统的一个部件,下面再以美国航空航天局的空间、红外望远镜设备为例说明低温光学系统、低温探测器和低温冷却系统间的相互关系。

空间红外望远镜设备又称航天飞机红外望远镜设备，因为它要多次在航天飞机上使用，每次任务可以供6个仪器进行试验，几个望远镜任务计划采用航天飞机作为观测平台，包括空间望远镜和太阳光学望远镜，还有空间实验室两个小型氦冷却红外望远镜。空间红外望远镜设备将会有多项任务并携带多种仪器。

图4－17为空间低温望远镜的部件配置图。望远镜固定在航天飞机的两个托架系列，航天飞机微调推送器和仪器指向系统可以初步指向，最后指向依靠电荷耦合器件星跟踪器，它可以控制可调整的副镜，达到绝对精度1弧秒，稳定性在0.1弧秒，复合仪器室是直径1m长1m的圆柱，其中安装有6台仪器。

空间红外望远镜设备真空容器外壳用铝制造，真空容器外壳固定在仪器指向系统上，而低温贮罐、快门罩和快门盖固定在真空容器壁上，冷却的望远镜部件用锥形玻璃纤维/环氧树脂绝热器悬挂在真空容器内。望远镜围绕复合仪器室，采用两个主动冷却屏蔽进行热保护，围绕前缘反射板用单独的主动屏蔽进行热保护，在整个环形区域用多层绝热进行热保护。

1. 望远镜低温流程图

空间红外望远镜设备低温系统必须保证复合仪器室内的仪器的工作温度要求，下面各种仪器工作状态：①复合仪器室合适的温度约2K；②在复合仪器室情况下将会保持在接近贮罐温度，尽管存在着电荷耦合器件星跟踪器100K的热源，温度仍然不超过10K；③镜片和相关的焦点快门要保持在10K；④反射板应该不要太高的温度以免产生噪声或离轴抑制的问题。

图4－18所示为望远镜低温路线图，超流氦从界面（A）流入复合仪器室，在维修和翻新设备时供应超流氦的管线应该能够断开，在复合仪器室内有两个封闭回路，第一个回路在每个仪器的位置焊接了支持器，从探测器和光学组件连接到支持器采用的是铜带，这时探测器和光学组件必须保持在6～8K，在这个温度下的总热负荷要小于100MW。在复合仪器室从仪器产生的内热、经过仪器引线的热传导、星跟踪器产生的热和在界面（B）的辐射漏热，这些总的热负荷在第二回路大约是1W。超流氦然后离开复合仪器室，并继续去冷却主镜支持结构（C）、副镜和相关的设备（D），然后流向机筒挡板（E），这时流动的是以最低的温度全部流量通过管路，在（E）点以后，全部液片流分为几个分支路，第一个支路（1）留在望远镜内，相继冷却内部支撑结构（F）和复合仪器室，辐射屏蔽（G），望远镜反射板辐射屏蔽（H）；外支撑结构和外部复合仪器室辐射屏蔽（I）。第二个支路（2）离开望远镜，冷却望远镜贮罐界面（J）和低温贮罐辐射屏蔽。流体的最后一部是第三支路（3）清除气体流量，在飞行中流经截止阀（K）并且流出望远镜快门。

制冷剂流经望远镜的全部部件，制冷剂的流速取决于制冷剂贮罐辐射屏蔽流速或清除气体流量。

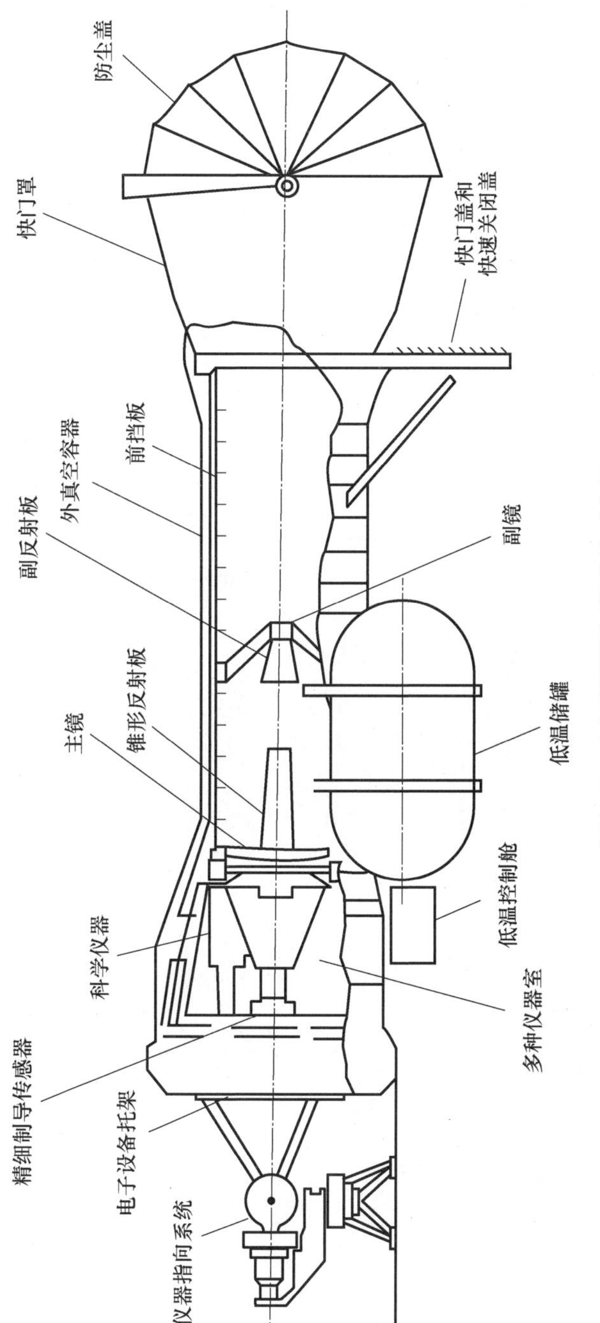

图4-17　空间低温望远镜结构示意图

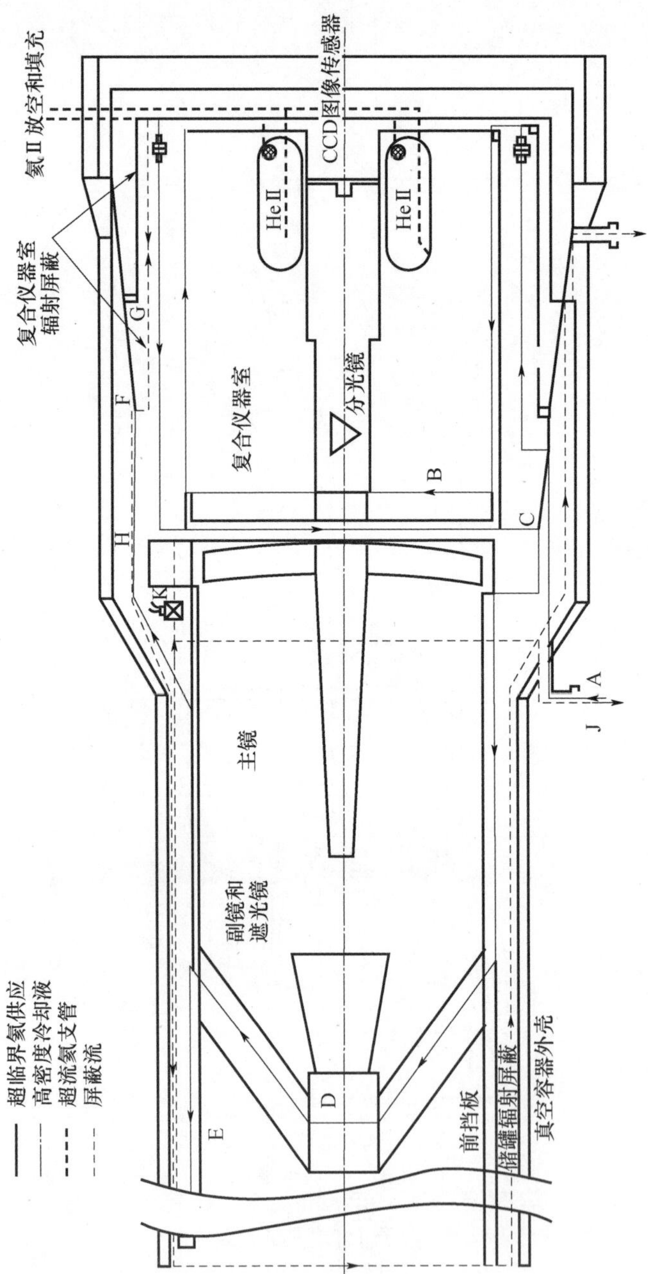

图4-18 空间低温望远镜低温流程图

2. 低温系统

空间红外望远镜设备上的低温系统应使望远镜在变化状态下保持各部件工作要求的温度状态。低温系统设计的支配因素从航天飞机工作和安全方面考虑。

航天飞机的低温系统如图 4-19 所示。填充系统固定在贮罐上,以减短流程的路程,首先关闭 D-1 和阀门 V-1。主要放气系统是阀门 V-2,安全阀 RV-1 和爆破隔膜 BD-1。低温贮罐用 VCS 流量控制,流速由流量计 FM-1、控制阀V-4及冷却旁通阀 V-3 和热交换器 HX-1 控制,避免使用低温流量计,望远镜温度控制主要靠控制阀 V-6(它的流速监视器 FM-2)和冷却旁通阀 V-5。贮罐和望远镜排出口通过在托架上一段管线从 D-2 到 D-3 和 D-6 断开。当望远镜移出放到托架支撑板上时,D-2 和 D-5 断开,当系统处于危险状态时,全部制冷剂应能快速排出。当最后的系统是常态环境氦系统时,它将完成 3 项服务:①在高流速的状态下保持贮罐的压力;②紧急停车并恢复制冷剂的排出和清除;③不使用分离的氦系统排出水。

3. 复合仪器室热性能

为了确定复合仪器室对不同参数的敏感性,特别是低温传感器和仪器结构之间的传导性,以帮助建立仪器设计的指导方针,复合仪器室和科学仪器的详细热模型将会得到发展并进行分析。MIC 内共 6 台仪器:

(1) 低温相机,1 ~ 15μm;

(2) 高灵敏度光度计,2 ~ 130μm;

(3) 红外相机、光谱仪、阶梯光栅,30 ~ 60μm;

(4) 复合傅里叶变换光谱仪,2 ~ 1000μm;

(5) 长波相机,60 ~ 120μm;

(6) 微弱物体摄谱仪,30 ~ 120μm。

6 台仪器被假设围绕复合仪器室,舱体大约每隔 60°间隔进行配置,每台仪器安装了仪器结构(正常时为 10K),4 ~ 8K 光学仪器组件和 2.5 ~ 3.5K 传感器。

2K 和 6K 散热片之间的传热性和在这些温度下各自仪器的热负荷要进行调整,在温度稳定后传感器稳定从 2.5 ~ 3.5K 平衡到标称温度,光学仪器温度从 4 ~ 8K 平衡到标称温度。标称温度不仅取决于内部布线,而且与仪器的内部结构有关。因此标称温度事先预测很难。

计算机结果也验证了在电荷耦合器件中 1W 功耗的 97% 传导到 50K 贮罐辐射屏蔽,在数量上限运行参数分析的基础上,可以达到如下结论:

(1) 复合仪器室工作在十分均匀的温度下(在 10K 时 ±3%),这是由于大横面的铝结构并且仪器刚性固定在外壳上。

(2) 传感器的温度范围取决于传感器与流体回路之间的导体设计。这是初始条件,在传感器的能量耗散是传导性的主要标准。

(3) 在 2K 的功耗必须被设计的仪器所限制,因此在 10K 仪器和它的 2K 传感器之间必须有特别好的绝热处理。

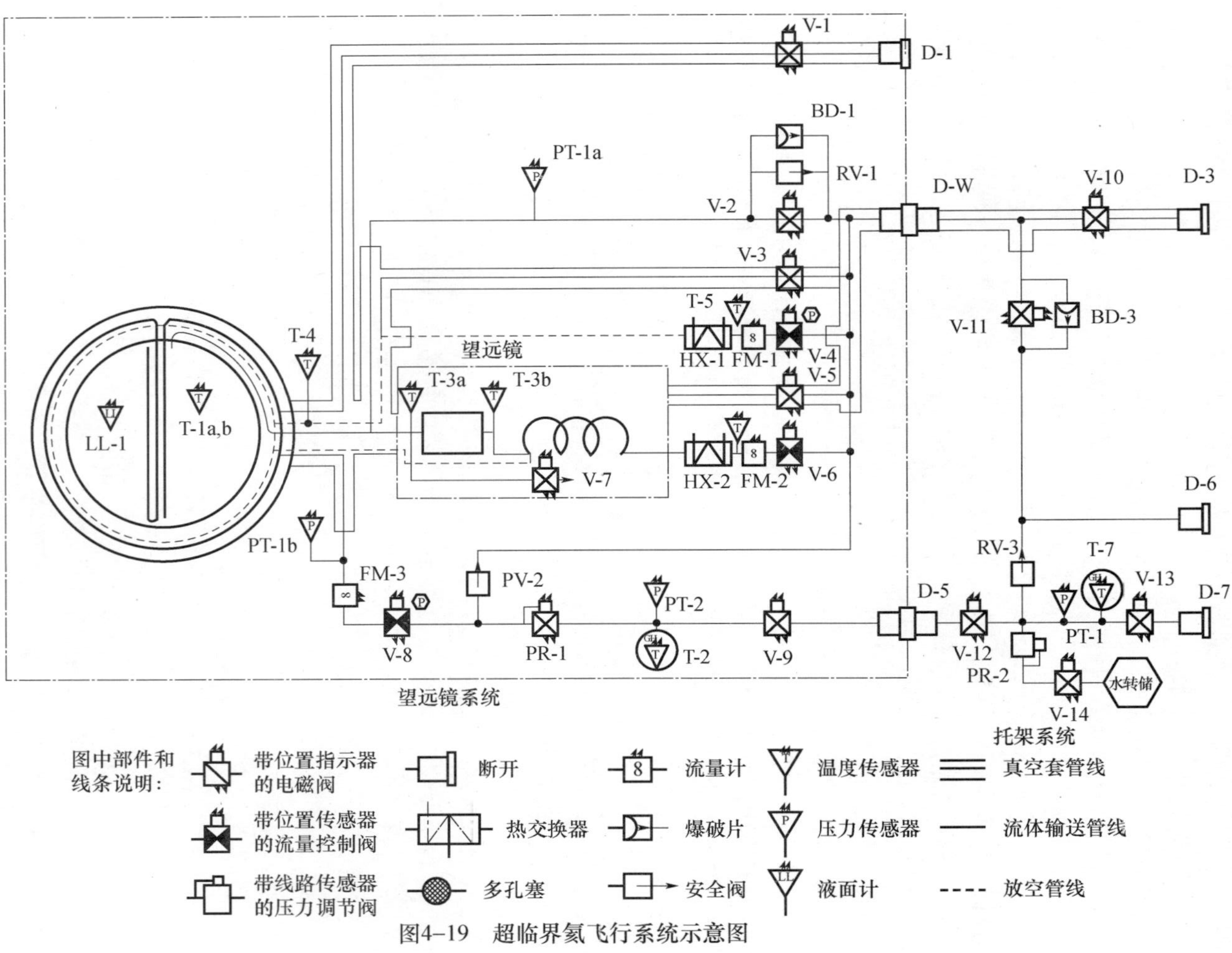

图4-19 超临界氦飞行系统示意图

4.7.2 低温光学系统的热设计

1. 低温系统模型和分析的重要性和目的

任何空间应用中，热系统的设计和模型对系统的成功是很重要的。传统的热系统经常与航天器有关联，对于空间低温光学系统应包括空间制冷器、环境辐射器、低温辐射器、泵性热连接、低温探测器和高性能多层绝热，低温系统常常整合到它们所服务的有效负荷和仪器上，这样才会有利于仪器的操作。仪器和低温探测器对低温系统的性能特别敏感，空间制冷器温度不能满足要求时会导致低温探测器不能工作。

低温系统、仪器和低温探测器硬件是整体，是互相关联的，热模型的建立和总体方案分析是低温系统成功的关键，空间低温光学系统模型与低温探测器和系统模型是不可分割并且相互关联的。

计划设计经常会忽略早期和并行低温系统建模、分析、试验和设计。这会导致在时间进度方面对低温系统没有给予足够的余量，这会降低在轨的质量，在最坏情况时会带来任务的故障。因此，在计划的早期就必须对低温系统进行分析，对系统设计必须重视，建模技术就能防止这类问题的发生。

低温系统的建模和分析包括预测仪器的冷却要求，冷却系统的尺寸，并且预测综合仪器和冷却系统的性能。热模型有助于设计工作。为完成这些目标，热模型通常必须估计系统的温度、热负荷、质量和功率。

2. 简化模型和 MSC sinda 热设计软件的特点

对低温系统进行热分析，可采用两种方法：电子表格为基础的低温简化模型；MSC Sinda 热设计软件。

（1）电子表格为基础的低温简化模型。低温系统简化模型分析方法更灵活，更容易修改，非常适用于要进行修改的早期设计系统。参数可灵活进行修改和改变，分析的全过程可在计算机上进行，方便快捷。

（2）MSC sinda 热设计软件。MSC sinda 软件是目前世界上最权威的热设计软件。它来源于美国航天工业，已有 40 多年的研发历史。该软件主要用于温度场和热控制计算，是基于集总参数和热阻 – 热容节点网络，采用有限差分数值方法设计开发的专业热分析软件，包括大量计算求解器、库函数和开放式的用户开发环境。新加了快速视角系数计算模块 SINDA Rad，与传统辐射求解器相比，该模块可以快速求解多达数万个面的视角系数，另外一种新方法已经集成到产品中，已替代会产生大量辐射导体的传统方法，从而使 MSC sinda 运行具有超亿的视角系数的模型。

该软件自 1982 年起成为美国工业标准以来，已广泛用于全球数家公司，并于 1996 年进入中国，目前已成功地应用于我国航天工程和多颗卫星、载荷的设计。

MSC sinda 的主要技术特点：

（1）采用有限差分、集总参数法和热阻 – 热容网络法。

(2) 具有快速视角系数计算能力。

(3) 完善的稀疏矩阵求解。

(4) 节点连接和断开控制能力。

(5) 模拟单相热泵和半导体制冷特性。

(6) 建立传导、对流和辐射耦合热模型。

(7) 模拟各种热管和控制仪的控制过程。

(8) 开、闭环流体回路的耦合换热问题。

(9) 涉及到泵、阀门和管道的流体换热问题。

(10) 具备多种建模工具。

该软件已用于"神舟"系列载人飞船、多颗卫星和多种载荷。卫星天线、导弹系统、航天器、火箭发动机、卫星整星级模型、星际航天器、空间相机、空间光学系统、空间太阳望远镜、辐射器电子仪器、空调系统和热核反应等。

3. 空间低温光学系统方框图

图 4-20 为空间低温光学系统方框图。根据方框图,可以根据 MSC sinda 热设计软件进行热分析。在计划的初级阶段,基于方框图、已知的输入和要求的输出等各种数据建立电子表格表示的低温简化模型。

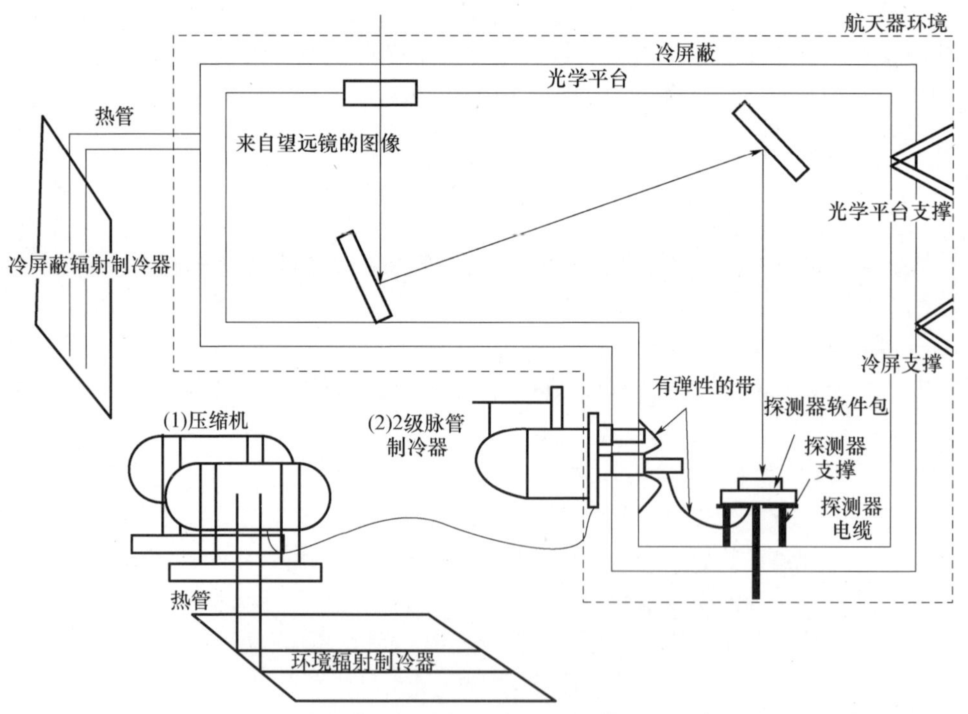

图 4-20　低温光学系统一个案例配置的方框图

第5章　低温技术在空间科学技术中的应用

5.1　低温技术在低温电子学和通信中的应用

5.1.1　低温技术在低温电子学中的应用

低温电子学是研究77K到绝对零度范围内材料与半导体器件的电特性及其应用的科学。广义的低温电子学包括超导电子学。1962年,约瑟夫逊效应的发现赋予低温电子学以全新的内容。此后,低温电子学的主要内容就是超导电子学。由于历史习惯,现在将超导电子学以外,但在低温条件下的电子学内容统称为低温电子学。

低温电子学以导体动态电阻的热噪声在深冷温度条件下可大大降低为基础,其主要研究内容包括:①研制米波到红外波段的电磁辐射仪器中各类量子放大器、低温参量放大器、低温微波噪声源和低温场效应放大器低噪声前端以及各种低温仪器和电子装置;②研究低温条件下的材料、元件和器件的特性,特别是高频特性;③研究低温条件下纯金属、合金、介质、绝缘材料、半导体元件和器件的应用;④研制低温电子学和超导电子所需的各类低温装置和低温测试仪器。

随着环境温度降低,金属电阻率减小,介质和各类元件的损耗降低,有源器件的噪声减弱,这是低温电子学的物理基础。20世纪50年代末以来,量子放大器、低温参量放大器、低温微波噪声源标准、低温场效应晶体管放大器和低温混频器等低温装置,已广泛应用于低噪声接收和精密测量技术中,广泛用于卫星通信和其他空间任务中。

1. 主要低温器件和装置

主要低温器件和装置如下:

1）量子放大器

量子放大器是利用某些顺磁晶体的顺磁共振原理和物质内部离子的能态跃迁现象实现微波放大的装置,它又称脉泽。原子或粒子在从一个能级向另一个能级的量子跃迁过程中引起受激辐射现象,利用电磁振荡器实现顺磁晶体与可放大信号和激励源的电磁场的相互作用,把粒子(原子和分子)所具有的能量不断转换为超高频电磁场的能量。量子放大器工作在4.2K或更低的环境温度中,其噪声主要取决于离子能级跃迁过程中所产生的量子噪声,工作频率只决定于顺磁离子的能级分裂，而不受分布参数的限制，因此它可以工作到短毫米波。这种放大器是噪声最低的一种微波放大器，而且工作稳定，线性度好。新型的反射式行波量子放大器已能克服量子放大器带宽窄的缺点。

2）低温参量放大器

在低温下，利用谐振信号电路中电容或电感周期性的非线性变化实现放大。参量放大器的理想电路仅含电抗元件，不存在有源热噪声，是一种低噪声放大器。它的噪声主要来自电路中不可避免的串联电阻的热噪声和连接线路的损耗。参量放大器的等效噪声温度取决于二极管参量、采用的电路形式和冷却温度。低温参量放大器的噪声几乎正比于冷却温度。这种放大器具有噪声低、非线性小、稳定度高和动态范围大的良好性能。与量子放大器相比，它的结构简单，对制冷要求较低。因此，它在卫星地球站、射电天文和远程雷达等高灵敏接收系统中有广泛应用。

3）低温微波噪声标准

低温微波噪声标准是在一定带宽内输出标准噪声功率并用绝对温度来量度噪声温度的一种电子仪器。低温微波噪声标准主要用于卫星通信、现代射电天文学、电子对抗、雷达前端的参量放大、场效应放大器和超导约瑟夫逊接收装置的低噪声精密测试，还可以用于辐射计定标、衰减测定和天线噪声温度和等幅波信号电平标准，为适应几百度到几度绝对温度（K）超低噪声温度的测量需要，已研制出低于室温的各种低温负载标准噪声源，其输出噪声温度接近于冰水、液氮、液氢或液氦等低温液体的温度。

4）低温场效应放大器

低温下工作的场效应晶体三极管放大器，当环境温度降低时，场效应晶体管材料中载流子的迁移率增大，从而使放大器的增益提高，噪声降低。现代低温场效应放大器，在 L 波段和制冷温度 78K、15K 时，其噪声温度分别为 22K 和 12K，在 S 波段，在上述同样制冷温度情况下噪声分别为 30K 和 50K，在 X 波段制冷温度在 15K 时，噪声≤100K，18GHz 时，在液氮温度冷却下，噪声为 95K。低温场效应放大器工作频带很宽，可达一个信频程，通常只要求 77K 制冷，要求的制冷量也比较小，因而制造容易，结构简单、体积小，已被用于微波低噪声接收机的前端和毫米波制冷混频器的后置中频放大。这种放大器的噪声特性比常温参量放大器好，在 10GHz 以下时甚至比低温参量放大器还好。但在 10GHz 以上时低温场效应放大器不及低温参量放大器。低温场效应放大器通常用液氮杜瓦容器或 15K 左右的闭合循环制冷器冷却。

5）低温混频器

当低温混频器频率高到 100GHz 时一般采用低温混频器或超导混频器作为低噪声前置放大器，并用量子放大器作为下一级放大。例如，一个 80GHz 液氮砷化镓肖特基二极管混频器的噪声系统为 3. 2dB，比室温时的噪声降低 2. 6dB。

6）低温红外探测器

红外探测器对周围环境的热辐射敏感。这种探测器经低温冷却后,响应时间缩短、灵敏度提高、响应波长展宽、受限背景噪声减小。常用的红外探测器大多数只需要77K温度,而且多使用开放的液氮传输式制冷器或焦耳－汤姆逊节流制冷器。在远红外波段,为提高探测率和灵敏度通常还需用液氢温区30K左右的低温恒温器和斯特林制冷器来冷却,如锗掺汞、汞镉碲等红外探测器材料。低温红外探测器在空间得到广泛应用。

7）低温激光器

低温激光器的工作是基于内部粒子在不同能级间跃迁的物理现象。大多数激光器在很低温下工作时可呈现出更好的性能。当在较高温度时自由电子的光子吸收会使损耗增大。冷却到低温可减小其阈值,即可减小激光器的激励功率。随着小型制冷器的日益完善,激光装置可以方便的配备77K或更低温度的制冷器。

2. 低温电子设备的必要性和在空间应用中的优点

许多未来空间探测任务中需要能在低温工作的电子部件和系统。空间探测任务中需要小而轻的航天器,这包括火星轨道器、着陆器和火星车,欧洲海洋探测仪器和外行星探测和深空间探测器。表5－1给出在太阳系航天器和表面探测器的典型冷环境温度。

目前,在深空间冷环境工作航天器搭载的大量放射性同位素加热装置(RHU)用于保持电子设备工作在接近20℃。这不是理想解决方案,因为放射性同位素加热装置总是产生热量,甚至当航天器已很热时它也一样产生热量,这就要求航天器有主动热控系统。另外,这个加热装置非常贵并且要求复杂密封结构。在空间环境下工作的低温电子设备应减小系统的尺寸和重量,这就必须去除放射性同位素加热装置及其附属结构。去除加热部件将会节省费用,改善可靠性和寿命并增加了能量通量。

低温下工作的电子设备比室温时有更高的效率。在低温下材料的电子、电气和热性质得到较好改善。特别是一些半导体随着温度降至液氮温度(－196℃)更是性能得到改善。在低温下,大多数载波装置会减小漏电流和减小对闭锁的敏感性。另外,由于增加载波流动和饱和度速度,使这些装置有较高的速度,如功率金属氧化层半导体场效应管(MOSFET)在低温下有很低的传导损失。

低温电子学研究适用于空间任务中的电子部件和系统,研究可以在－196℃低温下工作的装置和系统。低温电子学的目标是在低温环境下能够使用的可靠、有效的功率系统。任务驱动作为系统的目标,这系统包括转换器、换流器、控制器、数字电路和特殊目的电路。最初生产了在低温下工作并且使用集成电路元件布局技术的几种DC/DC转换器。这些电路中有些感应器由超导材料制造。

表 5-1 航天器和表面探测器典型的低温环境温度

水星	缓慢旋转,最低表面温度	-180℃
地球	最低温度	-75℃
月球	最低温度	-230℃
火星	多风的和多尘的,表面温度	-140℃ ~ +20℃
木星	云顶	-140℃
木卫二	冰的表面温度	-188℃ ~ -143℃
土星	云顶平均温度	-185℃
卫星土卫六	表面温度	-180℃
天王星	云顶温度	-212℃
海王星	平均温度	-225℃
冥王星	平均温度	-236℃

3. 低温电子部件的研究和发展工作

为满足未来空间探测任务必须对低温下工作的功率系统、低温电子部件和集成电路电子系统进行深入研究。一些有特点的部件包括半导体开关装置、脉宽调制控制器、高频振荡器、DC/DC 转换器传感器和转换器,还有被动和主动装置,也需要深入研究,以便提高性能。

固态电阻可调振荡器工作温度范围为 -193℃ ~25℃。振荡器电路的输出频率是温度的函数。温度越低,输出的频率越低。在硅锗(SiGe)电压控制振荡器(VCO)不同调节电压条件下,输出频率是温度的函数,输出频率随着外部控制调节电压的升高而增加。同时,在电压不变的条件下,温度从 +85℃减小到 -150℃时,频率成线性增加。当温度从 -150℃降至 -195℃时振荡器频率仅有微小的增加。在任何温度下,频率随电压的升高而升高。

几种低温下工作的振荡器已进行了性能评估,试验证明:全部电路当温度降低时输出频率也降低。频率降低归因于晶体的性能,是和晶体在低温下的性能一致的。为了在极端温度频率稳定地工作,一些补偿方法必须加入到电路设计中以抵消振荡器输出性能的低温效应。

低温下工作的几种 DC/DC 转换器已制造并进行了性能验证,转换器经设计和改进使用互补金属氧化层半导体(CMOS)型装置和金属氧化层半导体场效应管(MDSFET)开关这些部件工作在从室温到 -196℃。这些系统输出功率范围为5W ~1kW,开关频率为 50 ~200kHz。这些系统开环或闭环控制都采用了脉宽调制技术,拓扑结构包括降压式变换电路、升压电路多谐振、推挽式和全桥式线路布局。几种 DC/DC 转换器要用于低温下。用金属氧化层半导体场效应管(MOSFET)和金属氧化层半导体(CMOS)装置的转换器在低温下有稳定的温度和输出电压关系。

绝缘体上硅金属氧化层半导体场效应管(MOSFET)和标准金属氧化层半导体

场效应管(MOSFET)装置在 -190℃ ~ +20℃温度范围内工作。根据栅极阈值电压(VGS_{th})和源漏开态电阻(RDS_{on})可以得到它的性能特性。这些性质可以使用数字曲线示踪器得到。

脉冲宽度调制控制器芯片在低温下的功能用观察其内部基准电压的波型和在 -140℃ ~20℃温度范围内的脉冲宽度调制(PWM)输出来评估。试验证明,在室温和 -140℃时控制器芯片性能在基准电压时保持相对稳定,但是频率和负载比变化显著。而在特定的时间,没有展示随温度很大改变。

能量贮存是空间应用中广泛使用的功率系统。在极端温度下可靠性高和高效率工作的能量贮存设备得到迅速发展。锂基电池是低温短期空间任务的能量贮存设备。

5.1.2 低温技术在空间通信中的应用

1. 高温超导滤波器在通信系统中的应用

超导技术是一个涉及广泛领域的技术,它不仅在微波、电力、电子、计算机等领域有着现实的重要应用,并且其潜在应用前景在这些领域影响巨大。高温超导(HTS)滤波器在通信系统中发挥了重要作用。

1)高温超导微波特性和微波滤波器

高温超导材料的临界电流密度 J_c 很大,在零磁场下,高温超导薄膜的典型 J_c 可达 $10^6 A/cm^2$,其微波表面电阻 R_s 与工作频率和温度有关,在 77K,10GHz,其典型值在 200μΩ 以下,与相同温度下的常规导体铜或银比较低 2 ~3 个数量级。高温超导薄膜是将钇钡铜氧(YBCO)、铊钡钙铜(TBCCO)等材料外延生长在正切损耗低的介质材料上,例如在铝酸镧($LaAlO_3$)等衬底上形成的膜片,被用来制备各种 Q 微波器件,特别是平面结构器件,如滤波器、多路器、延迟线、耦合器、移相器和天线等。这些器件的电子学性能优异,体积小,重量轻。

在各种通信系统中滤波器是一个关键的基本部件。滤波器的电子学性能主要取决于滤波器谐振器的品质因数 Q 值,微波谐振器的无载 Q_u 为:$Q_u = 1/(R_s/g + F\tan\delta)$,其中 G 取决于谐振器的几何尺寸,一般随谐振器尺寸增加而增加,F 是贮存在谐振器腔体中的能量的分数因子,R_s 是导体的表面电阻,$\tan\delta$ 是介质材料的正切损耗。因此,降低 R_s 和 $\tan\delta$ 都可以提高 Q_u。超导薄膜介质材料为铝酸镧($LaAlO_3$)、氧化镁(MgO)、蓝宝石(Al_2O_3)等,其 $\tan\delta$ 在 $10^{-5} \sim 10^{-7}$量级。用高温超导薄膜谐振器不仅可制造极低插损的滤波器,而且可用多阶方案制造通带边缘陡峭,接近矩形响应的高选择性窄带带通滤波器。这种滤波器在先进通信和各种军事系统中有着重要的应用。

2)超导滤波器低温接收机

典型的接收机是由输入滤波器、低噪声放大器、本地振荡器和变频器组成。输入滤波器限制接收机的噪声带宽,抑制带外信号,其插入损耗直接加到接收机总噪声上,要求其插损尽可能低,因而在大量实际应用中采用高 Q 滤波器,如波导或介质谐振器以降低插损。采用超导滤波器代替常规滤波器,从而提高接收机的灵敏度。低温下工作的 GaAs 和 InP 高电子迁移率器件与高温超导滤波器一起工作在低温下构成的低温前端,可使接收机的噪声系数进一步降低,这种低温接收机前端可以用于各种通信系统。

2. 超导与低温电子技术在通信系统应用中的研制发展工作概述

随着地球轨道卫星密度的增加,为保证通信的正常进行,需要空间滤波和射频滤波技术。空间滤波通过天线极化图来实现,以降低来自其他卫星和地球的干扰信号。无论采用大口径天线还是采用小尺寸天线阵来实现空间滤波,其造价都是极其昂贵的。即使如此,由于地面及人为电磁干扰的增加,其数据传输会受到挑战,因而还需要采用频谱滤波技术保证通信的可靠与安全。高温超导滤波器为频谱滤波提供了新途径。如在地面接收系统中,使用超导滤波组来实现频率选择,可避免干扰信号进入有用信号频带,确保数据信息传输的有效性。

在信道化通信系统中,无论是信道细分还是信道对接,都可以用超导滤波器来提升系统的技术性能。基于超导滤波器的超导信道化器,在体积、重量、通道插损、频道覆盖和带外抑制等方面都优于常规方案。在一些特殊的通信对接中,需要多路带宽极窄、频带边缘响应陡峭且频率稳定的滤波器组,滤波器相对带宽在 0.5% 以下,群延时特性好,采用常规滤波器均不能达到上述要求。超导滤波器技术提供了消除自感应互调、共站干扰的最有效方法。因此,超导滤波器是一种有效解决卫星通信干扰的最佳方案。

从物理学角度看,各种滤波器本质上都是频率选择器件,即在要求的频率范围内,它能使微波信号尽量无损的通过,这一段频率范围称为通带,对其他频率范围的信号尽量抑制,通称为阻带。高温超导滤波器与常规滤波器相比较,具有五大优势:①通带损耗小;②阻带抑制很大;③边带陡峭,或者说过渡带很窄;④可以制成很窄带滤波器;⑤自身的体积小,重量轻。由于有上述优点,所以各国都投入力量进行各种超导滤波器的研究,例如出现了 19 阶和 32 阶切比雪夫滤波器和准椭圆函数滤波器。如果将超导滤波器和前置放大器都集成在制冷器内,放大器的噪声系数将大幅度降低,就可以提高系统抗干扰能力,提高接收灵敏度,这就是超导微波接收机的特点。

端子系统简称超导子系统,该子系统一般放置在各种微波接收机的前端。高温超导滤波器和子系统在雷达和制导技术中也发挥了重要作用。在空间通信和数据传输领域,以高温超导滤波器和低噪声放大器为核心的低温接收机前端被美国航空航天局作为实现 21 世纪战略目标的关键技术之一,美国也进行了大量研究和试验。例如,由航空航天局组织,国防部资助,多家公司参与下,根据 NTELSAT-8 通信卫星的技术要求,研制了一个 60 信道的 HTS 输入多路器组件,该组件工作在 C 波段,由 10 阶相位自均衡超导滤波器、低温下工作的环形器和隔离器以及两台小型化脉管制冷器构成。

美国海军实验室和空军合作进行了高温超导空间试验(HTSSE)计划,目的是确定高温超导(HTS)装置在空间应用的可行性。该计划共分3个阶段。第1阶段的重点是检验单个超导器件是否能够经受航天飞行环境的考验。全部18种超导器件均通过了地面模拟试验。通过了力学、真空及辐照等试验,样品的可靠性和小批量样品的一致性均得到了检验,前期工作取得了成功,但由于发射失败而丢失。第2阶段计划的重点是检验较为复杂的超导器件和子系统的空间性能。1999年发射的卫星共搭载了8个超导器件和子系统。经过一年半的试验后得出的结论如下:

(1) 高温超导器件和子系统在地面存放7年后,又经过18个月的试验未见任何性能退化现象,表现了极高的可靠性。

(2) 高温超导器件和子系统完全可以承受发射和空间环境的考验。

(3) 与半导体器件相比,高温超导器件和子系统的抗辐照能力要高出几个数量级。

(4) 试验证明:高温超导器件和机械制冷器完全可以在系统水平上集成,在卫星上完成通信和遥测任务。

第3阶段计划的重点是试验完整的高温超导卫星通信系统和遥感侦测系统。

第1阶段计划试验了钇钡铜氧(YBCO)为基础的器件,如谐振器、延迟线、滤波器、腔体和贴片天线(工作在1.4~10GHz之间)。第2阶段计划集中试验更先进的超导部件和分系统,包括混合高温超导接收器、多路通道和A/D转换器。

在欧洲博世电信发展了三路转发器,这包括带有高温超导低噪声滤波器和冷却、低噪声放大器的前端接收器,发展了三通道高温超导输入和输出多路调制器,采用了质量和功率都符合要求的两台制冷器冷却。

在2000年前,德国在国家教育与科研部的支持下单独启动了欧洲最大的高温超导计划:超导体和陶瓷在未来通信中的应用。其目标是针对高温超导在卫星通信中的应用,研究C波段卫星接发器,当时计划2001年提交给欧洲航天局的IS-SALPLA空间站。该项目共分为5个子项目,其中3个是关于超导技术在卫星通信和地面通信系统上的应用研究。

我国研制的低温接收机系统在“嫦娥”一期工程中得到了工程应用。正在研制更高指标和更多信道的信道化滤波器组件。还在研制高温超导延迟线、高温超导微波线性调频滤波器和高温超导辐射探测器组件等项目。

3. 脉管制冷器在空间通信中的应用

自从1986年发现了高温超导材料后,很快就应用到超导装置上,这是因为单级制冷器可提供低温冷却的条件。平面膜技术研制出高质量、低平面电阻膜,因此可以生产出先进的射频部件,最成熟的部件是滤波器,这些部件由于它们有紧凑的尺寸和小的重量,因此在商业和军事上得到广泛应用。

美国国防部高级研究计划局(DARPA)技术重新研究计划(TRP)联合多家企业研究并发展了卫星通信用的高温超导分系统。其目标是研制完全自成体系的分系统,包括高温超导装置、低温包装组件、制冷器和组合的驱动电子设备。

高温超导装置有较小尺寸和重量,与传统部件比较更紧凑。由于卫星上功率的限制,对制冷器的功耗也有严格要求,通信卫星一般要求15年寿命,因此对制冷器的可靠性也有很高的要求。

洛克希德·马丁先进技术中心研制了两台脉管制冷器用于这些设备。77K时制冷量0.5W的小制冷量制冷器用于接收端分系统,在那里射频(RF)功率损耗被忽略,占主导地位的热负荷是来自同轴信号电缆的传导热。在77K时制冷量10W的大制冷量制冷器用于发射端分系统,在这里高温超导装置和同轴信号电缆都是主要的功率损耗。

采用的压缩机是长寿命、柔性轴承和线性驱动结构。制冷器的冷头要满足15年的寿命,大制冷量的制冷器已被研制和试验。制冷器在77K时制冷量9.66W,压缩机总输入功率175W,输入功与制冷量之比为18.1W/W。

小制冷量的制冷器模型也在研制,采用双冷头对冷头的配置,其总质量为1.25kg。一个冷头工作在60Hz,在光伏发电10W功率下,在77K制冷量可达到0.5W。

1)大制冷量脉管制冷器

在77K时10W的大制冷量脉管制冷器工程模型已被研制并进行了热力学性能试验。压缩机设计不但节约了经费,而且提高了挠性轴承的寿命。电动机使用了磁铁,取消了动圈电动机所需的挠曲引线,允许线圈盘绕在压力容器外面,移动线圈灌封以防出现污染表面。外部线圈也消除了通过压力壁的电馈通线。外部线圈增加了可靠性、活塞和挠性悬挂系统自对齐的特性,在装后保障了活塞同轴运动,使用独特的对准中心的过程保证了活塞和汽缸同轴心,因而取消了早期设计的繁琐对中心过程。对准中心技术采用了载荷传感器、光学位置传感器和微型定位器,它们可使全部对准中心过程计算机自动完成,可以极大地减少装配时间。

为了在冷头和压缩机之间减小振动,将制冷器这一连接管由30cm长增加到100cm。双对置活塞压缩机也是该制冷器配置的方式。

2)小制冷量的脉管制冷器

0.5W小制冷量脉管制冷器将使用低价格压缩机驱动,双对置活塞配置为的是消除振动。该装置外壳直径6.6cm,长17.6cm。

制冷器最后的配置冷头方案为U形管形式,这是为了便于装配到高温超导系统中。

分析指出:U形管转弯处粉尘会造成某些性能损失。另一方面60Hz冷头的修改设计是基于试验的结果,预计,由于设计改善会补偿性能的损失。

5.2 低温技术在地球观测和气象卫星上的应用

5.2.1 低温技术在地球观测中的应用

1989 年提出的行星地球计划(MTPE)是有科学根据的。自 20 世纪 60 年代人类从空间拍摄了大量地球表面图像,经过分析和判读,清晰地表明地球环境已经严重恶化。人类开始研究全球性的环境变化。如果说 20 世纪年代中期美国的地球观测系统(EOS)计划目标是对地球的科学测量,到了行星地球计划,则要求收集地球变化的信息,为制定出正确的环境政策提供科学的依据。地球本身是一个以太阳能源为基本动力的动态的统一体。为了测试这种变化必须对于地球系统的演化过程进行定量化描述。监测地球变化的地球观测系统应该是以相同条件来观测整个地球的极轨平台,获取全球的各种数据。该系统将稳定地工作 10~20 年。要把地球作为一个复杂的整体来研究,强调多学科的研究,更加重视地球的陆地圈、水圈、大气圈及生物圈等各圈之间相互关系的研究,从而深刻地认识地球的整体。

为了监测或探测地球的变化,必须建立一个包括系统科学和飞行任务两方面内容的对地球观测系统。地球观测系统由地球观测系统科学研究计划、观测平台和数据与信息系统三大部分构成。地球观测系统平台包括平台和观测有效载荷两大部分。这是地球观测系统的核心内容,而地球观测系统的观测能力由单个仪器和它们在轨的状态所决定的。

对地观测极轨平台有:①美国对地观测卫星系统(EDS),②欧洲航天局环境卫星系统(ENVISAT-1),③高极地球观测卫星-II(ADEOS-II),④热带降雨测量卫星(TRMM)。

空间对地观测典型遥感仪器系统有:①中分辨率成像光谱仪(MODIS);②中等分辨率成像光谱仪(MERIS);③高级空间热发射和反射辐射计(ASTER);④云和地球辐射能量系统(CERES);⑤多角度成像光谱辐射计(MISR);⑥地球反射比的偏振化和指向性(POLDER)仪器;⑦对流层污染测量仪(MOPITT);⑧被动式大气探测麦克尔逊干涉仪(MIPAS);⑨大气制图扫描成像吸收分光计(SCIAMACHY);⑩高分辨率动态临边探测仪(HIRDLS);⑪大气红外探测仪(AIRS);⑫地球观测系统合成孔径雷达(EOS-SAR);⑬高级合成孔径雷达(ASAR);⑭双频雷达高度计(ALT);⑮"海风"散射计(Sea Winds);⑯高级微波扫描辐射计(AMSR)。

地球观测中的对地观测极轨平台和观测典型遥感仪器较多,下面仅介绍几个观测平台和仪器,说明低温技术在地球观测中的应用。

1. "地球观测卫星"-1(EO-1)

NASA 新千年计划(NMP)目的是通过发射试验卫星来验证一系列 21 世纪卫

星新技术，称为飞行验证，是一种滚动计划，目前列入计划的包括地球观测（EO）、深空探测（DS）和空间技术（ST）。EO－1为对地计划的第1颗卫星，另计划发射EO－2（航天飞机上的红外激光雷达）卫星和用于改进目前气象预报时效性和准确性，对静止气象卫星新技术进行验证的卫星EO－3。

“地球观测卫星”－1（EO－1）是NASA新千年计划（NMP）的第1颗对地观测卫星，也是面向21世纪为接替Landsat－7而研制的新型地球观测卫星，目的是对卫星本体和新型遥感器技术进行验证。该卫星于2000年11月21日成功发射。

“地球观测卫星”－1（EO－1）上搭载了3种仪器：

（1）高光谱成像光谱仪（Hyperion）。共有242个波段，光谱范围为400～2500nm，光谱分辨率达到10nm，地面分辨率30m，幅宽7.7km。

（2）高级陆地成像仪（ALI）。用于代替Landsat的仪器，在技术性能和指标与Landsat保持连贯性，但在光谱分辨率和数据质量上有了很大提高，共10个波段，覆盖可见光、近红外、短波红外和热红外。地面分辨率全色波段分辨率为10m，幅宽为37km。

（3）大气校正仪（AC）。

卫星上的高光谱成像光谱仪的探测器用TRW公司生产的脉管制冷器冷却。

2. 地球观测卫星TERRA及其相关仪器的制冷器

1）美国对地观测卫星TERRA

1999年12月18日美国成功发射了地球观测系统（EOS）第1颗卫星TERRA。其主要任务：①提供首次全球拍照，对地球表面和大气参数进行监测和测量；②发现人类活动对气候影响的证据，探测改进人类活动对气候影响的措施。利用先进的计算机建立模型，预测气候的变化；③提供观测资料，对灾害天气，如干旱和洪水进行时间和地理分布方面的预报；④利用观测数据进行季节性及年度天气预报；⑤进一步开发对森林大火、火山、洪水及干旱的预报，灾害特征的确定，以及减灾技术的研究；⑥对全球气候或环境变化作长期监测。

地球观测卫星TERRA共搭载有以下几种地球观测仪器：

（1）中分辨率成像光谱仪（MODIS）。它用于对全球的生物和地理现象做综合测量，测量内容包括：陆地和海洋表面温度、海洋颜色、全球的植被和森林砍伐状况、云和烟雾及雪的覆盖等。从可见光到红外共有36个波段的扫描成像辐射计。MODIS系统的传感器除发射前要定标外，在飞行过程中也必须定标。

（2）高级星载地球发射、反照辐射计（ASTER）。它可为气候学、水利学、生物学和地理学研究提供从可见光到热红外的高分辨率的陆地表面、水和云的图像。ASTER系统分为3个子系统，即VNIR、SWIR、TIR。

（3）多角度成像光谱辐射计（MISR）。它是用于全球植被及表面反照率测量、大气烟雾、植被特性和地形及云的高度测量。9台推扫式CCD相机，一台指向星下点，前后各4台指向不同角度。从蓝色到近红外分成4个波段。

(4) 对流层污染测量仪(MOPITT)。用于测量全球对流层 CO 和 CH_4 富集度，水平分辨率为 22km。对 CO 垂直剖面的分辨率为 3km。MOPITT 是将扫描辐射仪和气象摄谱仪相结合,在 CO 和 CH_4 的 3 个吸收带中,测量上升流和反射的红外辐射量。它具有 22km 的空间分辨率以及 640km 的扫描宽度。

(5) 云和地球辐射能量测量系统(CERES)。它是多波段热敏电阻热辐射扫描测量仪,用于长期的短波和长波的地球辐射量的测量。

2) 对流层污染测量仪器使用的制冷器

对流层污染测量(MOPITT)仪器搭载在对地观测卫星 TERRA 卫星(以前为 Eos AM-1)。该仪器用于测量低层大气的污染物,特别是一氧化碳(CO)和甲烷(CH_4)的浓度。其测量结果不仅用于绘制全球 CO 和 CH_4 浓度的地图,同时要吸收到三维模型中,为的是研究低层大气的化学和动力学。CO 和 CH_4 的浓度将使用相关光谱进行测量。CO 轮廓是依靠在 4.6μm 波段对上升气流热辐射进行测量获得的。

(1) MOPITT 制冷器和探测器分系统。对流层污染测量(MOPITT)是使用锑化铟探测器在 2.2m×4.6m 范围内进行测量。为了得到最佳的信噪比性能,这些探测器需要冷却到低于 105K。因此,采用了 50~80K 机械的马特拉-马可尼斯特林制冷器并配以洛克希德·马丁公司低振动制冷器驱动电子设备。MOPITT 使用两台制冷器,压缩机背靠背以减少轴向振动。压缩机安装在有吸热器的界面上,同时安装在低位置靠近基础板的地方,这样便于散热。排出器是一条线的配置,并且背靠背,这样可使冷头朝外。这样配置可减小振动,冷头与探测器便于安装。在安放处由 4 个探测器包组成。探测器安放处通过过盈配合罩杯和插头方式与冷头连接的,并通过使用热铜辫带进行隔振。在每个安放处有一个 200mW 净化用箔加热器粘合到装有探测器容器主体内部。每个探测器安放处有 0.8W 热负荷。

制冷器的驱动电子模块中的数字错误校正系统进一步减少制冷器振动水平。驱动电子模块(DECS)可以用两种模式工作,一种是使用活塞位置传感器输出作为反馈回路,另一种是利用安装在活塞本体上的加速度计作为反馈回路。

除振动问题外,制冷器冷头温度也要控制在要求的温度。

应注意制冷器在仪器中的方向,制冷器 Z 轴就是活塞轴垂直于航天器速度向量和发射的加速度 g 力的方向。

(2) 在轨制冷器的性能。在制冷器启动前探测器安放处使用探测器净化加热器提高温度进行放气。净化循环按如下顺序进行:两个安放处加热器开启,在 24h 后探测器安放处 1 和 2 温度分别稳定在 317.5K 和 318.8K。探测器保持在这个温度 28h,这要靠净化加热器来维持,在 16h 后制冷器开启。

3. 欧洲航天局的 ENVISAT 对地观测卫星

1)ENVISAT 对地观测卫星

ENVISAT 卫星是欧洲航天局对地观测卫星系列之一,于 2002 年 3 月 1 日发射升空，是欧洲最大的环境卫星。载有10种探测设备，其中4种是ERS－1/2所载设备的改进型，先进的合成孔径雷达（ASAR）可生成海洋、海岸、极地冰冠和陆地的高质量高分辨率图像，用于研究海洋变化。还有高精度设备用于研究地球大气层及大气密度，ENVISAT卫星主要用于监视环境，对地球表面和大气层进行连续的观测，供制图、资源勘查、气象及灾害判断。2012年4月8日该卫星与地球失去联系。

ENVISAT对地观测卫星上载有多个传感器，分别对陆地、海洋和大气进行观测。卫星上搭载的传感器如下：

（1）先进的合成孔径雷达（ASAR），双极化，有400km的侧视成像范围和一组视角。

（2）中等分辨率成像频谱仪（MERIS），视成像范围1000km（可见光和红外），用于海洋颜色监测。

（3）先进的跟踪扫描辐射计（AATSR），侧视成像范围500km（红外和可见光），供精确的海洋表面温度测量和陆地特性观测。

（4）先进的雷达高度计（RA－2），可确定风速，提供海洋循环信息。

ENVISAT－1卫星还携带能跟踪大气动力学数据的仪器，如：

（1）Michelson干涉仪，供无源大气层探测（MIPAS），它用于测量对流层和同温层的中红外频谱信号。

（2）全球臭氧层监视（GOMOS）仪，用于以高垂直分辨率观察臭氧层和同温层的其他微量气体。

（3）大气层制图扫描成像吸收频谱仪（SCIAMACHY），用于观察大范围的微量气体。

（4）微波辐射计（MWR），测量大气层中的水含量（云、水蒸气和雨滴）。

由于脉管制冷器无振动，探测器上没有冷级电动机，因此减小了电磁兼容性的影响。因为没有运动部件，可靠性更高。制冷温度范围较大，驱动电子设备简单。同时可以改善冷头的横向载荷。脉管采用分离式结构。ENVISAT卫星任务使用了脉管制冷器，当排热温度20℃时要求制冷量为80K时1.2W，当排热温度50℃时制冷量为80K时0.8W。

2）地球反射、反照辐射计（ASTER）卫星制冷器概况

先进的空间地球反射、反照辐射计（ASTER）安装在NASA EOS Terra航天器上。ASTER仪器由可见光和近红外辐射计（VNIR）、短波红外辐射计（SWIR）和热红外辐射计（TIR）组成，要求有高的灵敏度和高空间分辨率。为达到要求，两台制冷器用于冷却短波红外辐射计（SWIR）的PtSi探测器和热红外辐射计（TIR）的HgCdTe探测器，任务要求工作寿命5年。

图5－1给出了地球反射反照辐射计制冷器结构示意图。为了达到工作寿命的要求，ASTER制冷器采用了无接触间隙密封方案，它是靠活塞和汽缸之间非常

窄的气体间隙避免了密封材料的磨损。悬挂弹簧挠性件被制成为薄金属盘压缩机装置的每个活塞用两套几个悬挂弹簧支撑。这种支撑可以保持活塞和汽缸之间的间隙和它们之间的同心度和平行度。排出器活塞和膨胀器装置的主动平衡器也使用了压缩机活塞类似的悬挂弹簧支撑。

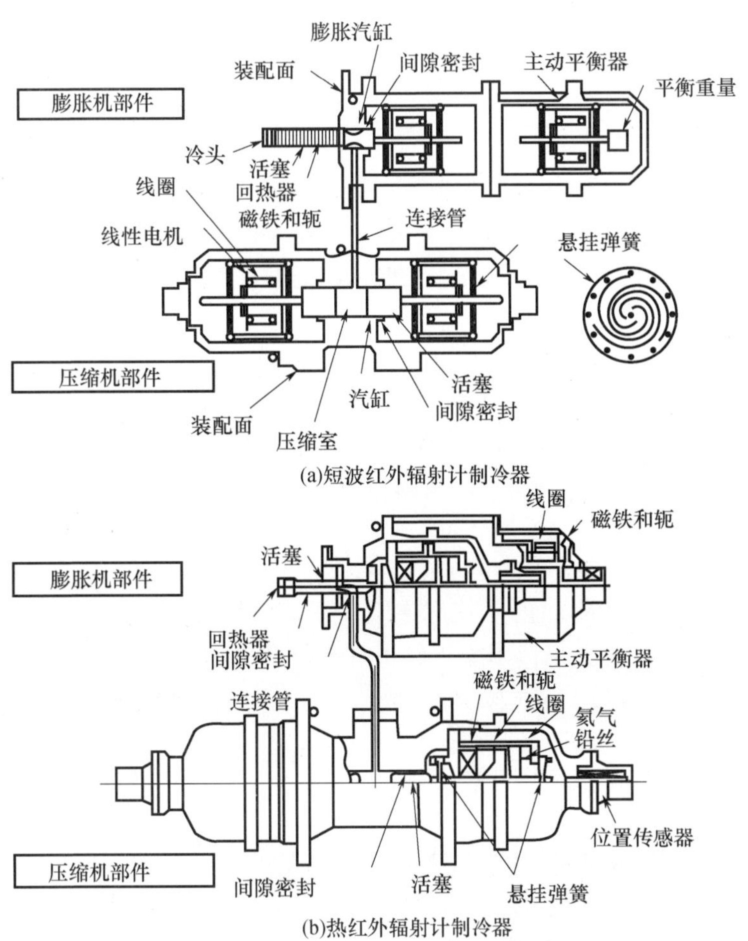

(a)短波红外辐射计制冷器

(b)热红外辐射计制冷器

图 5－1　地球反射反照辐射计制冷器结构示意图

悬挂弹簧的寿命评估对制冷器使用寿命有重要意义。为解决制冷器耐久性的问题,悬挂弹簧必须达到50000小时工作寿命的要求。悬挂弹簧的耐久性要用加速工作的试验方法进行检验并且用有限元方法(FEM)进行应力分析。制冷器的悬挂弹簧在工作频率45Hz下比设计值更高的应力下进行了反复109次的。试验结果证明悬挂弹簧具备足够的耐久性。

在工作氦气中的杂质直接影响制冷器的性能和可靠性。制冷性能的污染效应可以用试验板模型制冷器进行评估。对于每个制冷器污染的存在可以用一些材料的采样得到确认。水分含量对冷却性能的影响可用试验方法澄清。试验证明:从使用材料释放出的污染是制冷器性能的主要限制因素。在装配之后,烘烤程序必须保证出气污染不会影响制冷器的性能。

短波红外辐射计(SWIR)制冷器制冷量是在 70K 时 1.2W,测出的功耗为 43.5W,这满足功耗小于 55W 的要求。热红外辐射计(TIR)制冷量是在 70K 时 1.2W,测量出的功耗为 50W,满足功耗小于 55W 的要求。

两台制冷器经过在轨运行表明完全能满足使用要求。

5.2.2 低温技术在气象卫星上的应用

从 1960 年 4 月 1 日美国发射第 1 颗试验气象卫星起,迄今为止,全世界已发射了 150 多颗气象卫星,组成了一个气象卫星观测网,观测范围覆盖了全球,对任一固定地区每天将进行 4 次定时观测,使人们能够获得全球范围内连续的大气运动规律,这对台风、暴雨等灾害天气预报、数值预报、洪水预报、海洋表层水温与海水预报、海区水系配置以及渔业生产等都具有重要意义。

气象卫星的轨道有低轨和高轨两种。低轨卫星有:美国的泰罗斯(TIROS)卫星系列、艾萨(ESSA)卫星系列、诺阿(NOAA)卫星系列等;我国"风云"一号(FY-1)卫星系列。高轨道静止气象卫星有:美国的地球同步气象卫星系列(SMS/GOES 系列)、日本的葵花气象卫星系列(GMS 系列)、俄罗斯的 ELECTRO GOMS NI 静止气象卫星、我国的"风云"二号卫星(FY-2),其他的卫星,如海洋卫星、地球资源卫星也有气象卫星类似的功能。下面介绍几个重要的气象卫星及其所搭载的仪器,这些仪器的探测器很多是低温下工作的红外探测器,需要制冷器提供冷源。例如,碲镉汞红外探测器要求在低于 105K 的温度条件下工作,在空间飞行时,它是依靠始终朝着冷黑空间的辐射制冷器来降温的。

1. 几个气象卫星及其搭载的仪器概况

1) 诺阿(NOAA)气象卫星

诺阿极轨气象卫星现已发展到第 3 代。诺阿卫星运行于高度为 830~870km 的太阳同步轨道,重复覆盖周期 12h。其第 2 代诺阿卫星的有效载荷主要有:高级甚高分辨率辐射计(AVHRR,分辨率为 1km)、微波探测器(MSU,分辨率为 110km)和平流层探测器(SSU,分辨率 4.7km)、垂直探测器(TOVS)。卫星上其他的有效载荷还有:空间环境监视器(SEM)、地球辐射收支探测器、太阳后向散射紫外探测器(SBUV)、搜索营救系统和收集系统(DCS)等。

极轨气象卫星的收集系统(DCS)不仅可以收集卫星平台获得的各种观测资料,而且还可以对运动物体进行定位和跟踪。

第 3 代诺阿气象卫星采用了新的轨道平台,载有高分辨率红外探测器(HIRS)等 10 种仪器。这一代卫星体高 4.19m,直径 1.89m,轨道高度 830km,卫星起飞重量 2.2t。第 3 代比第 2 代卫星在性能上有很大改进。例如:首次装备了高级微波探测器(AMSU),使卫星对地观测摆脱了云的干扰,是卫星全天候探测的一个里程碑。卫星的主要载荷为 AMSU、改进的 AVHRR、HIRS 和 SBUV 等,AMSU 探测器由两台仪器组成:一台是用于温度探测的 15 通道 AMSU-1;一台是着重湿度探测的 5 通道 AMSU-B。AMSU 是一种全天候的温度、湿度遥感仪器,可以改善有云状态下的大气温湿度分布的探测,还能够测量降水、探测海水以及土壤湿度等。

2)美国国防气象卫星(DMSP)

美国国防气象卫星是世界上唯一的专用军事气象卫星,隶属于美国国防部,由美国空军空间和导弹系统中心负责实施。卫星由美国国家海洋大气局负责运行。DMSP 所获得的资料主要为军队所用,但也向民间提供,提供的信息有云高及其类型、陆地和水面温度、水气、洋面和空间环境等。

美国国防部于 20 世纪 60 年代启动 DMSP 项目。该项目包括设计、制造、发射和维持几颗极轨卫星。DMSP 通常运行 2 颗业务卫星和 3 颗部分业务卫星。从卫星传输下来的资料被送到国家地球物理资料中心(NGDC)存档。最初的 DMSP 卫星是自旋稳定卫星,装有快门式照相机,后来改为可见光和红外图像。80 年代初,卫星姿态控制有了明显改进,星上计算机处理能力大大增强。卫星质量已从 40.86kg 增加到 635.6kg。DMSP 在海空调度和作战保障中起了重大作用。

现有的 DMSP 为三轴姿态稳定卫星,运行高度约 830km 的太阳同步轨道,周期约 101min,扫描条带宽度 3000km,两颗业务卫星同时运行,过赤道时间为 05:36 及 10:52,每 6h 可提供一次全球云图。

DMSP 卫星的探测仪器如下:

(1) 实用行扫描系统(DLS)。每天两次观测全球云分布图及云顶温度。探测通道为 0.4~1.1μm 和 10.0~13.4μm,空间分辨率为 0.5km。

(2) 7 通道线极化被动微波辐射器(SSM/I)。以 19.35、22.235、37.0 和 85.5GHz 测量大气海洋和陆地微波亮度温度,获取转折性天气图、全球尺度的海洋和陆地参数。

(3) 5 通道微波总功率辐射器(SSM/T-2),能全天候监测全球大气层中水汽含量,其 5 个通道中 3 个通道位于 18.31GHz 附近,2 个在窗区。SSM/T-2 扫描带宽度约 1500km,空间分辨率 48km。

(4) 7 通道微波垂直探测器(SSM/T)。测量 50~60GHz 氧气波段大气层辐射,提供高层大气的温度信息。

(5) 粒子探测器(SSJ/4)。测量引起极光和其他高纬物理现象的低能粒子的能量谱,其范围在 30~30000eV。

(6) 改进的离子和电子特种探测器(SSI/ES)。测量地球周围的电子密度和温度、离子密度、平均离子温度和相对分子质量。

(7) 空间磁场探测器(SSM)。测量与地球物理有关的地球磁场起伏变化。

DMSP 已成为美国从空间获取战略目标和作战地区气象情报的重要手段。

2. 欧洲第三代气象卫星及其探测器制冷器

气象卫星第三代(MTG)是气象卫星第二代(MSG)的继续和提高,用于近期预报,全球和区域数值天气预报,气候和大气化学监测。

气象卫星第三代(MTG)将为欧洲提供气象服务,此系统会提高对气象现象监测和预报及气候监测和空气成分监测的能力。气象卫星第三代系统的目标是通过直接测量地球的发射和反射的辐射提供高时空分辨率的地球系统观测和地球物理参数。

第三代气象卫星上的有效载荷及其任务如下:

(1) 灵活的联合成像仪,空间采样距离在 1 ~2km 范围内每 10min 在 16 个频道允许扫描全部地球,即全球高光谱分辨率图像支持全球扫描服务,或者在空间采样距离 0.5 ~1km,用 4 个频道允许每 2.5min 扫描地球的 1/4(高空间分辨率快速图像支持了快速扫描服务)。

(2) 红外探测任务覆盖全球提供了在空间采样距离 4km 内两个波段,长波红外和中波红外高光谱探测信息。

(3) 闪电图像任务探测几乎到全球,闪电发生在云或云与地面之间,采样距离约 10km。

(4) 紫外线、可见光和近红外探测任务。

(5) 搜索和救援中继服务,让第二代气象卫星地球静止卫星搜索和救援任务能继续。

(6) 数据采集系统任务。

下面介绍第三代气象卫星有关的关键技术问题。

(1) 第三代气象卫星进行的预研工作。与第三代气象卫星预研工作有关的活动是甚长波红外(VLWIR)探测器阵列和它们的读出电子设备,主动制冷器(斯特林和大型脉管制冷器)、扫描机构模拟板试验、低温布线、L1 窄波滤波器和 L1 互补金属氧化物半导体(CMOS)探测器阵隐映,这些工作有的已实现,有的正在研制中。

(2) 斯特林和脉管制冷器。第三代气象卫星红外探测仪器中的长波红外和中波红外焦平面阵列工作在 55K 温度条件下,因此要求制冷器作冷源。斯特林和脉管制冷器能满足第三代气象卫星成像和红外探测器的要求。

美国的诺斯罗普·格鲁曼空间技术公司和洛克希德·马丁公司都能生产用于空间的斯特林和脉管制冷器。制冷器性能分别为:65K 时 5W、35K 时 2W、15K 时 200mW、55K 时 1.5W 和 6K 时 20mW。制冷器的效率、质量和寿命都能满足空间需要。

欧洲生产的斯特林和脉管制冷器经改进质量也得到了提高。在欧洲航天局资助下研制了多种制冷器用于气象卫星和地球观测卫星,欧洲防务集团生产了多种制冷器,制冷器性能分别为:80K 时制冷量 1.5W,输入功率 52W 以及 19.6K 时制冷量120mW，输入功率100W的斯特林制冷器和80K时制冷量0.8W的脉管制冷器。法国液空集团生产了75K时制冷量8.5W、输入功率150W斯特林制冷器和80K时制冷量1.5W、输入功率35W，50K时制冷量2.3W、输入功率160W，30K时制冷量300mW脉管制冷器。英国生产的50～80K时2W斯特林制冷器和法国生产的高功率脉管制冷器可以满足第三代气象卫星的要求。

(3) 低温配线。第三代气象卫星使用50K低温下工作的大型探测器阵列。为了操作这些大型探测器需要增加信号和控制线路，这会导致冷端增加寄生热负荷，增加制冷器的热负荷。现在用于欧洲航天器上的低温线束是不锈钢、黄铜和锰铜，为减小冷端寄生热负荷可以用金、铝或铌。如果能做成较小直径的金属丝再把它们整合到低温线束，则更适合空间应用。

减少低温冷却的探测器阵列的功率会减少有效负荷的质量、功耗和复杂性，相应的减少探测器阵列对电磁干扰和噪声的敏感性，新的线束需要输送大量信号，需要考虑存在的磁场影响的问题。

低温配线由漏热非常低的柔性线路组成。线路可以将55K探测器低温信号传输到环境温度下的连接器。低温配线使用新材料和新的制造工艺以便提高整体低温系统的性能，这在CCD探测器和碲镉汞(MCT)探测器有广泛的应用。

3. 我国“风云”气象卫星

我国从20世纪70年代开始研制气象卫星，目前我国有“风云”一号极轨气象卫星和“风云”二号静止气象卫星在轨业务运行，是世界上第三个具有两种气象卫星同时在轨业务运行的国家。第二代“风云”三号极轨气象卫星的研制和运行更缩小了在极轨气象卫星领域与美国和欧洲国家的差距。第二代“风云”四号静止气象卫星是一颗三轴稳定静止气象卫星。卫星的构型采用不对称的单边太阳电池帆板，以满足光学遥感仪器辐射制的需要。

卫星的主要探测仪器有：10～12通道二维扫描成像仪，干涉分光式大气垂直探测仪，闪电成像仪，微波辐射计，CCD相机，地球辐射探测器和太阳X射线成像仪等。

我国的“风云”一号A星(FY－1A)W型辐射制冷器，在轨达到了101.2K的制冷温度。1990年发射的FY－1B辐射制冷器在轨最低温度达到95K，在105K温控点提供20mW以上的制冷器。2008年第二代极轨卫星FY－3成功发射并投入运行，FY－3A搭载11种探测仪器，其中的扫描辐射计(VIRR)、红外分光计(IRAS)和中分辨率光谱成像仪的红外探测通道均使用辐射制冷器作为制冷手段。VIRR的3个红外通道和IRAS的20个红外通道的探测器采用各自的抛物柱面型的二级辐射制冷器。在100K/103K温度下工作。中分辨率光谱成像仪(MERSR)的40元长波红外探测器和2×10元双短波红外探测器分别安装在旋转抛物面型辐射制冷器的二级和一级上。在97K/100K和约140K温度下工作。IRAS制冷器质量为9.6kg，最低温度为85.3K，100K制冷量为70mW。VIRR制冷器质量为10.0kg，最低温度为85.5K，103K制冷量为88mW。MERSI制冷器质量为14.6kg，最低温度84.8K,100K制冷量为120mW。

静止轨道气象卫星“风云”-2A(FY-2A)主载荷扫描辐射计使用轴对称式0型二级辐射制冷器,红外探测器在95K或100K(夏至附近3个月)工作。FY-2A辐射制冷器在探测器工作时最低温度为89.88K,100K时制冷量17mW,95K时制冷量10mW。FY-2B卫星于2000年6月发射,辐射制冷器二级温控后每年约9个月工作在95K,3个月工作在100K。

“风云”-4(FY-4)气象卫星为三轴稳定卫星,扫描成像仪采用八面体型二级辐射制冷器,冷却10个红外通道共计40元红外探测器,使其工作在88~103K。大气垂直探测仪为干涉式红外超光谱仪器,其红外探测器采用机械制冷器制冷,干涉光路、后光路等采用八面体型一级辐射制冷器为低温光学的制冷手段,工作在200K温度。

5.3 低温技术在空间天文学的应用

5.3.1 低温技术在下一代空间望远镜的应用

下一代空间望远镜的发展目的是代替哈勃空间望远镜。它的主孔径为6~8m,配备了主动控制低温光学系统和近红外及远红外相机和光谱仪这些仪器,下一代望远镜用于观测第一颗星和星系形成时非常早期的宇宙。该望远镜衍射的限制在2μm,有约0.1弧秒分辨率并且有极微弱宇宙噪声。

大型展开的遮阳板能使天文台由空间提供低温冷源。组合的科学仪器舱(ISIM)利用非常大的两级辐射制冷器系统使近红外64个百万像素组合探测器达到30K。极冷的组合的科学仪器舱环境还给中红外观测提供了机会并且还可以使用贮存制冷剂冷却中红外照相机的探测器高达10年而对下一代空间空间望远镜总质量没有不利的影响。

下一代空间望远镜的制冷方案和设计经过多年的研究,对早期选中的制冷方案做了一些修改。下面重点讨论氦/氢JT制冷方案。

下一代空间望远镜(NGST)是空间天文台。下一代空间望远镜的基本特征体现出它将满足科学研究目标。NGST的基本波长范围为1~5μm。NGST最重要的观测目标是极其微弱的。为了能完成这样的任务,NGST需要最高的灵敏度,这就必须有大的搜集面积。NGST同时必须有精确的指向,要求它抖动的公差非常小。

红外观测时为得到非常低的背景,NGST的镜子和焦平面必须工作在低温条件下。为此,NGST将飞行在日心轨道以便允许最大限度使用被动辐射制冷。整个NGST设计成为一个巨大的辐射制冷器,而太阳能电池帆板和航天器平台工作在250~300K,长的吊杆和大的分阶段的遮阳板这些热的部件与望远镜和组合的科学仪器舱进行绝热隔离。组合的科学仪器舱工作在30~35K。

虽然不是当前的任务，NGST 的波长在未来可能覆盖到 10μm 或更长，接近中红外。天文台附加中红外仪器要求焦平面将会达到 6～8K，低于被动辐射制冷所能达到的温度。

1. 下一代空间望远镜（NGST）仪器冷却要求

表 5－2 汇总了 NGST 中波红外仪器的冷却要求，观测 10～30μm 波长范围时焦平面温度要求 6～8K。同时，对冷屏蔽的温度也提出了要求，如表中所列，要求 <20K。

NGST 的特殊要求是允许的视线扰动值。要求尽可能避免使用任何产生振动的机械，例如线性电动机驱动的压缩机不能在组合的科学仪器舱附近。任何机械压缩机应放置在远离组合的科学仪器舱，如放在有效负荷塔上或在航天器平台上，以满足视线扰动（LOS）抖动要求。另外，NGST 需要机械隔离，以类似飞轮形式用于天文台的指向控制。

NGST 的被动制冷能力对制冷器也提供了潜在好处。组合的科学仪器舱（ISIM）有能力排出少量从 30～35K 制冷器产生的废热。另外，沿着航天器上的支撑吊杆补充辐射器可以向空间排放温度在 40～200K 之间的较大热量。

2. 制冷方案

下一代空间望远镜（NGST）中波红外仪器制冷方案如下：

（1）贮存制冷剂（固氢或液氦）；

（2）透平布雷顿循环制冷器；

（3）吸附 JT 制冷器；

（4）斯特林/JT 混合式制冷器；

（5）两级氦/氢 JT 制冷器。

每个方案讨论如下：

（1）贮存制冷剂。由辐射制冷提供低热负荷和低温环境使贮存制冷剂系统适合用于 NGST 中波红外焦平面冷却至少 5 年寿命的需要。贮存制冷剂还有零振动、零功率消耗和高可靠性的优点，但是贮存制冷剂总是寿命有限，因此在要求寿命更长的情况封闭循环制冷系统就更有吸引力。

（2）透平布雷顿循环制冷器。逆透平布雷顿循环制冷器可以满足允许视线扰动（LOS）干扰。因为它是同流换热循环，它能组合到 NGST 上，因此透平压缩机设置在天文台热端附近，而冷透平膨胀机设置在组合的科学仪器舱（ISIM）内。然而透平布雷顿制冷器较其他封闭循环制冷方法有较低的效率，这是由于工作的透平机械固有的低效率。透平膨胀机在 6～8K 能保持可靠的工作。

（3）吸附 JT 制冷器。吸附 JT 制冷器与逆透平布雷顿循环制冷器一样可以满足允许视线扰动（LOS）干扰。它也是同流换热循环，因此它也很容易组合到天文台。吸附 JT 系统的缺点是要求许多阀门，这会导致可靠性问题，再加上压缩机热驱动固有的低热力学效率。

(4) 斯特林/JT 混合式制冷器。斯特林(或脉管)制冷器作为氦 JT 制冷器的预冷制冷器。这方法的优点是使用了在 20K 有合理效率且相对成熟斯特林制冷器,并配合吸附或机械驱动的氦 JT 制冷器在它效率最高温度范围工作。这个方案的缺点是将斯特林制冷器组合到天文台较为困难。为了隔离斯特林压缩机产生的振动对望远镜的影响,压缩机要远离组合的科学仪器舱。另外,压缩机的高功率消耗也迫使它要远离 30～35K 的 ISIM。斯特林制冷器可以靠近天文台的热端,但这会导致斯特林冷头部件和组合的科学仪器舱之间冷的 JT 回路管道达到 10～15m,这会给系统大幅增加附加漏热。

(5) 两级氦/氢 JT 制冷器。两级氦/氢 JT 制冷器方案使用了氢回路预冷氦回路经典串联的 JT 系统,与地面为基础的应用要求氮回路去预冷低于反转温度的氢方法不同,主动预冷氢循环是不需要的,因为氢回路和氦回路的热损耗油被动辐射制冷器补偿。氦/氢 JT 制冷器方案是同流换热循环,因此它可以整合到天文台上。它有比透平布雷顿制冷器和吸附 JT 制冷器有更高的效率。中波红外仪器的冷却要求和 He/H_2 JT 制冷器性能见表 5－2。

表 5－2　下一代空间望远镜(NGST)中波红外仪器的冷却要求及 He/H_2 JT 制冷器性能

项目	要求	制冷器性能
焦平面温度	6～8K	6K
焦平面热负荷	10mW	10mW
冷屏蔽温度	<20K	19K
寿命	最小 5 年,目标 10 年	>10 年
振动引起的抖动	$<15/10^9$ rad 视线扰动干扰	被动隔离 $<6/10^9$ rad,刚性安装 $<19/10^9$ rad
望远镜组合的科学仪器舱辐射器散热片	在 33K 时 <200mW	在 33K 时 176mW
输入功率	在 220K(目标)时 <100W	在 220K 时 32W
质量(包括电子设备)	目标是尽量小	<13kg

3. 氦/氢 JT 制冷器设计和性能

1) 氦氢 JT 制冷器设计

下一代空间望远镜氦/氢 JT 制冷器是很有影响的方案,并且是基于 Ball 制冷器发展计划。图 5－2 是氦/氢 JT 制冷器的原理图。制冷器要整合到下一代望远镜天文台上。冷却到 6～8K 的焦平面由氦循环提供,冷屏蔽的冷却和氦循环的预冷由氢循环提供。两个循环的热损耗由工作在 33K 的组合的科学仪器舱辐射制冷器 176mW 制冷量来补偿。氦和氢压缩机设置在天文台的热端并将热排放到工作在 220K 和 270K 之间的辐射制冷器上。10K 低温制冷器的旋转叶片压缩机安装滑动叶片,其寿命可达 10 年以上。通过试验验证其热动力学性能和振动特性。

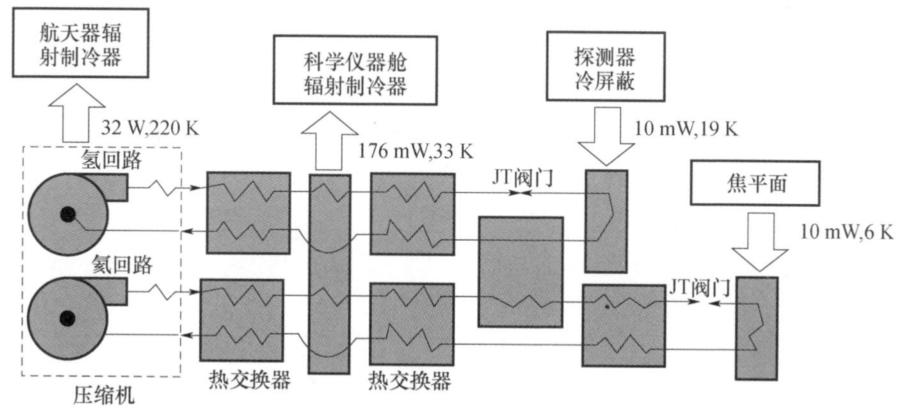

图 5-2　氦/氢 JT 制冷器示意图

下一代空间望远镜要求在 6K 时功率 10mW，氦压缩机是两级，入口为 0.28MPa 绝对压力，出口为 0.55MPa 绝对压力，质量流率为 8.6mg/s。由于它的流率低，因此可以预测引起的振动比较小。氢压缩机也是两级，入口为 0.0315MPa 绝对压力，出口为 0.063MPa 绝对压力，质量流率为 9.8mg/s。由于流率和压力都小，因此引起的振动更小。油润滑压缩机、非堵塞 JT 阀、换热器和污染控制系统成功地在轨道连续工作 300h。

下一代空间望远镜使用的氦/氢 JT 制冷器的特点和优点如表 5-3 所列。

表 5-3　下一代空间望远镜使用的氦/氢 JT 制冷器的特点和优点

特点	优点
在冷头没有运动零件	在探测器界面没有振动源
旋转叶片压缩机	简单，长寿命的无阀设计，没有线性运动
压缩机和热辐射器设置在航天器平台或接近航天器平台	最小抖动影响，允许最佳化下一代空间望远镜被动辐射器热性能
高的热动力学效率	最大限度地减少输入功率和辐射器尺寸
设计基于 Ball 技术	最大限度地减少风险

2）氦/氢 JT 制冷器性能

表 5-4 给出了下一代空间望远镜 6K 时 10W 氦/氢 JT 制冷器重要部件功率、质量和尺寸情况，视线扰动（LOS）干扰是下一代空间望远镜机械制冷器要强调的最重要要求。我们可以利用详细的压缩机模型评估氦和氢压缩机引起的振动。由于旋转叶片压缩机产生很小的直线力量使压缩机扭矩导致振动。扭矩会使光学机械产生视线扰动干扰。如果制冷器峰值频率与下一代空间望远镜谐波重合，可以预测，抖动要求会轻微超过规定值，然而，使用被动隔离装置类似于航天器反作用轮很容易减小抖动要求。

表 5-4 下一代空间望远镜氦/氢 JT 制冷器重要部件功率、质量和尺寸

部件	组件	参数	He 循环	H_2 循环
压缩机		功率/W	14	11
		质量/kg	1.2	6.4
		尺寸/cm	7.62×2.54×2.54	40.64×12.7×15.24
冷头	220/33K 换热器	质量/kg	0.1	0.7
		尺寸/cm	5.08D×3.81H	10.16D×12.7H
	33/19K 换热器	质量/kg	0.1	0.6
		尺寸/cm	5.08D×3.81H	10.16D×10.16H
	19/6K 换热器	质量/kg	0.05	—
		尺寸/cm	7.62×12.7×5.08	7.62×12.7×5.08
电子设备		功率/W	4	3
		质量/kg	0.8	0.8
		尺寸/cm	7.62×12.7×5.08	7.62×12.7×5.08
杂项		质量/kg	1	1
以上各项汇总		质量/kg	3.3	9.5
		功率/W	18	14
制冷器总值		功率/W	32	32
		质量/kg	12.8	12.8

5.3.2 用于詹姆斯·韦伯太空望远镜的低温系统

哈勃太空望远镜是 1990 年发射的，詹姆斯·韦伯太空望远镜用于替换它，詹姆斯·韦伯太空望远镜（JWST）在波长 0.6～28μm 工作，用于研究宇宙，该任务已长达 10 年。哈勃太空望远镜（HST）是航天飞机搭载的在低地球轨道上运行，而詹姆斯·韦伯太空望远镜是位于地球跟踪 L2 轨道的深太空，它距地球 1.5 万 km，JWST 有 6m 的望远镜用被动制冷冷却到 35K。

詹姆斯·韦伯太空望远镜中负责成像波长最长的仪器称为中红外仪器（MIRI）。中红外仪器焦平面阵列要求冷到 6.8K，它的光学系统冷却到 15K 以抑制背景噪声水平到可以接受的水平。与 JWST 其他仪器不同，中红外仪器要求补充主动制冷到 6K。

在制冷方案选择中，主要考虑两个方案：固氢低温恒温器和 6K/18K 机械制冷器，最终选择了制冷器方案。

中波红外仪器制冷器设计指导思想源于 3 个不同的范围：①中波红外仪器本身，它是热负荷；②JWST 太空望远镜天文台整体，它提供了绝大多数结构、热、电子设备和构型界面；③美国航空航天局的先进的制冷器技术发展计划（ACTDP），它为完成望远镜中红外仪器制冷器设计打下了坚实的技术基础。

1. 詹姆斯·韦伯太空望远镜整体情况

制冷器整合到望远镜天文台后面。在 JWST 太空望远镜中,科学仪器包括中红外仪器都安装在 35K 望远镜背面大的 35K 组合的科学仪器舱(ISIM)外壳中。在发射阶段,望远镜反射器是与望远镜塔在折叠位置,望远镜塔直接固定在航天器平台的顶部。发射后,望远镜反射器展开,全部塔和组合的科学仪器舱从航天器平台上升约 1.5m 以保障它们之间热和振动的隔离。这样,全部电缆连接和管道连接 ISIM 仪器舱到航天器必须经过 1.5m 路程,而且必须是很柔软的,并且要有很小的热漏。

詹姆斯·韦伯太空望远镜整体根据温度不同进行热隔离放置,室温工作的制冷器压缩机放置在航天器平台内距组合的科学仪器舱内低温热负荷约 12m 的地方。这样,压缩机和冷头的连接也需要适应 1.5m 的路程。这样布置的优点是放松了对制冷器产生振动的要求。詹姆斯·韦伯太空望远镜制冷器使用标准振动隔离支架,使制冷器与航天器结构有减振措施。

对于 JWST 太空望远镜,可靠性和长寿命是特别重要的。

2. 中波红外仪器(MIRI)概况

中波红外仪器在望远镜背后有组合的科学仪器舱支撑。仪器由 3 个相对低功耗的焦平面(每个约 1mW)组成,焦平面要求冷到 <6.8K,90kg 光学平台组件被冷到低于 15K,为避免要求两种不同温度,最后全部仪器要求冷到 6K 温度。

关于制冷能力,低温热负荷主要部分是与 35K 组合的科学仪器舱结构界面传导到支撑有关的制冷器的冷量,制冷器冷量约为 10mW,加上从 40K 组合的科学仪器舱外壳辐射热负荷约 12mW,再加上焦平面热负荷 5mW。在多数仪器表面上多层绝热存在辐射热负荷,但要设置外辐射屏,为的是简化设计计算。

第二个制冷器制冷能力要求是冷却 90kg 仪器从 100K 冷到 6K 在空间要小于 30 天。表 5 -5 列出了有 18K 热遮断器的中波红外仪器制冷器基本热负荷。

表 5 -5 有 18K 热拦截器的中波红外仪器制冷器基本热负荷

项目	制冷器热负荷/mW		
6K 阶段热负荷	开始评估值	开始极限值	最后极限值
组合的科学仪器舱(40K)对中波红外仪器辐射热负荷	7.2	11.8	12
中红外仪器焦平面电损耗	3.0	4.9	4.9
从 18K 热拦截器向中波红外仪器电气线束热传导漏热	3.5	5.8	5.8
从 18K 热拦截器向中波红外仪器支撑结构热传导漏热	2.0	4.3	4.3
柔性连接 6K 阶段到中波红外仪器光学平台组件辐射热负荷	0.05	0.1	0.1
18K 阶段($1500cm^2$)对 6K 阶段辐射热负荷	0.1	0.2	0.2
18K 阶段对 6K 阶段(0.5kg)支撑结构传导漏热	1.15	2.3	2.3
从 18K 阶段到冗余制冷器 JT 和旁通阀管路漏热	0.1	0.2	0.2
从冗余制冷器 JT 加热器和温度传感器引线传导漏热	0.05	0.1	0.1

（续）

项目	制冷器热负荷/mW		
6K 阶段热负荷	开始评估值	开始极限值	最后极限值
6K 制冷器总热负荷	17.15	29.7	30.0
18K 阶段热负荷			
中波红外仪器结构传导到热拦截器热负荷	10.0	20.0	20.0
中波红外仪器线束传导到热拦截器热负荷	15.0	30.0	30.0
18K 柔性编织层对中波红外仪器结构拦截辐射热负荷	0.05	0.1	0.1
从 35K 组合的科学仪器舱到 18K 冷阶段支撑结构热传导漏热	2.2	4.4	4.4
从 35K 组合的科学仪器舱到冗余制冷器 JT 管线漏热	0.1	0.2	0.2
JT 加热器和温度传感器线束传导漏热	0.04	0.1	0.1
快速冷却和除霜状态旁通阀线束传导漏热	0.1	0.1	0.1
从 40K 组合的科学仪器舱（$1200cm^2$）对 18K 阶段辐射热负荷	1.0	2.0	2.0
从 35K 组合的科学仪器舱连接线到 18K 导线传导漏热	1.0	2.0	2.0
从 18K 阶段到 6K 阶段热传导漏热	0.35	0.7	0.7
18K 线路支撑到组合的科学仪器舱漏热	10.0	20.0	20.0
18K 线路外表面对组合的科学仪器舱辐射热负荷	18.1	36.2	72.0
18K 制冷器总热负荷	57.2	114.4	150

3. 先进的制冷器技术发展计划（ACTDP）研制的制冷器在詹姆斯、韦伯太空望远镜的应用

先进的制冷器技术发展计划的目标是制造和试验工作模型共 3 台作为候选，设计能力是在 6K 时 30mW 和 18K 时 150mW。其中两台由 Ball 航空航天公司和诺斯罗普·格鲁曼公司设计，它们设计的制冷器已能满足太空望远镜的要求。图 5-3和图 5-4 给出了制冷器示意图。用斯特林制冷器或脉管制冷器作为预冷级再结合分置的 JT 制冷器可以同时提供 6K 和 18K 远离压缩机的热负荷。中波红外仪器应用中，压缩机安装在 JWST 航天器平台，JT 制冷器冷头安装在 35K 组合的科学仪器舱内，靠近中波红外仪器。

因为 ACTDP 制冷器有 18K 制冷量大于 150mW，18K 这一冷却级用于拦截热流向中波红外仪器结构双脚架和电缆布线，从而降低 6K 冷负荷 35% 以上。这些 18K 热拦截器在图 5-3 中已表示出。

根据冷却性能，ACTDP 混合制冷器有独特的与温度相对的冷却趋势，与脉管制冷器和斯特林制冷器有很大不同。氦 JT 系统的高压气流被关联的斯特林在 30～40K 级和 15～16K 级进行预冷，JT 制冷器的气流被冷却后再经热交换器和节流阀降温，冷却热负荷。当增加预冷温度时会明显减小制冷能力，为了在升高温度时增强制冷能力，ACTDP 制冷器在 JT 节流阀并联的位置安装一个旁通阀门，JT 工作流体增加一个并联的支路,该支路的气流经过旁通阀门并最后也与节流阀一样进入回流热交换器,如图 5 - 4 所示。这样,在升高温度时,JT 循环作为氦气冷量输送回路,用于输送斯特林或脉管预冷器直接到 6K 和 18K 热负荷的冷量。混合的 JT 制冷器能保证中波红外仪器冷却到 6K 的工作温度。

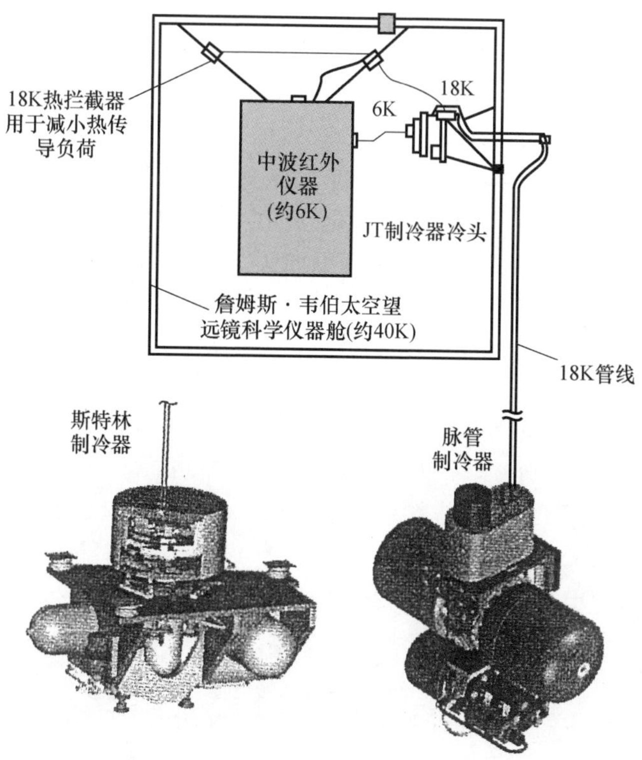

图 5 - 3　中波红外仪器使用两种制冷器预冷的概念设计示意图

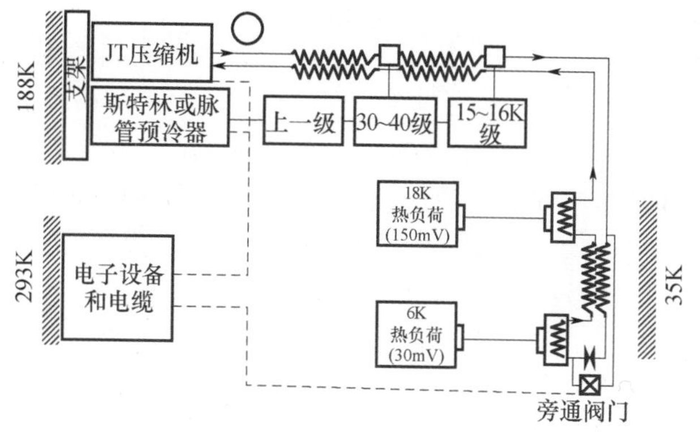

图 5 - 4　先进的制冷器技术发展计划的混合 JT 制冷器流程图

5.3.3 用于宇宙论和天体物理学空间望远镜的低温系统

用于宇宙论和天体物理空间红外望远镜(SPICA)由日本航空航天探索机构(JAXA)提出,它是日本的第二个红外空间望远镜。SPICA 航天器工作在绕太阳-地球 L2(第二拉格朗日点)晕轨道(halo 轨道)。由于太阳光线和同一个方向来的不断的地球辐射热流,在那个轨道位置有效的辐射冷却是可行的。这个最佳热环境允许红外空间望远镜装配大型单孔径直径 3.5m 的主镜,用先进的机械制冷器将其冷到 4.5K,用有效的辐射冷却代替寿命较短的制冷剂。因此,SPICA 空间望远镜以前所未有的灵敏度和高空间分辨率在 5 年以上长期观测中进行了中红外和远红外天文学研究。

SPICA 任务是日本航天探索机构与欧洲空间机构国际协作项目。欧洲空间机构主要承担的任务为:①SPICA 望远镜装配;②欧洲 SPICA 地面部分;③SPICA 远红外仪器系统(SAFARI)工程和管理;④SPICA 任务支持。另一个协作单位是美国国家航空航天局在 SPICA 任务中的背景有限亚毫米波红外摄谱仪(BLISS)。下面讨论 SPICA 任务低温系统概念研究。

1. 低温系统散热计

SPICA 有限载荷舱(PLM)采用了无制冷剂的先进概念低温系统以满足先进任务要求。在 4.5K 级,SPICA 望远镜部件(STA)包括主镜(M1)、副镜(M2)和望远镜光学平台(TDB)、仪器光学平台(IDB)和焦平面仪器(FPI),它们由低温部件(CRYD)冷却,低温部件是机械冷却和在太阳-地球 L2 稳定热环境的有效辐射冷却的综合冷却系统。

4K 级机械制冷器最后设计的正常制冷能力为 40mW,实际上模拟试验模型成功地显示冷却功率大于 50mW。根据这个冷源,焦平面最大热负荷为 15mW,这包括了焦耳热和附加热流。因此,绝热和辐射冷却系统(TIRCS)要保持对 4.5K 级附加热流小于 25mW。如图 5-5 所示,SPICA 望远镜部件、仪器光学平台和焦平面仪器被绝热和辐射冷却系统(TIRCS)包围。多层绝热材料贴到太阳屏蔽板和外屏蔽板以阻挡热辐射,同时,在 $+x$ 和 $-x$ 方向每边辐射器屏蔽部分消除来自太阳和航天器平台舱体大部分吸收热量到深太空。这些屏蔽和太阳帆板的布局由最佳辐射冷却效果来确定。SPICA 望远镜部件、望远镜屏蔽板和 3 个屏蔽板是由航天器舱体与它们之间的主桁架作为结构支撑。主桁架用低传导率的碳纤维增强塑料(CFRP)和铝纤维增强塑料(ALFRP)制造,而障板和望远镜屏蔽的主要零件由高热导率的 CFRP 制造以便散热。太阳屏蔽、3 个铝屏蔽板和结构框架用玻璃纤维增强塑料(GFRP)推力桁架连接。外部屏蔽和障板轴向支撑分别由航天器舱体和望远镜屏蔽完成。焦平面仪器和电子设备之间的线束在航天器舱体内有 1000 线,线束是由材料锰制造。热排放系统(HRS)从在制冷器底板上的机械制冷器传输余热到辐射制冷器。循环热管的优点是允许部件布置更灵活,对长距离和大热量的传输适应能力强,热管是热传输装置。

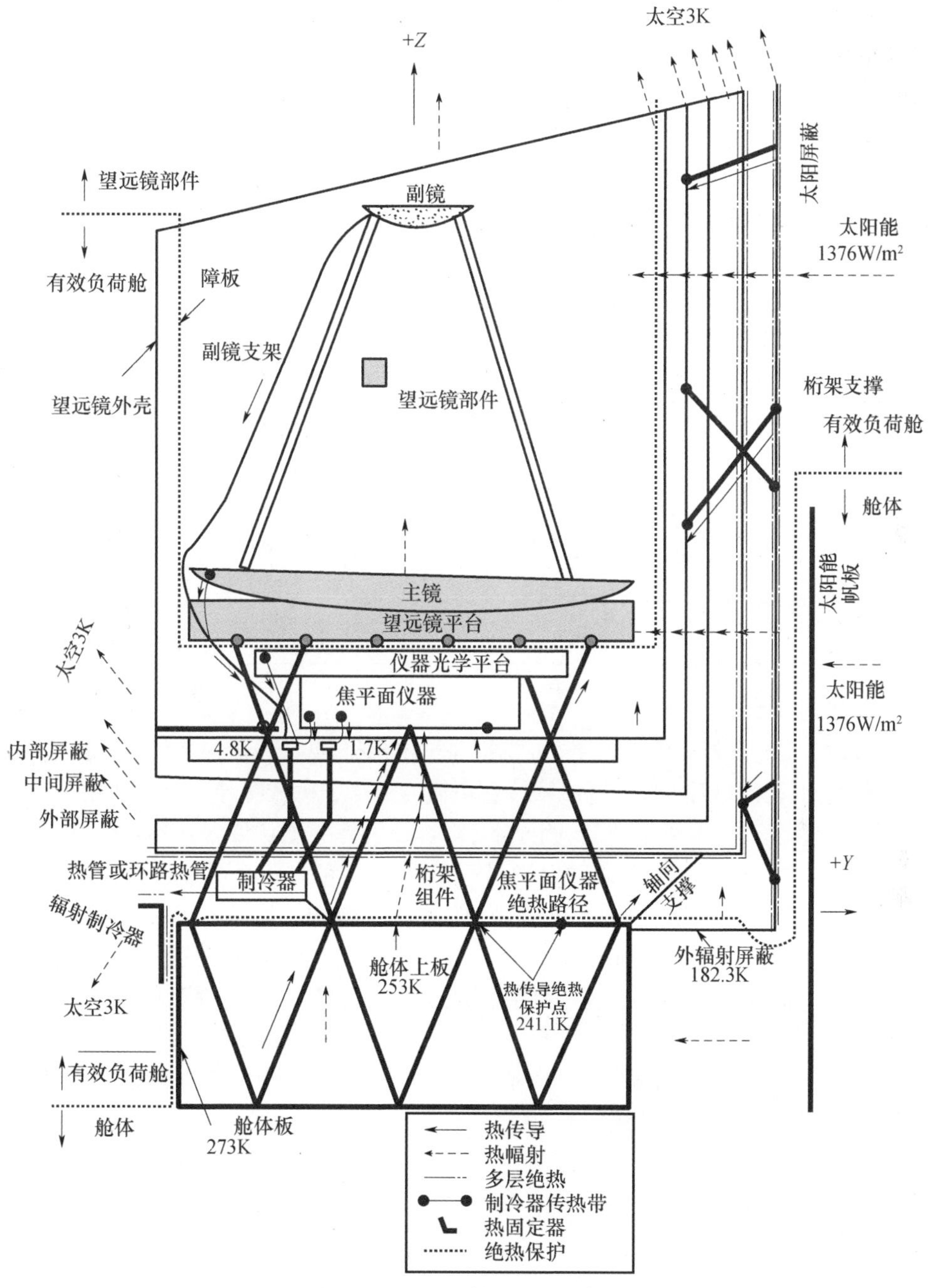

图 5-5 SPICA 低温系统示意图

依据表 5-6 的数据,用热网络方法进行热分析。辐射表面和绝热表面的半球发射率分别为 0.82 和 0.02。冷阶段之间的热辐射远小于热阶段之间的热辐射，因为热阶段温度的绝对值很小，冷阶段之间热流主要通过支撑结构和线束热传导传热。稳定状态时热流分析结果显示，在4.5K级附加热负荷和散热总量小于40mW，同时，障板和望远镜屏蔽板温度分别小于14K和30K。从图5-5可知，SPICA空间红外望远镜的机械结构也很复杂，它由舱体和桁架组成，因此要对结构进行强度和刚度分析，特别是在发射时结构耐振动的性能更重要。在同一时间用有限元方法（FEM）结构分析确认低温部件满足了振动频率36Hz刚性要求或在纵向方向上刚性更高，并且满足振动频率18Hz刚性要求或在横向方向刚性更高。

表5-6　热分析状态

参数	数值
空间背景温度	3K
航天器服务舱上面板	253K
太阳帆板（背面）	373K
4.5K级（望远镜部件、望远镜光学平台、仪器光学平台和焦平面仪器）	4.5K
太阳热流密度	$1376 W/m^2$
机械制冷器消耗热量	293K时600W
焦平面仪器散热量	15mW
线束	ϕ0.1mm×1000线

2. 低温系统设计

SPICA空间红外望远镜采用了无制冷剂的新概念低温系统。4.5K级由主镜和装配焦平面仪器（FPL）光学平台组成，它用辐射冷却和机械冷却混合方法制冷。考虑到现有空间合格4K级制冷器，因此4.5K阶段热负荷限定在小于30mW。因为焦平面仪器的焦耳热估计为15mW，从热过程到4.5K级的热流必须保持小于15mW。

3.5m直径主镜和光学平台被障板、望远镜屏蔽和外屏蔽所包围。每个部件都是经过碳纤维增强塑料和锰的线束支撑结构进行热连接。冷过程之间热辐射比热过程之间热辐射要小，这是因为温度的绝对值很小，冷过程之间的热流主要是通过这些支撑结构热传导确定的。在热过程，太阳屏蔽和3#屏蔽有多层绝热截断对较冷部件的热辐射，同时，这些屏蔽辐射器抑制了来自太阳的热，这些屏蔽板和太阳帆板的布局由最佳辐射冷却效果确定。热流分析结果指出，4.5K级总热负荷限制在小于30mW，因为在太阳-地球L2晕轨道稳定的热环境和有效的辐射冷却结构，因此选择了现已合格的4K级制冷器，它基本上能满足4.5K级冷却要求。

从任务成功的角度看，低温系统必须研究提高可靠性的措施。一种措施是对4K级制冷器在可靠性和功率方面升级，另一种办法是使用低热导率的芳伦纤维增强塑料作为冷过程之间的结构支撑，这也是有效的，减少对4.5K热流的措施值得研究。

3. 机械制冷器的概况

1）制冷器要求

SPICA 望远镜系统有高的灵敏度和长的观测时间，这是因为它有由主镜和光学平台组成的4.5K级设备，该装置被4K级JT制冷器和20K两级斯特林制冷器无制冷剂冷却系统冷却。焦平面仪器（FPL）的某些传感器要求制冷器温度要低于4.5K。SPICA 制冷器的规格在表5－7中给出。4K级和1K级JT制冷器在试验室已达到了冷量要求。20K级2级斯特林制冷器于2007年已在轨运行1.5年。制冷器已能满足初期要求，为达到五年以上寿命要求还需进行研究和验证的工作。

表5－7　SPICA 机械制冷器要求的规格

	2级斯特林制冷器	4K机械制冷器	1K机械制冷器
制冷器类型	2级斯特林制冷器	JT制冷器加上2级斯特林制冷器	^{3}He－JT制冷器加上2级斯特林制冷器
冷却对象	专门用于JT制冷器预冷	望远镜部件、仪器光学平台，焦平面仪器	远红外仪器
冷却要求	20K时200mW	4.5K时40mW	1.7K时10mW
驱动功率	<90W	<160W	<180W

因为振动会引起机械振动和焦平面仪器（FLP）指向稳定性恶化，因此SPICA任务中减小振动的干扰是机械制冷器很重要的问题。

2）20K级2级斯特林制冷器

SPICA 望远镜安装了4个或更多20K级2级斯特林制冷器作为JT制冷器的一部分，1.7K、2.5K和4.5K JT制冷器都用20K 2级斯特林制冷器预冷以便加快冷却时间，因此要求在5年任务中2级斯特林制冷器必须连续工作，必须高度可靠。必须追求20K级制冷器在同一时间内增加冷却能力，因为它会有助于JT制冷器提高冷却能力。因此，要研究提高2级制冷器的可靠性，修改制冷器，扩大第二级8mm直径的排除器使制冷量达到20K时325mW。

另一方面，对2级制冷器内部出气减少的研究显示，制冷器工作气体纯度降低会明显恶化制冷功能，最终导致冷头不规则的运动。对工作超过5年的2级斯特林制冷器材料组成重新评估可知，从永磁体、移动线圈和制冷器内部的胶黏剂中排放出 H_2O、CO_2 和 CH_4 气体。从这些试验件放出气体的种类、数量和烘烤时间用大气压离子质谱仪（APIMS）方法和气体气相色谱质谱仪（GC－MS）方法进行研究。20K 2级斯特林制冷器冷头的排出器密封不能避免与汽缸接触。排出器磨损可能增加排出器的间隙，在多年工作后工作气体会污染。为实现第一级排出器和汽缸之间无接触的结构，安装了柔性弹簧。然后，第二级排出器间隙为减小磨损加宽2.5倍，这时的制冷性能没有变化。对修改的制冷器冷却试验证明，制冷器冷却能力得到改善，即第二级在16K时为0.2W，第一级在输入功率AC90W时，在83.6K时为

1W,工作气体压力为0.9MPa(额定值1.0MPa)。驱动频率15Hz,压缩机和冷头之间的电压相位差170℃(额定值180℃)。根据获得的数据,使用了低出气材料和很少胶黏合剂的2级斯特林制冷器升级工程模型已制造并且在长寿命试验中被验证。

3)4K级JT制冷器

用JT循环结合2级斯特林制冷器预冷到10～20K就可以得到4.5K温度。为了在超过5年寿命有高可靠性和高的制冷能力,4K级JT制冷器已被修改。现有的4K级JT制冷器有30mW制冷能力,它被用于国际空间站的超导亚毫米波临边辐射探测器(SMILES)。

4K制冷器改善后特别重视低温系统确保有足够的设计余量。4K级JT制冷器使用了新的低压力损失的同轴双管热交换器并且兼备有扩大排出器的修改后的2级斯特林制冷器,当JT压缩机输入功率AC55.9W和2级斯特林制冷器输入功率89.2W时可获得4K时最大冷却功率50.1mW。在4.5K级冷却功率明显增加归因于增加了质量流率,这是因为修改的2级斯特林制冷器配有增加为8mm直径的第二级排出器使17.5K预冷级有高的功率。图5-6指出为了较高的效率和减小振动,用线性球轴承支撑带柔性弹簧的驱动轴对线性JT压缩机进行改造。4K级JT制冷器制冷量期待使用新压缩机得到进一步的提高,新压缩机要提高氦气供气压力和提高质量流率。要对升级的高可靠性和高冷却功率的工程模型进行长寿命试验。

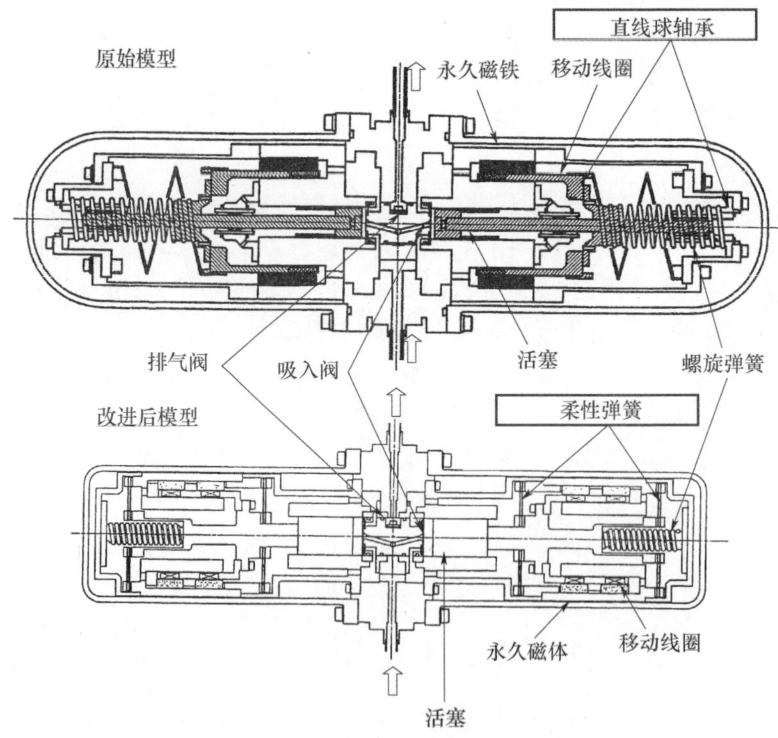

图5-6　改进的4K级JT制冷器压缩机

4）1K 级^{3}He－JT 制冷器

因为在 SPICA 空间望远镜使用远红外探测器，因此要求 1.7K 低温冷却，研制了高冷却能力、高可靠性和低振动的^{3}He－JT 制冷器，制冷器在输入 AC162W 制冷能力要求达到 10mW。1K 级^{3}He－JT 制冷器使用了修改的 2 级斯特林制冷器，2 级排出器增大为 8mm 直径。表 5－8 给出了成功改善的制冷器冷却功率已达 16mW 的结果，它的 JT 压缩机输入功率为 AC76.6W 和 2 级斯特林制冷器输入功率 AC89.0W，改善的 2 级斯特林制冷器第二级排出器增加到 8mm 直径使 11.8K 冷却的^{3}He 气体在 JT 循环中有较高的流率，这会大幅增加 1.7K 时的制冷能力。1K 级^{3}He－JT 制冷器的冷却试验在 JT 供应压力时最大冷却状态下进行。

1K 级制冷器内部长期工作的部件出气情况经评估后证明，其出气情况与 2 级斯特林制冷器和 4 级 JT 制冷器出气情况相同。另外，关于振动控制问题在不断的研究中，对 1K 级^{3}He－JT 制冷器进行了长寿命可靠性试验。

表 5－8　1K 级制冷器两次试验间的比较

	2007 年试验	2004 年试验
JT 孔尺寸	ϕ24μm	ϕ20μm
制冷量	1.7k 时 16mW	1.7K 时 12mV
2 级斯特林制冷器温度	第 1 级 93.02K	第 1 级 86.45K
	第 2 级 11.81K	第 2 级 12.4K
驱动功率	2 级斯特林制冷器 89.0W	2 级斯特林制冷器 89.1W
	^{3}He－JT 76.6W	^{3}He－JT 73.2W
JT 质量流率	2.647mg/s	2.275mg/s
4 级压缩	7.30～590kPa	6.65～576kPa

4. 背景有限亚毫米波红外摄谱仪（BLISS）

背景有限亚毫米波红外摄谱仪搭载在 SPICA 空间望远镜上。大型冷合成孔径提供了中红外到亚毫米波观测，此观测要受到黄道带粉尘排放和其他自然背景的限制。在 SPICA 上的 BLISS 摄谱仪在灵敏度方面可以与詹姆斯·韦伯太空望远镜（JWST）和阿塔卡马大型毫米波天线阵（ALMA）相媲美。BLISS 摄谱仪包含了 10 个光谱仪，覆盖两个位置，在每个位置对 40～400μm 的 5 个波段进行光谱测量。2 个最短波段 1～2 使用常规的中阶梯光栅光谱仪。3 个较长的波长波段 3～5，使用了 2D 波导光栅（WaFIRS）。BLISS 摄谱仪用多路直流超导量子干涉仪（SQUID）电流表进行 4224 个电压偏置超导跃迁边界传感器（TES）辐射热计读数，为了实现 BLISS 摄谱仪要求的在 50mK 时极低的光子噪声水平，NEP 为$(5\sim10)\times10^{-20}\mathrm{W}/\sqrt{\mathrm{Hz}}$，光谱仪和探测器必须冷到 $T_d=50\mathrm{mK}$。

5K SPICA 望远镜光学平台支撑 BLISS 摄谱仪外部，摄谱仪外部由 SPICA 望远镜提供的制冷器冷到 1.7K。BLISS 摄谱仪的探测器和光谱仪被仪器组件内置的冷却器冷却到 50mK。在 1.7K 辐射障板内是热拦截，用于阻止杂散光进入光谱仪。热拦截方法也同样拦截了从支撑来的附加热量和热辐射，并且用于冷却红外截止滤波器，用于缓冲探测器在热环境中的变化和超导探测器及超导量子干涉仪(SQUID)电流表需要的磁屏蔽。只有当探测器主动冷却到 $T_d = 50\text{mK}$ 时，拦截才会冷却到小于 1.7K。为保持探测器在 50mK，带有 N 摩尔制冷剂的探测器制冷器必须提高熵值 $N\Delta S(\Delta X, T_d) = Q_d t_c / T_d$，该式中 $\Delta S(\Delta X, T_d)$ 是每摩尔制冷剂在温度 T_d 时，对于变量 X 的变化，例如 × 可以是浓度、体积或磁场；探测器总的功率提高为 Q_d；制冷器的循环时间为 t_c。

SPICA 望远镜研究的主要任务是用于 BLISS 的制冷系统，制冷系统包括绝热去磁制冷机(ADRS)、^{3}He 蒸发冷却器泵和普朗克 ^{3}He/^{4}He 稀释制冷机。

5.3.4 低温技术在红外线天文卫星的应用

AKARI 卫星原称 ASTRO－F 卫星，于 2006 年发射。它是日本第一个红外卫星，用于在红外波长探测太空。AKARI 卫星性能见表 5－9。AKARI 卫星焦平面仪器由红外摄像机(IRC)和远红外相机组成，它能观测 2～200μm 的全部天空。AKARI 望远镜是里奇一古雪季昂望远镜，其主镜直径 68.5cm，主镜由多孔碳化硅(SiC)内核制造并且在表面上化学气相沉积(CVD)镀膜 SiC。望远镜要冷却到低于 7K。卫星用于寻找原始星系，对恒星诞生进行调查，寻找褐矮星，寻找太阳体系列行星，尝试用红外手段发现更多的彗星。

在 AKARI 卫星上，在空间的红外望远镜(IRTS)、星载空间飞行装置和 X 射线光谱仪(XRS)都被应用到 AKARI 低温恒温器上。为达到 1 年寿命，对其体积和质量进行了合理的设计，用机械制冷器冷却其热辐射屏蔽。在液氦耗尽后由于使用了机械制冷器仍能对低于 5μm 波长进行观测。制冷剂与机械制冷器混合的低温恒温器设计可以延长任务的寿命。下面将讨论低温恒温器的设计。

表 5－9 AKARI 卫星性能

项目	性能
观测方式	扫描方式
	指向方式
质量	总质量:952kg
	任务舱:451kg
	(低温恒温器:431kg)
	总体舱:501kg
尺寸	1860mm×2006mm×3674.4mm(发射时外形)
低温恒温器	超流氦低温恒温器(HeII 170L)
	2 级斯特林循环制冷器×2 台

（续）

项目	性能
焦平面仪器	红外相机(IRC)
	远红外相机(FIS)
望远镜	直径:68.5cm
	里奇-古雪季昂型
任务寿命	>1 年

1. 低温恒温器概况

图5-7和图5-8所示为AKARI低温恒温器剖面图和管道示意图。AKARI低温恒温器用170L(25kg)超流氦作为制冷剂。表5-10列出仪器的热要求。低温冷却的焦平面仪器(FPI)和望远镜都安装在焦平面仪器板上,组成了科学仪器总成(SIA)。液氦储槽不直接固定到科学仪器总成,而是通过碳纤维增强塑料圆柱固定液氦储槽,以便减少从科学仪器总成传到液氦储槽的热负荷。因此,科学仪器总成与氦储槽之间要进行绝热处理,用液氦蒸发的氦气冷却到低于7K。探测器和远红外相机(FIS)底架要与焦平面仪器板进行绝热处理,用铜热带使探测器和FIS相机固定到液氦储槽,使它们温度低于焦平面仪器板温度。从焦平面仪器到液氦储槽总热负荷约为3.4mW。对某些观测,低温冷却的望远镜需要更低的温度,固定到液氦储槽上的电加热器用于人为地增加氦的沸腾速率,用于冷却望远镜。

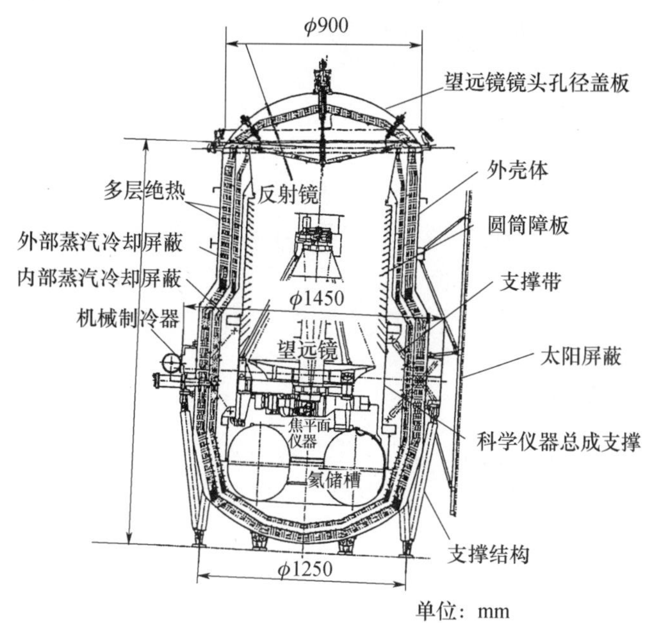

图5-7　AKARI红外天文卫星低温恒温器恒截面图

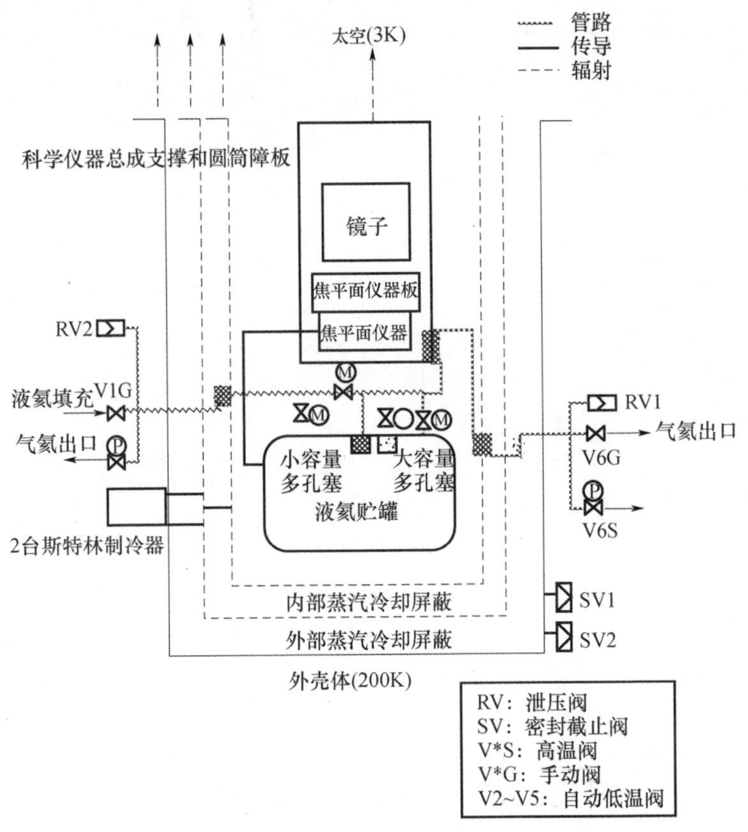

图 5－8　AKARI 低温恒湿器管路示意图

将科学仪器总成固定到其支撑结构上。科学仪器总成用 12 个支撑带悬挂在真空容器的外壁上。两个蒸气冷却屏蔽(VCS)包括内部蒸汽冷却屏蔽(IVCS)和外部蒸汽冷却屏蔽(OVCS),它们都有多层绝热(MLI)。围绕液氦储槽和科学仪器总成的屏蔽用于减少来自外壁的辐射热。在 IVCS 和 OVCS 屏蔽上分别缠绕了 30 个和 60 个绝热层。低温恒温器使用了 552 条 ϕ0.1mm 锰铜导线、10 条 ϕ0.2mm 锰铜导线,连同 22 条不锈钢屏蔽的 AWG38 漆包线作为焦平面仪器电气线束以减小附加热负荷。

液氦储槽真空容器的外壁是真空防护装置,它支撑全部内部和外部的部件。真空容器的外壁是由铝合金制造的,主要部分的壁厚为 3mm。外壁的部分焊接了加强筋用以保证能承受真空压力和发射时的载荷。有 16 个由碳纤维增强塑料制造的支柱从卫星舱体平台支撑 AKARI 低温恒温器的真空容器外壁,这样可减少从卫星舱体平台向外壁的热传导。

望远镜镜头孔径盖板在低温恒温器的顶部并且用于低温恒温器在地面时保持真空,它同时在轨工作初期阶段有污染环境时可以保持望远镜清洁度。卫星在空间出气后并且达到足够低压力后,在进行观测前,镜头孔盖将被抛弃到空间,一般是在发射两周后就抛弃镜头盖板。用在中心的玻璃纤维增强塑料棒作为两个热屏蔽支撑镜头孔径盖板。热屏蔽用弹簧紧贴着内蒸汽冷却屏蔽和外蒸汽冷却屏蔽并且压紧力可以从镜头孔径盖板外部进行调节。在地面试验期间,焦平面仪器探测器直接面对镜头孔径盖板的内屏蔽,但它会提高探测器温度超出工作范围。为此,在地面试验期间采用冷却管制屏蔽并且允许液氦流入冷屏蔽。

两台机械制冷器固定在外壁上,内部蒸汽冷却屏蔽进行冷却以减少到液氦储槽和科学仪器总成的附加器负荷。3 个外部仪器、焦平面仪器电子设备(FPI - E)、制冷器驱动电子设备(CRYO - E)和恒星跟踪器也固定在外壁上。恒星跟踪器位于低温恒温器防阳光一侧。焦平面仪器电子设备和制冷器驱动电子设备在遮阳板的阴凉处。外部仪器与外壁进行了绝热处理。加热器自主控制它们的温度。焦平面仪器电子设备和制冷器驱动电子设备的几个面覆盖了多层绝热材料。其他的面覆盖了镀银氟化乙烯丙烯胶带用于辐射冷却以控制温度并且可以减小加热器的功率。

低温恒温器外壁表面必须被冷却以减少对低温恒温器的附加热负荷。当外壁被冷却时,机械制冷器的冷却效率会较高。通常,外壁是需要冷却的、低温恒温器表面用镀银聚醚酰亚胺膜覆盖以减小太阳吸收系数和增加红外发射率。遮阳板是由覆盖多层绝热碳纤维增强塑料加强筋的铝框架和来自低温恒温器碳纤维增强塑料支柱的支撑构件组成。多层绝热和框架表面用镀银聚醚酰亚胺(Ag/PEI)薄膜覆盖以降低温度。

表 5 - 10　AKARI/低温恒温器热要求

参数	数值
使用液氦的几种情况:	
红外相机(IRC)底板温度	<7K
远红外相机(FIS)底板温度	<3K
Ge:Ga 探测器温度	2.0 ~ 2.5K
受负荷状态的 Ge:Ga 探测器温度	1.7K
望远镜温度	<7K
液氦寿命	>1 年
当液氦耗尽后的情况:	
红外相机(IRC)底板温度	<35K
望远镜温度	<35K

2. 关键部件

1) 2 级斯特林制冷器

在正常工作时,2 级斯特林制冷器固定在 200K 的外壁上,每台制冷器在 40K

时制冷器为350mW。制冷器的功耗为50W,功率不包括驱动电子设备的损失。万一有一台制冷器出故障,仍在正常工作的制冷器的功率将增加到100W以补充丢失的冷却功率。据估计,液氦储槽的漏热约为10%。

2）多孔塞

在空间应用的AKARI超流氦低温恒温器使用了多孔塞(PP)作为气液分离器。AKARI低温恒温器多孔活塞直径20mm,厚度5mm,它由烧结氧化铝制造。

在AKARI低温恒温器中,要求多孔塞流动范围要很宽,因为氦的沸腾速率主要取决于机械制冷器的运行功率、外壁温度和镜头孔径盖板的存在。因此,在发射状态,即机械制冷器关闭,蒸发的液氦不排气,外壁是室温,镜头孔径盖子固定未动,这时与正常在轨的平衡状态相比,相当大的热量输入到液氦储槽中。实际上,在发射后预测液氦的沸腾速率立刻达到10.4mg/s,这与在轨时平衡状态沸腾速率0.49mg/s比较已相当大了。在这样大的流速范围仅使用一个多孔塞盖住是不够的。因为这个原因,AKARI上采用了有不同透气性的两个多孔塞并且在液氦沸腾速率变化时打开它们。在最初阶段,使用大容量的多孔塞和小容量的多孔塞两个多孔塞,当流速降低时,关闭大容量的阀门并打开低容量的多孔塞。

3）氧化铝纤维增强塑料支撑带

氧化铝纤维增强塑料支撑带是重要部件,它支撑低温冷却部件液氦储槽和科学仪器总成,支撑带固定在外壁上,为保障能承受发射负荷,加大了支撑带的横截面积。通过支撑带到最冷零件的漏热大约是AKARI低温恒温器总漏热的60%,为此必须尽量减小支撑带的横截面积,必须解决高结构强度和低热导率的矛盾,因此采用了$\gamma-Al_2O_3$纤维增强塑料制造的支撑带。这种材料在很宽的温度范围内有较低的热导率和有比纤维增强塑料更高的强度。

每个支撑带横截面积为$40mm^2$,长度为334mm,12个支撑带用Z字形样式是为了提高长度并减少从外壁的漏热。

AKARI低温恒温器经过设计、制造、试验最后发射入轨。低温恒温器成功地在轨运行16个月。低温恒温器的温度正常,两台制冷器也达到了要求。低温恒温器的寿命高于一年,完成了观测任务。

5.3.5 用于欧洲航天局下一代X射线天文台的低温系统

欧洲航天局的下一代X射线天文台是宇宙观测2015—2025计划的一部分。该任务最后使用了创新的硅孔光学系统,这个天文台就是被称为X射线演变宇宙光谱学(XEUS)任务。当前XEUS由镜子航天器(MSC)和探测器航天器(DSC)组成,它们将用阿丽亚娜5火箭在同一组发射到L2轨道。两个航天器在L2轨道分离后,航天器将飞行在间隔35m,使用创新的编队飞行技术可以控制两个航天器间隔小于1mm。镜子航天器提供固定的光学平台,探测器航天器对一些仪器提供工作环境。

1. 探测器航天器上的仪器

X 射线天文台可以解决以下 3 个确定的课题：

（1）大尺寸结构的发展和核聚变；

（2）同时期星系的增长和超大质量黑洞；

（3）在极端条件下的物质。

这些课题决定了对 XEUS 系统的性能要求，带有允许 X 射线源详细光谱研究的目的。探测器航天器上的仪器如下：

（1）宽场成像仪（WFI），在 1keV 间隔，即 7′视场（FOV）时，0.05 ~ 15keV 范围有能量分辨率 70eV，这基于贫乏型场效应晶体管（DEPFET），阵列工作在 210K。

（2）窄场成像仪（NFI1），在 2keV 间隔，即 0.74′视场（FOV）时，0.2 ~ 6keV 范围有 6eV 能量分辨率，使用了在 300mK 超导隧道结（STJ）阵列。

（3）窄场成像仪 2（NFI2），在 6keV 间隔，即 0.75′视场（FOV）时，0.2 ~ 6keV 范围有 6eV 能量分辨率，使用超导跃迁边界传感器（TES）阵列，其工作在 50mK。

（4）硬 X 射线照相机，在 40keV 间隔，即 5′视场（FOV）时，15 ~ 40keV 范围有 1keV 能量分辨率，这基于工作在 210K 的化合物半导体阵列。

（5）高时间分辨率光谱仪（HTRS），使用了有高时间分辨率（10μs）从 0.5 ~ 10keV 达到 5 ~ 50 高分辨能力的 250K 硅漂移二级管。

（6）X 射线偏振计（XPOL），基于工作在 290K 提供偏振测量的气体微型探测器。

因为 XEUS 是一个复杂系统，最后选择了符合要求的结果是：宽场成像仪（WFI）+ 窄场成像仪 1（NFI1）和宽场成像仪（WFI）+ 窄场成像仪 2（NFI2）两个设计方案。

2. 仪器要求

1）窄场成像仪 1（NFI1）

在基准的有效载荷中，基本的窄场成像仪 1（NFI1）技术是超导隧道结（STJ）阵列，它工作在 300mK。X 射线在超导隧道结（STJ）中的吸收产生初级光电子、声子并且最后产生准粒子云，它们会在结读出放大器处被检测为隧道电流。0.75 英尺^2（0.23m^2）视场转换为焦距 35m 的 7.5mm^2 的探测器尺寸。为了用独立的 50μm 超导隧道结（STJ）覆盖这个面积将要求 22500 个独立像素。通过使用分布式读数成像探测器可以大大减少读出通道的数量，所述分布式读出成像探测器由在普通金属带的两端的两个 STJ 组成。对于建议的具有 500 个吸收带的超导隧道结探测器，有 1000 个单独通道，每个通道的开始于在室温下常规的工作的结型场效应晶体管放大器，并且位于距探测器头部小于 30cm 处。由隧道库珀电子对组成的约瑟夫森电流会受到放置在均匀（$-mT$）磁场探测器的抑制，磁场是由工作在 4K 的超导亥姆霍兹线圈提供的。

2）窄场成像仪 2（NFI2）

在基准的有效载荷中，基本的窄场成像仪 2 技术是要求 50mK 的跃迁边界传感器(TES)探测器阵列。这些探测器基于电压偏置,薄的超导薄膜用电-热反馈方法保持在正常和超导状态之间的过渡状态。单个X射线光子的到来会使薄膜电阻引起很大的改变,这是由于发生了超导和正常状态之间的转变。这种电阻(电流)的变化可以被电感耦合超导量子干涉仪(SQUID)测量到。精确的超导量子干涉仪读出结构体系需要在50mK和4K能精确读出。跃迁边界传感器对磁场和磁屏蔽也非常敏感,因此要求衰减杂散磁场小于10^{-6}T。亥姆霍兹线圈需要放置在50mK或5K的偏置磁场中。在50mK质量约为2kg。

3. 仪器低温冷却系统述评

(1) 绝热去磁制冷机(ADR)。欧洲航天局的X射线演变宇宙光谱学任务中低温光谱仪包括工作在30~100mK的跃迁边界传感器(TES)或超导隧道结探测器,这些探测器要用绝热去磁制冷机(ADR)冷却。对ADR制冷器的主要要求如下:①冷头温度50mK为24h,包括4h的ADR再循环时间;②对绝热去磁制冷机热沉的热负荷小于5mW;③探测器焦平面、超导隧道结或跃迁边界传感器X射线探测器阵列及相关的超导量子干涉器件读出电子设备磁屏蔽小于5μT;④对全部系统的磁屏蔽以减少输出的杂散磁通密度到航天器可接受的水平(<67μT)。

(2) 绝热去磁制冷机系统。为了使绝热去磁制冷机保持低温时间最长和探测器工作时间最长,在尽可能高的磁场情况下,需要尽可能低的散热器温度。这些要求与航天器和空间制冷器可以提供的要求是相反的。对于空间来说,需要尽可能低的磁场来保护航天器,同时为提供足够的冷却功率需要尽可能高的散热器温度,因为随着制冷器冷头温度的降低,冷却功率急剧下降。为达到高的散热器温度但使用低磁场,可以使用双绝热去磁制冷器,即使用两个制冷器,一个制冷器连接到高温散热器,并且为第二个绝热去磁制冷器提供低温环境和启动温度,这本质上是提供给了低温散热器。为相应的温度范围选择了两种顺磁制冷剂,为的是达到要求的30mK温度。镝镓石榴石(DGG)用于绝热去磁制冷器高温部分制冷剂,这要求低磁场和为低温部分提供低(约0.6K)启动温度,这使铬钾明矾很好地工作在30mK。图5-9为绝热去磁制冷机总装配图,顺磁制冷剂的绝热和机械悬挂装置是通过凯夫拉线实现的。

(3) 绝热去磁制冷机工作热特性。绝热去磁制冷机以下列方式工作:①两个热开关关闭和磁铁通电;②镝镓石榴石到热沉热开关打开,镝镓石榴石级磁铁完全退磁,这会冷却磁化的铬钾明矾级;③铬钾明矾到镝镓石榴石热开关打开,铬钾明矾级消磁到要求的50/30mK温度;④用磁场对温度反馈控制保持温度在50/30mK,这被称为保持时间。最后,当系统使用的全部磁场再次磁化时,过程反复进行。

绝热去磁制冷机热沉温度是磁场、热沉温度和空间制冷器提供的热沉冷却功率之间的权衡,目前4~5K热沉温度考虑使用4K空间制冷器的制冷能力是最佳的。较低的热沉温度(约2~3K)在要求50/30mK工作温度时会提供较长的保持时间,但是目前最大挑战是减少在热沉上的热负荷(约 2mW)。较高的热沉温度提供较大的制冷功率,然而,50/30mK 温度保持的时间明显减少。

因为镝镓石榴石级用来冷却磁化的铬钾明矾级,镝镓石榴石级的退磁将显著偏高绝热。假设非常小的绝热磁场的改变伴随着附加热容量的能量的等温吸收,则可以得到镝镓石榴石与附加热容量的退磁温度模型。镝镓石榴石不受控并且来自凯夫拉、热开关、电子设备线束和热辐射的热负荷加到它的上面,因此会使这一级升温,超过 50/30mK 保持时间,镝镓石榴石会从 0.6K 加热到 1.4K。

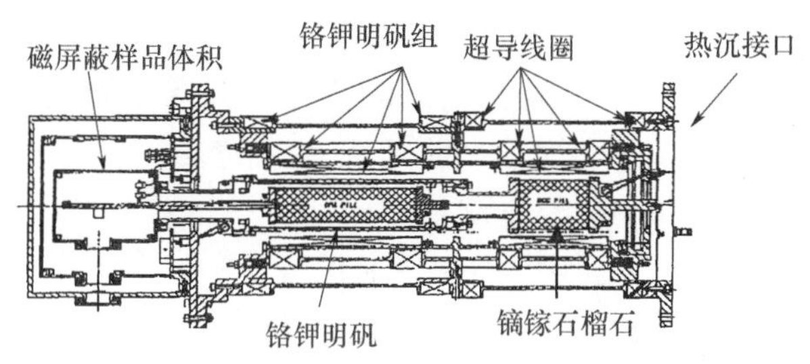

图 5-9　绝热去磁制冷机总装配图

(4) 蒸发^{3}He 吸附制冷器。蒸发^{3}He 吸附制冷器已用于空间红外望远镜(IRTS)天文台。光电探测器阵列相机和光谱仪以及用于欧洲航天局 Herschel 远红外天文卫星上的光谱和光度成像接收器上。使用吸附床泵驱动的蒸发^{3}He 吸附制冷器(HSC)工作温度高于 270mK 并且必须被冷却到低于工作气体临界温度。Herschel 卫星上的蒸发^{3}He 吸附制冷器用 2500L 液氦杜瓦预冷。

(5) 100mK 开式循环稀释制冷机(OCDR)。100mK 开式循环稀释制冷机用于 Planck 宇宙背景探测器任务。这个制冷机由^{3}He 和^{4}He 储槽预冷到 4K 的一些热交换器、1.6K 温度的 JT 孔和混合室组成,在混合室中的重力独立相分离是由毛细管达到的。

(6) 预冷用制冷器。全部 mK 制冷器都需要低于 10K 的预冷,相关的制冷器如下:

① 有机械斯特林型压缩机的 Planck 4K 制冷器。卢瑟福·阿普尔顿实验室(RAL)为 Planck 任务研制了这种机械斯特林压缩机的 4K 制冷器,它是基于带有 JT 孔管道工作系统和换热器,再加上一对线性压缩机,基于 50~80K 斯特林循环制冷器的研究成果,并克服了振动问题。

② 10K 两级斯特林循环制冷器(SCC)。由卢瑟福·阿普尔顿实验室研制的 10K 两级斯特林制冷器(SCC)于 2000 年可达到在 10.4K 时制冷量 45mW,在 15K 时制冷量 250mW。

③ 液氦杜瓦。液氦杜瓦已用于红外天文卫星(IRAS)、红外空间天文台(ISO)、Spitzer 航天器和 Herschel 航天器。

④ 液氢杜瓦。多个任务已用了液氢杜瓦,最近用于中红外仪器(MIRI)在詹

姆斯·韦伯太空望远镜(JWST)。但是最后被18K两级脉管制冷器和辅助的^{4}He JT循环代替,这是由于液氢杜瓦重量受到限制。

⑤ J-T吸附制冷器(JTSC)。JT吸附制冷器由4.5K ^{4}He循环和15K H_2 JT循环预冷级组成。这个系统被热吸附压缩机驱动,该压缩机被大型低温辐射器在50K和80K保持正常工作。试验型^{4}He制冷器已试验产生5mW冷量。这种制冷器优点是有很小的振动。

4. 300mK窄场成像仪1(NFI 1)制冷系统初步设计

窄场成像仪1的制冷系统由3000mK ^{3}He吸附制冷器(HSC)、2.5K ^{3}He JT制冷器和预冷JT制冷器的17K两级斯特林制冷器组成,^{3}He JT制冷器采用了机械压缩机。低于10K选择了芳伦帘子悬挂系统,在高温使用了S玻璃带,芳伦纤维具有较高的热传导率。每一级都放置在热屏蔽中,热屏蔽缠绕在环氧玻璃纤维复合材料框架上,该框架增加了热路径而同时保留了发射时的强度,多层绝热性能基于热量计的测量值。所有这些性能能够被纳入结构热数字模型(STMM),使用这个模型可以很快地得出很多设计方案。沿用这个模型,制冷器可靠性模型,即基于失效模型分析可以对制冷系统进行分析,从中可以求得冗余设计方案。最后提出两个设计方案:一种是提供最大可靠性的有完整内部冗余的方案;一种是无冗余的方案。对于无冗余方案,计算的热负荷如表5-11所列。不包括探测器控制系统的仪器低温和探测器系统总质量为148kg,最大功耗为623W,更节省能量的方案可以选择有效的低温恒温器和优化制冷器,如表5-12所列。

表5-11 窄场成像仪1(NFI 1)无冗余配置时的热负荷和制冷量

制冷器的级别	温度/K	热负荷/mW	制冷量/mW
T_0—^{3}He吸附制冷器(HSC)	0.3	8.29×10^{-3}	10×10^{-3}
T_1—JT制冷器	2.5	10.5	13
T_2—斯特林循环制冷器(SCC)	17	307	392
T_3—斯特林循环制冷器(SCC)	150	443	500

表5-12 窄场成像仪2(NFI 2)无冗余配置时热负荷和制冷量

制冷器的级别	温度/K	热负荷/mW	制冷量/mW
T_0—绝热去磁制冷机(ADR)	0.05	0.39×10^{-3}	1×10^{-3}
T_1—JT制冷器	4.5	13.6	19
T_2—斯特林循环制冷器(SCC)	18	236	462
T_3—斯特林循环制冷器(SCC)	80	1416	3264
T_4—斯特林循环制冷器(SCC)	160	361	810

5. 50mK窄场成像仪(NFI2)制冷系统初步设计

50mK窄场成像仪2(NFI 2)制冷系统由50mK两级绝热去磁制冷机、4K^{4}He

JT 制冷器及机械压缩机、18K 两级斯特林循环制冷器(用于预冷 JT 制冷器)和 ADR 制冷机。电流引线 80K 预冷用制冷器组成。后面预冷用的制冷器为 50 ~ 80K 斯特林循环制冷器,它可以用相同制冷量的脉管制冷器代替。实际上,也可以利用 Planck JT 制冷器。

从表 5 - 11 和表 5 - 12 可以知道,窄场成像仪 1 和窄场成像仪 2 之间的差别是 ADR 制冷机电流引线,这促进明显热负荷进入每一级,因此需要仔细优化。实际上,它们仅仅是传导降温。研究指出,混合电缆组是最佳方法,在 4K 制冷器和 ADR 制冷器之间电流引线用 NbTi,18K 级和 4K 级制冷器之间电流引线用 MgB_2,300K 和 18K 级制冷器之间用 Cu。正常金属电流引线会由于传导和焦尔损失引起附加热负荷。考虑到热和电传导温度变化,建立了简单的有限元模型。因为感兴趣的几种金属在超过需要温度时不展示恒定的洛伦兹比率,因此需要有关材料性能的细节。这些金属是无氧高导电性铜、铝、黄铜、锰和不锈钢。

最后建议两个设计方案:除了 ADR 制冷机外,一个是制冷器有冗余,另一个方案是制冷器无冗余。在无冗余情况时,最大输入功率约为 690W,低温和探测器系统总质量为 243kg。

5.3.6 用于 X 射线天文卫星的低温系统

Astro - H 是日本第六个 X 射线天文卫星。

在 Astro - H 上的软 X 射线光谱仪是使用 X 射线微量热量仪阵列的高分辨率光谱仪。它的工作温度为 50mK,它在 6keV 能达到分辨率 1000 或更大,比硅探测器好一个数量级以上。由于有这样的性能,希望用软 X 射线光谱仪(SXS)能揭示在宇宙中星系群的融合和粒子的加速度。

对于 X 射线天文卫星,望远镜不需要冷却。仅有低温探测器要保持在低温。这意味着从外面辐射直接路径被限制在聚焦 X 射线的很小镜头孔径内。使用薄过滤器,背景光和红外辐射能被明显阻断,这使得 X 射线卫星的冷却系统小于红外卫星冷却系统。另外,低温 X 射线探测器通常只是几种有效载荷仪器中的一种,在航天器中不得不适应其他热的仪器,因此这些热仪器很难与航天器低温系统分离。同时要注意,附加热负荷变成很小,可以忽略。

X 射线光谱仪最先用在 Suzaku(Astro - E2 于 2005 年发射)卫星上,它是在轨道上第一个低温 X 射线探测器。在轨时它要达到 60mK 并且有 7eV 能量分辨率。由于设计问题,从 He 贮罐放出的大量氦气停留在航天器内,渗透进杜瓦真空夹层,造成热短路和液氦全部耗尽。软 X 射线光谱仪关键部件之一是低温系统。低温系统的设计是基于 X 射线光谱仪(XRS)、Astro - F 和超导亚毫米波临边辐射探测器(SMILES)的成果,以满足 5 年寿命的要求。于 2009 年完成初步设计。下面将概述软 X 射线光谱仪(SXS)低温系统。

1. 软 X 射线光谱仪制冷系统要求

对软 X 射线光谱仪(SXS)制冷系统有很高的要求,要求制冷系统满足探测器温度维持在 50mK,温度的稳定度在 2μk,并且在 3 年(目标是 5 年)运行中的效率 >95%。在空间,绝热去磁制冷机是可能的制冷方法,它能满足温度、稳定性和寿命的要求,两级绝热去磁制冷机作为制冷系统最后一级。

从室温到绝热去磁制冷机散热器冷链要求温度保持在 1.8K 3 年或更长时间。绝热去磁制冷机到散热器的平均热负荷为 0.2mW。探测器组件有工作在 130K 读出电路的结型场效应晶体管。用于热结型场效应晶体管的主散热器是内蒸气冷却屏蔽。从 130K 结型场效应晶体管到绝热去磁制冷机(ADR)散热器的附加热负荷非常依赖这散热器的温度,假设内蒸汽冷却屏蔽(IVCS)是 26 ~ 28K 时,附加热负荷为 0.3mW。在正常情况下,绝热去磁制冷机(ADR)和探测器组件到绝热去磁制冷机散热器总热负荷为 0.5mW。

从可靠性考虑,如果单一制冷器出现故障则会影响可靠性,因此制冷系统要进行冗余设计。

2. 概念设计

软 X 射线光谱仪制冷系统概念设计见图 5 - 10。从室温到绝热去磁制冷机散热器制冷系统包括超流氦 ^{4}He 液体、^{3}He JT 制冷器和双级斯特林制冷器。

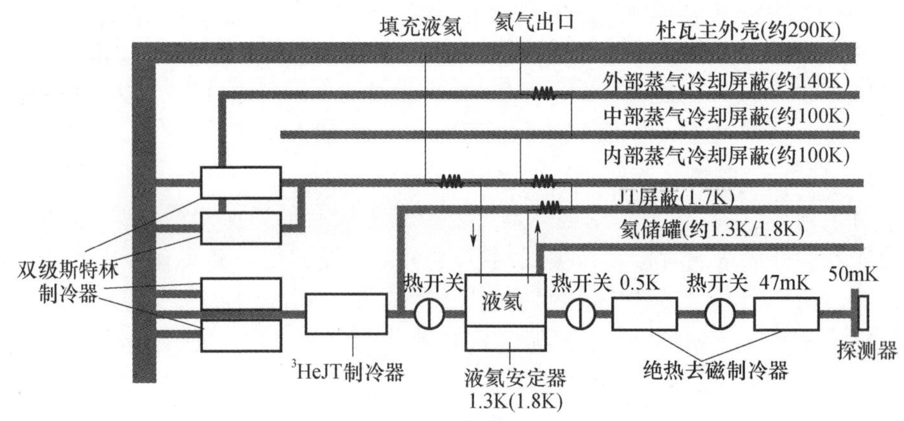

图 5 - 10　软 X 射线光谱仪冷却系统概念性导热图

软 X 射线光谱仪低温系统设计的基点是 X 射线光谱仪(XRS)低温系统。X 射线光谱仪低温系统使用液氦作为绝热去磁制冷机(ADR)散热器冷源。它限制热负荷小于 1mW,使用 30L 液氦能工作 2 ~ 3 年。为达到要求,采用了固体氖作为第二级保护用制冷机并用单级斯特林制冷器作为最外层蒸气冷却屏蔽的冷源,这提供了稳定的 17K 界面温度和对氦贮罐和探测器提供了清洁的环境。由于设计问题虽然在发射一个月后液氦全蒸发了,但这些数据说明作为冷却系统它仍有很好的热性能。由于使用两种制冷剂,使系统很复杂并且在地面操作难以管理,也存在一定危险。

根据 X 射线光谱仪低温系统的经验教训,软 X 射线光谱仪采用了更稳健的冷却系统,即用制冷器代替了制冷剂。第一个改变时用制冷量为 200mW 的 20K 级制冷器代替了 17K 的固氖。这个 2 级斯特林制冷器在 AKARI 卫星上已在轨证明了它的性能。根据理论分析,假设用 4 台 2 级斯特林制冷器去冷却屏蔽,在正常情况下液氦的寿命也会比 3 年长,并且当一台 2 级斯特林制冷器出现故障的情况下仍能有 2 年的寿命。

第二个改变时采用 1 ~2K 级制冷器进一步抑制到液氦的附加热负荷。作为预选的是用于 SPICA 望远镜的^{3}He JT 制冷器,它可以在 1 ~ 7K 时达到制冷量 10mW。^{3}He JT 制冷器处于工程模型水平,尚不成熟,不能完全代替液氦。另外,这种制冷器需要液氦作为初始冷却并且从室温冷却下来需要较长的时间。因此,利用它的目的是减少到液氦贮罐的附加热负荷。

制冷器的重要问题之一是运动零件的可靠性。为防止一台制冷器出故障,需对制冷系统进行了冗余设计。用 2 台斯特林制冷器冷却 20K/100K 屏蔽,为预冷 JT 制冷器也用了两台斯特林制冷器。在正常情况下,制冷器用 50% 功率(50W 输入功率)。JT 循环制冷器无冗余,因为到 2K 屏蔽的热负荷即使 JT 循环制冷器工作,该制冷器冷量也相当小。在正常情况下液氦能维持 5 年以上,即使制冷器之一出故障也能维持 3 年。这个方案的优点是 JT 制冷器在功能上为液氦的冗余。假设由于 SUZAKU 卫星 X 射线光谱仪(XRS)的原因液氦全部耗尽,JT 制冷器仍可以使低温系统正常工作。作为结果,制冷系统成了冗余的绝热去磁制冷器(ADR)散热器。

3. 机械和热设计

下面将描述软 X 射线光谱仪杜瓦和冷却系统。图 5 – 11 是软 X 射线光谱仪(SXS)杜瓦的截面图。使用两级绝热去磁制冷机(ADR)冷却探测器阵列到 50mK,用液氦(1.3K)或 JT 制冷器(1.8K)冷却 ADR 制冷机散热器。He 贮罐屏蔽用 JT 制冷器屏蔽,它用 JT 制冷器冷却。He 贮罐有 3 个蒸气冷却屏蔽,内蒸气冷却屏蔽(IVCS)、中间蒸气冷却屏蔽(MVCS)和外蒸气冷却屏蔽(OVCS)。内蒸气冷却屏蔽和外蒸气冷却屏蔽被两台 2 级斯特林制冷器屏蔽制冷器冷却。内蒸气冷却屏蔽可作为 He 贮罐的机械支撑。按顺序,内蒸气冷却屏悬挂在杜瓦的主壁上。两个斯特林制冷器屏蔽制冷器附设于杜瓦的肚带环上,而 JT 制冷系统固定到杜瓦的后圆顶上。JT 制冷系统由 JT 循环 、3 个 JT 压缩机和两台斯特林预冷用制冷器组成。不包括反射器和排气管,杜瓦的总质量约 250kg。

制冷器正常散热量为 295W(屏蔽制冷器为 2 × 50W,预冷器 2 × 50W,JT 压缩机为 95W)。如果包括全部制冷器驱动电子设备大约总散热量为 460W。为达到冷却系统的热性能,杜瓦的外表面平均温度必须保持在低于 290K,全部制冷器必须工作在低于 30℃。全部 JT 压缩机必须保持在 – 40℃,即使它不工作也在此温

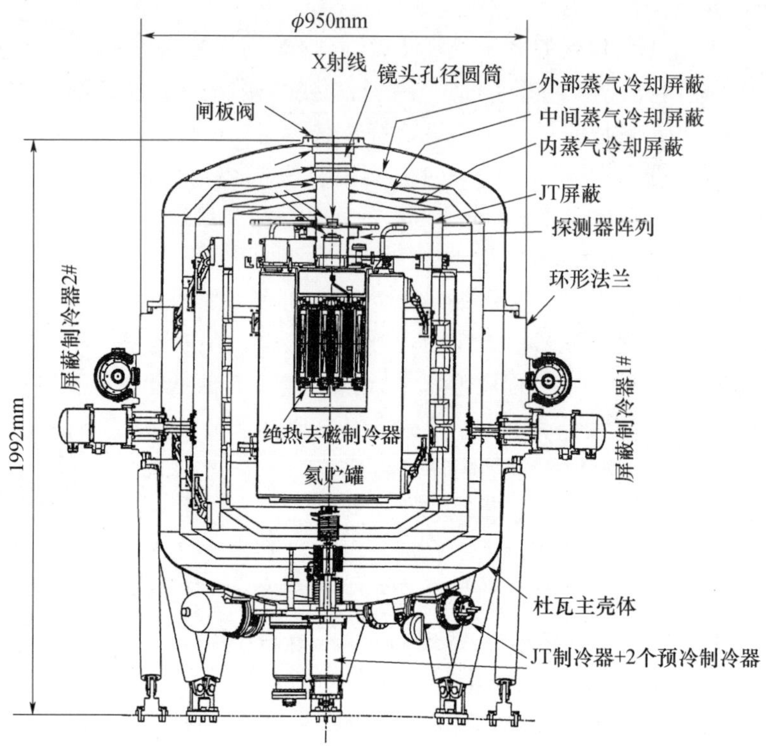

图 5－11　软 X 射线光谱仪杜瓦的横截面图

度。为满足这些要求，在卫星上除了两个专用的辐射器面板外，主壁板表面也用作辐射器（共 2.1m × 0.94m 辐射器面积）。杜瓦位于航天器内部，仅杜瓦表面零件暴露于空间。

4. 氦排气系统

杜瓦管道和阀门用于充气和排气。He 贮罐通过 He 填充管线和 He 排气管线连接到杜瓦的外面。杜瓦夹层有夹层排气阀用于抽取夹层的真空，而闸阀用于 X 射线观测。

在轨道时，超流氦在无重力条件必须限制在氦贮罐中。贮罐使用了多孔塞相分离器。在稳定状态，液氦的流率极低，大约为 25μg/s，关键是多孔塞抑制膜流动损失。为此目的，使用了换热器和刀口装置，用蒸发方法去除蒸发膜和冷却氦贮罐。在发射后，液氦温度比平衡状态略高些。高出多少在全部制冷器没工作情况下取决于液氦结束操作后的保持时间。在最坏情况可能是 1.8 ~ 2.0K，在打开排气阀立即冷却液氦后，液氦的流率为几 mg/s。计算指出，单孔多塞能适应这个大的流量，除了标准的以外，还设计了另一个多孔塞，这个多孔塞适用于偶然事件时初始的大流量。万一流量很小时使用电池的低温阀关闭一个多孔塞。较小的排气系统用于 AKSRI 并且在轨道上得到验证。

30L 液氦要保持 3 年以上，由于有氦气在杜瓦夹层内存在，但其热量必须≪1mW。这意味着杜瓦夹层内真空度必须 $<10^{-7}$Pa，不能有 He 气进入。因此，排出的氦气必须离开杜瓦和航天器。因为软 X 射线光谱仪杜瓦没有很好暴露到空间，因此需要有明确的保证排气的排气管路。排气管路固定到杜瓦外壁排气阀，并且传送到航天器另一边。

5. 20K 级双级斯特林制冷器

20K 级双级斯特林制冷器原本用于第一个日本红外天文卫星 AKSRI（以前称为 Astro－F），它于 2006 年发射，它是参与 1991 年研制用于空间的 2 级小型温度低于 20K 的斯特林制冷器。图 5－12 为 AKARI 卫星用的 2 级斯特林制冷器的截面图，它是分离式斯特林循环制冷器，有两个膨胀级的双级冷头，有线性压缩机和连接管。压缩机有相对位置的活塞以消除相互间的振动。活塞驱动轴用两个线性球轴承支撑以保持间隙密封并且用音圈电动机和螺旋弹簧驱动。冷头由双级排出器和对面主动平衡器组成，该平衡器像配重一样工作，以清除排出器的动态振动。排出器用不锈钢网格物体作为蓄冷器并用聚四氟乙烯接触密封作为支撑。总质量 9.5kg，驱动频率为 15Hz，气体压力为 1.0MPa。在 20K 时的制冷量为 200mW，最大输入功率为 90W。在 AKARI 卫星上的寿命可达 1.5 年。

2 级斯特林制冷器在未来空间任务中用于冷却传感器和电子设备情况很多。例如，日本广播天文卫星 Astro－G 冷却低噪声放大器，在红外天文卫星 SPICA 冷却低温望远镜的焦平面仪器以及在 Astro－H 卫星上的软 X 射线光谱仪。它同样适用于 1～5K 级 JT 制冷器的预冷器，改善 2 级制冷器的性能会直接增加 JT 制冷功率，并且会放大热的裕度以适应设计的不确定性和偶然事件。

制冷器第二级排出器直径增加到 8mm 会增大气体膨胀体积，这样会使第二级达到 20K 时 325mW 较高的冷量。排出器的支撑结构也做出了修改，这样会减小机械磨损的危险。在上述的 AKARI 卫星 2 级斯特林制冷器中第一级和第二级排出器依靠接触密封支撑，由于排出器缸内表面侧面接触会造成机械磨损，在长期运行中会严重影响制冷性能。为减少机械磨损，排出器驱动轴支撑采用了柔性弹簧，目的是在没有滑动接触情况下，保持驱动轴对中心，其结构见图 5－12。压缩机活塞必须用线性球轴承支撑。

因为工作气体纯度严重影响制冷器的性能，为保持制冷器正常工作超过 3 年，需要保证制冷器内部放气量尽量减小。这包括在选择制冷器材料时应该选择低放气材料，减少固定永久磁体的胶水数量，应使除气烘烤的过程最佳化。使用大气压电离质谱仪（APL－MS）和气体色谱质谱仪（GC－MS）进行除气研究和放气分析。

改进型 2 级斯特林制冷器试验模型采用了上述措施使第二冷却级在 16K 时最大制冷量达到 200mW，第一级在 83.6K 时达到 1W，输入功率为 90W，工作气体压力为 0.9MPa，驱动频率为 15Hz，压缩机和排出器之间电压相角差为 170°。

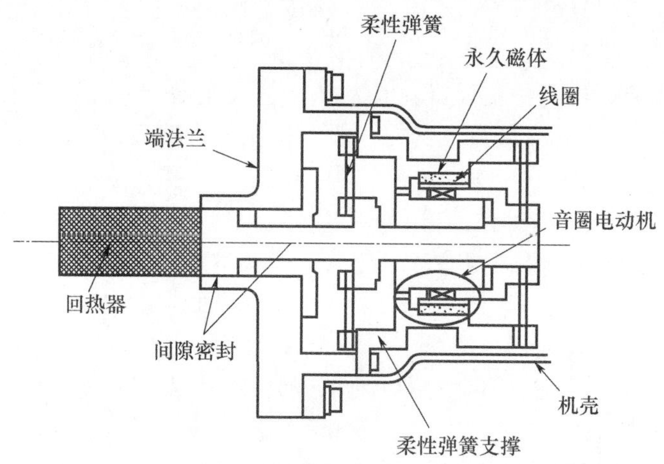

图 5-12　2 级斯特林制冷器置换器支撑机构的改进

6. 1K 级焦尔-汤姆逊(JT)制冷器设计

1K 级焦尔-汤姆逊(JT)制冷器最初用于冷却在 SPICA 望远镜上焦平面仪器(FPI)中的远红外探测器到 1.7K。它是基于超导亚毫米波临边辐射探测器(SMILES)使用的 4.5K 时制冷量 20mW 的 4K 级 JT 制冷器。在 1K JT 制冷器，^{3}He 作为工作气体，因为在 1.7K 时 11kPa 饱和气体压力比^{4}He 4K 级 JT 制冷器高，即使用较高饱和蒸汽压^{3}He 作为工作气体，也要求压缩机系统对 JT 封闭循环回路提供高的全压缩比。在 1.7K 级使用 2 级斯特林制冷器作为预冷能有较高的冷却功率，因为在 JT 封闭循环回路中冷却的^{3}He 气体冷到低于 15K 时会有较高的质量流率。研究表明，在使用部分改善的 2 级斯特林制冷器 8mm 增大直径的第二级排出器作为预冷制冷器，在其输入功率为 89.2W 时，JT 制冷器在 1.7K 时可达到最大制冷量 16mW，其输入功率为 76.6W。

JT 制冷器系统由 2 级斯特林制冷器预冷制冷器、多级压缩机、换热器(HEX1 ~ HEX3)、旁通阀和 JT 孔组成。JT 压缩机系统由 3 个串联线性压缩机装置组成：JTC-L 用于低级；JTC-N 作为中间级；JTC-H 作为高级。每一级压力平衡可以调节。第一和第二压缩级统一在 JTC-L 上，第三和第四压缩级分别装在 JTC-M 和 JTC-H 上，如图 5-13 和图 5-14 所示。除了活塞直径外，JTC-M 和 JTC-H 几乎完全相同。为了较高的机械可靠性和提高驱动频率，采用了柔性弹簧和螺旋弹簧综合支撑活塞驱动轴。研究了 JT 压缩机内部零部件出气问题和 2 级斯特林制冷器长期工作中选择低出气材料的问题，换热器是逆流型并且使用了同轴双管，可以到达 97% 效率。HEX1 和 HEX2 高压侧出口与 2 级斯特林制冷器预冷制冷器第一和第二冷级热传导连接。在完成预冷后旁通阀能开关到 JT 孔的^{3}He 气体流。用于软 X 射线光谱仪的 1K JT 制冷器设计规格如表 5-13 所列。

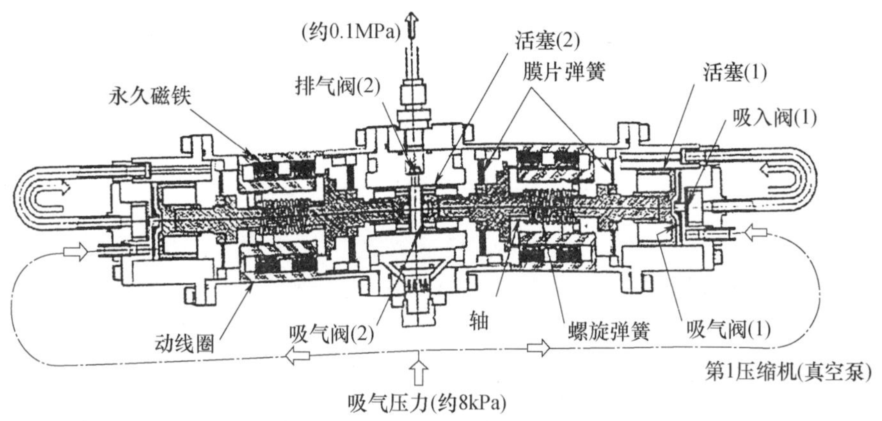

图 5－13　JT 压缩机低级示意图

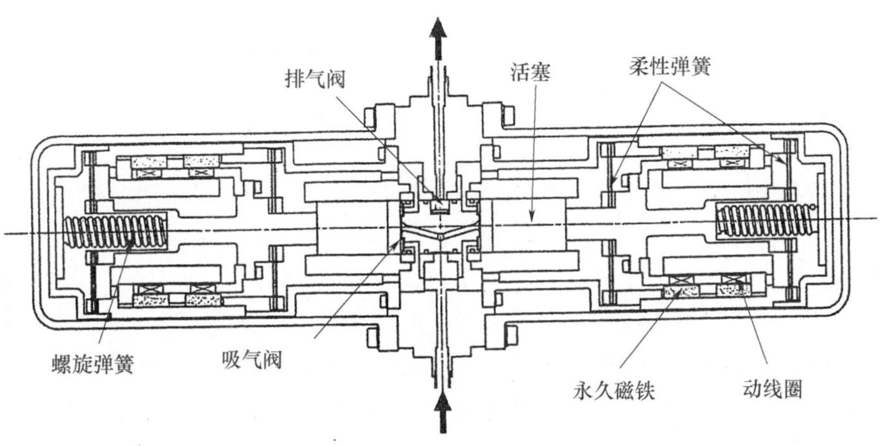

图 5－14　JT 压缩机中级和高级示意图

表 5－13　1K 级 JT 制冷器系统设计规格

正常制冷量	在 1.7K 时 10mW
质量	<22kg（不包括 2 级斯特林预冷制冷器）
JT 孔直径	20～24μm
工作气体	^{3}He
压力	高压 >0.7MPa 低压 <8kPa
总压缩比	>87.5
质量流率	>2.3mg/s（1.0L/min）
配置	3 个压缩机装置串联连接（JTC－L、JTC－M 和 JTC－H）
功率消耗	<90W（不包括 2 级斯特林预冷制冷器）
操作温度	0～30℃

软 X 射线光谱仪(SXS)系统中,两个 2 级斯特林制冷器为 1k JT 制冷器的预冷。在两个 2 级斯特林预冷制冷器中的一个出现故障时,第二冷级超过 23K,此时 JT 制冷功率几乎为零。然而,用全功率 90W 维持 2 级斯特林预冷制冷器工作的情况下,液氦的寿命受到的影响很小。

7. 软 X 射线光谱仪

在 Astro – H 卫星上的软 X 射线光谱仪将使用 6 × 6 微加工硅微热量计阵列在软 X 射线波段完成成像光谱仪的任务,这就是新探测 X 射线望远镜(NeXT)。这个望远镜设计紧跟 Astro – E 和 Astro – E2 卫星上的 X 射线光谱仪设计,但 0.2 ~ 6keV 范围内的预期能量分辨率已经提高到 2.4eV。这些通过制造工艺和设计的改善已达到,并且要求冷却传感器阵列到 50mK,而不是 XRS 要求的 60mK,冷却的方法都是利用绝热去磁制冷器,为了适应用作其散热器的混合低温系统,设计将有很大不同。低温系统是 1.3K 的 30L 超流氦杜瓦,它用 2K 屏蔽围绕在杜瓦周围,屏蔽用 JT 制冷器冷却,JT 制冷器用 26K 有冗余的两台斯特林制冷器预冷。JT 制冷器工作在 1.7K,冷量功率要求 10mW。混合低温系统较全部制冷剂杜瓦方案更加稳定并且有冗余设计。

低温系统示意图见图 5 – 15。绝热去磁制冷器和探测器组件固定在氦杜瓦的顶部。探测器悬挂在探测器组内的芳纶绳上,这是为了更好地与 1.3K 结构绝热,并且与绝热去噪制冷器低的一级热连接。2K 屏蔽连接到围绕杜瓦的 JT 制冷器并且用热开关热连接到屏蔽。这样的布置反映出在正常工作时,JT 制冷器的主要作用是减少对液氦的辐射和传导热负荷,它是绝热去磁制冷器主要散热手段。用这种配置,杜瓦尽可能与 JT 制冷器绝热处理,因此热开关(HS3)是打开的。30L 液氦的正常寿命是 5 年。在 JT 制冷器出故障时,2K 屏蔽预测会升到 9K,造成的结果是减少 2 年的寿命(仍超过了最少任务寿命要求)。当液氦无论是正常或提前被耗尽时,热开关 HS3 要被关闭,这会提供散热通道允许绝热去磁制冷器用 JT 制冷器作为它的散热器。散热通道有些迂回曲折,经过杜瓦热开关和 2K 屏蔽到 JT 制冷器,但是热导率还是相当高。

表 5 – 14 汇总了正常的绝热去磁制冷器和 JT 工作性能要求。绝热去磁制冷器需要操作 JT 散热器。较热散热器产生的较大热负荷来自探测器的热负荷和在绝热去磁制冷器内部的附加热负荷。JT 制冷器冷却功率是有限的,因此不能吸附大的瞬时热流,特别是绝热去磁制冷器再循环时产生的热流。目前,JT 制冷器有多余的制冷功率,即超过杜瓦结构产生的附加热负荷仅有 4mW。另外,制冷器在接近 1.7K 时制冷功率最大,在较高的温度下,制冷功率迅速下降,在绝热去磁制冷器再循环期间更需要限制热流和温度的升高。这能够用调节绝热去磁制冷器的磁化率方法达到,但将导致过长的再循环时间。低温系统对热负荷的级别起到

热平衡器的作用,平衡器是 4L 贮罐内部的氦杜瓦,杜瓦填充的是室温下 6 个大气压①的氦气。4g 氦气将在 2.1K 冷凝并且会支配在低温下的热容。

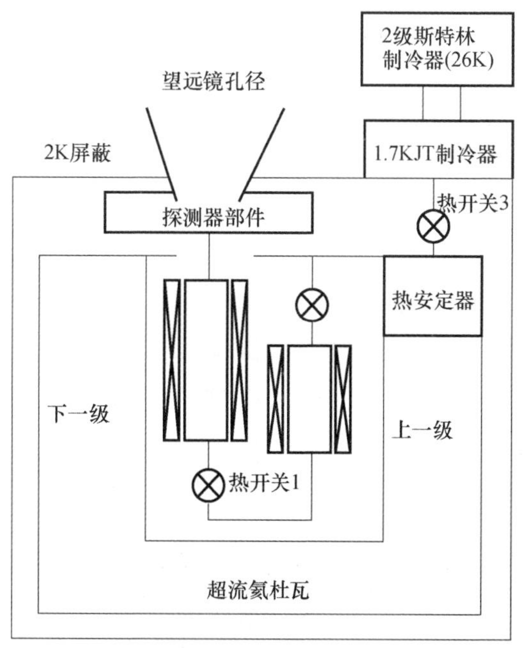

图 5-15　构成软 X 射线光谱仪低温系统的探测器、绝热去磁制冷器、杜瓦和 JT/2 级斯特林制冷器的布置示意图

表 5-14　软 X 射线光谱仪绝热去磁制冷器、杜瓦和 JT 制冷器基本操作性能要求

	超流氦原始状态	超流氦耗尽状态
散热器温度/K	1.3	<1.8
操作温度/K	0.05	0.05
保持时间/h	24	24
再循环时间/h	1	1
探测器热负荷/μW	0.25	0.47
外部热负荷裕度	100%	100%
质量预测(包括 30% 余量)/kg	13	—
空间配置(外壳)/cm	长 30.4 × 直径 17	—
探测器附近的磁场/mT	<10	—
探测器除气温度/K	>6	—
探测器电气绝缘/MΩ	>10	—

① 1 大气压 =101.325kPa。

在总体质量 10kg 和体积 ϕ17cm × 30cm 要求的范围内，两级绝热去磁制冷器(4DR)能满足软 X 射线光谱仪对制冷的要求。两级能独立地工作，允许上面一级在去磁前对下面两级达到更低的温度，并且维持时间控制以减少附加热负荷。ADR 制冷器两级配置有利于优化设计参数。基本的设计参数包括：

(1) 上一级和下级制冷剂(密度、有序化温度、机械性质)；

(2) 上一级和下级磁场和最大电流；

(3) 磁屏蔽(主动或被动)；

(4) 下级去磁温度；

(5) 上一级维持温度；

(6) 上一级和下级热开关技术和传导性。

从某种程序上讲，外部因素决定设计选择。例如，磁铁会影响杜瓦性能、电子设备设计和功率消耗。早期对项目的用于驱动 ADR 制冷器磁铁要施加 2A 最大电流。性能要求也能缩小切实可行方案的数量。例如，仅小量的制冷剂就能在 50mK 或更低温度有一定的冷量，铬钾矾和铁铵矾常被用于实验室和飞行中的 ADR 制冷器。制冷器的选择基于已有的设计和加工工艺的经验。

在设计任何绝热去磁制冷器时，首先要选择它是如何再循环的，这不仅影响布局、部件的要求和设计，并且对于多级制冷器，它还能确定各级之间的质量分配。对于两级绝热去磁制冷器，有很多可能的再循环情况。最简单的是同时磁化两级，同时两级会将热倾卸到散热器，在打开热开关后，同时对它们消磁。在詹尼斯绝热去磁制冷器情况下，允许使用单磁铁和热开关，这简化了设计。在这个过程中，ADR 制冷器低级由散热器温度消磁，产生了每单位制冷剂最低制冷量，为恢复要求的制冷力，这就必须增加制冷剂的质量或磁场。

Astro - H 卫星绝热去磁制冷器设计的开始就完成了可能的再循环方法的广泛研究工作。当每级用分离的磁铁控制时就可以得到最低的总质量并且上一级在退磁前用于预冷下级到较低的温度。即使在这种结构中，存在的变化有重要影响。选择的方法包括首先从低级向上一级传输热量，然后低级定在中间温度，同时上一级排热到散热器，然后两级退磁达到它们保持的温度。在相反的顺序有完全不同的再循环阶段，这允许上一级制冷剂在每个循环吸附更多熵。

附有探测器组件的绝热去磁制冷器将安装在杜瓦中。

5.4 低温技术在空间态势感知能力和弹道导弹防御系统的应用

5.4.1 概述

未来红外空间传感任务依靠低质量部件和高性能成像技术。由于地球阴影限制了可见光成像，被迫使用红外监视方法，红外监视方法广泛用于情报、监视和侦察（ISR），弹道导弹防御（BMD），空间态势感知能力（SSA）和太空作战响应（ORS）任务。使用传感器极大地扩展和改善了完成任务的能力，包括瞄准和目标行为的鉴别能力。在焦平面（FPA）和监视光学器件平台设计中，背景红外发射和电子噪声妨碍了红外监视方法的使用，这就要求必须对它们冷却。因此空间制冷器在完成 ISR 和 BMD 任务中起到关键作用。当制冷系统作为整体优化问题的一部分时，低温制冷部件性能与红外传感器光学器件和焦平面之间的相互影响不仅决定完成任务的能力，而且也决定任务性能的提高。

在空间探测技术中使用的制冷方法可以是主动冷却和被动冷却，两种方法都能保证探测器部件的性能。超导电子设备、光学器件和一些其他部件要求工作在低温条件下。传统的冷却方法是低温恒温器、空间辐射器和不同型式的空间制冷器。部件的绝热、热传输和航天器排热性能也是空间探测器有效工作的关键因素。现在最感兴趣的技术主要是空间态势感知能力，导弹发射探测，太空作战响应任务和情报、监视和侦察任务。

美国的国防支持计划卫星用于全球导弹发射探测，其最有效的探测和跟踪的红外波长是短波和中波红外（MWIR）。这些任务的制冷器必须长寿命，工作在约 110K 并且低振动水平，中段导弹跟踪探测器和制冷器的组合在长波红外波段（$<14\mu m$）。焦平面阵列（FPA）是汞镉碲合金探测器的基体，焦平面阵列要冷却到 35K。制冷器要有两个冷头，焦平面阵列冷到 35K，而望远镜光学器件冷到 85K。

空间态势感知能力（SSA）关注活动的和无效的卫星和空间碎片的跟踪。天基监视系统（SBSS）将是空间态势感知能力最有效的技术，并且将采用红外技术。

太空作战响应（ORS）任务将利用获得的可用的过程用于每次紧迫的需要，迅速完成要求的任务。这一理念延伸到全部技术发展将有助于包括空间探测器在内的这些研究的进展。

下面介绍两种用于天基红外系统低轨道卫星上的制冷器。

5.4.2 用于天基红外系统的低温冷却系统

1. 高效制冷系统在天基红外系统的应用

天基红外系统低轨道卫星（SBIRB LOW）是美国弹道导弹防御计划的一部分，它用于探测和跟踪在中段飞行中的弹道导弹。在这个阶段使用长波红外焦平面区别弹道导弹、再入飞行器和部署的诱饵。为达到能分辨和区分这些冷的昏暗物体所需要的灵敏度必须将焦平面冷却到温度小于 40K，光学系统也要求在长波和低温情况时减小背景热噪声和改善探测敏感性。

天基红外系统低轨道卫星结构研制中要求方向接头输入光学器件在 100 ~ 110K，要求输入光学器件制冷器在 95K 进行冷却。研制中要求跟踪传感器/屏蔽用两级温度 35K/60K 进行冷却。

对于天基红外系统要求的空间制冷器，研制了95K，制冷量10W制冷器以及35K和60K两级制冷器。雷声公司95K高效制冷器(95HEC)用于冷却输入光学器件，混合式斯特林脉管制冷器用于冷却跟踪传感器和屏蔽。

95K高效制冷系统由热机械装置(TMU)、指令和控制电子仪器(CCE)组成。其关键性能要求如表5－15所列。热机械装置是由传输管路连接独立的压缩机和膨胀机组成的新型两级混合斯特林－脉管制冷器，它保留了雷声公司以前研制的牛津制冷器的特点。压缩机的有效容积为6mL，是一对背靠背结构型式。

两级膨胀机采用的是斯特林第一级和脉管第二级，脉管级为了紧凑和结构刚性采用了U形管配置。脉管热端、蓄冷器管、脉管孔和脉动容积固定到第一级。

与两级较小热负荷脉管膨胀机相比，混合膨胀机的工作气体容积显著减小并且要求较低的气体流率。这将减小压缩机的有效容积和增加它的压力比。

混合膨胀和与较小热负荷两级斯特林膨胀机比较，结构部件更容易制造，消除了第二级间隙密封的紧密度公差，在制造和对中心方面不比正常的单级斯特林膨胀机更困难。

混合膨胀机提供了值得注意的多功能性，例如膨胀机可以配置第二级与第一级间有0～90°的角度。现在用于两级间为45°角配置。这样配置能使一对冗余膨胀机冷头紧凑地装在一起。

表5－15　95K高效制冷器基本要求

$T_{排放}$	300K	$T_{冷}$	95K
制冷量	10W	电动机功率	<100W
热机械装置质量	<6.5kg	电子设备质量	<3.0kg
残余振动	<0.2N	可靠性和寿命	95%，10年

铝压缩机外壳长338mm，直径97mm，外壳是个类似盒子一样的结并且在一端有很大的排热面积，排热面积为61.8cm²，不仅有大面积而且由于是铝壳有很高的传热系数，能有效地传输超过150W的废热，在铝壳的另一端有法兰以便于将制冷器安装到系统上。两个活塞的每一个都有差动变压位移传感器(LVDT)的位置传感器。差动变压位移传感器的输出信号输入到电子设备防止运动超出了在电子设备预先程序设定的停止的位置。

膨胀机长309mm，直径94mm，二级冷汽缸超出膨胀机的热端废热排出表面再轴向外伸128mm。在二冷级和在热端的热界面都大的平面。在压缩机组件，壳体是铝的，位置传感器用于限制运动，废热靠21.4cm² 传输面积有效的排出。

压缩机组件质量为4kg，膨胀机质量为2.5kg，因此热机械装置质量为6.5kg。

每个组件内部都进行了平衡调试以保证有最小的残余振动。压缩机采用两个活塞背靠背的型式。膨胀机的第一级活塞用在相反方向驱动的配重进行平衡。脉管第二级不要求进行动平衡，因为运动气体质量产生很大的力。每个组件的残余振动可以被电子控制设备修正,从而减小残余振动。

指令和控制电子仪器也是制冷器的重要组件,其性能也影响制冷器的性能和可靠性。

2. 高效脉管制冷器在天基红外系统的应用

高效制冷器是长寿命、质量小和高效率的空间制冷器,适用于天基红外系统低轨道卫星这样的空间监视任务中的光学系统。由于高效率和质量小,它也适用于天基红外系统焦平面的冷却。高效制冷器已能达到输入小的功率而有大的冷却功率的输出,这是因为它的脉管制冷器冷头和压缩机有高的效率,质量小,是由于使用了第二代柔性压缩机技术。

带有长波红外焦平面的监视系统要求既冷却焦平面又冷却光学系统。中段弹道导弹飞行探测的问题是长期寻找要解决的问题。导弹在中段飞行中,轨迹相位在燃料烧尽和再入之间不使用敏感的长波红外焦平面很难跟踪和鉴别弹道导弹、再入飞行器和部署的诱饵。另外,为跟踪和辨别常驻空间物体,这种空间监视也是需要长波红外焦平面的。通过收集这些冰冷、朦胧物体发出的较长的光子,随着传感器孔径的微小增加就能实现在识别和鉴别能力的巨大进步。利用多光谱带大大提高了传感器确定温度和冷却速率的能力,多光谱带会帮助鉴别致命的物体和诱饵。较小的孔径生成更敏捷的传感器,便于在空间使用。

为了在长的波长达到要求的敏感性,焦平面要冷却到低于40K,光学系统冷却的目的是减小背景噪声和提高这些长波长和低温焦平面的灵敏度。为完成任务必须对光学系统用高效轻便的制冷器冷却。为达到灵敏的传感器快速扫描,用于跟踪地平线以上或地平线以下的目标都要求有轻量级的方向支架部件。由于在地平线以下成像引起的高热负荷以及要求快速扫描,驱使望远镜设计使用冷却的方向节前视镜。假设制冷器是低效率的,在方向支架的辐射制冷器排热性能会成为限制系统能力的因素。因此,制冷器的效率对系统的设计极其重要。

制冷器是整体配置脉管制冷器,包括背靠背用于振动平衡的柔性轴承压缩机和成一直线的脉管冷头。脉管冷头类似被动斯特林循环制冷器,不同的是移动斯特林置换器被被动膨胀机替换,这样,没有严格公差要求的冷移动零件使制冷器的可靠性和可制造性有很大的提高。由于取消了全部摩擦机构,因此寿命可以达到10年。脉管冷头是自动化的,因为它是没有运动零件,全部为金属管路系统,便于制造并且没有重大的缺点。

柔性弹簧在垂直于驱动运动方向的刚性很强,因此精密公差气体间隙密封能维持并能消除密封磨损。柔性弹簧的挠性件本身设计成低于耐力极限的最大压力。用压缩机在4到5天内累积超过10^7次循环就可以进行非疲劳验证,工作流体是无润滑剂的惰性干燥的氦气。驱动是类似扬声器驱动器的直接的音圈电动机。烘箱在烘烤关闭前要确保在机器中挥发性冷凝物和水已减少到可忽略的程度。这种类型的制冷器密封性要特别好，要达到氦气的漏率为零。制冷器要进行寿命试验。

高效制冷器的压缩机采用了简单和有效的机械，压缩机中心板单机械安装面是制冷器排热的传导界面，为提高效率和减少系统对有效负荷的影响，中心板设计为可以散热，允许制冷器直接安装到辐射制冷器上。在中心板提供了第二个替代热机械的热界面，在中心板将冷头固定到压缩机，提供了改变制冷器方向的灵活性，也提供了地面试验真空分界面的选择方案。直径较大的端盖包含脉冲管冷头储液罐和惯性管。

制冷器成一直线配置的冷头固定到中心板并且用 C 形环进行密封，装有蓄冷器、脉管和节流孔的冷头用热传导性能好的铝支撑结构（H 形杆）对抗发射负荷。6.45cm^2 铜冷均温块界面是镀金并且位于接近冷头的中间点，冷头中有冗余校准的铂电阻温度计用于测量。另外，中心板装有热传感器以防止制冷器超过正常温度工作。在中心板也装有加速度计用于感知制冷器自身引起的振动，加速度计前置放大器安装在压缩机上用于放大信号。它的输出进入控制电子设备作为反馈回路的误差以便减少振动到很低的水平。压缩机端盖和脉管冷头用金属 C 形环密封。

5.5 大型超导磁体低温冷却技术

阿尔法磁谱仪（AMS）是一个计划安装于国际空间站上的粒子物理试验设备，目的是探测宇宙中的奇异物质，包括暗物质及反物质。阿尔法磁谱仪将依靠 1 个巨大的超导磁铁及 6 个超高精度的探测器来完成它的搜索使命。

阿尔法磁谱仪将具体观测太空中高能辐射下的电子、正电子、质子、反质子与核子。这些探测结果可能解答关于宇宙大爆炸一些重要的疑问，例如，为何宇宙大爆炸产出如此少的反物质？或何等物质构成了宇宙中看不见的质量？

建在国际空间站（ISS）上的阿尔法磁谱仪用于粒子物理试验。它的任务是研究在空间的宇宙射线。其方法是：使用大型超导磁体去偏转带电粒子，然后用先进的探测器去鉴别它们。它是用于研究宇宙的基础物理，重点是探测和研究在空间的反物质和暗物质，在初期美国航天飞机上成功试验后，阿尔法磁谱仪合作团队决定升级原始的永久磁铁为超导磁体以产生更高的磁场和和较好的高能粒子分辨率。

阿尔法磁谱仪主要由跃迁辐射探测器、飞行时间探测器、超导磁体、硅跟踪仪、计数器、阿米加星象跟踪仪、环状成像切伦科夫计数器和电磁热测量仪等组成。围绕超导磁体布置的探测器在磁铁孔轴线的垂直方向产生磁场，因此带电粒子沿弯曲轨迹流动，当粒子通过硅跟踪仪的平面时就被测量出。表 5－16 所列为磁铁系统的主要参数。

表 5-16 磁铁系统的主要参数

参数名称	参数值
磁铁内孔/m	1.115
真空容器外径/m	2.771
真空容器轴向长度/m	1.566
中心磁通密度/T	0.87
最大工作电流/A	460
电感/H	48.4
工作温度/K	1.8
质量(不包括真空容器)/kg	2300
最大磁通密度/T	6.6

1)低温系统

磁铁工作在1.8K,它是用贮存在一个大贮罐中的超流氦冷却的。试验是带全部载荷冷发射的。航天飞机在离开发射平台后就没有机会补充氦,因此系统设计必须保持冷损很小。

选择超流氦作为冷却剂是由于它有许多优点。它的较低温度不仅给超导体更多的余量,而且它的独特超流特性使工作在微重力条件下有很大的优点。

线圈是间接冷却的,它的寄生热负荷是通过在2500L氦容器内部的热交换器散发出去的。氦容器是环形的,它是绕着磁铁外壁建造的。液氦容器是由两个半环容器焊接而成的,每半个环形容器是由一块板锻造而成,在这些交叉支撑结拆除之前将环和板全部焊接到一起。环的壁是4mm厚的铝合金,为增强刚度内部加有肋骨。容器焊完后要经过氦质谱仪检漏,检漏合格后才可以与磁体线组装在一起。

2)间接冷却系统

每个线圈有许多薄铝制造的热分流器,在较大线圈上的分流器如图5-16所示,热汇流排与每个分流器连接,汇流排是来自氦容器内部的热交接器。热汇流排由16mm直径铜管组成,管内填满0.1MPa、1.8K液氦。汇流排和热交换器形成单一液压回路。热量通过热分流器从线圈传导到热汇流排,在热汇流排经过Gorter-Mellink传热从超流氦到热交换器,最后热量通过热交换器的铝壁面散到液氦容器,使容器内的液氦沸腾。因为氦在热汇流排回路中压力为0.1MPa,在管道内的热传导波有被中断的危险。

3)氦排气系统

在2500L容器中的氦由于沸腾带走的热量是磁铁系统最大的热沉。在空间的航天飞机上没有重力去分离液体和蒸气,多孔塞用作相分离器。该装置的整体效果是超流氦的蒸发在多孔塞外表面产生,因此液体保留在容器内部,同时蒸气排放到放空管线。

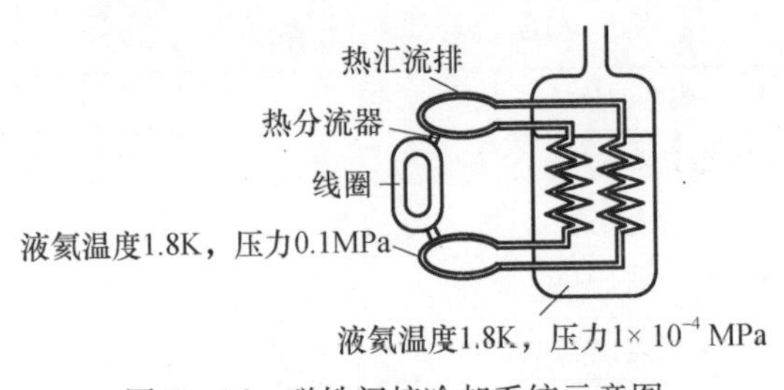

图 5－16　磁铁间接冷却系统示意图

正如任何低温系统一样，关键问题是减少制冷剂的消耗，用蒸气拦截传入的热量。在多孔塞放出的氦气流经 4 个同心蒸气冷却屏蔽，在主系统支撑板进行热拦截。在真空容器关闭变成环境温度实现之前，放出的氦气还用于从磁铁电流引线带走热量。

由于连接到蒸气冷却屏蔽安装有 4 个制冷器使氦的消耗进一步减少。这些是斯特林制冷器，它们是由 NASA 哥达德空间飞行中心制造，制冷器消耗 400W，在 60K 辐射屏蔽总共产生 9.4W 冷量。

磁铁工作在 460A，电流线是很重要的低温冷损源，消耗电流线的冷损是电源供应系统中一项关键性的工作。

5.6　用于载人空间站系统和火星探测任务中的低温技术

5.6.1　载人空间站系统的低温技术

发展空间站已成为航天领域内的一个大趋势，从美国在国际空间站上的活动可以领略空间站的重大的经济、社会效益。在空间站可进行的研究项目有：①人体研究，空间人体研究主要是研究微重力和辐射对人体的影响；②微重力生物科学，主要是试验新的生物技术装置；③微重力物理学，主要研究微重力条件下的蛋白质生长以及流体的基本性质和胶体的特殊行为；④为今后空间探索而研究新技术和新材料进行空间试验；⑤航天员观测地球和在空间站进行教育活动，让学生参与空间站上的试验；⑥在空间站进行专项科学试验。这说明空间站是空间工业的先锋，是大规模空间活动的基地，是对地对天观测的观测站。

空间站是载人空间站系统的核心。天地往返运输系统是载人空间站系统的子系统。航天低温技术的发展也必然围绕着载人空间站系统的研制和发展而展开。

1. 载人空间站系统对低温技术的要求

载人空间站系统与应用卫星比较有如下特点：首先是载人，第二是大型，第三是综合，复杂，第四是经济性。因为载人，因此环境控制和生命保障系统是其重要的分系统,冷却、散热、通风和空调技术在此得到广泛的应用。由于大型、综合、复杂和经济的特点,因此载人空间站系统需要更多样、更全面的低温技术。

天地往返运输器,如载人飞船、货运飞船或航天飞机,要求有防热系统和散热系统,生命保障系统和生产试验保障系统也有许多低温技术要求。热控系统中各种制冷剂和制冷机及热管技术是主动控制的主要手段。

空间站将是行星探测的发射基地。作为行星际航行的主要推进方式,低温推进剂、低温工质的贮存和加注站,液氢、液氧和液氦的贮存、加注和排放是必不可少的。

2. 载人空间站系统应用低温技术的几个实例

1)天地往返运输器飞行保障中的低温技术

(1)电源系统中的低温技术。天地往返运输器入轨前和返回段,一次能源不能用太阳电池阵,飞船或航天飞机会选择燃料电池。燃料电池是一种将燃料的化学能直接转换成电能的电化学装置。氢氧燃料电池在载人飞船和航天飞机中得到实际应用。燃料电池的燃料为氢气,氧化剂为氧气,电解液为氢氧化钾。只要不断地向燃料电池供给燃料氢和氧化剂氧,就会产生电能。电池在获得电能的同时,还可得到和燃料消耗相等量的水。经处理后可供航天员使用。氢和氧气就需要以液态方式贮存。燃料电池辅助设备中的排热、反应剂的供给都需要低温技术。

美国航天飞机上的燃料电池所需的液氢、液氧贮存在 4 个球形的储箱内。在不作任何维修的情况下,3 个燃料电池的寿命是 5000h,可以完成 29 次 7 天时间的一般飞行任务。

(2)航天飞机轨道飞行器应用的辐射器。航天飞机在轨道飞行时,排热主要靠空间辐射器,辐射器在有效负荷舱门内部,舱门用于在发射和返回时起保护作用。航天飞机在轨时有效负荷舱门打开,辐射器暴露在空间冷黑环境。辐射器的最佳涂层和高辐射率翅片可以使辐射制冷器排热最大化。由于受舱门面积的限制和航天飞机飞行姿态的影响,传热流体氟利昂 -21 会得不到足够的冷量。在这种情况先进的闪蒸发器自动激活,通过煮沸多余的燃料电池水提供附加冷量需求。

为了验证航天飞机在给定轨道姿态下辐射器系统排热能力,对 4 个辐射器组和它们的流量控制组件要在空间环境模拟器中进行热真空试验。选择两个轨道器冷却剂循环回路之一进行试验。

航天飞机集成主动热控制系统包括两个独立的流动回路,用于每次任务中收集、传输和排除轨道运输器分系统、设备和有效载荷的废热。航天飞机在轨排热是靠辐射器。主动热控制系统辐射器系统有 6 个辐射板(每个流动回路 3 个)固定在有效载荷舱门内部。两个附加的辐射器板(每个回路中 1 个)安装在有效载荷舱门船尾部分,为的是附加排热能力。3. 1m ×4. 6m 曲线外形板为的是使体积最大。它有两种结构形式，向前板，在轨时舱门被打开后向前板从舱门离开，并从板的两侧排热。船尾板，固定门的尾部并且仅能从凹表面散热。串联连接的辐射面板装有平行流动管路，辐射器面板由低密度铝蜂窝粘合到涂有特殊银特氟隆涂层铝面板构成。银特氟隆可以吸收太阳热流并有高的热发射率。制冷剂通过每一个辐射器流动。在每个回路中有控制系统，每个回路可以手动操作或自动控制辐射器系统出口温度到3.3℃或13.9℃。达到13.9℃温度为的是通过先进的闪蒸发器消耗掉过剩的燃料电池产生的水。

2）生命保障系统中的低温技术

生命保障系统中，氧的贮存和供给是必不可少的。即使将来长期载人空间站具有半再生、全再生式生保系统，舱段泄漏也必须有氧补充的手段。

氧的贮存有高压气态贮存、低温贮存及化学贮存3种方式。氧的低温贮存可以用相对较高的密度在较低的压力下贮存，这样就可以做到容器的体积和质量较小，降低航天器成本，由于工作压力较低，保障了航天器和航天员的安全。另外，低温贮存提供了一个低温热沉，为航天器的热控制设计提供了有利条件，飞船和航天飞机的一次电源燃料电池更可以统一考虑低温液体的贮存，节省研制设计周期和经费。

3）试验保障系统的低温冷却技术

空间站必须保障试验技术、生产工艺、观测条件能得以实施，这就需要有试验技术保障系统，在试验保障系统中，冷却散热是一项重要技术。在空间的试验主要是微重力下的试验，并且以材料加工试验为主，而材料加工试验中必然会有加热或发热过程，因此估计空间站系统散热功率是件很重要的工作：首先，要考虑允许的最大散热能力，其次，要看电源有多大的供给能力。这是因为空间散热条件比地面上困难，空间散热的传热途径只有辐射和相变挥发两种，与在地面相比，技术复杂性，因此冷却散热是试验保障系统的关键技术之一。

例如，乌克兰科学院低温技术物理研究所为“礼炮”-4号轨道站研制了一台固氮制冷器，特别设计了低温恒温器和冷气输送管路，需要制冷时打开低温恒温器的调节阀门，冷蒸气经管路放出，温度降低到-223℃。

4）载人空间站动力系统的低温技术

空间站和航天飞机动力系统使用超临界推进剂作为动力系统的一部分。液氧和液氢推进剂的生产和贮存都要依赖低温技术。

5.6.2 用于火星探测任务中的低温技术

人类空间探索从地球轨道进入太阳系的拓展是我们面临的挑战。1960年苏联发射了两个火星探测器，但以失败告终。1965年美国“水手”4号探测器飞越火星并拍摄了21幅照片，其后多国都有火星探测器发射，美国的“好奇”号成功在火星上登陆并发现火星曾适合生命生存。人类登上火星还要有一段距离要走。人类登上火星的任务没有安全和有效的制冷剂贮存是不可能的。

火星任务提出了低温制冷剂流体管理范围的问题，从大量短期系统到小量、长期系统或者处于两者之间，改善贮存技术可以减少发射质量和节省成本。采用主动和被动技术的综合可以解决问题。当使用被动方法将无法实现最大的节省质量，单独依赖主动技术总是引起担忧可靠性问题。综合这两种方法得到的系统将是最小的质量，同时保留了在制冷器或动力系统出现故障情况下的最重要的保障。混合的方法将会很好地抑制环境温度和局部或暂时动力损失的不确定性。

不同的低温贮罐用于火星任务，每个都在尺寸、寿命、制冷剂和温度方面有它不同的要求。对于每个要求将研制量身定做的解决方案。通过采用严格的热模拟，每个尺寸的贮罐的冷却要求能够被优化。主动制冷器的发展将最大限度地利用开发的技术用于其他飞行应用。这些制冷器也会适应火星任务环境。最大冷量的制冷器可能没有现成的，但火星任务的制冷技术已有能力得到满意的解决。

火星任务特别具有挑战性的工作是推进剂贮存的问题。在从地球飞往火星的过程中也需要推进剂的贮存。这个过程要经历火星探测器从地球发射、地球轨道的飞行、到火星注入推进剂的阶段、零重力中转阶段、下降和降落到火星的过程、到了火星之后还有执行探测任务和返回地球的过程。在这些长时间飞行过程中需要消耗大量的推进剂，这些推进剂全部是自身携带会使发射负载非常大，推进剂的数量很大，解决推进剂的另一种方案是携带液氢，并先运送货物和设备，再运送人。将现场制冷剂生产装置运送到火星，在火星生产气体氧和甲烷，液氢罐必须带到火星，由现场生产的氧化必须被液化，氧要冷却到 90K，甲烷液化要冷却到 112K。液氢贮罐必须保持在 20K。

火星探测任务中，无论是人或机器人送上火星低温技术起着关键作用。长期的推进剂贮存将会使火星探测的负载最小，并应保证有足够的液氢推进剂，火星表面低温液化和推进剂的现场生产使人类能返回地球，主动制冷和被动制冷技术的结合会产生最节约最佳化的制冷系统。研究工作将会对每个贮罐确定主动和被制冷参数，适当的制冷器将与多层绝热、蒸气冷却屏蔽和正仲转换液氢的催化转换器很好的结合，并进一步发展有关技术以满足火星任务未来的需要。

5.6.3 空间探测中制冷剂现场生产设备的设计和分析

可改变生产规模的制冷剂现场生产设备系统的建造，需要首先建立可行的现场资源利用系统。液氧、液氢和液体甲烷这些低温流体是返回飞行器推进系统推进剂、生命支持系统和动力系统所需要的。为实现低温现场资源利用系统，高效制冷器是需要的关键技术。制冷器可以解决低温液体分离、液化和汽化贮存的问题。

为了在现场生产低温流体,首先是在低分压挥发成分的物质中提取原材料,再进行推进剂的生产。采用低温冷却绝热技术提高动力效率和热稳定性。研制了逆布雷顿循环制冷器提供20K冷量,用于液化和维持制冷剂的贮存。

空间探测任务,包括火星和月球探测任务,现场生产设备的建造具有重要的意义,下面以月球探测为例,探讨在月球上低温推进剂的现场生产设备系统的设计和生产过程。

低温推进剂是现存非核燃料和氧化剂最功能强大的燃料,它是探测月球的优选燃料。假设返回推进剂制冷剂能从月球本地资源产生,则就会节省探月球制冷剂的费用。推进剂中应用最多的是氢、氧和甲烷,全部这些气体在月球表面以自由分子或简单分子形式存在,它们可以很容易地被精制。下面讨论从月球土壤中提取太阳风挥发物质,收集和纯化用生产系统的低温要求。

月球土壤中挥发物质的含量在“阿波罗”飞船带回地球的样品分析及几个轨道频谱映像任务中已能确定。太阳风挥发物质在月球上的浓度比在地球上高,这是因为地球的电磁场偏转了从太阳聚变中产生的带电粒子。月球土壤中存在的挥发物质加热就可以被释放出来。

1. 月球挥发物质资源的提取

用月球土壤中化学还原的金属氧化物和用热解吸方法收集太阳风挥发物质可以从月球土壤中提取推进剂和生命支持系统的气体。土壤中高原子氧含量代表其中存有大量的推进剂氧化物和呼吸用的氧,这些物质其他来源只能是地球。研究人员已研究出在月球实现高效生产氧的方法。

在月球土壤中太阳风挥发物质的离子注入造成吸附分子和细粒度表面材料之间微弱的物理结合。月球土壤样品试验指出:用简单的土壤搅拌或为了更全面解吸的加热处理就会从土壤中释放出挥发物质。有几种方法将热能传递到土壤。月球土壤中的铁钛氧化物对微波频率的辐射(300MHz ~ 300GHz)有很高的吸收水平。这种能量波长可以提供高效加热月球土壤的途径,可使月球表面白天的400K温度由于有效的吸热达到1000K的温度。电阻加热也能用于促进挥发物质的提取。电阻能提供大面积快速加热土壤并且赶走各种挥发物质。即使月球土壤在细粒矿物质表面,多孔而且低热传导率的挥发物质成分也能被松弛结合,细粒矿物质土壤层占月球的大部分。更有效处理土壤的方法还需进行研究和试验工作。

2. 推进剂生产系统

为了在月球表面生产推进剂要求建设大量的基础设施用于建造动力系统和土壤处理。月球发射方案汇总在表5-17中。在表中假设了一年往返的飞行器和机组人员的质量。这个方案作为确定最小低温流体生产率的基础。一个挥发物质收集、液化和贮存系统实体模型可以演示系统大约是典型办公桌一样大小。推进剂生产设备设计打算能达到的每年要求的生产率。

表 5－17　假设每年一次月球往返，推进剂量产的基本数据

任务规范		要求
机组人员和飞行器质量/kg		5660
要求推进剂质量（速度 V = 2778m/s）/kg		4746
氧化剂/燃料比值		6/1
速度/（m/s）		2778
推进剂质量/kg	H_2	678
	O_2	4068
氢产量/（kg/h）		0.15
假设 H_2 浓度		43×10^{-6}
假设 H_2 回收率/%		80
每小时月球土壤挖掘量/kg		4500

在月球土壤中收集挥发物质的主要困难在于月球上的真空环境。为了浓缩挥发物质以液态高密度运输、分离和贮存，低压扩散的气体必须首先加压。机械压缩过程分很多阶段并且非常耗能，取代的方法是使用吸附材料去收集挥发物质并且把它们从无限制体积输送到被压缩的小的体积。像非晶质碳和金属分子筛这些高吸附材料在低温环境温度会达到很高的表面挥发物质浓度。吸附剂在环境温度和低温之间循环加热，挥发物质在真空环境下将被收集和浓缩，这会更有利于纯化处理。

收集到的低温吸附数据显示：在温度大于分子临界点时，吸附到无定形表面的分子浓度能超过液体的密度。这个特性会造成个体分子和固体吸附表面之间的相互作用力，这可能有利于低温贮存。

图 5－17 是收集和纯化系统的示意图，它显示每种推进剂流体流入和生产的流动情况。纯的低温流体可以用选择的热捕获方法取得。CO_2 和 CH_4 之间的分离在图 5－17 中的液流 7 中进行。分流这些气体混合物通过 200K 翅片表面，CO_2 凝结成固体形式，同时 CH_4 继续液化。CO_2 用热再生方法回收并且装进反应器，在反应器中与过量 H_2 产生反应，这些 H_2 是由 H_2O 电解生产的（图 5－17 的液流 10），经过反应后完全转换成 CH_4。反应在多孔陶瓷涂覆了催化剂的反应器中进行。这个完全转换的过程是在温度为 573K 和压力为 0.2MPa、超量供应 H_2 的条件下完成的。

一旦液体流产生，推进剂气体就被液化并贮存在绝热的制冷剂贮罐中。H_2 的低温液体贮存比超临界（>33K）贮存减少了贮存系统的质量，这是因为超临界贮存容器需要有高压安全壳。低温贮存成本较高，因为它要求制冷器连续工作以保持贮罐零汽化热状态。表 5－18 所列为推进剂收集和纯化系统质量和电功率要求。部件质量和功率值是每年一次往返一次使用的生产设备。

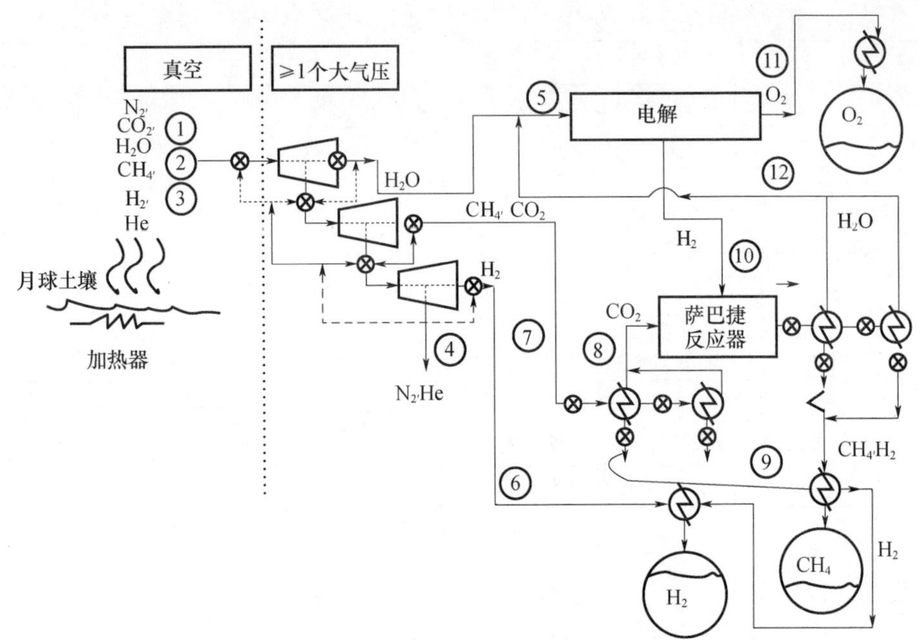

图 5-17 推进剂收集和纯化过程示意图

表 5-18 部件质量和输入功率

部件	质量/kg	输入功率/kW
风化层土壤加热器	15.0	4.0
吸附床	4.9	1.23
吸附制冷器	44.1	1.50
萨巴捷反应器	0.5	0.02
电解槽	4.5	1.00
冷凝器	3.0	0.11
支架	50.0	0.0
制冷剂液化装置	126.0	2.78
制冷剂贮罐	155.0	1.36
总计	403.0kg	12.0kW

现场资源利用(ISRU)推进剂生产系统功率要求包括完成分离、液化和贮存这些低温过程以及为了挥发物质收集热能所消耗的电能。H_2O 电解将要求不同的输入功率,这取决于月球土壤中水的含量。

3. 对制冷器的要求

在地球外生产低温推进剂和长期贮存需要的技术主要是长寿命高制冷量的制冷器。在 20K、10W 连续制冷的制冷器可以达到月球现场资源利用 H_2 的生产和零汽化贮存的目标。高效制冷器在空间的应用已很广泛，但是这些制冷器在低温下不能提供高容量的热输送，并且没有设计用于推进剂液化和贮存系统需要的分布式冷却接口。预冷的 JT 循环和逆布雷顿循环提供了达到接近无限冷却速率的设计灵活性，它们都是回热循环。而回热循环制冷器与再生系统比较发展不够充分并且不能达到现场资源利用低温基础设施可靠的长期工作的要求。

H_2 液化可以达到在 20K 温度，压力为 0.1MPa 时冷凝，或在较高的温度和压力下通过 JT 过程预冷，从月球表面提取的 H_2 的液化当温度达到液体的临界点时会导致同位素转换。图 5－18 显示用混合式制冷器生产液氢的示意图，混合制冷器包括 40K 制冷器冷头热交换器结合三氧化铁催化剂后面紧跟着是回热热交换器和 JT 膨胀阀。液体被收集在 20K 贮存容器内，同时蒸气通过同流换热器回收到压缩机。H_2 的零汽化贮存可以经布雷顿制冷器与脉管制冷器混合作用达到，其流程示意图见图 5－18。高容量脉管制冷器用于 20K 布雷顿制冷器的预冷，布雷顿制冷器在制冷剂贮罐入口处提供冷量。较高效率的脉管制冷器工作在 90K，它预冷第 2 级热交换前的逆布雷顿循环制冷剂流体。

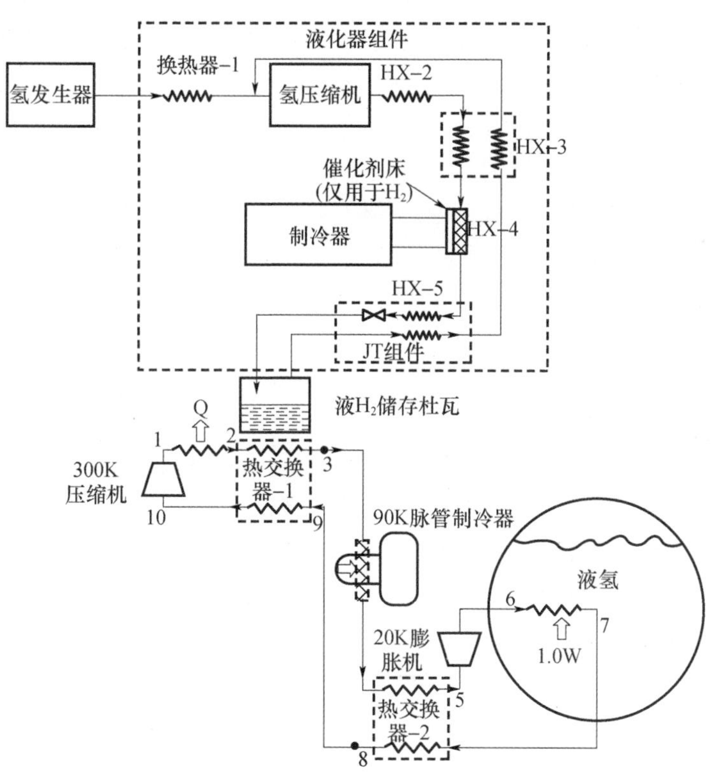

图 5－18　用于液氢无损失贮存的氢液化和布雷顿循环混合制冷系统设计

为了未来空间探测,月球可以作为初期的试验基地,低浓度宝贵资源在现场资源利用技术是空间探测的最大困难问题,从各种天体提取和收集资源的能力将大大提高人类和机器人探索太阳系的能力。

美国航空航天局如果研制成功核聚变作为火箭的动力,往返火星的载人任务就不必花费500天的时间,航天员可以在30天或90天内往返于地球与火星之间,推进剂长期大量贮存和现场生产推进剂的工作就可以省略了。

5.7 低温制冷剂长期贮存技术

5.7.1 低温制冷剂零汽化贮存技术

1. 概述

大制冷量的制冷器和在轨长期(>20 年)推进剂的贮存将用于未来的高能激光(HEL)空间系统、变轨运载工具和轨道上的推进剂贮存库。以空间为基础的系统要求长期制冷剂贮存的低温应用包括:对于亚临界制冷剂的冷却要求、制冷器冗余问题、在轨道上制冷剂从一个飞行器向另一个飞行器传输的问题、大型屏蔽的冷却、长期气体和液体制冷剂的贮存、大型分布的冷却表面、低温系统集成化问题和由于质量和输入功率而引起的航天器系统性能恶化的问题。制冷器种类包括逆布雷顿循环、单级和多级斯特林循环、先进的JT循环和脉管制冷器。制冷器技术跨越很宽的冷却温度范围(从10K到150K)和制冷量(在95K时到10W),除制冷器外,还包括低温热开关、低温热传输、热贮存和减少系统质量与输入功率性能恶化的低温集成化计划。

现代低温集成化和制冷器发展计划专注于低温系统对光学空间系统的负面影响,包括诱导视线振动、寿命、功耗、质量、热传输、热贮存和热开关。然而,对于未来空军系统低温冷却的要求是大制冷量低温冷却、高效率制冷器和长期在轨低温制冷剂贮存技术。

高能激光空间系统、变轨运载工具和轨道上的推进剂贮存库要求长期制冷剂贮存,并且是零汽化系统。人类和机器人空间探索技术,也需要推进剂长期贮存。制冷剂长期贮存需要解决许多技术问题,包括增加制冷器的制冷量、低温系统冗余问题、大的分布面积的冷却、低温系统的集成化和重要系统减小重量和功率。

在轨制冷剂长期贮存的问题早已存在,最大的障碍是缺乏可靠、高效率的低温冷却技术。目前由于传感器和低温光学冷却技术的发展已为制冷剂长期贮存提供了可能。

2. 在轨制冷剂长期贮存对制冷系统的要求

在轨制冷剂长期贮存要求制冷器可靠、高寿命、减轻质量,增加制冷量和效率并且要提高低温系统集成化技术。高能激光和变轨运载工具中的制冷剂贮存问题是处于不断发展阶段,它们需要特殊的低温系统设计,但也有在技术要求范围内的共同问题。

表5-19所列为在轨高能激光系统贮存化学反应物的大型贮罐和屏蔽的低温要求。这里仅给出冷却温度和负荷。冗余问题、屏蔽和贮罐大的冷却表面和制冷器质量和输入功率对系统的影响这些问题要综合考虑。最后确定发展大制冷量制冷器或一组小制冷量的制冷器,使用单级制冷器或多级制冷器取决于要实现的特别的低温系统研制计划。

表5-19 在轨贮存反应物质冷却要求

低温部件	温度/K	冷却负荷/W
辐射屏	200~250	10~70
	120~150	20~60
	80~100	20~30
储槽	80~90	20~30
	40	5~10
	20	2~20

航天有关机构已检测了几种用于高能激光低温贮存反应物质的性能特点。对不同的情况进行比较,包括利用低温气体对液体系统、大型制冷器与小型制冷器比较、小贮罐与大贮罐比较,还有对其他系统属性的审查。另外一种考虑是利用多级制冷器比较系统冷却性能。这些研究的结果指出多种系统的影响决定具体系统设计。如预期的那样,贮罐漏热降低,这将影响制冷器功率的要求和对效率的要求,可以用较小的制冷系统就能满足要求。使用更有效的贮罐热隔离和多层绝热及有效的制冷器后,输入功率和质量问题会成为可以解决的问题。一个额外的调查结果是比较用于100K气体制冷剂的贮罐使用单级制冷器或者多级制冷器,结果指出多级制冷系统优于单级制冷器。

制冷剂在空间的贮存和外星物体的探测都在技术上需要美国航空航天局火星计划的支持。人类和机器人去火星任务将需要制冷剂的液化、贮存、推进剂的输送、到火星的长期旅程中和到达火星表面后可以呼吸的大气的贮存。火星任务对制冷器的要求见表5-20。该要求是采用各自不同任务的综合。

现在的主要工作是结合制冷系统的要求解决一些基础性的问题。许多发展计划持续了数十年,部件水平技术已很成熟,这种能力成为系统设计成功的保障,需通过地面各项试验和飞行试验研制符合要求的制冷系统。

表 5-20　火星任务制冷剂贮存冷量要求

温度/K	制冷量/W
112	0.9~6.5
90	1.5~11.3
20	12.3

3. 零汽化、液氢贮存系统在空间的应用

大量制冷剂在空间平台长期贮存带来了各种挑战。首先,在任务执行时间内制冷剂贮存数量必须是最大的,这是因为有效负荷质量的制冷剂向轨道运送时有较高的消耗。其次,泄漏到低温贮罐的热量必须减少到最小或者不泄漏热量,这是为了减少因为蒸发造成的制冷剂损失。最后,制冷剂在零重力环境下操作由于缺少液体和蒸气的分离,因此造成许多工作问题。在这种环境下像排气和液体的输送这样的关键操作会产生问题,由于没有对下沉的液体的加速,因此很难确定贮罐内蒸气的位置。

为了空间探测必须努力解决这些问题,研究在密实状态下贮存低温液体的问题,这可以在固定贮罐容积内能最大限度地容纳制冷剂。使用先进的绝热和组装技术再加上集成化的制冷器消除了从环境向制冷剂的漏热,因而消除了制冷剂的蒸发。因而第一阶段使用先进概念确定集成化的低温贮存系统受到广泛注意。合格的系统必须满足体积的要求、流体的类型和流体的质量要求,同时要减小环境漏热和升空重量。基于设计标准,两种配置同时得到发展:分离的贮罐和同心的贮罐。两种配置都使用了双温度和主动冷却的屏蔽以便消除制冷剂的蒸发。冷却系统中的制冷器从 15K 和 65K 贮罐壁提取热量。分离的贮罐用的低温冷却循环在图 5-19 中给出。

由于空间低温贮存系统的需要,因为同心的贮罐比分离的贮罐减少了冷却要求,因此同心贮罐使研究人员更感兴趣。创新的紧凑组装方式、带有机载冷却系统处理地面保留热负荷的能力、安全和探测漏率的特性,这些特点是同心贮罐的特性。

(1) 空间贮存系统的设计。空间飞行同心贮罐系统的详细设计要研究解决贮罐容量、关键的分系统和相应的接口等问题,因此必须设计高保真的后续低温原型试验装置。对空间飞行同心罐系统进行了热优化设计,因此有最小的漏热。

下面讨论设计要求、热最佳化方法和热模型。

液氧、液氢和气氦空间贮存系统带有 8:1 比例氧化剂用于燃料电池和高能推进器。

空间飞行同心贮罐是由液 H_2 贮罐、气 He 压力罐、液氧贮罐和这些贮罐的绝热结构、主动冷却系统管路、渗透管路和悬置系统所组成。美国国家标准学会和航空航天学会(ANSI/AIAAS-080)空间系统指导方针用于金属压力容器、压力结

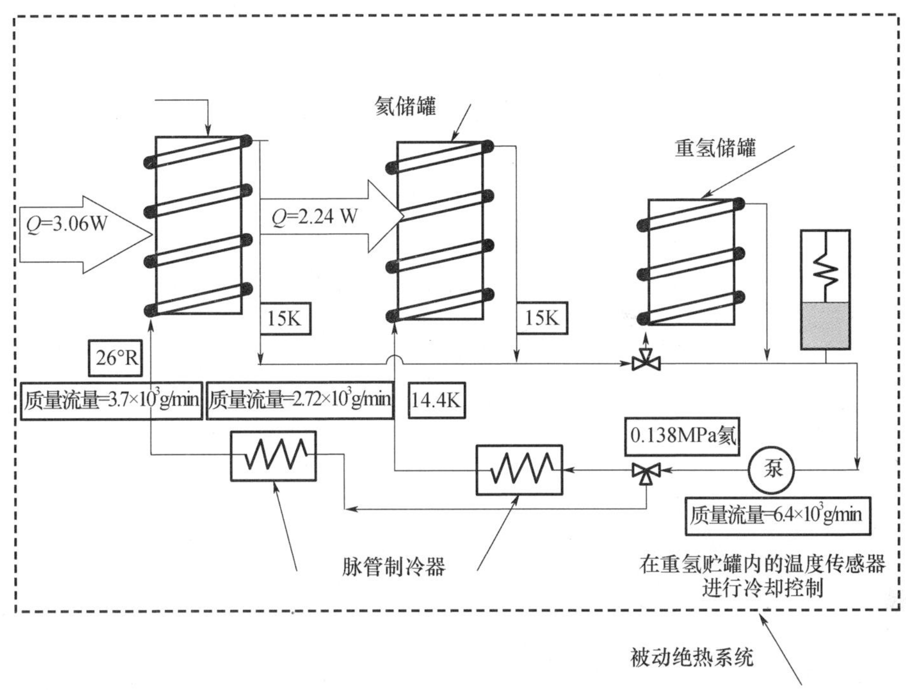

图 5-19　低温冷却循环概念图

构和压力部件用于空间飞行同心贮罐系统的设计。主要设计内容包括:用于容纳要求流体的尺寸、设计贮罐壁厚、确定悬置系统尺寸和设计渗透管路。同心贮罐初步设计的目标是确定贮罐系统尺寸、贮罐壁厚和热传导漏热。

每个贮罐的设计取决于压力和加速度。工作压力和加速度取决于具体任务。液氢贮罐用 Al-Mg-Si 铝合金材料制造。环形液氧贮罐设计采用 Al-Mg-Si 铝合金材料作为铝衬和半环形头部,碳纤维复合材料包缠整个贮罐,碳纤维复合材料结构带有加强环以防止内壳失稳。渗透管路和悬置系统设计的主要目标是减少对贮罐的热传导负荷。渗透管路要设计工作压力和允许的压降。反复研究改变管路直径和长度以确定沿每个管路最小热传导的值。Al-Mg 铝合金用于全部渗透管路,因为它有比其他铝合金都小的热传导率。碳纤维复合材料包缠从气氦贮罐引出的高压管,用于加固高压管,主要悬置系统参与评估纵向和横向负荷、反复探讨悬浮杆横截面积、长度和悬浮角度以确定最小热传导负荷。典型的玻璃/环氧树脂复合材料的热和力学性能被用于悬置系统的设计。

(2) 集总参数热模型。集总参数热模型用于进行快速系统研究和对系统最佳化提供指导。气氦冷却循环管间距已被优化,因此流量路径长度、压降和泵功率也已最小化。管路与贮罐壁之间的接触面积已确定。通过反复研究流体质量流速、泵功率要求和从冷却流体到贮罐壁热传输之间的关系,求得最小的冷却流体质量流率和泵功率,同时仍能满足性能要求。将集总参数热模型作为输入参数输入到高保真的航天热分析用软件 SINDAG/FEMAP 热模型中就会得到结果。空间稠化低温流体贮存系统集总参数热模型示意图见图 5－20。

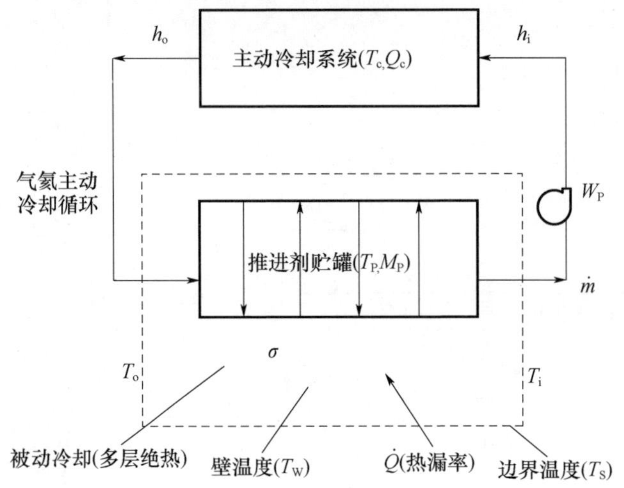

图 5－20　空间稠化低温流体贮存系统集总参数热模型示意图

相关集总参数热模型的几个假设如下：在每个冷却循环假设是恒定的平均流体温度和管壁温度、沿着流体管路有一样的热吸附和在贮罐壁仅有轴向传热。边界温度假设为 65K。氦冷却循环回路泵功率包含在这个模型中。主动冷却系统制冷器功率是被特别指出。集总参数模型构想出贮罐的圆柱形几何外形并且根据表现面积评估出贮罐封头尺寸。模型的输出包括最冷的贮罐壁温、冷却流体进入和流出的温度、制冷器功率、工作温度、泵功率、压降和管壁温度。图 5－21 模型指出：低温贮罐设施模拟原型的最佳冷循环配置是由贮罐周围包裹绝热层从每个贮罐对称进入的两个冷却循环组成的。冷却循环流体用管道连接在贮罐中心并输送到主动冷却系统。最佳的管间距为 0.66m。绕着圆筒部分有 6 个冷却环，在封头部分绕着 4 个环。

(3) 技术验证设备。零汽化液氢贮存系统技术验证设备的独特之处是液氢到达之前冷却贮罐壁和阻止环境漏热，这样就提供了无排气的液氢贮存和分配。系统由液氢、正常工作压力 1.33MPa 超绝热设计的贮罐、绕贮罐焊接的铝主动冷却环、超导氦冷却循环回路鼓风机和长寿命线性压缩机驱动的两级脉管制冷器组成。工作在 20K 的第二级冷热交换器处主动环连接到脉管制冷器上。

SINDAG 软件是美国 Network Analysis. Inc 公司的产品，是目前世界上最权威的热设计软件。它来源于美国航天工业，共有 39 年的研发历史。该软件主要用于温度场和热控制计算，是基于集总参数和热阻－热容节点网络，采用有限差分数值方法设计开发的专业热分析软件，包括大量计算求解器、库函数和开放式的用户开发环境，成功地解决了航天、汽车和电子学领域中的最复杂的热技术难题。

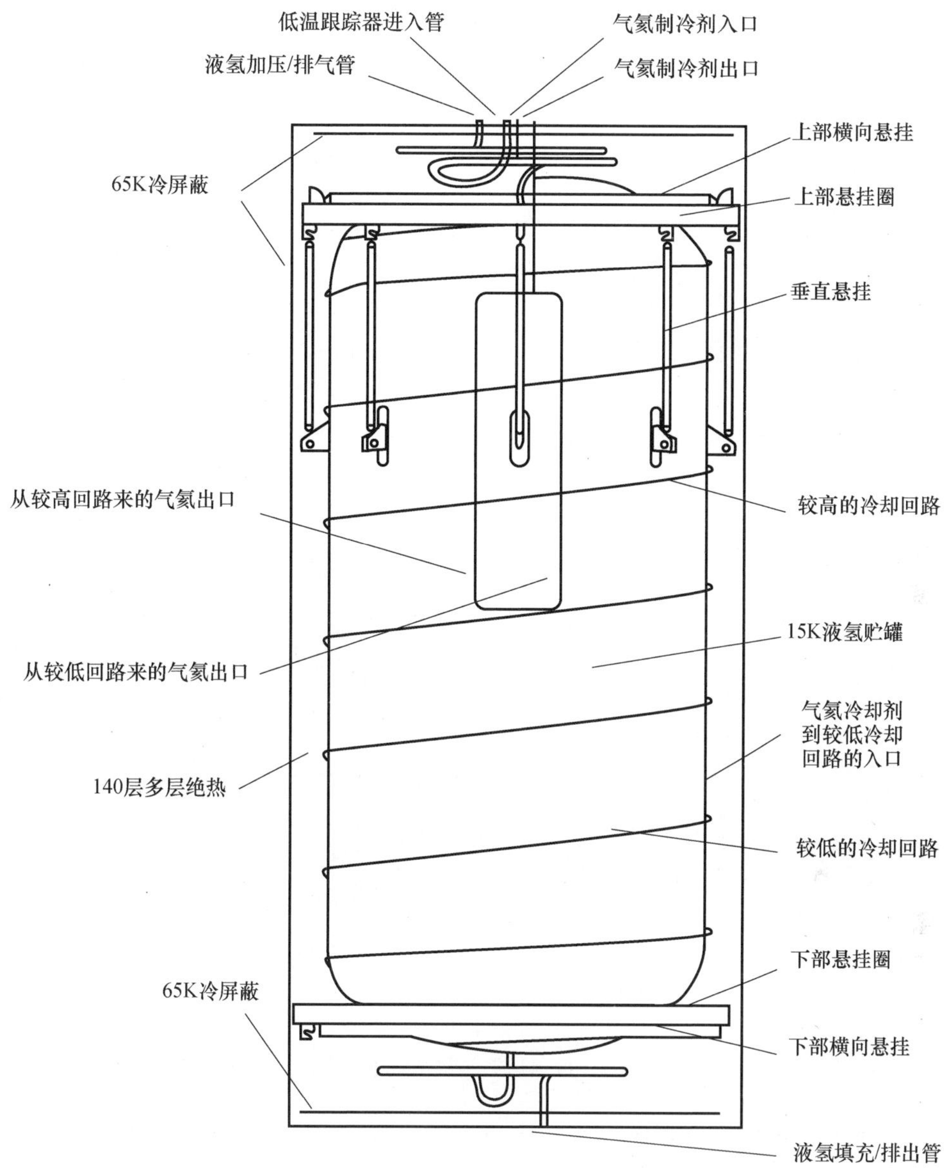

图 5－21　根据 SINDAG 软件设计的液氢贮罐剖面图

5.7.2　低温推进剂汽化减少系统

1. 概述

研究指出,主动冷却再配以足够的被动热控制系统与单独被动系统比较质量较小。假设制冷器位于推进剂贮罐较远的位置时,在贮罐内就会有温度梯度集成损失。如果热量进入贮罐,这个热量将会被连接到贮罐内热交换器的制冷器排除。下面将讨论用于冷却贮罐的制冷器集成化概念。

在空间低温推进剂贮藏库工程引进了制冷器集成化概念设计。概念设计包括大面积热管、热开关和二级管，在气体管道连接低温冷却系统中利用微电子机械系统(MEMS)进行均匀分布的冷却，对冷却屏蔽也采用同样方法冷却。下面设计的封闭循环氦系统称为低温汽化减少系统(CBRS)。

使用气氦冷却系统作为均匀分布冷却系统。在高压条件下，氦气具有高的传导率和密度，它具有类似于液体一样的对流换热的性能，又因为它的极低的沸点，所以可以用于冷却液氢。因为通过多层绝热(MLI)的漏热是很小的，因此只要小的质量流就可以排除这些热量，这样不会引起过高压降的小直径管就可以用于冷却管。同样，屏蔽厚度也可以较小。屏蔽可以是简单的铝箔，铝箔加强了阻止热量的传入。小直径管和薄的箔屏蔽带来小的热损失，这对于冷却液氢多层绝热内的屏蔽是有用的，它将明显降低汽化率。穿入贮罐较大直径的贯穿件，像管道和支撑件也需要排除漏热。与多层绝热比较，这些贯穿件有较大的热流。这些管不必用大的横截面和重的管道。低温汽化减少系统如图 5－22 所示。

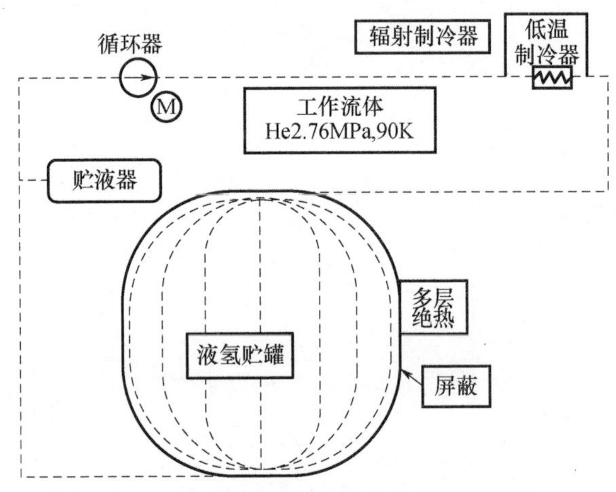

图 5－22　液氢低温汽化减少系统示意图

对低温汽化减少系统贮存与类似的仅仅被动贮存进行比较。虽然该系统使用地点现在仍未定，在这里的分析将用通用方式进行。正因为如此，考虑使用一种带有贮罐尺寸范围和任务期限的一种参数分析方法。目标是使用低温汽化减少系统设计，同时考虑在什么情况下适合这些使用地点。

2. 方法

(1) 热模型。系统的边界是在贮罐外部的多层绝热层。进入系统纯热量由下面的能量平衡式决定：

$$Q_{t} = Q_{ML} + Q_{st} + Q_{p} + Q_{mix} \tag{5-1}$$

$$Q_{cr} = Q_{t} + Q_{tu} + Q_{co} \tag{5-2}$$

式中：Q_t 为进入贮罐的热量；Q_{cr}为用主动系统排除的热量，即制冷器制冷量；Q_{ML}为通过绝热层漏热量；Q_{st}为通过支撑漏热量；Q_{mix}为混合器引入系统的热量（在零汽化配置时不需要，此时 $Q_{mix}=0$）；Q_p 为通过管路和仪器仪表进入贮罐的热量；Q_{tu}为 He 连接接管引入系统的热量；Q_{co}为 He 循环泵引入系统的热量。

所使用的加热速率和温度是稳定状态，贮罐内的压力也是稳定状态。当制冷器排除全部热负荷并保持恒定的液体温度（没有内部能量变化）时就会出现零汽化（ZBO）或者是热平衡。假设制冷器设计成仅排除部分热量，这时罐内一方面排除热量并且仍有剩余的热量（以汽化的型式存在）的状态也被假设为稳定状态。

（2）被动热部件。贮罐绝热模型化为多层绝热双镀铝聚脂薄膜辐射箔。内层发射率为 0.03，空隙压力约 5×10^{-4}Pa。式（5－2）用于建模，乘以一个比例因子 1.8 是由于贮罐渗透对多层绝热的干扰。在设定几个贮罐直径，选择液氢贮存采用 50 层多层绝热，选择液氧 60 层多层绝热的条件下，进行推进剂贮存优化设计。

（3）主动热部件。Sinda/Fluent 模型用于分析贮罐屏蔽和冷却管路，其示意图见图 5－23（流体回路，不包括贮罐）。热交换器（代表制冷器热负荷或贮罐加热）连接到低阻力恒温节点。制冷器负荷保持在 95K 恒温。循环器建模为恒定的质量流量块，通过焓的变化可以用于计算增加的热量。

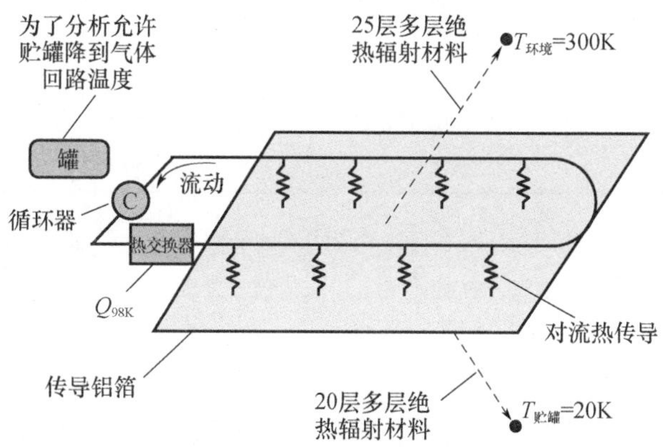

图 5－23　管路和屏蔽的 Sinda/Fluent 模型

（注意：设计的屏蔽覆盖了全部低温贮罐。尽量减少屏蔽质量，同时保持管路间在可接受的温差内）

贮罐外面加有 8 个平行气体回路，贮罐外形直径为 1.8m，面积为 16m^2。0.1mm 屏蔽厚度用于保持管道回路之间温降低于 1K，管道回路间距为 0.4m。环绕贮罐 1.6mm 氦气管路温度增加小于 2K。回路中气体流率为 0.04g/s，雷诺数为 7000。

当使用零汽化液氢温度制冷器后，明显地会减少屏蔽质量。能量节约是由于更高的效率和低重量的液氧温度制冷器。在同时使用 16m^2 贮罐情况下，零汽化贮存系统和低温汽化减少系统之间区别见表 5－21。

当用于冷却液氧贮罐时,氦冷却管路直接固定到贮罐壁上,这样可以更充分地散发热量到冷却管。热模型完成了对液氢屏蔽的研究。制冷器冷却的屏蔽需放置在多层绝热层数40%的位置上,这时效果最好。例如:共50层的多层绝热,第1层是紧贴到贮罐上,制冷器冷却的屏蔽应放置在第20层,在多层绝热总数40%的位置时制冷功率最小。

表5-21 使用1.8m直径16m^{2}表面面积,填充液氢贮罐在低地球轨道液氢贮存95天情况下零汽化贮存系统与低温汽化减少系统的比较

项目	零汽化贮存系统	低温汽化减少系统	被动热部件(多层绝热)
进入贮罐的热量 Q/W	13	13	13
带管路的屏蔽/kg	0	8	
热交换器/kg	0.2	0.2	
循环器/kg	0.12	0.22	
制冷器/kg	88	3	
控制器/kg	12	1	
辐射器/kg	45	2.4	
太阳能电池阵/kg	117	6	
功率/W	1220	65	
汽化/kg	0	35	232
小计/kg	262	56	232

使用地点可以有多个动力方案。采用减少或零汽化冷却的高比冲低温燃料将会改善动力结构的性能。参数分析工作及贮罐贮存和寿命问题已得到解决。低温汽化减少系统已减少了贮罐的质量,可以满足液氧贮存期限14天,液氢贮存期限40天。在这种减少汽化方法中要使用95K制冷器,而在无损贮存(零汽化)方法中,要使用液氢温度制冷器,因此减少汽化方法有更高的效率和更低的质量,可以用于月球探测和未来的火星探测。

5.7.3 航天飞机推进剂的零汽化贮存

使用主动制冷器和被动制冷器综合技术使贮存的低温推进剂零汽化在长期空间任务中受到广泛关注。该技术就允许为弥补汽化的制冷剂存储多余的制冷剂,也可以将绝缘转换到可用的有效载荷。

NASA的航天飞机动力系统使用超临界推进剂贮罐作为动力反应物贮存和分配(PRSD)系统的一部分。在发射前这些贮罐要填充几天等待。低温燃料电池反应物在航天飞机上零损失贮存是演示零损失技术的一种应用。反应物为超临界流体,它贮存在真空绝热的贮罐中,燃料电池使用氧和氢提供动力和为机组人员

提供饮用水。反应物为超临界流体，它贮存在真空绝热贮罐中，在加载前贮罐在环形空间内用真空离子泵保持非常高的真空。

氧贮罐直径为 84.9cm，体积为 0.32m^3，工作压力为 6.2MPa。氢贮罐直径为 105.5cm，体积为 0.61m^3，工作压力为 1.7MPa。氧贮罐漏热约 8.1W，氢贮罐漏热为 3.6W。图 5－24为贮罐的示意图。贮罐类似，只是尺寸不同，氢贮罐包含一个蒸气冷却屏。

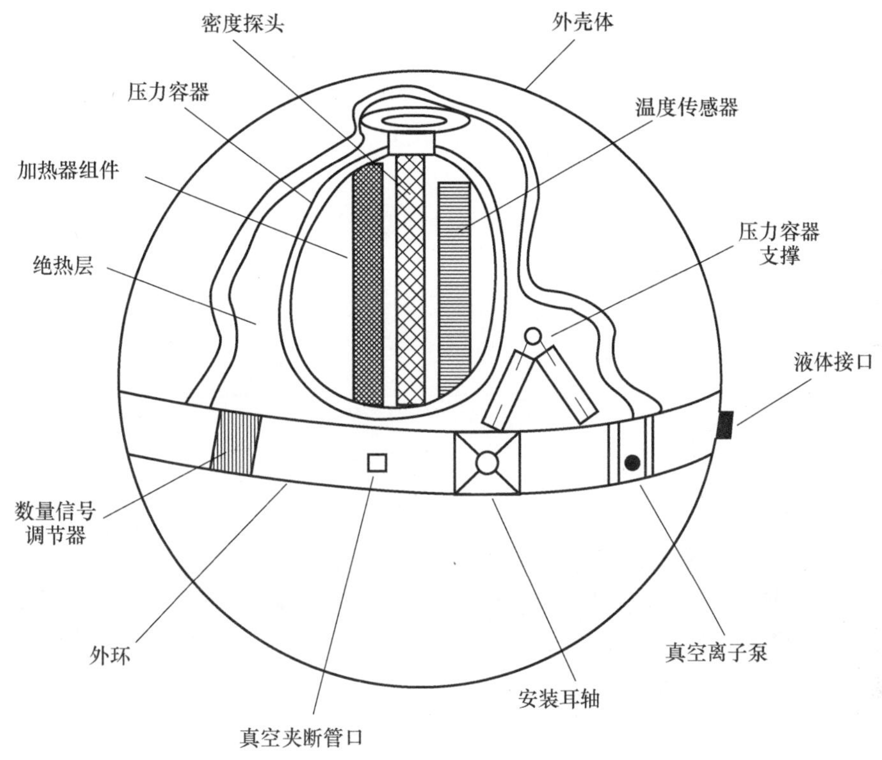

图 5－24　航天飞机推进剂贮存和分配贮罐示意图

在计划升空前贮罐装入正常沸点的液体约 48h。贮罐的数量取决于任务的动力和时间长短。这样大量的蒸发时间限制使轨道飞行器在发射台有足够的准备时间，根据任务情况，这些制约因素可能严重限制航天飞机的保障性。在反应物质必须重新加载之前，典型的保持时间是 1～4 天，发射推迟可能是由于许多不同情况，可能在发射平台、可能在紧急着陆点或由于轨道飞行器许多系统之一出现了技术问题。航天飞机能在多长时间准备再次发射，这主要取决于燃料电池反应物质的供应情况。

一旦贮罐低于完成任务最小反应物质质量，燃料电池贮罐必须排干并且填充新的反应物质。这种周转操作要延迟发射 3 天，并且造成浪费。

贮罐采用零损失配置则这些延迟会极大地减少或消除，在反应物质支管内和在每个贮罐内的冷头将补偿系统向环境的漏热,消除了反应物质的损失,与此同时贮罐会关起来。增加冷量储备的 15% 用于贮罐漏热,要求每个氢贮罐(总计 21W)生产 4.1W 制冷系统,要求氧贮罐(总计 47W)生产 9.4W 制冷系统。

仅在地面保存期间要求制冷器工作。离航天飞机远距离安装压缩机可以减少发射质量。发射前,发射断开机构要把压缩机从冷头处断开。因为在发射、在轨和再入期间冷头必须保留在航天飞机上,冷头必须满足航天飞机安全和振动标准的要求。

完成任务的首要要求是在每个贮罐的冷头完全消除汽化。为减少制冷器关闭时的寄生热负荷,需要热开关,这是因为制冷器仅在航天飞机在发射台时才工作。一个或多个制冷器在 25K 时制冷量为 21W,另一个或多个制冷器在 105K 时制冷量为 47W。

另一种方法是在氢贮罐内冷却蒸气冷却屏以减少寄生热损失,这就要使用现成的制冷器和简单系统,使用在发射台的单一压缩机。在损失不能大量削减,增加保持时间能阻止在多数情况下耗尽和再填充贮罐的情况下,就采用减少汽化的配置,而不用零汽化的方案。如果在每个贮罐都装有屏蔽制冷器,将要求在 80K 时制冷量 7.8W。这个方法将降低贮罐热负荷到每个贮罐 0.5W,代替 4.1W 并且延长贮存寿命 8 倍。

5.7.4 低温推进剂零汽化贮存的冷却系统

柯林斯制冷器用于空间氢和氧燃料零汽化贮存。小型柯林斯制冷器用氦气作为工作流体,它在低温下使用浮动活塞和电子控制阀。柯林斯制冷器采用三级制冷器,可达到 10K 的低温。

在初步设计审核中,很显然,早期的三级设计并不是提供在 100K 液氧温度和 25K 液氢温度最好的方法。下面将分析适用于空间低温燃料贮存的柯林斯制冷器配置方式以及这些配置对循环总效率的影响。

原先的 10K 柯林斯制冷器如图 5-25(a)所示,该设计由 3 个分离的膨胀机和热交换器组成,全部工作流体是由单一压缩机提供的。第 1 级为第 2 级提供预冷流体,第 2 级返回流为第 3 级提供预冷,每一级由一个活塞缸膨胀机组成。每一级的逆流热交换器是绕在缸壁上,每一级汽缸中浮动活塞的运动被每个膨胀机末端的进排气阀控制。制冷器的设计是紧凑型和模块化的。

各级间预冷流体在低温级回流换热器低压端提供附加的质量流。这些质量流用于减少在低温下的回流换热器流体之间温差来减少纯熵的产生并且用于在高温时拦截由于到回流换热器的轴向热传导产生的某些热负荷。图 5-25(b)为改进后的示意图。

这种制冷器工作在高的膨胀比,它可以在减少质量流率的情况下给出要求的冷量,低的质量流率也减少了在热交换器中的热传输,因而减小了热交换器的尺

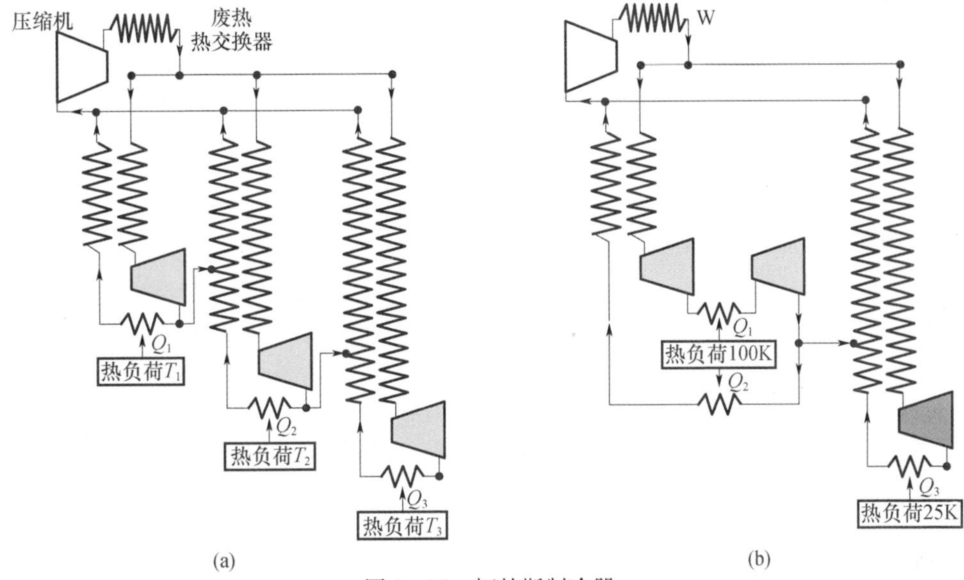

图 5-25　柯林斯制冷器

(a)改进的柯林斯制冷器可提供 $T_3=10\text{K}$ 的热负荷;(b)经改善的结果,可提供 25K 和 100K 低温燃料贮罐冷量的同时还减小了热损失,这是由于工作流体与热负荷之间大的温度梯度。

寸,这样可以有结构紧凑的热交换器。高膨胀比在膨胀过程中可得到大的温度变化,因此可以较低的制冷器的级数就能达到较低的温度。

但是,由于高压比膨胀产生的大的温度下降会导致大的熵产生,减小了制冷器的效率。这可以在图 5-26 的简单示意图中看出。在图 5-26(a)中,理想气体以温度 T_1,压力 P_1 和质量流率 $\dot{m}$ 进入理想绝热膨胀机,膨胀到压力 P_2,然后在同一温度 T_1 通过一个与热负荷有接触的理想热交换器。在离开热交换器前,气体加热到温度 T。在图 5-26(b)中理想气体有与图 5-26(a)相同的输入和输出状态,但是,其膨胀和加热是在两步过程中进行的。对于单级过程,在热传输率 $\dot{Q}$ 和熵产生率为 $\dot{S}_g$ 时,可分析如下:

$$\frac{\dot{Q}}{\dot{m}C_pT_1}=1-\frac{1}{\tau},\frac{\dot{S}_g}{\dot{m}C_p}=\ln(\tau)+\frac{1}{\tau}-1 \tag{5-3}$$

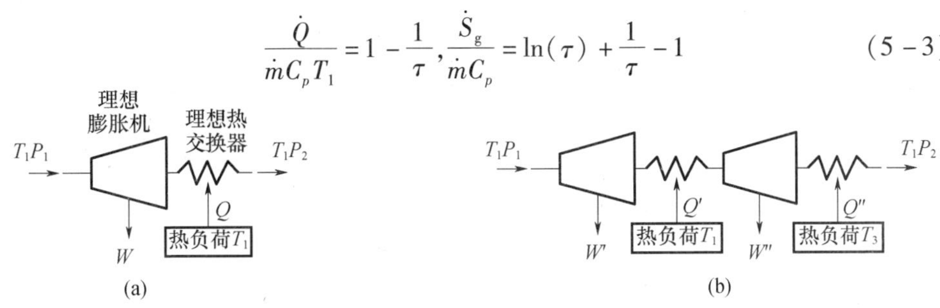

图 5-26　简化的单级膨胀机/热负荷热交换器模型

(a)一个膨胀机级;(b)两个膨胀机级。

对于两级过程：

$$\frac{\dot{Q}}{\dot{m}C_pT_1}=2\left[1-\frac{1}{\sqrt{\tau}}\right],\frac{\dot{S}_g}{\dot{m}C_p}=\ln(\tau)+\frac{2}{\sqrt{\tau}}-2 \tag{5-4}$$

式中：C_p 为定压比热容，ν 为比热比。τ 为绝热温度比，$\tau=(P_1/P_2)^{(\nu-1)\nu}$。膨胀机的平均压力值为 P_1 和 P_2 的平均值，每单位质量流总热传输率是两个膨胀机过程较高的位置，实际是在高膨胀比时，随着膨胀比的增加每单位质量流的熵产生也增加。在高膨胀比时的熵产生能被分级膨胀和传热过程减轻。分级减少了在热负荷和工作流体之间热交换器中的温度亏损，这减少了在热交换器中的熵产生率。

经分析指出：图 5-26(b)的流程配置作液氢和液氧贮罐冷却系统比图 5-26(a)的三级装置更有效。在这种配置中保持同流换热器高膨胀比循环的许多优点，同时在恒温 100K 热交换器中的熵产生被双膨胀过程减轻。

最优化的制冷器压缩机输入功率和效率在试验和计算给出，从中也可以进行比较。双膨胀机配置的方案明显比其他配置方案效率更高，包含双膨胀机无论是 100K 级或 25K 级都比基本配置的方案有约 11% 的改善。有趣的是，包含双膨胀机进入两个 100K 和 25K 级时，效率提高 24%。

分析指出：三级制冷器相对于基本配置方案没有明显的优点。在最佳化三级配置的时候，可能选择使无能力的那一级完全投入到预冷和在其他级投入热交换器区域（在系统中，第 1 级唯一地投入到预冷），也可能在预冷级保持极少量质量流，预冷级的 100% 质量流分流到后面一级。在上述第一种情况时，很明显，当预冷级不中用时，其结果是三级配置与两级配置效果相同。

在两级配置的方案中无预冷级与有预冷级的差别也很少，无预冷级的两级配置方案仅比有预冷级的基本配置方案的效率低 2.5%。

在热交换器中的轴向传热的影响在全部制冷器配置中都会降低预测的效率。

改进的柯林斯制冷器运用于空间零汽化贮存。

第6章 空间环境模拟

6.1 概 述

空间环境模拟器是用于模拟空间环境的试验装置。空间环境的一些特性是真实模拟的关键,这些关键特性是电子通电、电磁辐射、真空和低温。太阳辐射具有非常大的覆盖范围,从可见光、红外到紫外线。空间是个真空,这意味着有很少的粒子。温度也是空间环境的关键因素,温度的剧烈变化取决于接近太阳的程度。这些空间环境对航天器产生不利影响。这些空间环境会影响反射率和发射率的变化,这些变化将导致航天器的热、光学和电荷性质发生变化。如果这些变化足够严重就会使航天器发生故障。为了提高航天器的可靠性,必须在地面模拟空间环境的特性并在这些环境下进行试验。

航天器的空间环境模拟试验一般分为初样试验、正样试验和验收试验。每个试验阶段,按组装级别分为组件级、分系统级和整星级试验。

除上述功能外,空间环境模拟器还可以进行可用于空间的新材料和新器件研究。

空间环境模拟器为了模拟空间环境的特征根据环境特点采用不同的设备。图6-1给出了载人空间环境模拟器系统组成示意图。该空间模拟器由真空容

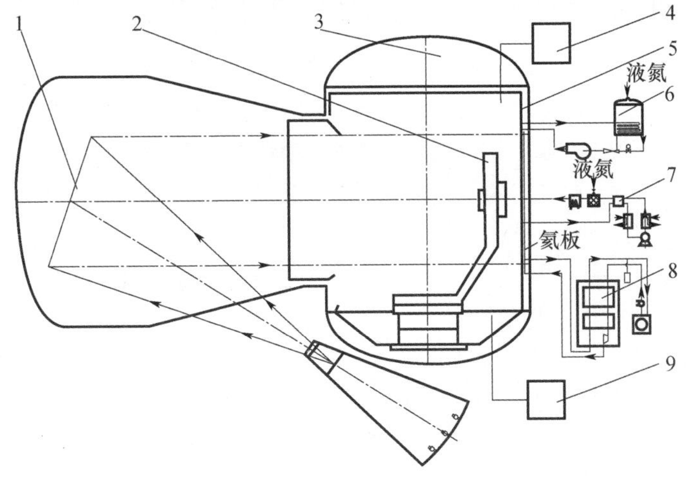

图6-1 空间环境模拟器系统组成示意图

1—太阳模拟器;2—运动模拟器;3—真空容器;4—真空系统;5—热沉;6—液氮系统;7—气氮系统;8—氦制冷系统;9—载人航天器试验系统。

器、热沉、真空系统、液氮系统、气氮系统、氦制冷系统、太阳模拟器、运动模拟器和载人航天器试验系统组成。

由于航天技术的发展，航天新器件和新仪器的出现，多功能，高轨道，大尺寸应用卫星的发展，这些特点对空间环境模拟器提出了更高、更严格的要求。

低温技术在空间环境模拟器中的应用，将涉及与低温技术有关的液氮系统、氦制冷系统、内装式低温泵和外接式低温泵。

6.2 几种专用空间环境模拟器

目前，我国的各种空间环境模拟器已能对多种类型的卫星整星和零部件进行热真空和热平衡试验。由于低温探测器和传感器、低温光学系统、低温电子部件和空间制冷器在航天器上应用越来越广泛，因此，这促进了空间环境模拟技术的新发展，为满足这些部件的试验要求，相继建造了一些专门用途的空间环境模拟器。

光学传感器、红外多光谱遥感器等特殊组件环境模拟试验的内容和要求有其特殊性。它们的试验内容包括：①发射过程中的环境考核试验；②轨道环境条件下的飞行性能检验；③地面（或空中）靶源（景色）的标定试验；④轨道运行中受天然环境损伤的模拟试验；⑤航天器自主污染及表面带电环境模拟试验。这些试验项目中，②、③项试验方法是与航天器其他部件的环境模拟试验不同的，特别是靶源标定试验尤其特殊。因为没有靶源的标定就不可能选取遥感器的设计方案并鉴定其性能，也不能正确判读和分析获得的数据。因此要设计专用的环境模拟设备、光学系统和靶源以满足不同类型的传感器和遥感器性能要求。

对航天器其他部件环境试验是解决是否适应工作环境而保持其性能，而光学传感器和遥感器除解决上述问题外还要加上如何利用空间的真空及极低温环境的问题。因此模拟器不仅再现传感器和遥感器经受的环境条件，而且要保证传感器和遥感器正常工作的环境条件，即工作需要的背景和靶源条件。这样就对环境模拟设备提出了特殊要求，其要求为：①严格防震；②清洁与无干扰的真空环境；③极低温的冷背景；④专门的光学系统；⑤特殊的靶源；⑥严格的试验工作与设备操作程序。

一般要求传感器和遥感器敏感面视野范围内的目标冷却至20K。这根据传感器和遥感器种类改变而改变，有的要求更低的温度和一定的温度变化条件。

工作在极紫外、远红外的单波段或多波段的传感器、探测器和成像仪等仪器应研制特殊靶源才能完成性能检验和标定任务。

下面将介绍几种新的专门试验设备。

6.2.1 低温传感器系统试验设备

空间传感器试验设备提供了高质量、经济和最先进的试验设备。它采用了半实物(HWIL)环境下卫星传感器的试验。这种地面试验是卫星系统减轻风险最符合低成本高效益的方法,空间环境模拟器必须提供空间环境和空间传感器系统标靶辐射测量两种仿真。

这种试验设备主要用于空间态势感知(SSA)的空基太空监视(SBSS)和天基红外系统(SBIRS)任务,用于弹道导弹防御系统的地面试验,它对国家的安全具有重要意义。

空间传感器试验设备可以进行传感器定标,是在低温真空条件下描述传感器的设备,该设备不仅可进行辐射定标,还可通过模拟试验对空间任务提供关键预检评估,避免了在轨试验的高风险和高消费。这些设备使用各种各样投影技术以便模拟点标靶和在低温环境背景下的复杂背景,进行高保真辐射源定标,定标精度要达到标准要求。

试验设备可进行卫星仿真项目,因此该设备有辨别和跟踪其他卫星和轨道碎片的能力,具有半实物试验能力,试验卫星拦截器传感器和控制器。

许多传感器的功能可以在试验设备中进行试验,包括场景识别和使用拦截器硬件和软件操纵控制硬件。在试验中可以获得由卫星评估系统产生的大量可重复的数据集并且为未来的分析存储数据。

阿诺德工程发展中心建有 7V 和 10V 两个空间传感器试验设备,下面将分别介绍设备的情况和它们的试验能力。

1. 7V 空间低温传感器空间环境模拟设备概述

1) 7V 空间低温传感器空间模拟设备定标和性能描述功能

7V 空间环境模拟设备是一个先进的低温真空设备,它模拟了传感器在空间环境下工作的情况以及在低红外背景下的工作情况,它提供了在这种环境时对传感器定标和高保真任务模拟的能力,该试验设备发展了全面试验方法,包括泛光源或冷背景特性描述,评估传感器对点源的响应,导引头的光谱定标和任务模拟特性的评估。性能描述包括针对复杂背景下的标靶捕获、紧密排列物体分辨率、从假标靶(诱饵)中鉴别真实标靶,标靶质心的确定及为了确定瞄准点/击中点所需要的末段动力学等问题。

7V 空间环境模拟设备可以进行泛光源试验,进行噪声等效能量密度(NEFD)或等量噪声输入(NEI)确定,响应线的确定和泛光源定标。该设备可以进行光谱定标试验、辐射定标点源试验和任务模拟试验。任务模拟试验除紧密空间物体试验外,还可进行标靶模糊现象、标靶跟踪和标靶动力学试验。该设备建成后已完成多次传感器试验、辐射计性能试验、黑体定标试验。

2) 7V 环模试验设备结构描述

7V 试验设备直径 2.13m,长 6.4m,内部装有 20K 低温管线,用于模拟深冷空间环境状态并用于提供低辐射背景,模拟空间真空状态,模拟 320km 高空压力(低于 10^{-5}Pa)。制冷系统在 20K 时制冷量为 3kW,为克服热峰值又增加了 1kW,这提供了附加余量，使设备更容易控制温度，提供更均匀更低的红外背景，这可以适应非常低红外背景长波红外线成像传感器的试验。20K 低温的冷量是低温泵的冷源，由于试验设备采用了低温抽气，因此有了最好最低污染环境。由于有足够冷量，使设备冷却下来的时间也有了保障。

7V 试验设备通过安全气囊悬挂架系统与地面地基隔振。光学平台的刚性设计再加上气动悬挂系统提供了 3μrad 光学瞄准线振动稳定性。

7V 环境模拟试验设备如图 6－2 所示，设备内的系统和关键部件有电子光学传感器、辅助平板源、监视器选择器、扩展平板源、均匀背景光源、固定轴黑体、两轴黑体、多光谱场景投射器、紧密排列物体和反应控制系统选择镜、辐射定标系统、扫描镜、透镜及红外发光二级管等。

7V 试验设备内的光学平台上装有传感器定位器、被试传感器（SVT）、准直器、冷光学平台、标靶源、定标源、均匀背景源、辐射监视器和校准监视器。准直镜系统提供了一束光，它满足了严格的光学性能要求，光束直径为 50cm，准直器系统焦距为 1650cm。

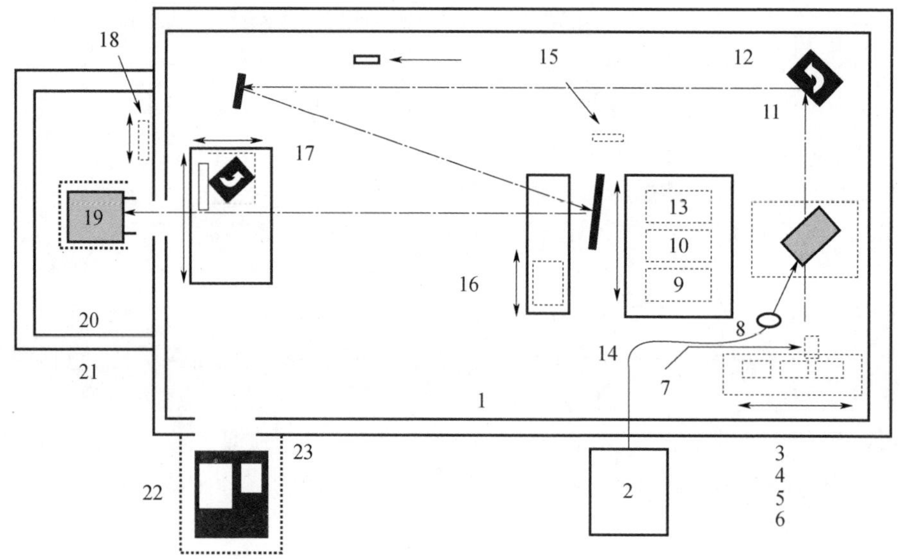

图 6－2　7V 模拟环境试验设备示意图

1—气氦衬里；2—可见光/近红外源；3—辐射定标系统；4—单球源；5—多模源；6—单色仪；
7—红外发光二极管 0.94μm；8—透镜；9—多光谱场景投影器；10—两轴黑体；
11—紧密排列物体/反应控制系统选择镜；12—扫描镜；13—固定轴黑体；14—可见光/近红外光纤；
15—镜子核查用试样；16—均匀背景光源；17—监视器选择器/扩展平面板源（20～400K）；
18—辅助平板源（300～600K）；19—电子光学传感器；20—液氮屏蔽；21—前室；
22—定位监控系统；23—定标监控系统。

被试传感器安装在 3 个自由度的远程位置调节器上，并安置在设备的前厅，传感器通过一个交错排列的冷障板接口接到冷的主试验容器上。结构设计允许传感器俯仰、横滚或横摆运动而不影响低辐射背景。传感器也可以直接安装到主低温真空室。

试验设备上还安装有弹道导弹位移辐射器。

7V 试验设备中的各种类型标靶源保证了该设备辐射定标、展示传感器性能特征和任务模拟的工作能力。校准监控系统是 7V 试验设备固有的参考传感器。校准监控系统配备 256 × 256 锑化铟(InSb)焦平面阵列,它覆盖准直仪视场的一部分。校准监控系统用于模拟室标靶和背景诊断试验以及位置校准,定标监控系统用于 7V 试验室全部源的现场定标。定标监控系统由探测器和标准黑体组成,标准黑体可以在任何时间现场定标检查。

3) 7V 环境模拟试验设备源系统

7V 试验设备内几种源系统用于校准和传感器系统的特性描述。7V 设备内的泛光和背景源系统包括低红外背景、扩展平板源(EPS)、辅助平板源(APS)和均匀背景源(UBS)。辅助平板源安装在前厅。

使用泛光源可以进行低背景时间或空间噪声测量,同时查看冷板和试验室冷内壁。使用不同温度的扩散平板源可以测量在焦平面上每个像素的响应线性特性。利用上述结果确定传感器系统非均匀性校正系数,评估阵列可操作性和像素均匀性,这些结果还可确定所有像素饱和度,也可以进行响应重复性的测量。

7V 试验设备长焦距对于被测传感器具有很好的模拟点源图像的能力。用于辐射定标的首要点源系统是多模源。多模源包括带有 9 个位置孔径轮的大空腔黑体,这孔径轮含有若干针孔以提供小于 30μrad 几何形状的点源标靶。单积分球源由带有积分球的空腔黑体组成,积分球允许不改变针孔输出孔径条件下改变源的强度。两个附加点源面向光束组合器,它们的输出可以被组合以呈现两个标靶到传感器。两轴黑体和十四孔径黑体源是两个带有孔径轮的黑体空腔源,该孔径轮包含一个大的选用针孔孔径。在可展开的装备上的旋转偏光器已经在均匀背景源和辐射定标系统得到应用。

在 7V 试验设备用于光谱定标的主要源系统是双光栅单色仪(2 ~ 25μm),它显示了很好的多功能性和可重复性。多模源码包包含一个圆形可变滤光器轮,它能用于传感器系统光谱定标。安装在低温真空试验设备中的光纤源系统用于供给可见光到近红外窄带光谱源。

7V 试验设备中的低温现场投影仪(CRISP)电阻发射极阵列由于其可重复性、可操作性、响应时间和操作帧速率有严重限制,因此它已被升级为低温多光谱场景投影仪(MSSP)阵列,并用计算机对该阵列进行控制。

7V 试验设备内的几个源系统可用于评估空间任务问题。紧密排列物体标靶利用两轴黑体源和十四孔径黑体源确定是处在静态形式或动态形式。使用电阻阵列发射器能提供完整的任务模拟和仔细评估关键任务中发生的问题。低温多光谱场景投影仪可用于展现可扩大的靶标以便进行终端寻的模拟。靶标跟踪能力可使用辐射定标和任务模拟源系统以及光谱静态和动态方面知识进行评估。

4）7V 试验设备辐射定标

用红外源系统定标有 3 个方案：①第一个方案是最常用的方法，即分别定标系统部件并用分析方式合并各项；②第二个方案是更精确更典型的方法，使用像弹道导弹传递辐射器（BXR）这种现场辐射器进行首尾相连的定标；③第三个方案是用传感器试验设备进行试验。在试验设备中定标标准参考源以便确定在每个孔径设置的辐射温度及其误差并确定源的温度。标准参考源用于定标在定标监视系统中的探测器，定标监视系统然后用于定标试验设备中的每个标靶源。要为每个孔径设置每个标靶确定独立于源温度的定标常数。

为了量化每个光学部件的误差，需要建立每个光学系统的误差树。所有参数变化数据，包括源温度、孔径尺寸和跨阻放大器（TIA）的增益都被包括在误差分析中。使用这种方法可知多模源的绝对误差为 ±1.28%，单积分球源绝对误差为 ±1.84%。误差树可提供误差统计资料，用于验证和核实。

弹道导弹传递辐射器作为仪器用于低背景传感器试验设备传递标准。最初的主要目的是在试验设备中描述其性能，后来更深入地揭示其特性并作为试验设备的定标源。

定标系统包括带有一个圆形可变滤光器轮的单一元素探测器和用于测量波长的光谱带宽滤光器轮。标准源是带斩波器和孔径轮的黑体。标准源采用宽频带、频带内和频谱方式用于定标探测器。探测器的直线性和响应用标准源确定，并能确定定标系统的光谱响应。在试验设备内的定标监视系统用于进行源的响应、真线度和光谱定标。

在每个定标源系统中每个孔径定标常数是确定的。在定标过程中，在一个宽范围情况时，每个孔径要采集几个样品数据，全部值被包括在不确性分析以解释可能存在的未知偏差项。在试验设备抽气期间每个多模源孔径定标常数的重复性很好，可用于传感器定标。

2. 10V 空间低温传感器空间环境模拟设备概述

10V 空间传感器空间环境模拟设备提供了封闭循环地面试验能力，它会针对不断变化的威胁在逼真情景下评估多频带电光学传感器性能。

1）10V 模拟试验设备结构描述

10V 试验设备直径 3.0m，长 9m，与 7V 试验设备一样，内部装有 20K 低温冷却的密封管线和光学平台。密封的 20K 气氦管线用于保持空间低辐射冷背景并作为维持试验设备真空的低温泵冷源。光学平台支撑在柱上，柱要穿透真空室壁透过振动隔离膜与真空室下面的地基相连。

10V 试验设备配置方框图如图 6－3 所示。设备内的系统和关键部件及外围设备有电子光学传感器、选择器镜、均匀加热源、参考场景监视器系统、辐射定标监视器系统、低温衬里、操作镜面系统、准直光学系统、真空屏蔽、红外点标靶系统、标靶 1#、标靶 2#、发射器阵列、调准驱动器、红外线发射器阵列组件、红外阵列光学组件等、监视器和控制系统、试验控制和定标系统、场景生成、可见光阵列投影系统、实时 6 个自由度模拟电子设备装置、传感器真空系统、传感器制冷器系统等。

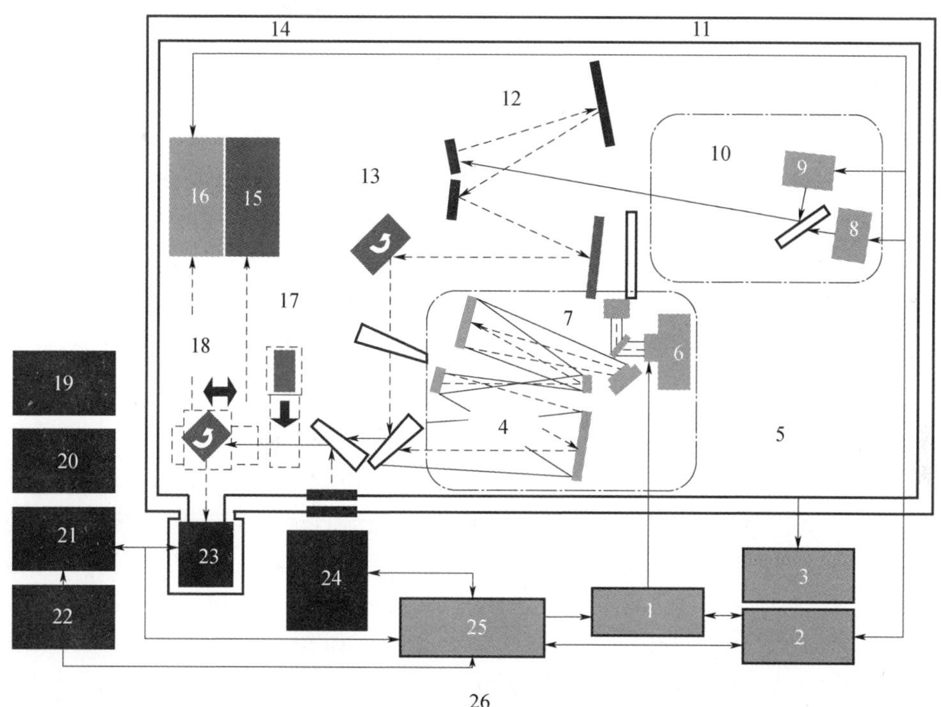

图 6-3　10V 低温真空试验设备配置方框

1—阵列控制；2—试验控制和定标系统；3—10V 室监视器和控制系统；4—红外阵列光学组件；5—红外线发射器阵列组件；6—调准驱动器；7—发射器阵列；8—标靶 1#；9—标靶 2#；10—红外点标靶系统；11—10V 室真空屏蔽；12—准直光学系统；13—操纵镜子系统；14—10V 室低温衬里；15—辐射定标监视器系统；16—参考场景监控系统；17—均匀加热器；18—选择器镜子组件；19—传感器制冷剂系统；20—传感器真空系统；21—KV 电子设备装置；22—实时 6 个自由度模拟；23—电子光学传感器；24—可见光阵列投影系统；25—场景生成。

2）10V 环境模拟试验设备试验能力和试验方法

10V 试验设备主要模拟任务范围从标靶的捕获到拦截，又因为该设备固有的机动性和低辐射背景，因此也可以进行监视系统试验。10V 试验设备中的高保真标靶系统含有多种独立的点源标靶用于捕获和跟踪阶段模拟，复杂场景投影仪用于回归阶段和红外背景模拟。试验方法类似 7V 试验设备，不同之处在于一个场景发生器系统将以真实、封闭循环方式被用于控制标靶和导引头操作。光谱特性适用于任何特定的双频被试传感器。

10V 试验设备提供了先进的拦截器模拟不断变化的威胁/反制措施闭环任务试验的能力，提供了复杂的标靶翻滚、盘旋等动态，展现了自然背景（太阳辐射流、月球、星体、行星和极光等）和人造背景（碰撞闪光和碎片），该设备还能模拟复杂任务（齐射、多功能的同时交战和多发射场）。

除任务场景模拟，还能模拟传感器抖动运动情况，试验设备也必须呈现一个对传感器的低辐射背景。因此，在设计中必须保证全部装备和定位系统以及场景投影系统能工作在低温真空环境下没有显著的不想要的辐射。

标靶在末段成为扩散源之前，红外黑体将用于模拟重要标靶物体（再入飞行器、诱饵）的点标靶。当需要模拟扩展标靶时，黑体百叶窗被关闭，而双频红外投影仪要承担重要角色，不仅要模拟背景，而且要模拟扩展标靶。当标靶复合物和传感器系统之间范围接近时，标靶辐照度将随之增加。

场景发生系统是10V试验设备最关键系统之一，因此它必须显示任务场景地图并且对传感器系统的每一帧提供合适的投影辐射场景。场景发生系统将包含物理现象辐射模型，用模型描述场景（辐射率、标靶和物体、温度、轨迹等）。试验设备的计算机硬件和软件用于控制模拟系统。

3）10V环模试验设备源系统

两个双频段点标靶源（PTS）用于模拟光谱和存在于空间独立的标靶，使用两轴转换器，该双频段点标靶能被定位在传感器视场的任何位置。转向镜系统（SMS）改变传感器系统视线可认为该投影在模拟导引头运动。一个双电阻式发射器红外阵列光学组件（IAOA）呈现了复杂背景场景的双频段投影以及其他低保真度的标靶。该阵列场景内容将被控制用于模拟视线的变化。使用一个分光光束组合器从阵列发出的辐射将在空间被结合。可见光阵列投影系统（VAPS）将被用于模拟捕获/鉴别阶段太阳光线充足时的标靶、可见光背景和一个星域，被试传感器被安装在10V试验设备内，但要进行隔振处理，它将会收到综合的可见光和红外投影。

4）10V环模试验设备辐射定标

辐射监控和定标系统需要保证标靶和背景红外输出与真实工作任务情况相匹配。全部标靶系统可以在10V试验设备于任何时间进行辐射测量的定标。为了更好地认识该设备试验过程是高保真的，开发了误差树。辐射定标监测系统（RCMS）将从黑体源和红外场景投影仪中试验输出的样品性能以保证辐射精度和均匀性。在俯仰和横摆旋转阶段的选择器镜将允许来自10V试验设备准直光束的辐射被截获和直接进入辐射定标监测系统。辐射定标监测系统使用一个掺杂了镓的硅（SiGa）探测器，该探测器将适合波段2～18μm。探测器在现场被第二个标准黑体定标，每个源的光谱定标使用一个两部分圆可变滤光器完成，该滤光器将提供5～14μm窄波段能量。

参考场景监控系统将完成定标和目标位置的对准以验证投影标靶位置和跟踪，这样才能满足任务模拟的要求。该装置增强了可见光/中波红外对准能力和扩散视野覆盖能力。该参考场景监控系统将提供一个1.5°圆形视野，并能提供独立的标靶位置角精度到2.5μrad。在红外焦平面阵列对面的滤光轮将被用于限制到被试传感器频带内部件的辐射，又减少了光谱场景投影仪（MSSP）阵列非均匀性校正的强度，参考场景监控系统将使用扩展板定标源，这类似于在7V试验设备中用于焦平面非均匀性校正的一个扩散板校准源。这个源安装在单轴转换器上。

为增强10V试验设备的功能，满足试验中对标靶系统和工作环境的需要，设备被设计为模块化，允许对设备根据试验要求进行重新配置。点标靶套件增加到5个源，可以满足各种要求。为模拟弹道末段高频影像运动，一个小的低温高速反光镜将被添加到双电阻式发射器红外阵列光学组件中。

6.2.2 用于量子阱红外探测器的试验装置

1. 概述

加拿大地球和空间技术研究中心设计和制造的量子阱红外探测器试验件由量子阱器件、控制试验电路板和辐射制冷器组成，这些硬件已经做了地面基本性能和环境鉴定试验。为了更可靠，将把量子阱红外探测器交付菲利普实验室进行飞行试验，飞行试验在英国的空间技术研究航天器上进行。

发光二极管与量子阱红外光电探测器（QWIP）装置用于探测波长大于2μm的红外辐射，新的研究成果是将QWIP阵列集成到同一个芯片上，这形成了从中红外向远红外到可见光辐射的转换器。

任何半导体装置在空间应用中长期暴露在辐射环境下会使装置性能降低。量子阱红外光电探测器QWIP由GaAs/AlGaAs组成，它们对空间辐射很敏感，基于加速测试指出它们的辐射忍耐力在空间任务中是足够的。但是任何加速测试不能模拟空间环境的全部环境，当在空间进行试验时对装置特性的评估被视为最关键。

航天器提供了这种试验的理想工具。航天器位于地球同步运行轨道，在这轨道要通过范艾伦辐射带两次。通过电子测试试验台（ETB），航天器提供了数据采集和试验控制功能。

对这些装置辐射危害的主要影响是暗电流的变化，因为暗电流测量简单并且能清楚地显示辐射危害的影响，量子阱红外探测器试验仅测量暗电流。

为了精确测量暗电流，装置必须被冷却到低于170K。这个温度在辐射制冷器能力范围内，由于辐射制冷器简单、无运动部件和便宜，这是这种试验最佳制冷方案。维持测试下的量子阱器件（DUT）在精确的温度没有必要，当每次读取测量温度时，暗电流可以纠正到标准温度并且随时间变化。同时DUT不需要全部时间保持在低于170K，只要求定期达到这个温度水平，这些考虑使辐射制冷器更容易达到使用要求。

2. 辐射制冷器的热试验装置

量子红外探测器所进行的传统热真空试验是热循环试验，热循环测试是产品可靠性设计上最常用来筛选零部件的测试，热循环试验的目的是鉴定组件或分系统在鉴定范围内的工作能力。在这里热循环试验的目的是在超过航天器温度范围条件下,保证量子阱红外探测器电子设备元器件生存能力并能正常工作。热循环的温度是从 -40℃到 +60℃,从 0℃到 +60℃的升温速率为 2℃/min,从 0℃到 -40℃的降温速率为 4℃/min。

辐射制冷器的热性能试验台如图 6-4 所示。它实际上是个空间模拟器。空间模拟器是个涂黑辐射体表面,模拟器用液氮储槽来的液氮冷却。辐射制冷器外表面正对着模拟器的冷表面。制冷器内表面正对着热铝底板和热真空容器侧壁,制冷器装在铝底板上,真空容器抽真空,真空度至少为 10^{-4} Pa。在辐射制冷器上的加热器模拟环境温度电路板和内辐射体热损耗。

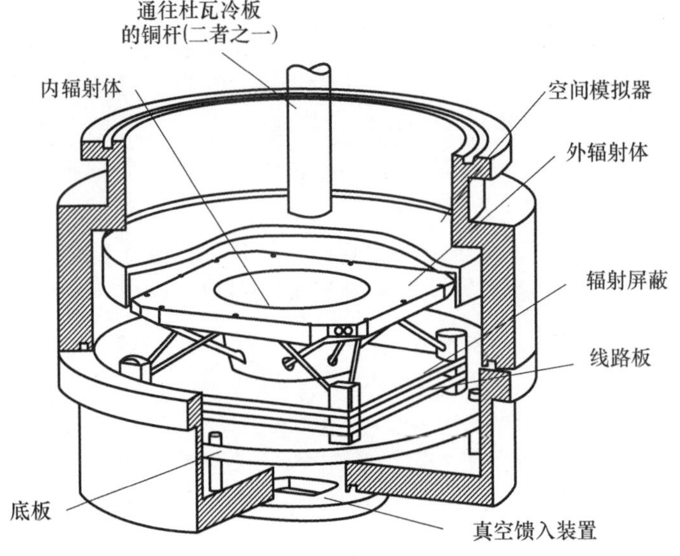

图 6-4　热性能试验台

6.2.3　用于中红外仪器试验的低温空间模拟器

詹姆斯·韦伯空间望远镜上的中红外仪器在研制过程中需要作空间环境模拟试验。为此在瑞士保罗谢勒研究所建造了专用的低温空间模拟器,用于仪器在低温状态下进行鉴定试验。对模拟器的要求如下:

(1) 低温空间模拟器(CSSC)提供在 7K 中红外仪器和在 35K 综合科学仪器舱正常温度下的热环境。

(2) 低温工作台工作温度范围为 4.5 ~ 353K。冷却和加热系统的大小要满足在全部温度范围内,模拟器被冷却和加热的温度变化速率为 300K/24h。

(3) 低温空间模拟器试验设备工作台和可用的容积足够大,允许中红外仪器等仪器的试验。

(4) 低温空间模拟器能满足低温导线一端为 37K 而另一端为 7K 温度下的电测量。

（5）为进行光学测量，一定要提供光学窗口和减振系统。

（6）真空压力小于 10^{-3}Pa，材料选择满足低放气率真空性能标准。

（7）低温真空模拟器清洁标准等级为 100 或更高。

1. 低温空间模拟器热设计

低温真空模拟器设计方案采用 1m 直径，1.5m 长。在容器内有一个或两个热屏蔽以减少器壁对 7K 低温工作台的辐射热，同时内壁要达到低于 37K 的温度，容器与屏蔽和工作台用绝热的螺栓固定，屏蔽和工作台要用一个或两个制冷机冷却。

低温空间模拟器设计阶段，热模型采用有限一维热模拟软件（FDT）的目的如下：

（1）指出需要一个或两个热屏蔽的必要性。

（2）选择制冷机，温度和制冷量要满足设计要求。

（3）正确选择各种设备，并具有足够的余量。

经模型的论证采用了两个热屏蔽以便使内屏蔽工作在 37K。采用了有足够功率的制冷机，一个是单级用于屏蔽，另一个用于内屏蔽和工作台，采用两级制冷机，其第一级冷却内屏蔽，第二级用于冷却工作台。用 24h 冷却到正常状态。

表 6－1 给出模拟软件得到的低温空间模拟器数据。

表 6－1　热模拟软件给出的低温空间模拟器结果

部件名称	尺寸	材料	质量	加热器型号
容器	$1.2\times\phi1.00$m	不锈钢	—	—
第一级屏蔽	$0.84\times\phi0.90$m	铝	20.8kg	
第二级屏蔽	$0.79\times\phi0.82$m	铝	18.0kg	
工作台	0.5m×0.55m	铜	36.8kg	
制冷机 1		铜	30kg	RDK－400
制冷机 2		铜	30kg	RDK－41.5 第 1 级
制冷机 3		铜	30kg	RDK－41.5 第 2 级

所选择的制冷机内屏蔽达到最小 25K，工作台可达到最小 4K 温度，模拟器性能与预测值能很好的相符。但需指出系统的模型严重依赖热连接的耦合效率，实际上不完善的连接是有可能的，制冷机到屏蔽和工作台的连接必须满足可接受的热特性。

2. 低温空间模拟器的结构

用于中红外仪器试验用的低温空间模拟器横截面图如图 6－5 所示。模拟器容器安装在 4 个减振器结构上，两个屏蔽和工作台分别机械固定到具有低热导率的环氧树脂浮筒上，制冷机从底部安装并用分开的结构固定，该结构用螺栓固定到地面，制冷机与真空容器之间，屏蔽与工作台之间仅使用柔性零件连接，即容器用波纹管连接，铜带用于热连接。这种安装将减少制冷机到工作台的振动负荷。

另外,振动阻尼结构也被用到分开的光学台和光学窗口,允许热光学设备放置在一边并让冷试验设备在另一端。为减少通过窗口辐射热,红外滤光器放在打开的外屏蔽入口。

图 6-5　低温空间模拟器横截面图

19 个电气馈入件保证有足够的电气连接件用于模拟器低温导线、温度传感器和加热器。这些导线是内屏蔽和外屏蔽的热负荷。

模拟器采用了两台制冷机,一台用于冷却外屏蔽,另一台是两级制冷机,其第 1 级用于冷却内屏蔽,其第 2 级用于冷却工作台。模拟器真空系统用的是分子泵和旋片泵。模拟器全部系统是自动和远程控制操作。

6.2.4　辐射热测量计的试验装置

1. 概述

高频仪器用于测量宇宙微波背景各向异性探测任务,这种用于亚毫米空间飞行的仪器包括 100mK 稀释制冷机、探测器和读数系统,亚毫米波长的探测器就是辐射热测量计。

高频仪器将使用4K机械制冷器预冷的稀释制冷机。已使用的是经修改后的零重力飞行稀释制冷机系统,用超流^{4}He恒温器预冷而非机械制冷器预冷。制冷功率是在100mK时为102nW。

原型探测器是带锗热敏电阻辐射热蜘蛛网型,目前用于高频仪器最基本的辐射热测量计辐射热测量计微分读数系统使用正弦交流偏压,以备飞行时使用,同时使用了100mK设定点的封闭循环温度控制,进行了黑暗辐射热测量计试验,试验内容包括探测器热量测量、时间常数、噪声和颤噪敏感性。辐射热测量计达到了高频仪器全部频道敏感性要求。机械振动筛用于模拟制冷器操作颤噪效应。辐射热测量计在100mK剩余冷却功率73nW,加速度为2mg时,系统的低频噪声没有增加。试验条件下的加速度水平是高频仪器在4K外壳飞行中制冷器的加速度水平的70倍。因此使我们在执行空间任务时使用带制冷器的辐射热测量计更有信心。

工作在远红外和亚毫米波长的仪器在天文学和地球大气科学有重要应用。虽然地面为基地的仪器可以被用于高层大气传输有限窗口区域,它们的敏感性被来自密集的低层大气高光子流破坏。在这些波长大多数仪器工作中,低温冷却是最重要的,冷却的目的是减少背景辐射发射和使探测器灵敏度达到要求的水平。航天器载低温仪器可独自提供低发射率环境和在地球观测中全球空间覆盖范围。随着探测器的发展,航天器低温系统也有重大发展。开式循环低温恒温器一般没有造成仪器内部严重干扰,但会造成大的发射质量并且使用寿命受到限制,最近发展了封闭循环机械制冷器并有较小的质量和几年的寿命,但会造成振动和电磁干扰,这些会影响仪器的性能。

试验工作有两个目的:第一个目的是建立100mK试验设备,用于零重力稀释制冷机设计;第二个目的是使用这个试验设备评估适于空间任务的红外探测器的性能特点。这包括确定第一次红外探测器对制冷器振动和电磁干扰的敏感性,用这些试验作为基准,这些基准可以实际上定义为制冷器飞行规范,欧洲航天局飞行规范在4K级制冷器和质量为13kg仪器之间接口处允许最大加速度为0.3mg。欧洲航天局的普朗克航天器中的高频仪器(HFI)就是使用制冷器(而不是^{4}He低温恒温器)预冷稀释制冷机,稀释制冷机冷却辐射热测量计探测器阵列到100mK。在100mK时制冷功率为100nW。

2. 探测器

辐射热测量计是亚毫米波长首选的探测器,因为它们在这些波长有最高的响应和有高的吸收效率。最重要的热探测器是辐射热测量计,在辐射热量计中吸收装置温度变化会引起测温材料(通常为半导体)电阻的变化,这是在吸收的辐射通过微弱热链传导到热沉之前产生的变化,这些探测器要承受3种类型的噪声。约翰逊噪声来源于在热敏电阻中电荷载体的随机运动。最后,声子噪声来源于沿着电线从辐射热测量计吸收元件到热沉热传输的量化性质。这后面两个机理是辐射热测量计所固有的并且能够在降低探测器温度时两种噪声也能降低。探测器通用质量因数是噪声等效功率(NEP)。对于普朗克高频仪器(HFI)辐射热测量计的光学噪声等效功率规范采用 $1 \times 10^{-17}\ W/\sqrt{Hz}$,带有在最慢通道时响应速度20Hz。

用于这些试验的辐射热测量计是第二代蛛网型装置,网格吸附装置由低应力 Si_3N_4 图案结构薄膜制成,薄膜厚度约1μm,将 Si_3N_4 以蜘蛛网形状沉积到硅片上,氮化物被蚀刻后,晶片被切成块并放置在一个硅框架上。铬金通过阴影屏蔽蒸发到吸收装置的中心区域,制作电线网络。主要优点是真正的吸收装置面积比标准的复合辐射热测量计小很多,这导致热容量有明显的减少,因此增加了敏感性。悬挂质量比固体吸收装置小很多,因此这种结构的固有频率相应很高。

3. 稀释制冷机

在空间中采用古典稀释制冷系统,因为重力用于保持在蒸发器进行相分离,又因为复杂的需要循环 ^3He 的泵传送装置。在静止状态相边界是特别值得关注。稀释液是超流体,因此管壁被超流膜包覆,超流氦能进入抽气管线并有助于大量 ^4He 流体进入制冷机。这些 ^4He 将减小冷却功率。在零重力情况下,通过泵管路冷部分超导膜爬行可以达到要求的部位,此时 ^4He 水平面比 $1g$ 工作时高出很多,因此在 $0g$ 操作情况下,在蒸发器相边界必须得到控制。

$0g$ 环境下使用的稀释制冷机在美国航空航天局已得到发展。为全部泵抽气操作使用活性炭解吸气体系统用多孔金属烧结物限制和控制低温下的液相。烧结物的孔径比要限制的 ^3He 孔径要粗,因为非常细的孔径会阻碍稀释 ^3He 从混合器到蒸发器的流动。这基本系统最适合单循环操作,但可以很容易改造为连续工作。

代替使用渗透压从混合器稀释相提取 ^3He,可以使用分解的 ^3He 和 ^4He 间相互摩擦推动 ^3He 从混合器中出来,给 ^4He 提供了足够的速度,这就是伯努瓦稀释制冷器的工作原理。这两个纯液体同位素在换热器中预冷,然后由于纯同位素和稀释混合物间的焓差,在它们混合在一起后产生冷量。为保持黏性加热到最低限度,进气气流通过非常小直径的圆柱形的管。气体处于比临界压力较高的压力并且由于黏性损失有很小的压降,混合回气管有较大的直径并且将3个管焊到一起形成回热式换热器。在热平衡时, ^3He 浓度随着温度的增加而减小。在换热器热端排出 ^3He 时,应避免 ^3He 在管中逆流扩散。在这些狭窄的管子中,表面张力保持序列的集中,稀释下降避免了在稀释相 ^3He 扩散。随着温度升高,气泡溶解并且在换热器最热部分 ^3He 和 ^4He 之间相互摩擦,防止 ^3He 逆流。为运行这样的系统,它不需要使用机械泵或循环器,但在高温(环境温度)要贮存纯同位素,允许气体以正确速度流动并且使用质量流量计以正确的速度流入低温恒温器,这个系统使用4K斯特林/JT封闭循环制冷器预冷,该系统用于天文任务,高频仪器热系统如图6-6所示。返回的混合气体JT冷却效应用于0.1K级热屏蔽。系统冷却功率在100mK时为100nW。

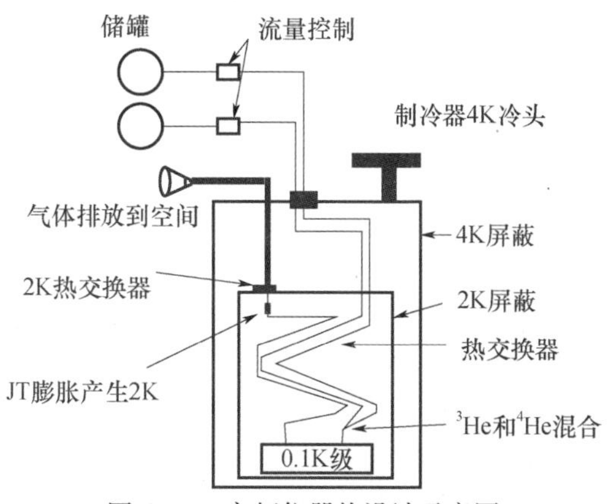

图 6－6　高频仪器热设计示意图

4. 试验装置

低温恒温器是直径 254mm 的低温恒温器,稀释制冷机有两种预冷方法:一种是低温恒温器方法;一种是高频仪器飞行用的制冷器预冷方法,如图 6－7 所示。试验设备如图 6－8 所示。气体处理系统允许通过毛细管^{3}He 和^{4}He 的流动有指定的质量流速并且收集返回的流体。下面对毛细管进行抽空,通过^{4}He 和^{3}He 毛细管流入^{4}He,从系统去除颗粒杂质,用这种一边充气一边抽空办法使系统被纯化。每个用于冲洗的氦气输入管线要经过液氮冷阱,以凝结氦气中的杂质,使用两个电子控制器控制^{3}He 和^{4}He 质量流速。在这实验室系统中,返回的混合气体被存储以便^{3}He 被收回。

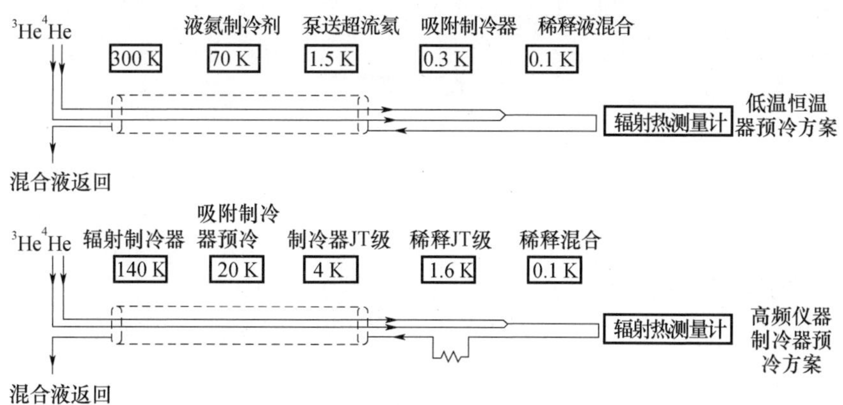

图 6－7　辐射热测量计冷却的两种方案比较示意图

使用^{3}He 吸附制冷器将稀释级预冷到 300mK。制冷器包括活性炭填充泵、蒸发器和连接管。系统填充 6MPa 绝对压力的^{3}He。在低温下^{3}He 被吸入活性炭。^{3}He 被加热泵驱动到 35K,在较高压力下它凝结并且流到蒸发器里。泵允许被冷却,因此^{3}He 液体是被冷却的抽出,这使液面上的蒸气压降低,因此蒸发器的温度降到 300mK。这就是单级制冷器,为了让^{3}He 在低于它的临界温度 3.3K 凝结,首先需要在主^{4}He 储槽抽气。为增加^{3}He 的凝结效率,^{4}He 储槽抽到 1.6K。此温度降低也会降低在300mK和100mK级辐射热负荷。加热器位于吸附泵用于循环这个制冷器。在300mK级和100mK级之间的热开关是在空间红外望远镜(IRTS)任务中安装在远红外光度计上合格的气隙型热开关。热开关的工作是被动型,即热开关保持在开启状态时不需要电流。

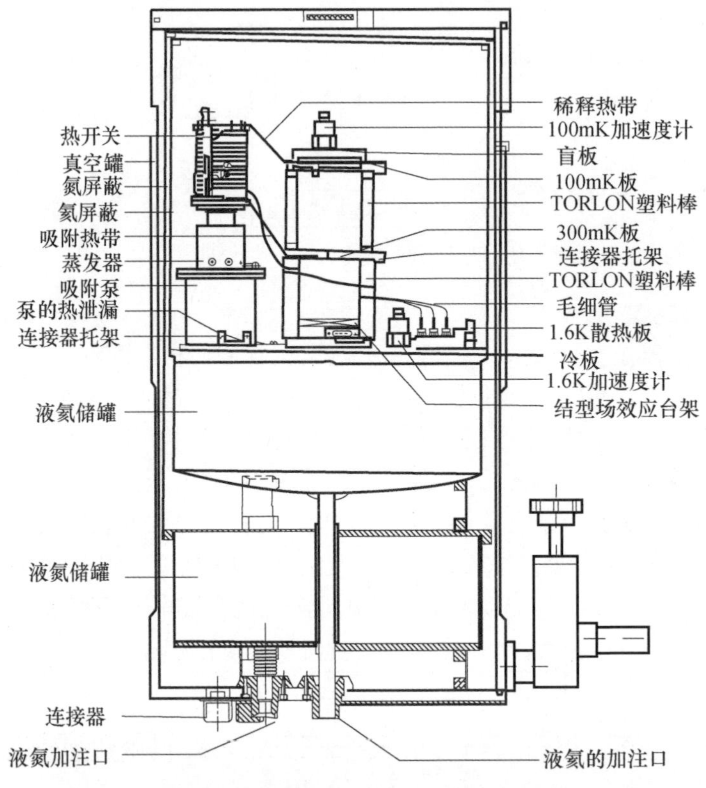

图6-8　低温恒温器预冷的100mK辐射热测量计试验设备

机械振动筛和放大器用在这些试验中用于模拟封闭循环制冷器颤噪的输入。振动筛固定在低温恒温器的顶部,与低温恒温器中心轴和100mK支撑结构的骨架重合。单向低温加速度计位于100mK探测器盲板,并且在尽可能靠近辐射热测量计垂直轴的情况下测量冷却期间的加速度。第二个这样的加速度计放置在1.6K平板上,结晶型场效应晶体管(JFET)也位于该平板上,也是在垂直轴测量加速度。加速度计用标准室温电荷放大器读数。

6.3　液氮系统

6.3.1　液氮系统的几种形式

液氮系统有5种基本形式,即开式沸腾液氮系统、带压节流液氮系统、单相密闭循环液氮系统、带文丘利管的单相密闭循环液氮系统和重力输送自循环液氮系统。下面以空间模拟器液氮分配系统为例,以热沉代表分路支管说明上述5种液氮系统。为简单起见以下称为液氮系统。

1. 开式沸腾液氮系统

开式沸腾液氮系统如图6-9(a)所示。液氮储槽通过自增压或高压氮气钢瓶增压到大于一个大气压以上,液氮被压到热沉管内,在热沉中液氮吸热后汽化并排入大气。开式沸腾液氮系统的优点是系统简单,无液氮泵,工作可靠,维护和维修方便,因此广泛用于短时间供液和中小型的设备中。该系统的缺点是:

(1) 为了充分冷却热沉,必须在热沉的出口也要保持液体状态,液氮在出口流出后不能回收利用,浪费了液氮,提高了运行成本。

(2) 液氮在热沉中由于吸热必然成为两相流,系统会产生无规律的振动,影响热沉的正常工作。

(3) 热沉是由多条支路和汇总管组成,而热负荷是不均匀的,开式沸腾无法合理分配各支路液氮的流量,因此其热沉的温度难以控制在要求的范围内。由于上述原因,开式沸腾液氮系统一般较少使用。

2. 带压节流液氮系统

带压节流液氮系统如图6-9(b)所示。液氮槽中的液氮经过液氮泵增压通入热沉,在热沉中的液氮通过加压处于过冷状态,这是由于热沉的出口有节流阀才会使热沉中液氮升压,这可使热沉温度均匀分布,在热沉中吸热升温后的液氮通过节流阀节流后,一部分汽化,一部分冷却为液氮并流回液氮储槽,液氮参与再循环,汽氮排放到大气。这种系统比较简单,液氮的流量可以控制,能满足热沉温度的要求,可用于大中型空间环境模拟器热沉液氮系统中。

3. 单相密闭循环液氮系统

单相密闭循环液氮系统特点是液氮在循环过程中始终保持在单相流动状态,如图6-9(c)所示,通过热沉的液氮是过冷液氮,通过热沉后只吸收热量,它不汽化只升温。带压液氮储槽用于调节和稳定系统内的压力,稳定液氮泵吸入口的压力,使循环液氮在热沉中升温后也不汽化。升温后的液氮在过冷器中由常压较低温度的液氮冷却降低温度,热沉中吸收的热量被过冷器中的液氮吸收,因此过冷器中一部分液氮要蒸发排出到大气,过冷器中盘管内的液氮由液氮储槽供给并继续进入液氮泵,进行再循环,这种系统的优点是不论热沉管路是如何布置和分布都能保证管内温度均匀,对于多路热沉冷却时也可以控制各种温度,其缺点是系统复杂、设备多、冷损大和成本高。国内外大型空间环境模拟器都采用这种系统。

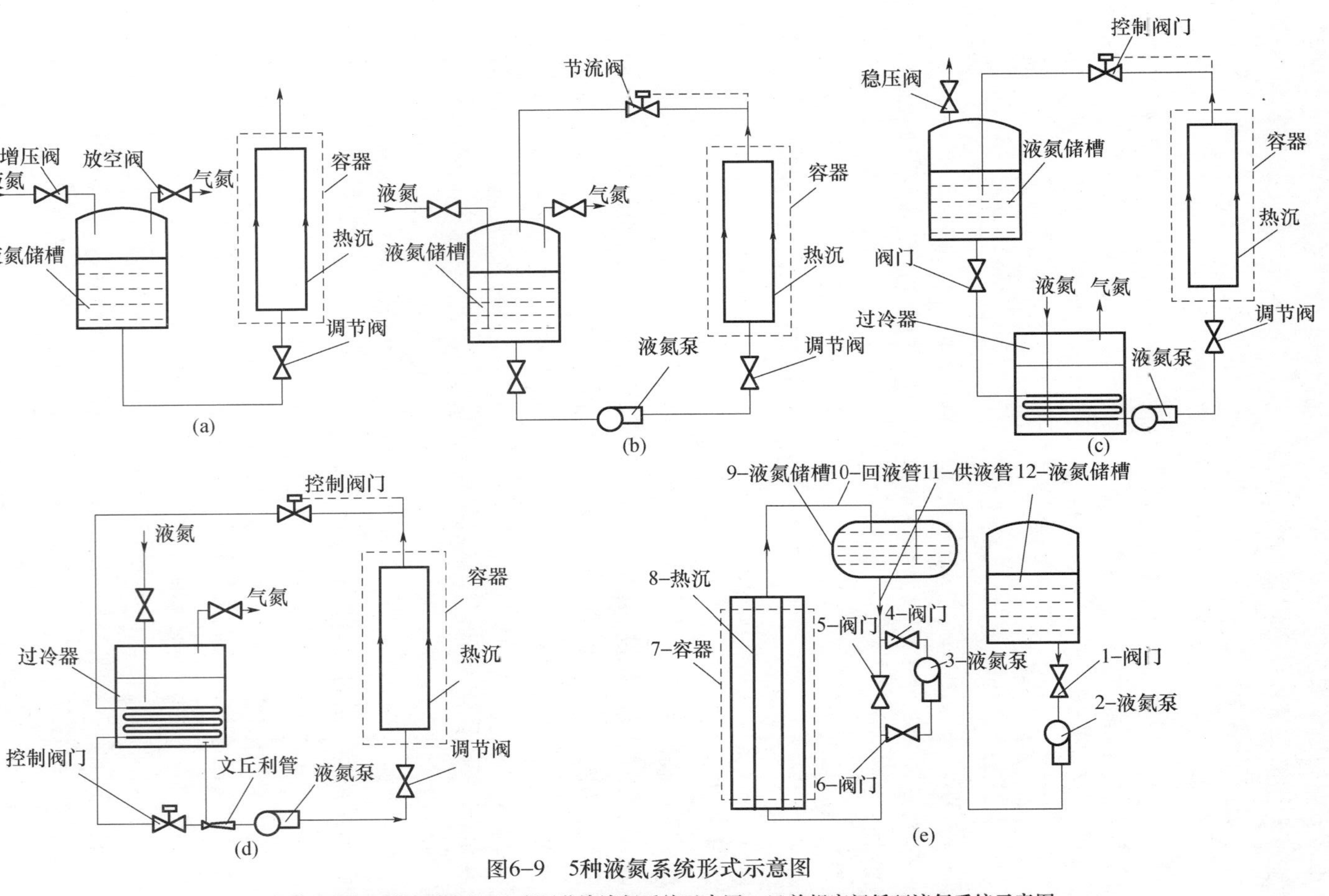

图6–9　5种液氮系统形式示意图

(a)开式沸腾液氮系统示意图；(b)带压节流液氮系统示意图；(c)单相密闭循环液氮系统示意图；(d)带文丘利管单相密闭循环液氮系统示意图；(e)自然循环液氮系统简化图。

4. 带文丘利管单相密闭循环液氮系统

带文丘利管单相密闭循环液氮系统如图 6 -9(d)所示,其特点是在单相密闭循环液氮系统的液氮泵前面加了文丘利管。文丘利管的作用是带压液氮储槽向循环系统补充液氮,补液时使系统参数更稳定,操作方便。为了使文丘利管能引射过冷器中液氮进行补液,就要保持文丘利管引射口与过冷器之间的压差,据估算,过冷器高出文丘利管 2 ~3m,文丘利管即可进行补液。

单相密闭循环液氮系统或加有过冷器的液氮系统的优点是加压的液氮在热沉中吸收热能但不沸腾,它是在过冷器盘管中放出热量到液氮储槽,保证了热沉温度的稳定性。单相密闭循环液氮系统的主要缺点是液氮泵需要较大的功率,这会使液氮蒸发,消耗液氮,增加了试验费用。

5. 重力输送自循环液氮分配系统(自然循环系统)

图 6 -9(e)所示为带单相密闭循环的重力输送自循环(自然循环)液氮系统。图 6 -9(e)中的液氮储槽(9)、供液管(11)、热沉(被冷却分路支管)(8)、回液管(10)和液氮储槽(9)组成了重力输送自循环(自然循环)液氮系统。液氮分配系统应该具备两个功能:①正常运行时供应液氮;②启动设备,即用液氮预冷被冷却的设备。前 4 个液氮系统都能单独完成这两个功能,而重力输送自循环系统只能完成第一个功能,不能完成第二个功能。因为该系统的液氮储槽高出被冷却设备,靠该储槽自重预冷被冷却设备会用很长时间,也可能由于大量液氮汽化根本就充不进被冷却管路,因此为完成上述液氮系统的两个功能必需有强迫液氮流动的前 4 个液氮系统之一与其配合才行。

图 6 -9(e)的带单相密闭循环的重力输送自循环(自然循环)液氮系统可以有两种方式供应热沉(8)液氮:当阀门(5)关闭、阀门(4)和(6)打开时,液氮泵工作的情况下就是单相密闭循环液氮系统,而当阀门(4)和(6)关闭,液氮泵(3)不工作,打开阀门(5)时,就是重力输输送自循环系统。下面只讨论重力输送自循环(自然循环)液氮系统,如图所示,液氮槽置于热沉上方一定高度,热沉(8)与供液管形成一个 U 字形回路。在热沉(8)吸收热量后,管中的液氮会受热体积膨胀,这时热沉(8)和供液管在同一水平高度,液氮的密度就产生了差异。在同一高度供液管中液氮的密度大与热沉中液氮的密度,这就产生了压力差,由于这一压力差就促使液氮环绕供液管、热沉、回液管和液氮储槽这一回路流动。由于液氮继续在回液管(10)中向上流动时,在某个高度或低于液氮储槽(9)上部得到足够大的热量,液氮变为两相流,这就更明显的表明和供液管(11)在同一高度比较具有较小的密度,因此对液氮提供了驱动力,这种力可克服热沉系统的摩擦损失,并导致自然对流状态下液氮进行流动,通过回液管(10)两相流返回上部的液氮储槽(9)。

6.3.2 重力输送自循环液氮系统

液氮分配系统在空间环境模拟器、大型氦制冷机液氮级热交换器、液氮温度纯化器和低温泵等都有应用。从前大多是采用强制循环液氮系统，较少采用重力输送自循环液氮系统。重力输送自循环系统也可称为自然循环系统或热虹吸系统。最早应用重力输送自循环液氮系统的是苏联于20世纪70年代建成的两台大型空间模拟器，此后再没人使用，直到90年代美国的几个空间模拟器由于改造的需要才开始又采用了重力输送自循环液氮系统。

1969年美国福特公司建成的空间模拟器因铝热沉疲劳损坏不得不更换热沉，于1994年对液氮系统进行了改造，改为重力输送自循环液氮系统。

1962年美国哥达德中心建成的空间模拟器，由于其铝热沉支撑结构设计不合理造成热沉损坏，于1996年进行了改造，液氮系统改为重力输送自循环液氮系统。

詹姆斯·韦伯太空望远镜(JWST)为了做空间模拟试验，由于其体积大，必须在航空航天局(NASA)约翰逊空间中心(JSC)的大型模拟器A中进行。约翰逊空间中心模拟器A直径19.8m，高35.66m，模拟器内液氮热沉直径17.4m，高28m。太空望远镜要求90~120天的长期试验，因此要求试验设备有很高的可靠性，但原模拟器A液氮泵只有300h保养周期，大量的控制阀和泄放装置，系统对电力的高度依赖性等因素都降低了模拟器的可靠性。控制阀的故障会破坏热沉和氦板的工作，太多的阀门不能控制热沉温度的均匀性。总之，原模拟器A不能完成太空望远镜的试验任务，经过多个方案论证，最后还是采用了自然循环系统，于2010年完成了模拟器A的改造。

近几年，一些高温超导研究机构在研究和试验63~87K过冷液氮在自然循环系统中的热和流动特性，以便使过冷液氮的自然循环系统用于高温超导电力设备。

上述设备采用自然循环系统而不用强制循环系统，主要因为前者稳定、可靠，减少维修、低成本、低热沉(分路支管)温度、低液氮消耗和较高效率。

1. 重力输送自循环液氮系统(自然循环系统)性能和特点分析

上述5种液氮循环系统前4种都是强制循环系统。除了开式沸腾系统外都有液氮泵和多个阀门，为了各支管温度均匀都采用了过冷液氮，系统压力较高。而自然循环系统是一个简单系统，它是被热负荷的热产生的浮力驱动的。因此，支路管中液氮被加热后在管中的流动状况值得关注。

1) 液氮在典型管中流动形式随热负荷变化状况

在重力输送自循环系统中，相分离器槽(液氮储槽)是关键部件，它一方面供应系统液氮，又在返回的液氮中进行汽液分离，汽氮排出，而液氮继续参与系统的循环。重力输送自循环液氮系统中没有液氮泵，驱动力来自液氮分离器槽的静力压头。液氮从分离器槽通过垂直管供应汇集管进模拟器内热沉的底部，通过热沉上升后进入返回的汇集管再回到分离器槽，在此气体放出而液体回到热沉。

很明显，如果没有传热进入系统就不会形成循环，但由于漏热使热量传入系统中，此热量蒸发了管中液体，其结果是气体排出。这导致密度的差异，这种差异就是驱动力，使液氮在热沉中循环，并保持液体在液氮温度。图6-10给出了在典型管中各个阶段流动形式和随热负荷变化状况图。从下面进入热沉的液体是单向流，再向上是过冷沸腾，热沉是处于饱和核态沸腾区，因此在液氮系统每个模块供液线上装有调节阀，以便控制管路中液体和蒸气的比例，决定液体的供给压力，使热沉控制在饱和核态沸腾区。

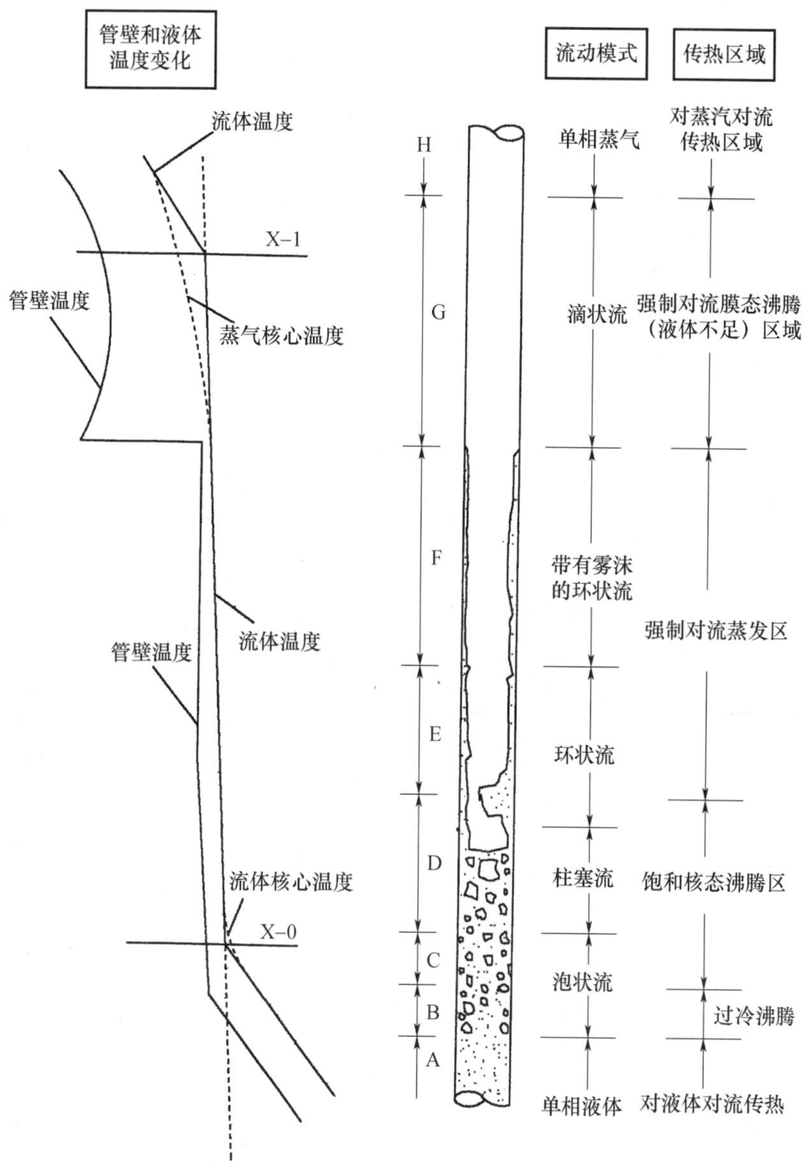

图 6-10　在典型管中各种阶段流动型式和随热负荷变化状况图

只有使热沉中的液氮处于饱和核态沸腾区，液氮是泡状流或柱塞流时，液氮温度才能保证热沉温度能满足试验要求。如果液氮处于强制对流区，管内液氮为环状流或带有雾沫的环状流会造成损耗过多的液氮。

管内液氮的流动形式和所处的区域主要取决于所受热负荷的大小,因为在空间环境模拟器中,热沉所受的热负荷较小,因此热沉是在饱和核态沸腾区。

2）重力输送自循环液氮分配系统（自然循环系统）工作原理

重力输送自循环系统（自然循环系统）工作原理图如图 6－11 所示。液氮储槽（相分离器）放在被冷却管上方一定的高度,由储槽的下方连接输液管与热沉最下方的汇总管连接,成相互平行的管子。在没有热量输入的情况下,模拟器内和模拟器外的管子内的液体由于进入的静力压头等于返回的静力压头就不会形成循环。假设模拟器内管子吸收热量而模拟器外的管子没有吸收热量,吸收热量的竖直管中的液氮会膨胀甚至沸腾,其结果是会排出气体,这导致在同一高度上在模拟器内竖管中液氮的密度低于模拟器外竖管中液氮的密度,从而使该管中的压力低于模拟器外竖管中液柱压力,这一压力差就是促使液氮环境回路流动的驱动压力,热流越高流速也就越大,为保持热沉的温度在要求的范围内,热沉管液氮应处于饱和核态沸腾区。在液氮系统中,热沉中的竖直管中加热热沉密度通常不大,加热壁面上以核态沸腾为主要沸腾模式。壁面上活化核心处形成的气泡首先长大至一定尺寸,然后在浮力的作用下脱离活化核心,之后沿壁面向上滑移一定距离,并在此过程中不断长大,最后脱离加热壁面。脱离后的气泡在液体中继续向上运动,并带动气泡周围的液体向上流动,从而形成自然循环。在上述两种力的作用下,最终形成重力输送自循环液氮系统。

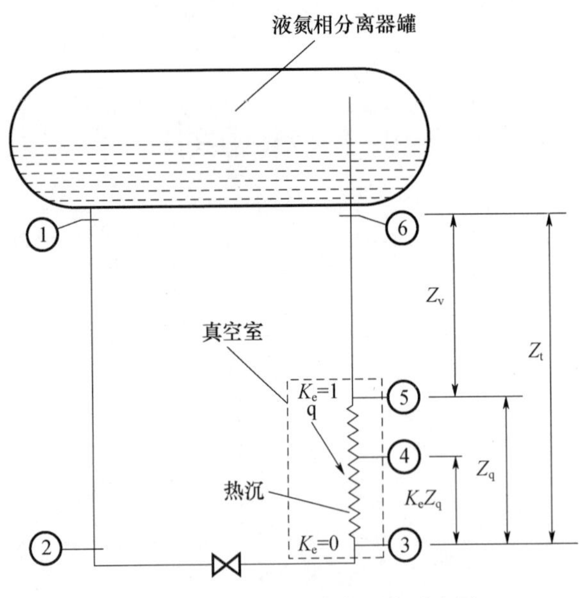

图 6－11　自然循环液氮系统示意图

3）重力输送自循环液氮系统（自然循环系统）热分析

现在以约翰逊空间中心空间模拟器 A 为例说明自然循环系统的热设计。当使用自然循环系统时，在过程流动管径内要消除潜在的蒸气陷阱，并且在供液管和回液管之间要最大化压力差。安放储液罐（相分离器罐）到模拟器顶部要足够高，这样可以达到足够压力差以保持运行过程通过热沉板高度的 2/3 是过冷（单相）状态，这样使它能保证过程流动通过管路最曲折部分。

在自然循环系统中会有一定的出口含气率的液体在管路末端返回到相分离器。质量流能使用能量平衡法计算，压力降可以直接计算。供给液体到相分离器返回液体密度所创造的可供的压力降必须大于需要的压力降。最关键的过渡连接件要保持在过冷区域。增加热沉的热负荷将降低流体的密度，可自动增加通过系统的液体流量。

JSC 空间模拟器 A 自然循环系统如图 6－11 所示。杰弗逊实验室对 JSC 空间模拟器改造进行了热分析。在已知如下参数下可求得在不同出口蒸发率情况下的各点压力降及密度等参数的对应值。

Z_t 为全高，$Z_t = 32\text{m}$，Z_v 为两相流非加热段（5－6），$Z_v = 4.57\text{m}$，η_s 为过冷液体非加热部分（1－2）等熵压力降效率，$\eta_s = 96\%$；η_e 为液体加热部分（3－4）理想压力降效率，$\eta_e = 90\%$；η_t 是两相加热部分（4－5）理想压力降效率，$\eta_t = 80\%$；η_m 是两相非加热部分（5－6）等熵压力降效率，$\eta_m = 80\%$；P_1 为相分离器罐的压力，$P_1 = P_6$，$P_1 = 0.1155\text{MPa}$；P_2 是点 2 的压力，$P_2 = 0.357\text{MPa}$；T_1 是点 1 的温度，$T_1 = 78.44\text{K}$；T_2 是点 2 的温度，$T_2 = 78.52\text{K}$；K^* 是加热部分高度位置为 66.7% 时计算压力 P^* 用的系数。

计算结果见表 6－2。为求得不同出口蒸发率下的各点压力降及密度等参数，参考图 6－11 首先定义表 1 中以下参数的意义：$X_e = X_6$，表示出口点 6 液体的蒸发率；ΔP_v 表示从点 2 到点 3 经过阀门的压力降；X_5 表示加热部分末端，点 5 的蒸发率；q/w 表示每循环质量流量输入的热量；$K_e Z_q$ 表示在加热部分（3－5）饱和液体位置；ρ_t 表示在加热部分（4－5）总体平均蒸气密度；ρ_e 表示在加热部分（3－4）总体平均液体密度；P^* 表示在 K^* 位置时的压力。加热部分从点 3 到点 5 以高度衡量时，点 3 位置时系数 $K_e = 0$，加热部分最高点 5 时系数 $K_e = 1 = 100\%$，现在求的是在总高度的 66.7%，即 $K^* = 66.7$ 时的 P^*；P_3、P_4、P_5 表示 3、4、5 各点的压力；T_3、T_4、T_5 表示 3、4、5 各点的温度。

表 6－2　出口蒸发率与各点压力降

$X_e = X_6$	ΔP_v /MPa	X_5	q/w /(J/g)	$K_e Z_q$	ρ_t /(kg/m³)	ρ_e /(kg/m³)	P^* /MPa	P_3 /MPa	P_4 /MPa	P_5 /MPa	T_3 /K	T_4 /K	T_5 /K
1.0%	−0.03												
2.0%	−0.006												

（续）

$X_e=X_6$	ΔP_v /MPa	X_5	q/w /(J/g)	K_eZ_q	ρ_t /(kg/m³)	ρ_e /(kg/m³)	P^* /MPa	P_3 /MPa	P_4 /MPa	P_5 /MPa	T_3 /K	T_4 /K	T_5 /K
3.0%	0.023	2.3%	5.922	77.8%	323.85	796.28	0.175	0.334	0.149	0.124	78.52	80.73	79.10
4.0%	0.05	3.5%	7.895	64.8%	257.85	795.60	0.148	0.307	0.153	0.122	78.53	80.99	78.94
5.0%	0.074	4.6%	9.869	54.0%	219.20	795.27	0.138	0.283	0.155	0.121	78.54	81.11	78.85
6.0%	0.093	5.7%	11.843	45.5%	194.59	795.13	0.133	0.263	0.156	0.120	78.55	81.15	78.78
7.0%	0.109	6.7%	13.817	38.8%	174.18	795.11	0.130	0.248	0.1554	0.119	78.55	81.14	78.74
8.0%	0.122	7.8%	15.791	33.3%	160.78	795.18	0.128	0.234	0.155	0.1189	78.56	81.10	78.70
9.0%	0.134	8.8%	17.765	28.9%	147.26	795.28	0.127	0.222	0.154	0.1186	78.56	81.05	78.68
10.0%	0.143	9.8%	19.739	25.3%	138.80	795.41	0.126	0.213	0.153	0.1183	78.56	80.99	78.65
11.0%	0.152	10.8%	21.713	22.4%	130.33	795.54	0.125	0.205	0.152	0.1180	78.57	80.92	78.63
12.0%	0.159	11.9%	23.686	19.9%	121.72	795.68	0.124	0.198	0.151	0.1178	78.57	80.86	78.62
13.0%	0.166	12.9%	25.66	17.8%	116.12	795.84	0.123	0.192	0.149	0.1177	78.57	80.78	78.61
14.0%	0.178	13.9%	27.634	16.0%	109.81	795.97	0.1226	0.187	0.1487	0.1175	78.57	80.72	78.59
15.0%	0.175	14.9%	29.608	14.5%	106.05	79612	0.1221	0.182	0.1477	0.1174	78.57	80.66	78.58
16.0%	0.179	15.9%	31.582	13.2%	100.45	796.25	0.1217	0.178	0.1467	0.1173	78.57	80.60	78.58
17.0%	0.182	16.9%	33.556	12.1%	96.37	796.37	0.1213	0.175	0.1458	0.1172	78.58	80.54	78.57
18.0%	0.186	17.9%	35.530	11.1%	92.72	796.49	0.1210	0.171	0.1449	0.1171	78.58	80.49	78.56
19.0%	0.188	18.9%	37.504	10.2%	89.39	796.61	0.1207	0.168	0.1441	0.1170	78.58	80.43	78.56
20.0%	0.191	19.9%	39.477	9.4%	86.39	796.74	0.120	0.165	0.1433	0.1169	78.52	80.73	78.55

从上述计算结果可以更深入理解自然循环的原理及特点。从数据可知，点 6 的 X_6 出口蒸发率与点 5 的 X_5 蒸发率变化规律是基本相同的，而且它们与每循环质量流量输入的热量 g/w 变化规律是一致的，这是说明输出管路液氮的蒸发是由于在管路从点 3 到点 5 输入热量 g/w 的结果。由于热量的输入使输出管内液氮从饱和液体状态变到饱和气体状态，加热部分饱和液体的位置 K_eZ_q 随着出口蒸发率 X_6 的增加减小，这是由于热量增加，部分饱和液体变为饱和气体。在饱和液体状态时的密度 ρ_e 也远大于饱和气体状态的密度 ρ_t，而且 ρ_e 变化不大，ρ_t 则随着 X_6 的增大而减小，当热负荷增加时会减小流体密度，这将自动增加系统通过的液体流量，这是符合液氮循环规律的。

从已知条件知道点 2 的压力 $P_2=0.357\text{MPa}$，当出口蒸发率 $X_6=3.0\%$ 时，点 3 的压力 $P_3=0.334\text{MPa}$，这说明进出管路在同一个高度水平时产生了压差，这压差除了阀门的阻力外，主要是由于出口有液氮蒸发，即输出管点 3 到点 5 输入热量 q/w 的结果。由于输出管的加热，使系统产生了虹吸效应，这样才会形成自然循环系统。

从数据可知，由于 P_2 是定值，点 2 与点 3 之间的压力降主要是因为点 3 的压力 P_3 降低造成的，由于在同一高度进出管路都有压差，这就产生了系统循环的驱动力。点 2 经过阀门到点 3 的压力降 ΔP_v 是随出口蒸发率 X_6 变化的，出口蒸发率 X_6 越高，压力降 ΔP_v 越大。从上述数据可知，当 $X_6 > 3\%$ 时 ΔP_v 才有足够的压力降形成自然循环。

从计算结果可知，在出口蒸发率 X_6 从 3% 到 20% 时，点 3 的温度 T_3 从 78.52K 变化到最大值 78.58K；T_4 从 80.73K 变化到最大值 81.14K；T_5 从 79.10K 变化到 78.55K。从点 3 到点 5 受热负荷加热部分的温度在 78.52 ~ 81.14K 范围内，该温度保证了热沉温度的稳定性，并且温度低于强制循环系统时的温度。

一般地，在一个设备中要分为几个区域，每个区域将工作在独立的自然循环系统（热虹吸系统），每个系统在返回管路末端有它自己的流量，这依赖那个区域热负荷，并与在那个区域总流量形成的液体压力降相平衡。对于平均热负荷情况，可供压力降和需要的压力降是随着蒸发率变化的曲线，如图 6-12 所示，两曲线交叉点在出口蒸发率 3% 附近。这说明当出口蒸发率在大于 3% 时有效压力降才会大于需要的压力降。

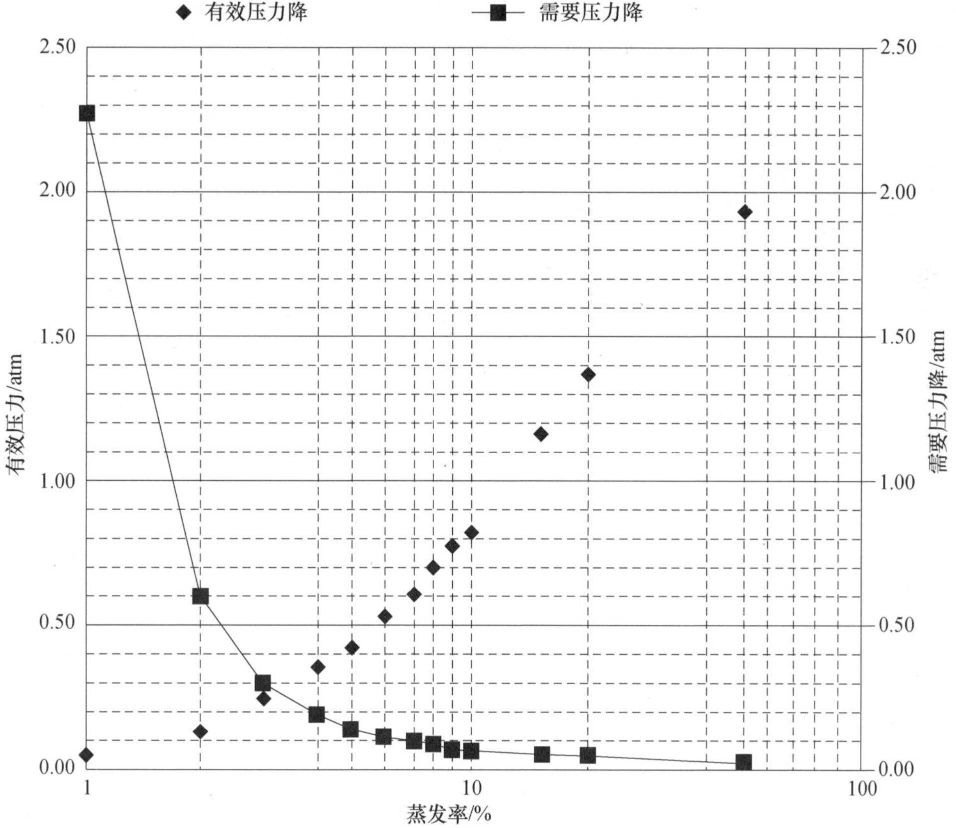

图 6-12　驱动和需要压力降与蒸发率的关系

4）重力输送自循环系统（自然循环系统）的优缺点

重力输送自循环液氮系统的优点：

（1）系统简单，无低温下的运动设备和部件。

（2）操作简单，维修方便，降低了设备和使用成本，系统没有过冷器、带压杜瓦、液氮泵和复杂的管路，因此节省了设备投资和运行成本。

（3）能很好地满足热沉温度要求，温度较低。

（4）运行稳定，较开式沸腾液氮系统和单相密闭循环液氮系统有明显的优点。液氮储槽起着一个气液分离器的作用，它不会有开式沸腾系统的流体振动问题和喷出液氮的问题。

（5）节省液氮，对于大型长期运行的液氮设备会有很大经济效益。

虽然重力输送自循环液氮系统有许多优点。但它有一个很大的缺点，即它不像单相密闭循环液氮系统那样对热沉管路设计无要求，它要求热沉的管路需要与供液管形成U形回路，否则就可能循环不起来。另外，其热负荷较强迫流动的液氮系统小。

5）重力输送自循环液氮系统设计中要注意的几个问题

（1）热沉管路应形成一个自然对流回路，除汇总管可以做成环形管外，其他的支管路必须是要垂直或倾斜的，不能有水平支管，否则水平管中会形成气堵。例如苏联ϕ17.5×40m模拟器热沉高30m，为了能形成U形回路，除上下各一根环形水平汇总管外，其余的支管热沉全是从上到下全长30m的铝翼形管。

（2）供液管和回液管一定是垂直走向，万一需要非走水平管时，也要有一个从下向上的斜度，在回液管中绝不允许从上向下的弯曲。

（3）为了确保支管上部的温度也能保持在液氮温度，根据外部辐射热的大小，应将液氮蒸发量控制在5%以内，这样才能保证有足够的驱动力，不会使支管上部蒸气太多，才能使支管保持液氮温度。

（4）要对冷却盘管的管阻和进出液氮管之间的压差仔细计算，确保在这个压差下有足够的液体流速。当多路供液时，在每路供应管上应加调节阀，使每路供液管都能满足上述条件。

2.3个用于大型空间模拟器的自然循环液氮系统

下面介绍3个用于大型空间模拟器的自然循环液氮系统：第一个是苏联20世纪70年代建成的；第二个是带文丘利管单相密闭循环预冷的自然循环系统；第三个是近期改造建设的约翰逊空间中心空间模拟器A的自然循环液氮系统。

1）苏联空间环境模拟器液氮分配系统

苏联空间模拟器液氮系统较完整的简化示意图如图6-13所示，从图中可知液氮系统由230m^3液氮储槽、两台液氮泵、两台补液泵、排液罐和汽氮再液化装置组成，汽氮再液化装置由球形液氮储槽（1400m^3）、喷射泵、补液泵、蒸发器、逆向冷凝装置、冷却器和空气分离装置组成。在热沉启动时为减少预冷时间要用液氮泵

(2)输送液氮到热沉,在正常工作时,关闭液氮泵(2)的进出口阀门,打开旁通阀,由上方的储槽和旁通管路及热沉管路形成了重力输送自循环(自然循环)液氮系统。这会使热沉在低温下稳定运行,试验完成后,热沉中的液氮排放到排液罐(5)。气氮液化装置用于液化蒸发的氮气,以补充液氮。

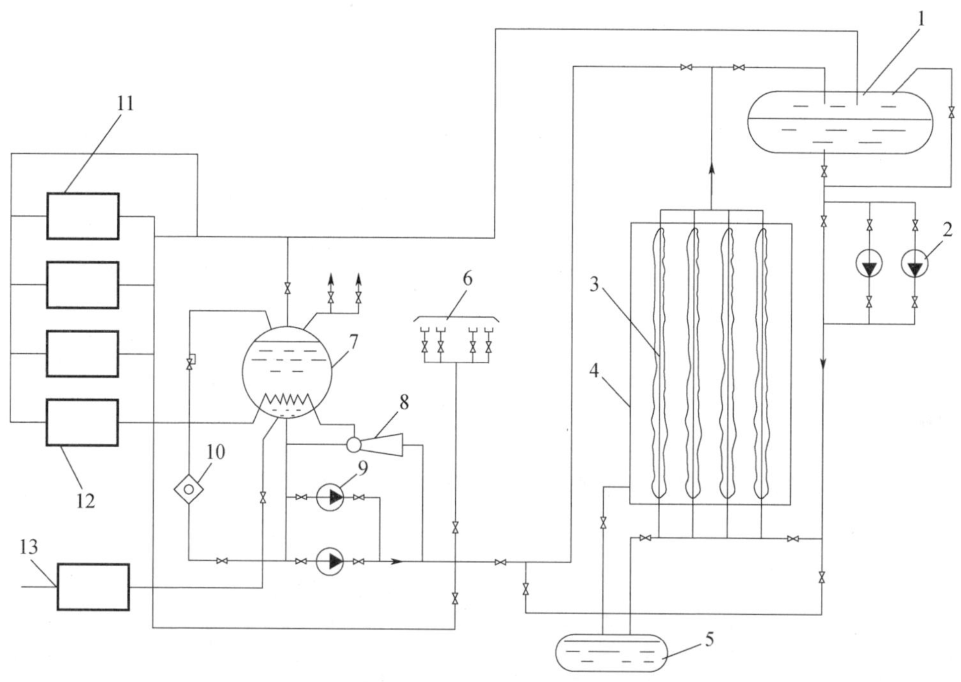

图 6-13　苏联空间模拟器液氮系统示意图

1—230m^3 液氮储槽;2—液氮泵;3—热沉;4—容器;5—排液罐;6—液氮输出接口;7—球形液氮储槽;8—喷射泵;9—补液泵;10—蒸发器;11—逆向冷凝装置;12—冷却装置;13—空气分离装置。

2) 带文丘利管的单相密闭循环预冷的重力输送自循环(自然循环)液氮系统

图 6-14 所示的自然循环系统在保持热沉温度的同时,在一定热负荷情况下液氮消耗最小,该系统可以手动,也可以自动操作。

该系统的特点是:使用带文丘利管液氮泵单相密闭循环预冷的重力输送自循环(自然循环)系统。该系统包括如下设备:顶端液氮储槽、过冷器盘管、顶端液氮储槽补充液氮泵、文丘利管、液氮过冷器泵、低压液氮储槽及真空容器内的热沉。在真空容器内的热沉由顶部热沉、圆柱热沉和底部热沉三部分组成。

该系统主要由带文丘利管的单相密闭循环启动系统、重力输送自循环(自然循环)系统两部分组成。该液氮系统两部分是:

(1) 带文丘利管单相密闭循环启动系统。在真空容器(E)中主热沉(F)热负荷损耗的液氮是由低压液氮储槽(A)供到上部的顶端液氮储槽(D)提供的。顶端液氮储槽(D)高于真空容器(E)。液氮由低压液氮储槽 A 底部供给顶端液氮储槽

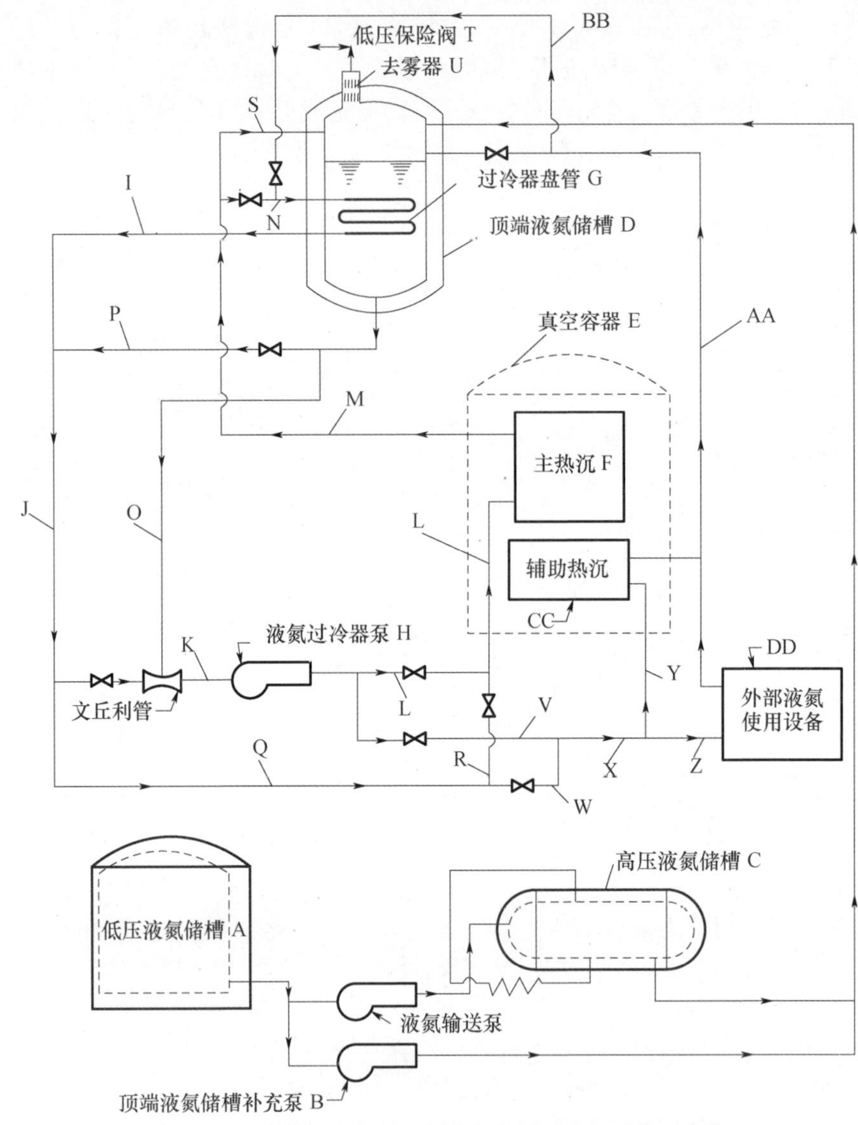

图 6-14　带单相密闭循环预冷的自循环液氮系统示意图

补充泵液氮,再由补充泵将液氮泵到顶端的液氮储槽(D)。顶端液氮储槽(D)是工作在等于或接近一个大气压状态,因而保持液氮沸点在一个大气压热平衡饱和状态,并在这种状态下向热沉提供液氮。顶端液氮储槽(D)内装有液氮过冷器盘管(G),它是单相密闭循环系统的重要组成部分。液氮通过过冷器盘管(G)经文丘利管供应液氮到液氮过冷器泵(H),过冷器盘管(G)中的液氮通过 I、J 和 K 管路到达带文丘利管的泵(H),通过过冷器泵(H)将压力提高到 1.0MPa,然后液氮经过管路 L 通入真空容器(E)中的热沉(F)。热沉(F)是暴露在真空容器(E)中的热负荷。因为流体通过热沉(F)压力足够高,因此液氮仍保持为液体(不会改变为气相)，从热沉(F)出来的液氮经过管路M和N回到浸在上部的储槽(D)中的过冷器盘管(G)，当液氮通过过冷器盘管(G)时，在真空容器(E)中得到的热量与过冷液体进行热交换，这会引起在储槽(D)的液氮沸腾更强烈。当液氮在顶端液氮储槽(D)中汽化，液氮会重新由低压液氮储槽(A)通过顶端液氮储槽补充泵补充汽化的液氮。液氮通过过冷器盘管(G)后，它接近上部的顶端液氮储槽(D)一样的压力，然后液氮再次经管路I、J和K流向过冷器泵(H)，继续循环。

由过冷器盘管(G)、管路N、I、J、K及文丘利管、液氮过冷器泵(H)、管路L、主热沉(F)和管路M所组成的带文丘利管单相密闭循环液氮系统是用于预冷热沉的系统，该系统启动和补充液氮损失是靠上部的顶端液氮储槽(D)通过管路O到文丘利管，再进入液氮过冷器泵(H)的吸入口。

(2) 重力输送自循环系统。如上所述，顶端液氮储槽(D)中液氮损耗是由于热沉中的热负荷引起的，重力输送自循环系统的主要特点是在热真空容器(E)中的热沉(F)能保持要求的液氮温度主要依靠上方的储槽(D)，而不是依靠液氮过冷器泵(H)。

重力输送自循环系统工作循环如下：液氮通过上部的顶端液氮储槽(D)供应到真空容器(E)内的热沉(F)。液氮通过管路P、J、Q和R到达热沉(F)。液氮先进入热沉较低的部分，然后就通过热沉整体区域或整体管路。

当液氮流动时，它吸收真空容器(E)中热沉的热量，因此会轻微的减少热沉内液氮的密度并增加热沉(F)和导管J在同一高度任意点间的压力差。由于液氮继续在真空容器外的M管路中向上流动时，在某个高度或在低于顶端液氮储槽(D)的某个高度得到足够大的热量，液氮变为两相流并和供液管路J在相同高度比较具有更小的密度，因此给液氮提供了躯动力，这种驱动力可克服系统的摩擦损失并导致在自然对流的状态下液氮进行流动，通过M和S管路两相流返回上部的顶端液氮储槽(D)。

(3) 公用部件。图6-14所示的上部的顶端液氮储槽D是上述两个系统的公用部件，它在单相密闭循环系统中是作为过冷器，在重力输送对流系统中它是高于真空容器的液氮储槽。因此，储槽D的容积要能把过冷器盘管G装下，储槽D液面的上部要有足够的空间以便可以容纳从管路M和S从热沉返回的两相流中的气体，这两相流是由于重力输送自然循环系统运转中产生的。因此，储槽D要满足上述两个系统的工作要求。

贮槽D有出气孔T，在出气系统中包括出雾器，它是用于避免湿蒸气排出造成的液氮损失。

辅助热沉和外部液氮使用设备液氮供应方式如下：

图6-14中的辅助热沉CC可以放在真空容器E中任意位置，外部液氮使用设备可能是液冷阱等设备，由于其特性或位置可能不用重力输送自然循环系统供应液氮，当应用自动输送自然循环系统时，管路W、X、Y和Z允许用该系统供应液

氮,最后液氮通过管路 AA 回到顶端液氮储槽 D。

当工作在单相密闭循环系统时,辅助热沉 CC 和外部液氮使用设备 DD,通过管路 V、X、Y 和 Z 供应液氮,然后通过管路 AA 和 BB 回到过冷器盘管 G。

当真空容器 E 中的主热沉靠重力输送自然循环系统供液氮时,液氮过冷器泵 H 可用于供应辅助热沉 CC 和外部液氮使用设备 DD 的液氮。通过主管路 J 供应液氮给过冷器泵。再通过管路 V、X、Y 和 Z 供应到辅助热沉 CC 和外部液氮使用设备 DD 液氮,最后通过管路 AA 回到上部的顶端液氮储槽 D。

3) 约翰逊空间模拟器 A 的自然循环液氮系统

图 6－15 为约翰逊空间中心模拟器 A 的自然循环液氮系统。模拟器 A 为满足詹姆斯·韦伯太空望远镜试验才于近期对其液氮系统进行改造,将强制循环液氮系统改造为自然循环液氮系统,这是目前最简单效果较好的自然循环系统。该系统消除了全部旋转部件并依赖自然循环(依赖重力和密度变化)供应液氮到热沉。它使用 5 个相同的相分离器罐,每个 $0.9m^3$,全部在模拟器 A 顶部。模拟器热沉分为 4 个扇形体,每个扇形体由若干热沉区域组成。每个扇形热沉由独立的相分离器罐提供液氮。流体由上面贮罐靠重力自然流到热沉区域。相分离器罐中的液氮补充及热沉的预冷都是靠加热器加热环境蒸发器,用蒸发器产生的带压氮气充入液氮贮罐,用此罐中的液氮补充液氮和预冷热沉。该系统是目前最简单的自然循环液氮系统。由于改造后取消了液氮泵和减少了各种阀门,大大地提高了系统的可靠性。自然驱动过程保证了系统的稳定性和低热沉温度,简化了的系统减少了维修和建造成本,提高了效率,节省了大量液氮,与改造前比较节省了 27% 的液氮。

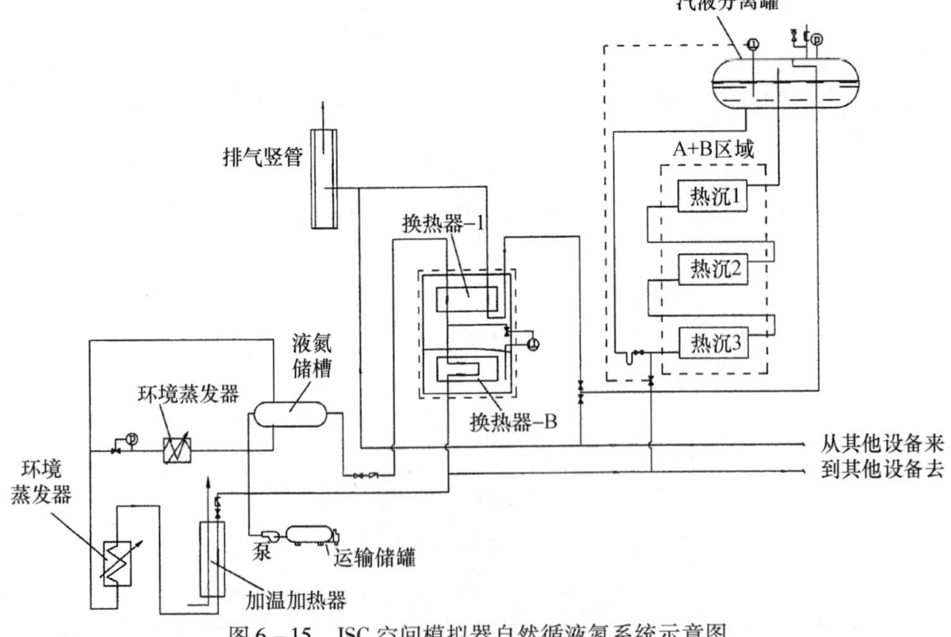

图 6－15　JSC 空间模拟器自然循液氮系统示意图

在各种使用液氮分配系统设备中,在正常运行时在负荷允许的情况下应选用重力输送自循环(自然循环)液氮系统。因为该系统可达到较低的温度,最省液氮。在选用自然循环系统后要进行一些技术准备工作。首先要进行液压分析以便确定所需要的压力差是可得到的循环需要的液体蒸发率。本质上,最终在系统内会平衡蒸发率的值,对系统分析和预测是不可缺少的一个步骤,分析预测正如详细设计管路一样是个反复过程并正在走向成熟,通过分析和预测可以验证最大蒸发率(10%)在系统内任何地方都不会超过。在两相流的热力学和流体工艺设计中的工程能力和经验必须减少这些设计风险,通过预先设计来验证系统最终结果如预期的效果。

6.3.3 KM6 载人航天器空间环境模拟器液氮系统

KM6 空间环境模拟器液氮系统采用的是带文丘利管单相密闭循环液氮系统,它由液氮泵、文丘利管、过冷器和液氮储槽组成(图 6-16)。该系统运行平稳,能满足试验要求。

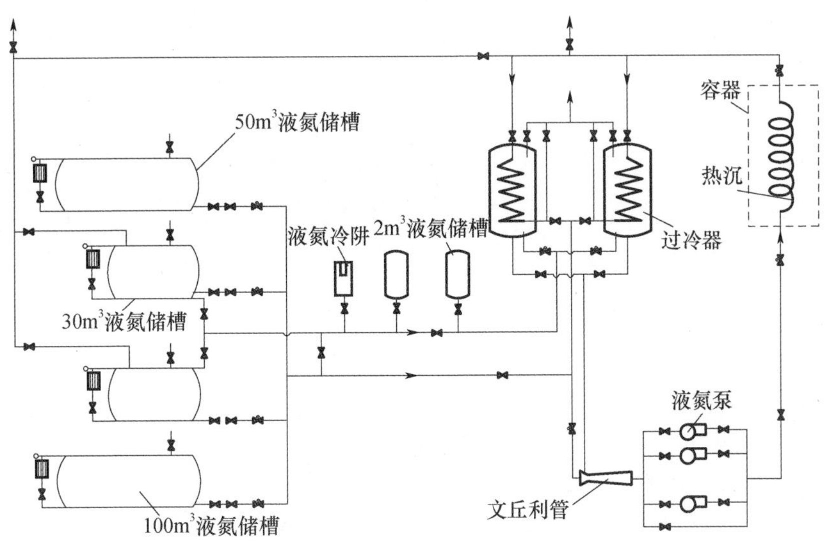

图 6-16 KM6 空间模拟器液氮系统示意图

液氮系统中,液氮管路是系统的重要组成部分,因为管路长,结构设计不合理会损失大量液氮。为减少漏热多采用真空多层绝热管路,图 6-17 给出了真空多层绝热液氮管路结构图。

KM6 空间环境模拟器液氮系统由北京卫星环境工程研究所设计。

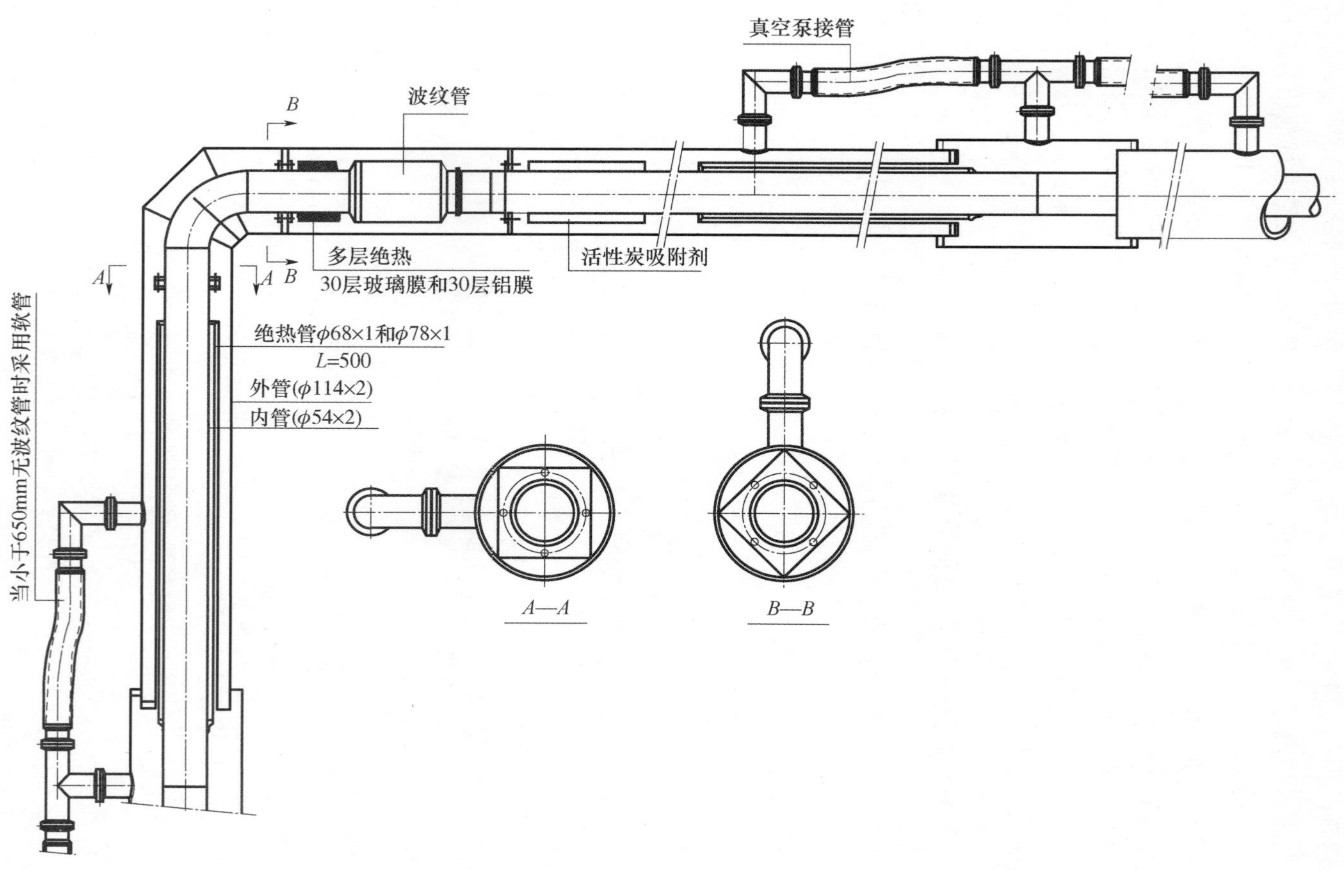

图6–17　液氮真空多层绝热管结构图

6.3.4 两相流管路压降计算

在液氮系统中,重力输送自然循环液氮系统在热沉中的液氮都是两相流,其管路压降仍按单相流计算会带来较大的误差,因此对这种形式的液氮系统的压降应按两相流计算。

预测两相流的压降有两种基本模型:一种为均匀流动模型;一种为分离流动模型。氮的数据跟洛克哈特—马蒂内利(Lockhart - Martinelli)分离模型相吻合。分离模型人为地将两相流分成两种不同的流体来考虑,这种模型中气液速度不一定相等,但需要假设它们处于热力学平衡状态。

6.3.4.1 洛克哈特—马蒂内利模型

洛克哈特和马蒂内利的流动模型在预测低温流体两相流压降的应用中都有很好的准确性,下面将详细探讨该模型。

根据洛克哈特—马蒂内利模型,应用于相应绝热条件下的两相流摩擦压降数据参数如下:

$$(\Delta P/\Delta L)_{\mathrm{TP}}=(\varphi_{\mathrm{L}})^{2}(\Delta P/\Delta L)_{\mathrm{L}} \tag{6-1}$$

$$X^{2}=\frac{(\Delta P/\Delta L)_{\mathrm{L}}}{(\Delta P/\Delta L)_{\mathrm{G}}}=\frac{C_{L}(Re_{\mathrm{G}})^{m}\rho_{\mathrm{G}}}{C_{\mathrm{G}}(Re_{\mathrm{L}})^{n}\rho_{\mathrm{L}}}\left(\frac{1-x}{x}\right)^{2} \tag{6-2}$$

式中:$(\Delta P/\Delta L)_{\mathrm{TP}}$为两相流单位长度的摩擦压降;$(\Delta P/\Delta L)_{\mathrm{L}}$为管路全部充满液体时单位长度压降;$(\Delta P/\Delta L)_{\mathrm{G}}$为管路全部充满气体时单位长度压降;$Re_{\mathrm{L}}$为液体雷诺数;$Re_{\mathrm{G}}$为气体雷诺数;$\rho_{\mathrm{G}}$为气体密度($\mathrm{kg/m^3}$);$\rho_{\mathrm{L}}$为液体密度($\mathrm{kg/m^3}$);$x$为干度(干度是气体的质量分数);$X$为洛克哈特—马蒂内利参数。

雷诺数 Re 为

$$Re_{\mathrm{L}}=Dm_{\mathrm{L}}/A_{\mathrm{c}}\mu_{\mathrm{L}},\quad Re_{\mathrm{G}}=Dm_{\mathrm{G}}/A_{\mathrm{c}}\mu_{\mathrm{G}} \tag{6-3}$$

式中:D为管内径(m);μ为黏度($\mu\mathrm{Pa\cdot s}$);A_{c}为横截面积($\mathrm{m^2}$);m为质量流率;m_{L}为液体质量流率;m_{G}为气体质量流率($\mathrm{kg/(s\cdot m^2)}$)。

式(6-2)中的常数m、n、C_{G}和C_{L}由表6-3给出。对于各自的单相流,这些参数的具体值取决于流动方式(层流或紊流)。

表6-3 洛克哈特—马蒂内利相关常数

常数	层流 $Re<2000$	紊流	
		$3000<Re<50000$	$Re>50000$
m(气体)	1	0.25	0.20
n(液体)	1	0.25	0.20
C_{G}(气体)	64	0.316	0.184

（续）

常数	层流 $Re<2000$	紊流	
		$3000<Re<50000$	$Re>50000$
C_L(液体)	64	0.316	0.184

注:4 种可能的组合方式:
VV—层流(黏性)液体,层流气体;
Vt—层流(黏性)液体,紊流气体;
tV—紊流液体,层流(黏性)气体;
tt—紊流液体,紊流气体

洛克哈特-马蒂内利参数为

$$\varphi_L=[1+(C/X)+(1/X^2)]^{1/2} \tag{6-4}$$

常数 C 的值由表 6-4 给出。

表 6-4 洛克哈特—马蒂内利相关常数 C

液体	气体	标识	C
层流	层流	VV	5
紊流	层流	tV	10
层流	紊流	Vt	12
紊流	紊流	tt	20

流道内为单独液体时的压降为

$$\left(\frac{\Delta P}{\Delta L}\right)_L=\frac{f_L(m_L/A_c)^2}{zg_c\rho_L D} \tag{6-5}$$

式中:f_L 为摩擦因子,摩擦因子按下面公式求得:

层流 $Re_L<2300$ 时,$f_L=\dfrac{64}{Re}$ (6-6)

紊流 $3500<Re_L<2\times10^4$ 时,$f_L=0.316Re^{-0.25}$ (6-7)

$Re_L>2\times10^4$ 时,$f_L=0.184Re^{-0.20}$ (6-8)

其中:g_c 为牛顿第二运动定律换算系数($(\mathrm{k\cdot m})/(\mathrm{N\cdot s^2})$)。

当流动中伴随着向系统放热或从系统吸热(漏热流动)时,流体干度沿着流动长度有显著的变化,这时流体平均密度和平均速度也会在流道长度上变化。摩擦压降梯度可通过对式(6-1)的修正求得,即

$$(\mathrm{d}p/\mathrm{d}L)_{TP}=(1-x)^{2-n}(\varphi_L)^2(\mathrm{d}p/\mathrm{d}L)_o \tag{6-9}$$

式中:x 为局部流体干度的值;$(\mathrm{d}p/\mathrm{d}L)_o$ 为液体在总质量流量 m_L+m_G 下单相流动时单相单位长度上的压降。

如果加入热量,流动干度在流道长度上就不是常数,因此漏热流动中的压降

必须由式(6－9)的数值积分求得,即

$$\Delta P_{\mathrm{f}} = \int_0^L \left(\frac{\mathrm{d}P}{\mathrm{d}L}\right)_{\mathrm{TP}} \mathrm{d}L = \left(\frac{\mathrm{d}P}{\mathrm{d}L}\right)_o \int_0^L (1-x)^{2-n} (\varphi_{\mathrm{L}})^2 \mathrm{d}L \tag{6-10}$$

如果热流量是常数,正如在低温流体输送管中经常碰到的情况,则

$$\mathrm{d}x/\mathrm{d}L = (x_2 - x_1)/L \tag{6-11}$$

式中:x_1 为进口干度;x_2 为出口干度。

将式(6－11)代入式(6－10),可以估算两相摩擦压降为

$$\Delta P_{\mathrm{f}} = \frac{L(\mathrm{d}P/\mathrm{d}L)_o}{x_2 - x_1} \int_{x_1}^{x_2} (1-x)^{2-n} {\varphi_{\mathrm{L}}}^2 \mathrm{d}x \tag{6-12}$$

在漏热流动中,由于流体速度和干度的变化导致的流体加速会带来附加压降,所以动量压降为

$$\Delta P_{\mathrm{m}} = \varphi_{\mathrm{m}} \frac{(m_{\mathrm{L}} + m_{\mathrm{G}})^2}{g_{\mathrm{c}} \rho_L (A_{\mathrm{c}})^2} \tag{6-13}$$

式中:φ_{m} 为动量压降参数。

动量压降参数定义为

$$\varphi_{\mathrm{m}} = \frac{(1-x_2)^2}{1-\alpha_2} - \frac{(1-x_2)^2}{1-\alpha_1} + \left[\frac{x_2^2}{\alpha_2 \rho_{\mathrm{G2}}} - \frac{x_1^2}{\alpha_1 \rho_{\mathrm{G1}}}\right] \rho_{\mathrm{L}} \tag{6-14}$$

式中:α_1 为两相流中进口气体体积组分;α_2 为两相流中出口气体体积组分。

气相组分与洛克哈特－马蒂内利参数 x 之间的关系为

$$1 - \alpha = [1 + c/x + (1/x)^2]^{-1/2} \tag{6-15}$$

水平管中两相流动的总压降是摩擦压降和动量压降的总和,即

$$\Delta \rho = \Delta \rho_{\mathrm{f}} + \Delta \rho_{\mathrm{m}} \quad (\mathrm{Pa}) \tag{6-16}$$

对于垂直或倾斜管中的流动,重力场中流体重力是压力差的第三个来源。如果进口高度为 Z_1,出口高度为 Z_2,这个附加的压力降为

$$\Delta P_{\mathrm{G}} = (g/g_{\mathrm{c}})(\rho_{\mathrm{m2}} Z_2 - p_{\mathrm{m1}} Z_1) \quad (\mathrm{Pa}) \tag{6-17}$$

流体的平均密度与气相组分有关,其关系式为

$$\rho_{\mathrm{m}} = \rho_{\mathrm{G}} \alpha + \rho_{\mathrm{L}} (1 - \alpha) \quad (\mathrm{kg/m^3}) \tag{6-18}$$

6.3.4.2 用洛克哈特—马蒂内利模型计算压降的例子

例 6－1 设 85K 和 228.4kPa 下,饱和液氮(干度为 0)进入长度为 20m,内径为 120mm 的管道中。进入管路液氮的质量流为 0.4kg/s。通过加热使干度沿管长方向呈线性变化。出口两相混合物的干度为 0.10,求系统的两相压降。

解 因为管路出口压力未知,因此上述问题要迭代求解。第一次迭代设管路进口处液氮处于饱和状态,并且不考虑物性参数的变化。在 85K 的饱和条件下,氮的流动特性参数值如下:

液体动力黏度 $\mu_{\mathrm{L}} = 119\mu\mathrm{Pa \cdot s}$　　气体动力黏度 $\mu_{\mathrm{G}} = 5.94\mu\mathrm{Pa \cdot s}$

液体密度 $\rho_{\mathrm{L}} = 771\mathrm{kg/m^3}$　　气体密度 $\rho_{\mathrm{G}} = 9.789\mathrm{kg/m^3}$

管的截面积：

$$A_c=(\pi/4)\times 0.12^2=0.0113\text{m}^2$$

单位截面积上的总质量流率为

$$m_L=m/A_c=0.4/0.0113=35.398\text{kg}/(\text{s}\cdot\text{m}^2)$$

按式(6－3)，液相雷诺数为

$$Re_L=\frac{DG_L}{\mu_L}=\frac{0.12\times 0.9\times 35.398}{119\times 10^{-6}}=32126>3000$$

可见液体流动是紊流。

根据式(6－3)，气相雷诺数为

$$Re_G=\frac{DG_G}{\mu_G}=\frac{0.12\times 0.1\times 35.398}{5.94\times 10^{-6}}=71511.1>3000$$

因此气体流动也是紊乱。这种流动方式在工程应用中非常普遍。

由此可求得洛克哈特－马蒂内利参数 X_{tt}，X_{tt} 可用下列简化式求出：

$$X_{tt}^2=\left(\frac{1-x}{x}\right)^{1.8}\left(\frac{\mu_L}{\mu_G}\right)^{0.2}\frac{\rho_G}{\rho_L} \tag{6-19}$$

由式(6－19)可知：当出口处干度为 0.1 时，有

$$X_{tt}=\left(\frac{1-0.1}{0.1}\right)^{0.9}\times\left(\frac{119}{5.94}\right)^{0.1}\times\left(\frac{9.789}{771}\right)^{0.5}=1.097$$

出口处其他的洛克哈特－马蒂内利参数由式(6－4)计算，其中 C 值取 20。

$$\varphi_L^2=1+20/1.097+(1/1.097)^2=20.06$$

出口被积函数为

$$(1-x)^{1.8}\varphi_L^2=(1-0.1)^{1.8}\times 20.06=16.59$$

沿管长其他点的变量值可用类似方法计算。干度为线性变化时的计算结果在表 6－5 中列出。

表 6－5　两相流压降参数的解

与进口的距离 L/m	干度(X)	X_{tt}	ϕ_L^2	$(1-x)^{1.8}\phi_L^2$	平均
0	0.00	∞	1.000	1.000	
4	0.02	5.044	5.000	4.820	2.91
8	0.04	2.654	8.676	8.060	6.44
12	0.06	1.800	12.408	11.100	9.58
16	0.08	1.368	16.154	13.902	12.501
20	0.10	1.097	20.06	16.59	15.246

式(6－12)的积分值可用数据方法求得，即

$$\begin{aligned}\int_{x_1}^{x_2}(1-x)^{1.8}\varphi_L^2\mathrm{d}x &= 2.91(0.02-0)+6.44(0.04-0.02)+9.58(0.06-0.04)\\&\quad+12.501(0.08-0.06)+15.246(0.1-0.08)\end{aligned}$$

$$= 0.0582 + 0.1288 + 0.1916 + 0.250 + 0.305 = 0.934$$

基于液体黏度的雷诺数为

$$Re_o = \frac{DG}{\eta_L} = \frac{0.12 \times 35.398}{119 \times 10^{-6}} = 35695.46$$

这种情况下,单相摩擦因子由式(6-7)计算,得

$$f_0 = 0.316 Re_o^{-0.25} = 0.316(35695.46)^{-0.25} = 0.002299$$

单相压力梯度为

$$\frac{\mathrm{d}P}{\mathrm{d}L} = \frac{f_o G^2}{zg_c D\rho_L} = \frac{0.002299 \times 35.398^2}{2 \times 1 \times 0.12 \times 771} = 0.0156(\mathrm{Pa/m})$$

20m 两相摩擦压降可用式(6-12)计算,即

$$\Delta p_{TP} = \frac{20 \times 0.0156 \times 0.934}{0.1 - 0} = 2.914\mathrm{Pa}$$

下面计算动量压降。进口干度 $x_1 = 0$,式(6-14)可简化为:

$$\varphi_m = \frac{(1-x_2)^2}{(1-\alpha_2)} - 1 + \frac{(x_2)^2 \rho_L}{\alpha_2 \rho_{G2}} \tag{6-20}$$

出口气相组分可用式(6-15)计算:因为液体和气体全部紊流从表 6-4 知 C=20,有

$$1 - \alpha_2 = [1 + 20/1.097 + (1/1.097)^2]^{-1/2} = 0.2232$$

$$\alpha_2 = 1 - 0.2232 = 0.7768$$

动量参数 φ_m 为:

$$\varphi_m = \frac{(1-0.1)^2}{0.2232} - 1 + \frac{0.1^2 \times 771}{0.7768 \times 9.789} = 3.6429$$

动量压降(第一次迭代)由式(6-13)求得

$$\Delta P_m = \frac{3.6429 \times 35.398^2}{1 \times 771} = 5.92\mathrm{Pa}$$

总压降(第一次迭代)为

$$\Delta P = \Delta P_{TP} + \Delta P_m = 2.914 + 5.92 = 8.834\mathrm{Pa}$$

出口压力第一个估算值为:

$$P_2 = P_1 - \Delta P = 228.4\mathrm{kPa} - 8.834\mathrm{Pa} = 228.391\mathrm{kPa}$$

假设此管为竖管,重力场中流动重力是产生压差的第三个来源。根据式(6-17),重力附加的压力变化为

$$\Delta P_G = (g/g_c)(\rho_{m2} Z_2 - \rho_{m1} Z_1)$$

设 $Z_1 = 0$,$Z_2 = 20\mathrm{m}$,因为第一次迭代计算出的 P_2 和 P_1 差别不大,因此设其平均密度相等,即

$$\rho_{m2} = \rho_{m1}$$

由式(6-18),得

$$\rho_m = 9.789 \times 0.2232 + 771 \times 0.7768 = 601.097(\mathrm{kg/m^3})$$

$$\Delta P_G = (9.8/1)(601.097\times20-0) = 117815\text{Pa}$$

最高处压力 $P_3 = P_1 - \Delta P - \Delta P_G = 228400 - 8.834 - 117815 = 110576.166\text{Pa} = 110.576\text{kPa}$。

110.576kPa 时液氮的饱和温度 $T_3 = 78.05\text{K}$。

沿管长各点的压力和温度可由前面的数据和相应温度下(表 6－6)特性参数估算得到。

表 6－6 上例中轴向流体压力和温度分布

与进口的距离 L/m	干度 x	压力 p/kPa	温度 T/K
0	0.00	228.4	85
4	0.02	204.81	83.61
8	0.04	181.25	82.22
12	0.06	157.69	80.83
16	0.08	134.13	79.44
20	0.10	110.57	78.05

利用表 6－6 中给出的温度和压力下的特性参数,可重复上述计算过程进行第二次迭代,出口处(干度为 0.1),有

$$X_{tt} = \left(\frac{(1-0.1)}{0.1}\right)^{0.9}\times\left(\frac{153.55}{5.465}\right)^{0.1}\times\left(\frac{4.98}{804.1}\right)^{0.5} = 0.793$$

此时液氮的密度 $\rho_L = 804.1(\text{kg/m}^3)$

液氮的动力黏度 $\mu_L = 153.55(\mu\text{Pa}\cdot\text{s})$

气体的密度 $\rho_G = 4.98(\text{kg/m}^3)$

气体的动力黏度 $\mu_G = 5.46(\mu\text{Pa}\cdot\text{s})$

$$\varphi_L^2 = 1 + 20/0.793 + (1/0.793)^2 = 27.81$$

$$(1-x)^{1.8}\varphi_L^2 = (1-0.1)^{1.8}\times27.81 = 23$$

两相流压降参数的解见表 6－7。

表 6－7 两相流压降参数的解

与进口的距离 L/m	干度 x	X_{tt}	φ_L^2	$(1-x)^{1.8}\varphi_L^2$	平均
0	0.00	8	1.00	1.00	
4	0.02	3.645	6.562	6.327	3.66
8	0.04	1.9177	11.700	10.871	8.599
12	0.06	1.3064	18.895	15.114	12.992
16	0.08	0.9890	22.244	19.144	17.129
20	0.10	0.7930	27.810	23.00	21.027

$$\int_{x_1}^{x_2}(1-x)^{1.8}\varphi_L^2\mathrm{d}x = (3.66 + 8.599 + 12.992 + 17.129 + 21.027)\times0.02$$
$$= 1.268$$

两相摩擦压降为

$$\Delta P_{\mathrm{TP}} = \frac{20 \times 0.0156 \times 1.268}{0.1 - 0} = 3.956\mathrm{Pa}$$

出口气相组分可利用式(6-15)计算,有

$$1 - \alpha_2 = [1 + 20/0.793 + (1/0.793)^2]^{-1/2} = 0.1896$$

$$\alpha_2 = 1 - 0.1896 = 0.8104$$

动量参数由式(6-20)可知:

$$\varphi_{\mathrm{m}} = \frac{(1 - 0.1)^2}{0.1896} - 1 + \frac{0.1^2 \times 804.1}{0.8104 \times 4.98} = 5.264$$

动量压降(第二次迭代)由式(6-13)计算,可得:

$$\Delta P_m = \frac{5.264 \times 35.398^2}{1 \times 771} = 8.55(\mathrm{Pa})$$

第二次迭代比第一次迭代仅大2.62Pa,因此在这一点迭代终止,第二次迭代总压降为

$$\Delta P = \Delta P_{\mathrm{TP}} + \Delta P_{\mathrm{m}} = 2.914 + 8.55 = 11.464(\mathrm{Pa})$$

$$P_2 = P_1 - \Delta P = 228400 - 11.46 = 228388.54(\mathrm{Pa})$$

从这一例题计算中可有下面几点结论:

(1) 在空间模拟器中采用重力输送对流液氮系统供应液氮时,由于是靠重力输送液氮模拟器的高度最大也只有20~30m,因此供应液氮的压力远小于使用液氮泵的压力,而且热沉中的液氮只能工作在饱和核态沸腾区,因此热沉的温度低于采用单相密闭循环液氮系统的热沉温度。

(2) 由于重力输送对流液氮系统热沉中的液氮工作在饱和状态沸腾区,热沉管应该是竖直管,流体的干度不会很大,系统中的质量流率不大,因此管中摩擦压降和动量压降相对比较小,而流体重力压降却很大,占主要部分。

(3) 从计算数据可知:两相流压降是按单相流计算方法的10倍以上。

6.4 用于空间真空环境模拟的内装式低温泵

6.4.1 空间环境模拟器真空抽气系统

1. 内装式低温泵的特点

由于宇宙空间具有无限的抽气能力,故从航天器表面发出的气体分子再返回航天器的概率很小,这就是分子沉现象。

在外层空间航天器将连续受到环境中的颗粒物质的碰撞,这些颗粒包括离子、电子、中性原子和各种分子。这些颗粒不仅包括环境周围的物质,还有航天器放出及与周围环境碰撞而返回航天器的颗子。精确的模拟是要求复制碰撞物质

的类型、数量和能量。实际上,大气的复制是很困难的。当航天器暴露于外层空间高真空环境时,离开航天器的分子依靠与环境分子碰撞返回它的概率非常小,这是因为周围气体的密度很小。由于在空间真空度特别高,在地面很难模拟空间真空状态,但是空间状态模拟不必复制这些状态。模拟比复制容易得多。关键是掌握空间真空要模拟哪些方面。例如:模拟气体在空间已无热传导和热对流,这时仅需要产生相对于热辐射可忽略热传导和热对流的状态。这时的状态通常在周边温度条件下达到 $10^{-3} \sim 10^{-2}$Pa 压力即可。在模拟在几千伏下空间电子绝缘特性时,压力接近 10^{-3}Pa 会很好地模拟这种特性。总之,模拟器的有效压力要达到真实环境压力,真实环境压力是指对航天器在模拟状态下该压力给出与在空间相同的分子相互作用。

内装式低温泵不仅能提高模拟器的极限真空度,它的低温板和其液氮屏蔽板也起着分子沉的作用,内装式低温泵能尽可能使航天器放出的分子在被低温板捕获之前重新回到航天器的次数最少,P. Kleber 从理论和实验研究提出用低温壁的捕获概率来表示它的特性,他给出了被抽走的分子数与从航天器(试件)发出分子数之间的比值,对于同心球,有

$$Z = \frac{1-f}{f} \cdot \frac{A_1}{A_2} \tag{6-21}$$

式中:Z 为被低温板捕获之前重新回到航天器的次数;A_1 为航天器表面积(m^2);A_2 为低温板表面积(m^2);f 为黏附系数。

例如:$A_1 : A_2 = 1 : 10$,当 $f=1$,$z=0$,相当于星际空间。$f=0.5$,$z=0.1$,即发出 10 个分子仅有一个分子重新回到航天器上。若 $f=0.005$,则 $z=20$,分子发出后被低温表面吸收之前重新落在航天器上要碰撞 20 次。因此 f 必须大于 0.5,即内装式低温泵 $f>0.5$ 才能有足够的抽速抽除航天器所放出的气体分子。

2. 空间真空特征

在地球轨道上的航天器运行速度会超过平均气体速度,因此压力是由航天器速度和气体浓度确定的,并且具有高的方向性,作用在航天器前部的压力比作用在它侧面的压力要高出几十倍,而比航天器尾部的压力要高几个数量级。

围绕在地球周围高度大气的特性如图 6-18 所示。气体分子粒子浓度在图中阴影部分示出。从图中可知:粒子密度在每天随时间和太阳活动情况变化。在高度低于 200km 高度时,大气实际是空气、N_2 和 O_2 的混合物。这区域上部分被离子化。在 200~1000km 之间,大气是原子 N 和原子 O,它们在太阳活动高年时大部分被离子化。在 700~1000km 高度,组成大气的氦的数量有明显增加。高于 1500km,大气由中性的原子氢、质子和电子组成。

在 450~650km 高度,随状态而定,从电离层过渡到外大气层。外大气层是可忽略分子间相互作用的区域。在外大气层分子的温度在夜晚为 900K,白天是 1450~1600K。高度为 300~700km,气体密度随每天的时间和太阳活动有很大的变化。

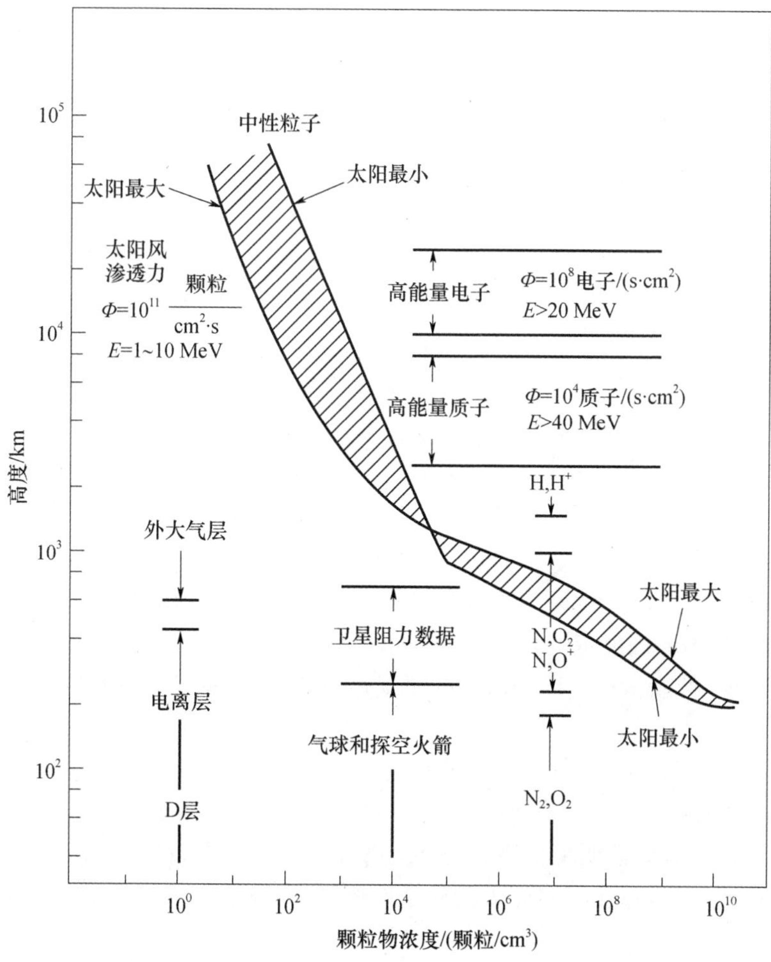

图 6－18　围绕地球高空大气的特性

表 6－8 和表 6－9 所列为平均分子速度和航天器在轨道的速度，这样可以对两个速度进行比较。

在高度低于 700～1000km 时，很明显，航天器在轨道速度是平均分子速度的 5～8倍。

表 6－8　在 1500K 各种气体分子的平均速度

气体分子种类	速度/(km/s)
H	6.1
O	1.5
N	1.6
O_2	1.08
N_2	1.15

表 6-9 航天器在选定高度轨道上的轨道速度

高度/km	轨道速度/(km/s)
300	8.1
1000	7.6
5000	6.2
10000	5.2

在高度高于 1000km 时原子氮占有支配地位，此时航天器承受的压力和气流密度更接近稳定值。

另一类粒子因为高能量级或粒子速度称为微粒子辐射撞击到航天器。在范·阿伦辐射带能量大于 40MeV 的质子主要在高度 2500~8000km 区域。事实上较低能量的质子存在于较高的高度。在范·阿伦辐射带的高能量电子从 5000km 到 25000~35000km 之间这一高度范围可发现最多。在最高的高度上电子数量完全取决于太阳活动。质子和电子被地球磁场捕获并沿着以螺旋线路径磁力线向前和向后移动。30MeV 的质子和 1.6MeV 电子这些高能量粒子流密度大约是 10^4 粒子/(cm^2·s)。在 4000~50000km 高度范围低能量电子的通量密度是 10^7~10^8 粒子/(cm^2·s)。

因为这些低能量粒子以相对大的速度移动，航天器的轨道速度相对而言就很小了。

在太阳耀斑期间有大量质子发射，这些粒子的光谱指出最大通量密度与能量级成反比，即通量密度范围从 10^{12} 质子/(cm^2·s)在 300eV 到 1 个质子/(cm^2·s)能量 1GeV。这些数据证明了主耀斑的真实情况。小强度耀斑发射的质子能量小于几百 MeV。航天器速度相对于太阳粒子速度可以忽略。

星际大气最大可能是由氮并带有一些氦气组成，在大约 10^5K 温度并且密度约 600 粒子/cm^3。在这个大气中航天器上通量密度约 5×10^9 粒子/(cm^2·s)，并从粒子的分布看似乎航天器是不动的。

航天器真空环境变化是高度和与通量密度有关的时间和分子或离子种类的分布和能量级(温度)等参数的函数。另外，航天器的速度可以与分子速度相等或大于分子速度，此状态会提高压力和通量等级。

3. 空间模拟器的真空特征

前面根据空间大气对航天器影响讨论了空间的真空特性。航天器的出气和航天器所在位置形成的大气成分没有考虑，因为它是真空环境的一部分，它影响航天器表面或试验项目。

在高真空环境模拟中，有两种类型：一种是碰撞到航天器上的气体与航天器放出的气体相同；一种是碰撞到航天器上的气体与航天器放出的气体不相同。由于分子在空间有长的平均自由程，空间环境更相似后面的类型。不管哪种类型，在模拟器内，气体碰撞到航天器上的情况不同于航天器在空间的情况，通量密度和分布都不同，气体种类和离子化状态及能量等级都不同。很明显，这些参数很难靠单一的压力来描述模拟器内的内装式低温泵会造成模拟器内非冷凝气体增多，需加入抽非冷凝气体的泵。低温泵使气流具有高的方向性。模拟器中真空特性取决于气体载荷特性，气体载荷本质上源于航天器的出气。表6-10比较了空间模拟器和空间环境下的不同参数。

表6-10 压力、气体种类、通量密度和能量在空间模拟器与空间环境比较

空间模拟器			
试验压力/133.3Pa	可能的气体种类	通量密度 /(分子数/(cm^2·s))	温度(能量)/K
1×10^{-6}	H_2O	5.0×10^{14}	300
1×10^{-8}	H_2O,N_2,H_2,CO	5.0×10^{12}	80~100
1×10^{-10}	H_2,CO,CH_4	1.4×10^{11}	80~100
1×10^{-12}	H_2,CO,He	1.4×10^{9}	4~20
空间环境			
高度/km	可能的气体种类	最大通量密度 (分子数/(cm^2·s))	当量能量(能量)/K
200	N_2,O_2	约10^{16}	6×10^{4}
700	N,O	$10^{13}\sim10^{17}$	3×10^{4}
1500	H,H^+,e^-	约10^{11}	约3000
50000	H^+,e^-	约10^{11}	1~10MeV(太阳风)
行际空间	H^+,e^-	5×10^{9}	10^{5}

从上面的讨论可以得出以下结论：

(1) 在高真空和超高真空模拟器内航天器上分子通量密度可以比得上空间环境。

(2) 在模拟器内分子的动能与在空间比较完全在不同的数量级。

(3) 在模拟器内的气体种类通常是与空间不同的。

模拟器中，内装式低温泵是模拟空间真空环境的最佳手段。

6.4.2 内装式低温泵结构形式的选择

1. 内装式低温泵的作用

大型空间模拟器有容积数百至数千立方米，在这样大的容器中要求达到高真空度，而航天器在真空试验时要放出大量气体。为保证试验的可靠性和模拟精度，在航天器热平衡试验和热真空试验时，真空度不低于10^{-3}Pa，这就必须配备大抽速的内装式低温泵。

外接式低温泵和内装式低温泵组合的真空系统称为无油真空抽气系统。先进的空间模拟器都采用了这种真空抽气系统。

20K 内装式低温泵最大的优点是抽速大，能抽走除氦氖氢以外的全部气体，抽速一般大于 1000m^3/s。低温泵另一个优点是无污染，航天器上的红外遥感器、红外相机、红外地平仪等光学系统及模拟器内的太阳模拟器的光学系统要求模拟器必须是无油无污染。如果太阳模拟器光学镜头被硅油膜污染，将使紫外波长的反射率降低 8%，光学透明表面被油分子污染，可使 0.4 ~ 18μm 波长的可见光和近红外光的透明度降低。被污染的航天器外壳的温控涂层将影响其辐射率。内装式低温泵的无污染特点完全能满足模拟器抽气系统的要求。

我国的大型空间模拟器 KM3、KM4 和 KM6 均建有内装式低温泵。KM6 内装式低温泵可以达到抽速 2×10^6L/s。

2. 内装式低温泵结构形式

国内外空间模拟器经常采用的结构形式主要有表 6－11 所列的 5 种。用得最多的是(D)，这种形式称为斜屏蔽板式，它的结构合理，屏蔽板与热沉板可以做成一体，加工工艺简单，冷却简单。相对其他几种形式，其捕获概率较大(在相同冷凝板面积下，可得到较大的抽速)，缺点是辐射传输系数稍大一些，航天器及其他模拟试验装置(如太阳模拟器或加热用的红外加热笼等)穿过屏蔽板到达低温冷凝板(氦板)的热负荷较大。但只要不将低温泵布置在太阳模拟器照射区，热负荷影响就不大。美国 80% 以上的空间模拟器内装式低温泵均采用这种形式。我国的空间模拟器 KM3、KM4 和 KM6 也都采用了这种形式。

表 6－11　低温泵类型及主要特性

类型	结构示意	参数			
A	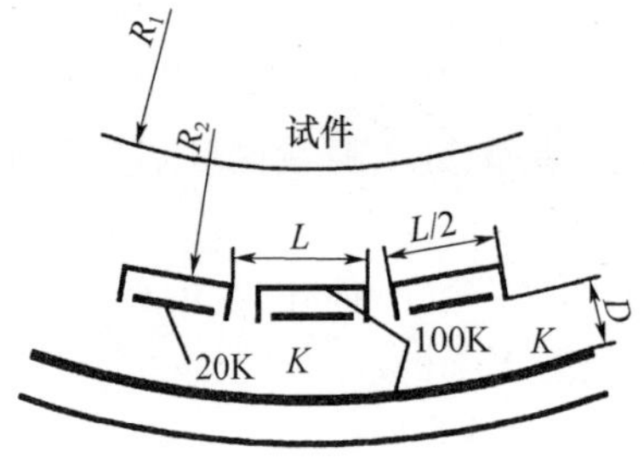 试件；R_1；R_2；L；$L/2$；D；20K K；100K K	$\frac{R_1}{R_2}$	0.52	0.52	0.52
		$\frac{L}{D}$	0.16	0.25	0.50
		U_B	0.16	0.21	0.23
		$\frac{Q_t}{Q_i \alpha_E}$	0.009	0.014	0.015
		α'	0.09	0.122	0.134
		Z_c	5.25	3.76	3.35
		Z_s	2.73	1.95	1.74
B	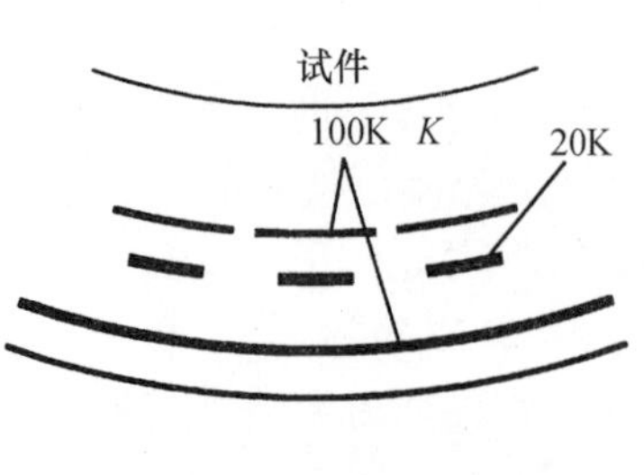 试件；100K K；20K K	$\frac{R_1}{R_2}$	0.63	0.52	0.31
		U_B	0.30	0.34	0.44
		$\frac{Q_t}{Q_i \alpha_E}$	0.017	0.017	0.016
		α'	0.213	0.211	0.196
		Z_c	2.33	1.94	1.27
		Z_s	1.46	1.01	0.39

(续)

<table>
<tr><td>C</td><td> 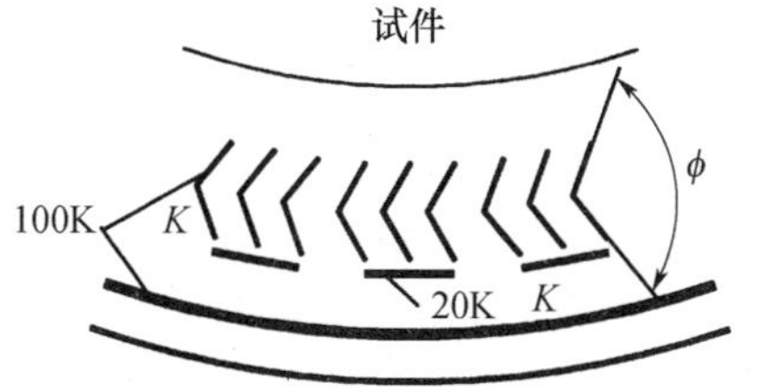试件
100K K
20K K
φ</td><td>
<table>
<tr><td>$\frac{R_1}{R_2}$</td><td>0. 52</td><td>0. 52</td><td>0. 52</td></tr>
<tr><td>ϕ</td><td>60°</td><td>90°</td><td>120°</td></tr>
<tr><td>U_B</td><td>0. 44</td><td>0. 48</td><td>0. 52</td></tr>
<tr><td>$\frac{Q_t}{Q_i\alpha_E}$</td><td>0. 020</td><td>0. 022</td><td>0. 022</td></tr>
<tr><td>α'</td><td>0. 290</td><td>0. 324</td><td>0. 360</td></tr>
<tr><td>Z_c</td><td>1. 27</td><td>1. 08</td><td>0. 92</td></tr>
<tr><td>Z_s</td><td>0. 66</td><td>0. 56</td><td>0. 48</td></tr>
</table>
</td></tr>
<tr><td>D</td><td>R_1
试件
φ45
100K K
R_2
20K
K</td><td>$\frac{R_1}{R_2}=0.52$

$U_B=0.51$

$\frac{Q_t}{Q_i\alpha_E}=0.031$

$\phi=45°$

$\alpha'=0.36$

$Z_c=0.92$

$Z_s=0.48$</td></tr>
<tr><td>E</td><td>331
φ15
50
R850
32.5
R750
100
32.5
165
130</td><td>$U_B=0.398$</td></tr>
<tr><td colspan="3">注：α_E—20K 低温氦板的吸收率；
Q_t—入射到低温氦板的热负荷；
Q_i—低温泵入口的热负荷；
U_B—屏蔽板的流导概率；
$\beta=\frac{Q_t}{Q_i\alpha_E}$—辐射热传输系数
表中“O”表示冷凝管所在位置</td></tr>
</table>

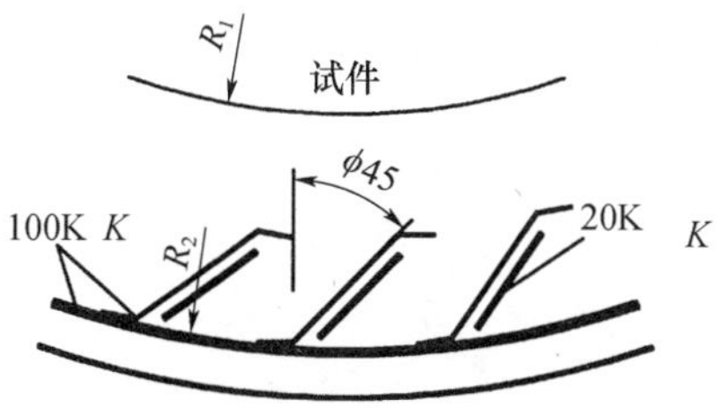

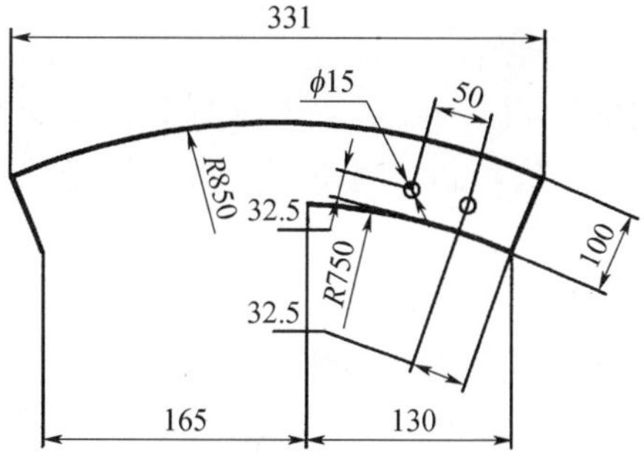

形式(C)和(D)结构形状合理，加工工艺较复杂。形式(A)和(B)屏蔽板结构简单，但是由于其屏蔽板没有和热沉板做成一体，需要单独加支撑结构，又需要专

门提供一路液氮管路供给屏蔽板,加上捕获概率偏低,因此用得比较少。其优点是辐射传输系数仅为(D)的 1/3 ~ 1/2。美国洛克希德·马丁公司德尔塔空间模拟器热负荷达到 725kW。无法避开航天器热模拟装置的高辐射热流时,而且低温泵又不能避开这个高热辐射区时,就只好选用(A)结构。

(D)结构(斜屏蔽板型式)低温泵结构尺寸设计中应注意以下几个问题:

(1) 低温泵设计中必须遵循从航天器(试件)来的室温辐射不允许直接到达低温冷凝板(氦)。如图 6-19 所示,热辐射在到达低温冷凝板前至少与热沉或屏蔽板碰撞一次,最好是多次。由于模拟器尺寸不同,航天器尺寸也不同,因此必须根据具体情况来选定低温泵的有关尺寸。

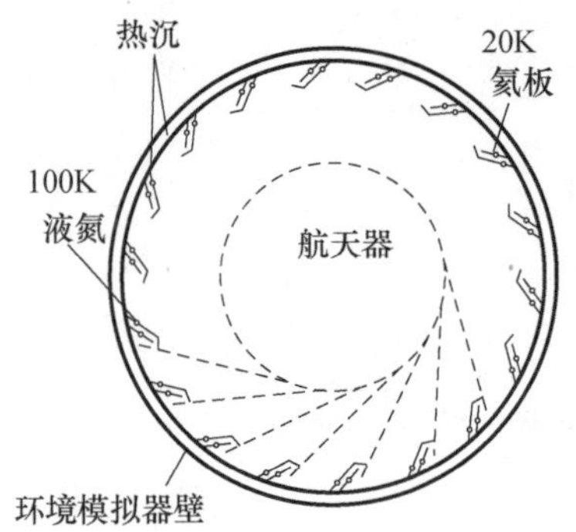

图 6-19 斜屏蔽板式低温泵,屏蔽尺寸与航天器尺寸的关系图

(2) 热沉材料不同,屏蔽板的材料不同,设计热负荷也不同,因此热沉屏蔽板的液氮供应管间距就不同。这种形式的屏蔽板一般有一个或两个液氮支管放在一个屏蔽板上,因此屏蔽板的间距要根据热负荷和材料不同进行具体设计。低温冷凝板也将随之改变。

(3) 低温冷凝板(氦板)的设计中要考虑到材料和加工工艺水平,其翼形管的翼宽必须考虑加工工艺,翼宽超过 150mm 的氦板就较难加工。总之,低温冷凝板的翼宽和翼厚要根据热负荷确定,又要考虑工艺性。

(4) 低温泵结构形成和尺寸设计中,为得到较大的捕获概率又有较小的辐射传输系数,需根据经验初步选定几种结构形式,通过蒙特卡罗计算最终确定比较理想的结构尺寸。

6.4.3 内装式低温泵的抽速

1. 抽速

图 6-20 所示为带有低温泵的模拟器,在模拟器内安装有 3 个电离规 P_1、P_2 和 P_3 及裸体离子规 P_4。假如泵完全起作用,即从航天器发出的气体分子到达低温板面时全部被冷凝,径向摆放的规管 P_3 在规管口对分子流会最敏感,并指示出压力,压力以半径的平方而减小,因为气体分子从航天器表面向低温冷凝板移动,

模拟器壁的压力 P_1。裸体规 P_4 对分子密度敏感，它的作用是显示压力在径向位置的变化。因为无分子从低温冷凝板返回，从航天器开口向外的规管 P_2 无论其位置在哪个直径方向读数都是零。因此从 P_3 和 P_4 两规管计算的泵速将随规管的半径增加而增加。在真实情况下，出气分子的一部分 Z 在最终被抽出去以前返回到航天器，全部规管指示的压力会提高。

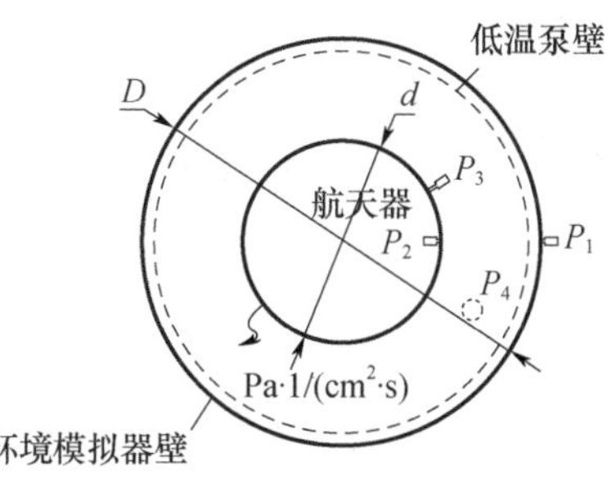

图 6－20　空间模拟器内压力计位置分布示意图

在模拟器内模拟空间的分子状态，分子返回航天器的分子流速将成为重要参数。在图 6－20 中规管 P_2 所测知的流速可作为计算有效泵速的基础。

在模拟器内规管口接受的流量密度为

$$\phi = \frac{\bar{v}n}{4} = 10^3 fn \qquad (分子数/(cm^2 \cdot s)) \tag{6-22}$$

式中：$\bar{v}$ 为气体分子平均速度(cm/s)；n 为分子密度(分子数/cm^3)。

在高真空系统分子流区域会产生气体流动，气体分子将以与分子密度和平均分子速度成比例的速度入射到低温冷凝板。这就是低温冷凝板的理论抽速。这时气体分子对低温冷凝板的入射率 f 与低温冷凝板的理论抽速相等，即

$$f = S_o \qquad (l/(cm^2 \cdot s)) \tag{6-23}$$

计算低温板入射率 f 时的标准温度是 25℃，流量密度与规管指示压力相关的动力理论基本关系为：

$$P = nKT \qquad (Pa) \tag{6-24}$$

式中：K 为玻耳兹曼常数((Pa·cm^3)/(分子数·K))

将式(6－21)与式(6－24)合并，可得压力为

$$P = 10^{-3}\phi\frac{KT}{f} \tag{6-25}$$

从式(6－25)可知，面向航天器的规管 P_3 将指示的压力为

$$P_3 = \frac{10^{-3}\phi_1 KT}{f} \tag{6-26}$$

式(6－26)中 ϕ_1 指的是航天器出气，规管 P_2 的开口是从航天器表面向外，它可测得流量为 $Z\phi_1$，因此 $P_2 = ZP_3$，这里 Z 为返回航天器表面的分子数/开始存在

于航天器表面分子数。

航天器出气率 q 在室温25℃(298K)时单位为(Pa·l/(cm^2·s)),下面对流量进行单位换算:

$$\phi_1 = q\left(\frac{\text{Pa}\cdot\text{L}}{\text{cm}^2\cdot\text{s}}\right)\times\frac{1}{760\times133.3}\left(\frac{\text{大气压}}{\text{Pa}}\right)\times\frac{1}{22.4}\left(\frac{\text{g}\cdot\text{mol}}{\text{标准大气压}\cdot\text{l}}\right)$$

$$\times\frac{273}{298}\left(\frac{\text{K}}{\text{K}}\right)\times6.02\times10^{23}\left(\frac{\text{分子数}}{\text{g}\cdot\text{mol}}\right)$$

$$=\left(\frac{q}{760\times133.3}\right)\left(\frac{1}{22.4}\right)(6.02\times10^{23})\left(\frac{273}{298}\right)\quad \text{分子数/cm}^2\cdot\text{s} \tag{6-27}$$

泵速的定义为:$S'=Q/P_2$,单位为l/s,在模拟器内航天器的出气是气体负荷 Q,在航天器受到的压力为 P_2 时,低温泵的泵速为

$$S'=\frac{A_1 q}{P_2} \tag{6-28}$$

式中:A_1 为航天器面积。

将式(6-26)代入式(6-28),又因为 $P_2=ZP_3$,因此泵速为

$$S'=\frac{A_1 qf}{10^{-3}\phi_1 ZKT}\quad (\text{l/s}) \tag{6-29}$$

根据气体基本定律,KT 是25℃和1个大气压条件下计算的,KT 的乘积为

$$KT=\frac{p}{n}$$

$$=760\times133.3(\text{Pa})\times\frac{1}{6.02\times10^{23}}\left(\frac{\text{g}\cdot\text{mol}}{\text{分子数}}\right)\times22.4\left(\frac{\text{标准升}}{\text{g}\cdot\text{mol}}\right)\times\frac{298}{273}\left(\frac{\text{K}}{\text{K}}\right)\times10^3\left(\frac{\text{cm}^3}{\text{l}}\right) \tag{6-30}$$

将式(6-27)和式(6-30)代入式(6-29),得

$$S'=\frac{A_1 f}{Z}\quad (\text{l/s}) \tag{6-31}$$

对于圆球对称形,空间模拟器抽气效率 Z 为

$$Z=\frac{A_1(1-\alpha')}{A_2\alpha'} \tag{6-32}$$

式中:A_2 为低温泵屏蔽板投影面积(cm^2);α' 为抽气阵列的捕获系数。

式(6-32)代入式(6-31)得到低温泵的抽速为

$$S'=\frac{\alpha'}{1-\alpha'}(A_2 f)\quad (\text{l/s}) \tag{6-33}$$

式(6-21)和式(6-23)代入式(6-33),可得低温泵抽速为

$$S'=\frac{\alpha'}{1-\alpha'}A_2\sqrt{\frac{RT_g}{2\pi M}}=\frac{\alpha'}{1-\alpha'}A_2 3.638\sqrt{\frac{T_g}{M}}\quad (\text{l/s}) \tag{6-34}$$

α' 值在表6-11中给出。

2. 低温泵几个参数的说明

低温泵可以提供达到真实模拟外层空间真空状态的实际方法。适当的配置模拟器内低温冷凝板就可能使航天器气体很少有机会再回到航天器。由于模拟器内不会在全部器壁覆盖低温泵表面，又因低温泵需要液氮屏蔽板，低温冷凝板一般只冷却到20K，因此航天器放出的气体仍会有少部分再回到航天器。

空间模拟器低温泵的有效性 Z 为

$$Z=\frac{\text{返回航天器壁的分子数}}{\text{开始就存在于航天器壁的分子数}}$$

$$Z=\frac{q_v-\dot{q}_v}{\dot{q}_v} \tag{6-35}$$

式中：q_v 为来自航天器到低温泵的全部气流（Pa · L/(cm^2 · s)）；$\dot{q}_v$ 为来自航天器到低温泵由于出气产生的气流（Pa · L/(cm^2 · s)）。

在模拟器内低温壁出气很小时，则 Z 为

$$Z=\frac{B(1-\alpha')}{\alpha'} \tag{6-36}$$

参数 B 为

$$B=\frac{R_1^2}{R_2^2}=\frac{A_1}{A_2} \tag{6-37}$$

式中：R_1 为航天器半径（cm）；R_2 为屏蔽板半径（cm）；A_1 为航天器面积（cm^2）；A_2 为屏蔽板投影面积（cm^2）。

抽气阵列的捕获系数 α' 的定义为

$$\alpha'=\frac{\text{在一次碰撞中被捕获的分子数}}{\text{入射到壁板的分子数}} \tag{6-38}$$

当 α' 被 U_{B} 代替时，屏蔽板流导概率为

$$U_{\mathrm{B}}=\frac{\text{从航天器发出的分子数}-\text{初次返回航天器的分子数}}{\text{从航天器发出的分子数}} \tag{6-39}$$

很显然，式（6-39）的 U_{B} 不能等同于式（6-35）的 Z。Z、α'、B 和 U_{B} 之间的关系如下：

$$\alpha'=\frac{BU_{\mathrm{B}}}{1-P(1-B)} \tag{6-40}$$

$$Z=\frac{B(1-\alpha')}{\alpha'}=\frac{1-U_{\mathrm{B}}}{U_{\mathrm{B}}} \tag{6-41}$$

在式（6-41）中已假设低温表面出气率小得可以忽略，在表6-11中几种低温泵结构形式及与抽气能力有关的数据已经给出。

表6-11中的数据是假设为无限长圆柱低温板外形而计算出的。α'、Z_{c} 和 Z_{s} 是根据式（6-40）和式（6-41）用圆柱形和圆球形计算出来的。在假设捕获系数 α' 对圆柱形或球形模拟器相同时可以计算 Z_{s}（圆柱形模拟器 $Z=Z_{\mathrm{c}}$，球形模拟器

$Z=Z_s$)。在模拟器壁不完全被低温抽气阵列覆盖情况下 α' 的平均值按下面的原则选取：抽气阵列的捕获系数 α' 的平均值等于表 6－11 中的 α' 乘覆盖低温泵阵列占模拟器壁的比例。

表 6－11 中 Q_t 为入射到低温板的热负荷，Q_i 为对低温板产生的热负荷，α_E 为低温板的吸收率。

3. 关于调节系数

根据日本秋山等介绍，用蒙特卡罗方法可计算流导概率 U_B，计算对假设入射分子的方向和位置都是随机的，气流是稳定的分子流，分子与屏蔽板碰撞后按余弦定律反射，气体在低温冷凝板上的捕获系数是 1。

日本东京特希勒电子技术试验室（ETL）有一个直径 2m 的空间模拟器，其低温泵结构如表 6－11 的（E）所示。用蒙特卡罗方法计算得到流导概率 U_B 为 0.398。因此在假设捕获系数为 1 时，低温泵的抽速为

$$S=U_B A\left(\frac{RT_g}{2\pi M}\right)^{(1/2)} \quad (\mathrm{l/s}) \qquad (6-42)$$

式中：A 为低温泵的开口面积（$\mathrm{cm^2}$）。

因为低温冷凝板在氮板光学密闭下，气体分子与液氮屏蔽板碰撞停留时间只有 10^{-13}s，不可能完全进行热交换。克努森（Knundsen）引入调节系数的概念。调节系数定义为碰撞的气体分子和表面达到完全热平衡时理论上迁移能量的比，调节系数为

$$a=\frac{T_g-T_i}{T_2-T_i} \qquad (6-43)$$

式中：T_i 为分子的初始温度，$T_i=300\mathrm{K}$；T_2 为被碰撞的表面温度，即屏蔽板的温度（K）；T_g 为碰撞后重新发射分子的温度（K）。

氮、氧气体分子对铜等金属表面的 a 通常为 0.8 左右，假设 300K 氮、氧分子与 100K 屏蔽板一次碰撞后用上式计算可知 $T_g=140\mathrm{K}$，二次碰撞后 $T_g=110\mathrm{K}$。

6.4.4 低温泵的热负荷

1. 气体冷凝的热负荷

气体冷凝产生的热负荷为

$$Q_{lc}=qPS\frac{M}{RT}\approx 5\times 10^{-4}qPS\frac{M}{T} \quad (\mathrm{W}) \qquad (6-44)$$

式中：q 为温度为 T 的每克气体降到冷凝板温度 T_C 时放出的热量（J/g）；p 为气体压力（Pa）；s 为低温泵抽速（l/s）；M 为气体的摩尔质量（g/mol）；T 为气体温度（K）；R 为摩尔气体常数，$R=8314.25\mathrm{Pa\cdot L/(mol\cdot K)}$。

为简化计算气体冷凝产生的热负荷可采用下面的估算方法：

（1）确定内装式低温泵长期工作的压力 P，一般在空间模拟器内低温泵低于

1.3×10^{-3}Pa 才开始工作,可以假设低温泵在此压力下长期工作。

(2) 根据低温泵要求的抽速 S 或求出的抽速,可以确定内装式低温泵的抽速 S。

(3) 根据上述已知的低温泵的压力 P 和低温泵的抽速 S 可以求得低温泵的抽气量 Q:

$$Q = P\cdot S \quad (\text{Pa}\cdot\text{l/s}) \tag{6-45}$$

(4) 根据表 6-12 氮气凝结热值可以计算出气体冷凝热负荷,设氮气温度为 300K,冷凝板温度为 20K,压力 $P = 1.3\times10^{-3}$Pa

$$Q_{1c} = 6.90\times10^{-3}P\cdot S = 6.9\times10^{-3}\times1.3\times10^{-3}P\cdot S = 8.97^{-6}P\cdot S \quad (\text{W})$$

表 6-12　氮气凝结热值(J/Pa·L)

冷凝板温度/K 氮气温度/K	4.2	10	20
80	4.12×10^{-3}	4.09×10^{-3}	4.05×10^{-3}
300	6.99×10^{-3}	6.99×10^{-3}	6.90×10^{-3}

2. 航天器热辐射及从星体反照率和太阳模拟器来的辐射热负荷

低温泵从航天器热辐射及从星体反照率和太阳模拟器的热辐射为

$$Q_{2C} = Q_r\varepsilon_1\alpha\eta\delta \quad (\text{W}) \tag{6-46}$$

式中:Q_r 为总辐射热量(W);ε_1 为氮屏蔽板反射率;α 为低温冷凝板吸收率;η 为辐射能量有效系数(带有低温冷凝板热沉中接受能量的百分比);δ 为辐射面积系数。

3. 屏蔽板背面对低温冷凝板的辐射热负荷

$$Q_{3C} = \frac{\sigma(T_B^4 - T_C^4)A_C}{\dfrac{1}{\varepsilon_C} + \left(\dfrac{1}{\varepsilon_2} - 1\right)} \quad (\text{W}) \tag{6-47}$$

式中:A_C 为低温冷凝板单面面积(面对屏蔽板背面的面积)(cm^2);ε_C 为低温冷凝板表面吸收率;ε_2 为屏蔽板背面(不喷黑漆)的辐射系数;T_B 为屏蔽板温度(K);T_C 为低温冷凝板温度(K);σ 为黑体辐射常数($5.67\times10^{-12}\text{W}/(\text{cm}^2\cdot\text{K})$)。

4. 屏蔽板正面对低温冷凝板的辐射热负荷

$$Q_{4C} = \frac{\sigma(T_B^4 - T_C^4)A_C}{\dfrac{1}{\varepsilon_C} + \dfrac{A_C}{A_B}\left(\dfrac{1}{\varepsilon_B} - 1\right)} \quad (\text{W}) \tag{6-48}$$

式中:A_B 为屏蔽板的面积,$A_B\approx2A_C$;ε_B 为屏蔽板(涂黑漆表面)的发射率,$\varepsilon_B = 0.95$;A_C 为低温冷凝板单面面积(面对屏蔽板正面的面积)(cm^2)。

5. 热沉传导漏热

$$Q_{5C} = \lambda\frac{nA}{L}(T_1 - T_2) \quad (\text{W}) \tag{6-49}$$

式中：A 为支撑件接触面积(m^2)；L 为支撑件长度(m)；T_1，T_2 为支撑件两端温度(K)；n 为支撑件数量；λ 为支撑件材料导热系数(W/(m·K))。

内装式低温泵总的热负荷从上述分析可知为

$$Q_{总} = Q_{1C} + Q_{2C} + Q_{3C} + Q_{4C} + Q_{5C} \quad (W) \tag{6-50}$$

低温泵热负荷的情况如图 6-21 所示。

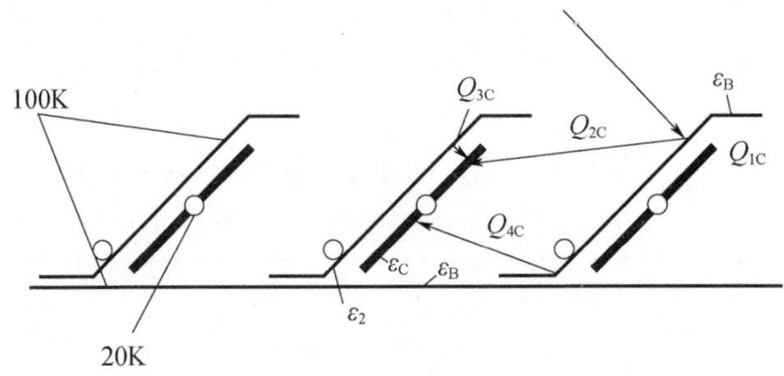

图 6-21　低温冷凝板热负荷

6.4.5　内装式低温泵氦制冷机

内装式低温泵的氦制冷机一般采用透平布雷顿循环，由于低温泵的低温冷凝板要求 20K，冷量较大，透平布雷顿循环可满足这些要求。

1. 液氮预冷的透平-布雷顿循环制冷机

图 6-22 所示的流程为液氮预冷的布雷顿循环，工作气体在压缩机 A 中压缩后经水冷却冷却由 P_8 近似等温压缩为 P_1。高压气体在逆流换热器 B 中被返流冷

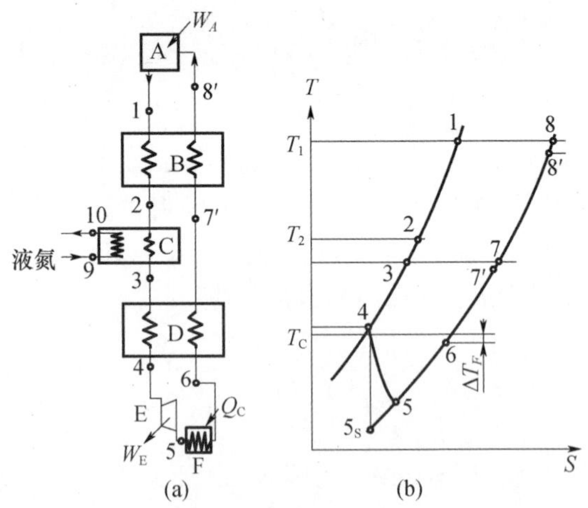

图 6-22　液氮预冷的氦冷制冷机

(a)液氮预冷流程示意图；(b)$T-S$ 图。

A—He 压缩机；B—一级热交换器；C—液氮级；D—二级热交换器；E—透平膨胀机；F—氦板。

氦气冷却，高压氦气经第一级热交换器 B 后进入液氮预冷级 C，高压氦气经过液氮预冷 C 后被冷至 80K。高压氦气再进入第二级热交换器 D，在第二级热交换器中高压氦气被返流冷氦气冷却，然后高压氦气进入膨胀机 E 绝热膨胀做功，气体降温，膨胀机出来的低温氦气在氦板吸热，返流氦气经第二级热交换器 D 和第一级热交换器 B 回到压缩机 A，完成一个循环。

此时的焓平衡式是

$$Q = W_E + m(h_2 - h_3) - m(h_1 - h_1{}') \tag{6-51}$$

式中：Q 为吸收热量；W_E 为膨胀机绝热膨胀做功；m 为质量流量；h 为焓值。

一级热交换器和液氮级所组成的系统热平衡方程为

$$(h_1 - h_3) + q^{LN_2} = m_{LN_2}(h_a - h_b) + (h_8 - h_7) \tag{6-52}$$

从式(6-52)可知，液氮耗量为

$$m_{LN_2} = \frac{[(h_1 - h_3) + q^{LN_2} - (h_8 - h_7)]}{h_{10} - h_9} \tag{6-53}$$

式中：q^{LN_2}为液氮级冷损。

从一级热交换器可得下列热平衡方程式：

$$h_1 - h_2 + q' = h_8 - h_7 \tag{6-54}$$

从二级热交换器可得下列热平衡方程式：

$$h_3 - h_4 + q'' = h_7 - h_6 \tag{6-55}$$

低温氦板

$$Q = mC_p(T_5 - T_6) \tag{6-56}$$

2. 两个膨胀机的布雷顿循环制冷机

图 6-23 给出了两个膨胀机的布雷顿循环和 $T-S$ 图。与简单的膨胀循环图 6-22 比较，这种循环有较低的最佳压缩比和较高的热力学效率，这是因为分两级进行制冷弥补了冷量损失。

压缩机 A 带有后冷却器，3 个热交换器 B、C、D，2 个膨胀机 E_1 和 E_2 及低温氦板 F。气体通过热交换器 B 后到达点 6，有供气的一部分 D_1 进入 E_1 并在此膨胀，然后进入热交换器 C 的返流气体。剩余气体 D_2 经过热交换器 C 和 D 进入膨胀机 E_2，再从 E_2 出口进入低温氦板 F。经过低温氦板 F 后(点 5)，气体返回热交换器 D 并与 D_1 合并。

对于三级热交换器以下部分可以推导比冷量，因为 $D_2 = 1 - D_1$，可得下列热平衡方程(第Ⅱ部分)：

$$q_c = (1 - D_1)[h_{S2}\eta_{S2} + h_8 - h_7 - q_{S2} - C_p(T_8 - T_{8'})] \tag{6-57}$$

式中：q_{s2}为第Ⅱ部分的漏热；h_{s2}为 E_2 的等熵焓降，$h_{S2} = h_3 - h_{4S}$；η_{s2}为 E_2 的绝热效率。

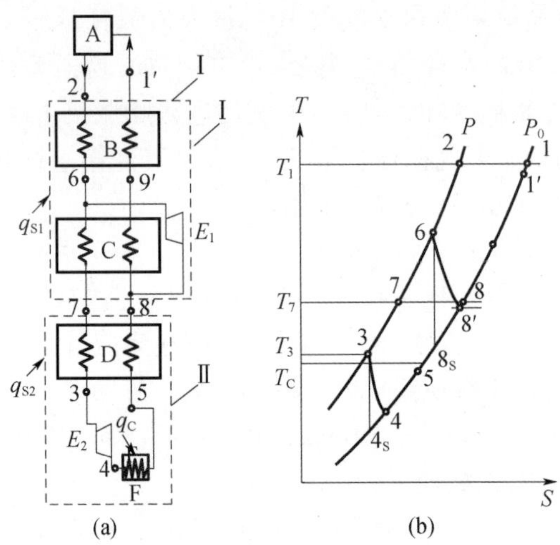

图6-23　带两级膨胀机的氦制冷机

(a)流程示意图;(b)$T-S$图。

A—He压缩机;B——级热交换器;C—二级热交换器;D—三级热交换器;

E_1—透平膨胀机;E_2—透平膨胀机;F—氦板。

对于第一级热交换器和第二级热交换器及第一级膨胀机E_1所组成的封闭系统第I部分,在$D_1+D_2=1\text{kg}$情况下,可求得下列方程:

$$D_1[h_{S1}\eta_{S1}+h_1-h_2-C_p(T_1-T_{1'})-q_{S1}]$$
$$=(1-D_1)[h_8-h_7-(h_1-h_2)+C_p(T_1-T_{1'}-T_8+T_{8'})+q_{S1}] \qquad (6-58)$$

式中:h_{S1}为E_1的等熵焓降,$h_{S1}=h_6-h_{8s}$;η_{S1}为E_1的绝热效率。

整体循环的能量平衡为

$$D_1h_{S1}\eta_{S1}+D_2h_{S2}\eta_{S2}+h_1-h_2=q_{S1}+D_2q_{S2}+C_p\Delta T_{h1}+q_C \qquad (6-59)$$

6.4.6　氦制冷机和氦液化器的纯化系统

1. 概述

在氦制冷机和氦液化器中,由于气体不纯所造成的故障不小于机械故障,由于工艺条件的限制,通常氦气的纯度为99.99%,氦气中含有少量的杂质气体,如果制冷系统漏率较大,又会有杂质气体进入系统中,又因为压缩机和膨胀机在运转过程中会使少量油蒸气等杂质渗入系统中,如使用湿式气柜时会使油蒸气和杂质气体增加。

由于油蒸气,水蒸气,气体杂质O_2、N_2、H_2和Ne的液化和凝固温度比氦气高,若随氦气进入氦制冷系统低温部位就凝结成液滴或冻结成固体颗粒,堵塞阀门和管道,特别危险的是堵塞膨胀机的喷嘴,使膨胀机不能正常工作。因此,氦制冷系统要设置纯化系统,以清除其杂质。氦制冷系统中油的含量应小于0.01×10^{-6},

气体杂质 O_2、N_2、H_2 和 Ne 的总含量也应控制在严格的范围内。

氦气的纯化通常是在室温下去除油蒸气和水蒸气，在低温下清除杂质气体。去除油蒸气和水蒸气是靠水油分离系统，主要设备包括水冷却器、油水分离器、油过滤器、活性炭吸附器和硅胶干燥器等。

在氦液化器中，由于气体的不断液化，因此需要不断的补充新气，而补充的氦气中杂质含量相对较高，因此对纯化的要求较制冷机高。

纯化器有多种型式，又分内纯化和外纯化，内纯化是指纯化系统在冷箱内，外纯化是指纯化系统在冷箱外，国外一些商品化的氦液化器多采用自动化程度较高的内纯化系统，并且多采用冷冻法去除杂质的内纯化器。

用吸附法的外纯化器纯化氦气的优点是纯化器结构简单，纯化效果稳定。其缺点是消耗液氮多，H_2 和 Ne 杂质气体不易消除，因此外纯化器多用于小型氦液化器。内纯化器可用吸附法或冷冻法消除氦气中的杂质气体。内纯化器低温吸附法是在低温系统冷却过程中的一定温度阶段设置吸附器，以清除温度相应的杂质气体。例如在 80K 时设置 O_2 和 N_2 吸附器，在 20K 时设置 H_2 和 Ne 吸附器。节约了液氮的供应。可以有效地去除 H_2 和 Ne。

2. 纯化器纯化方法的选择

纯化器可采用低温吸附法或低温冷冻法，下面介绍的几个典型的纯化器可作为选择纯化器的参考。

1）透平冷却自动纯化器

图 6 –24 所示为采用低温冷冻方法典型的纯化系统。这个纯化系采用了 3 个热交换器 A、B、C。制冷机或液化器中 80K 冷气流至热交换器 A，20K 冷气流通过热交换器 B、C。

热交换器 A 的冷气流由阀 TCV10 调节，当含有水、空气和二氧化碳的不纯氦气经阀 V11 进入热交换器 A 时，会冷凝或固化，部分凝结于分离器中，分离器中装有液面计 LS30，含气相杂质的氦气通过热交换器 B 会被进一步冷却至 30K，通过热交换器 B 后，高于 60K 时，空气凝结并重新回到分离分离器中，但低于三相点的杂质被固化。含杂质的氦气经过滤器后通过压力维持阀 V9 在热交换器 C 中进一步冷却，然后它再回到热交换器 B 作为返流氦气并入低压气。

纯化过程中杂质达到一定高度时，在分离器中的液面指示仪 LS30 会发出指令，使阀门 V8 打开放空，杂质在热交换器 B 和过滤器中的阻力电压差计 DPS12 测出，当其阻力超过预定值时，纯化过程停止。纯化暂停约 3min 去除杂质。清除杂质的过程为：打开阀 V6A，使热的高压气流进入热交换器 B，同时阀 V7A 打开，以减小分离器液面上的压力，并打开阀 V55，使高温高压氦气进入过滤器，清洁过滤器，清洁热交换器 B 和 A，直至温度开关 TS13 指出的温度达到预定值就结束再生过程，关闭 V6A 和 V7A，打开阀门 V6B 重新冷却开始，直到 TS14 温度传感器达到纯化的工作温度，纯化工作重新开始，偶尔打开阀 V6B 保持热交换器 B 处于稳定的冷状态。

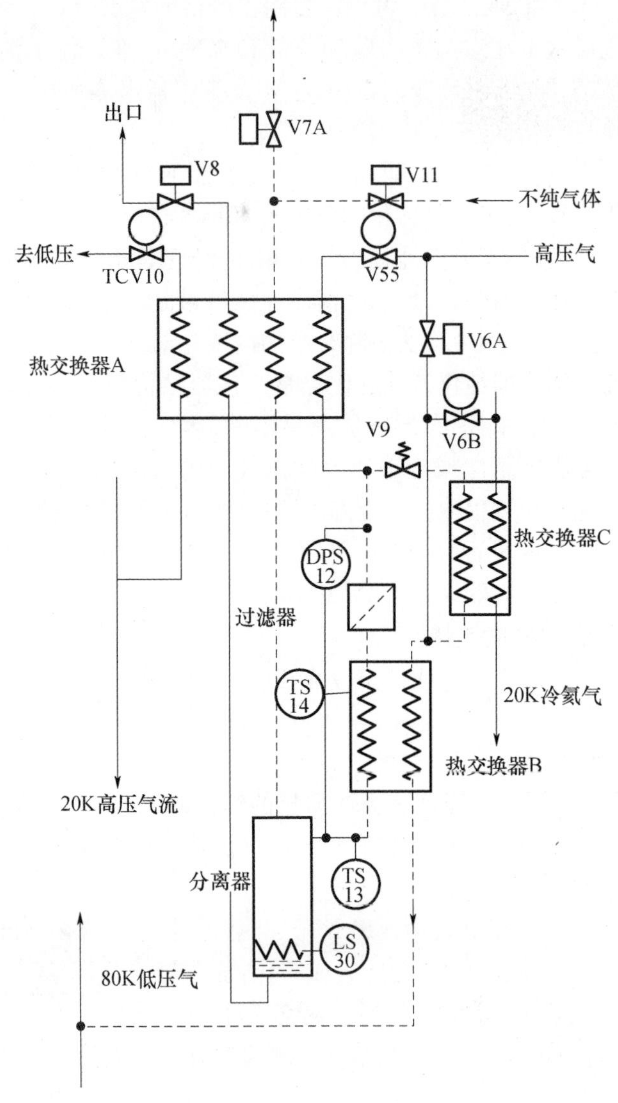

图 6－24　低温冷冻纯化器

2）苏尔寿氦液化器自动纯化器

苏尔寿公司生产的氦液化器采用了自动化程度较高的纯化系统，该纯化系统采用的是冷冻法内纯化器。其原理如图 6－25 所示。它是靠系统中 20K 冷氦气冷却不纯的氦气到 30K，使除 H_2 和 Ne 以外的不纯气体冻结在盘管热交换器的外部，在进入最终纯化阶段前，氦气中含量达 1.5% 的空气可被液化并排出。当纯化循环结束或气堵发生时，要进行再生处理然后再冷却。

其工作程序如下：当纯化器打开时首先进行纯化器的吹洗，目的是吹除系统中在上次操作残留的杂质。在 300K 状态下打开阀门 MV173，这时高压管网中的

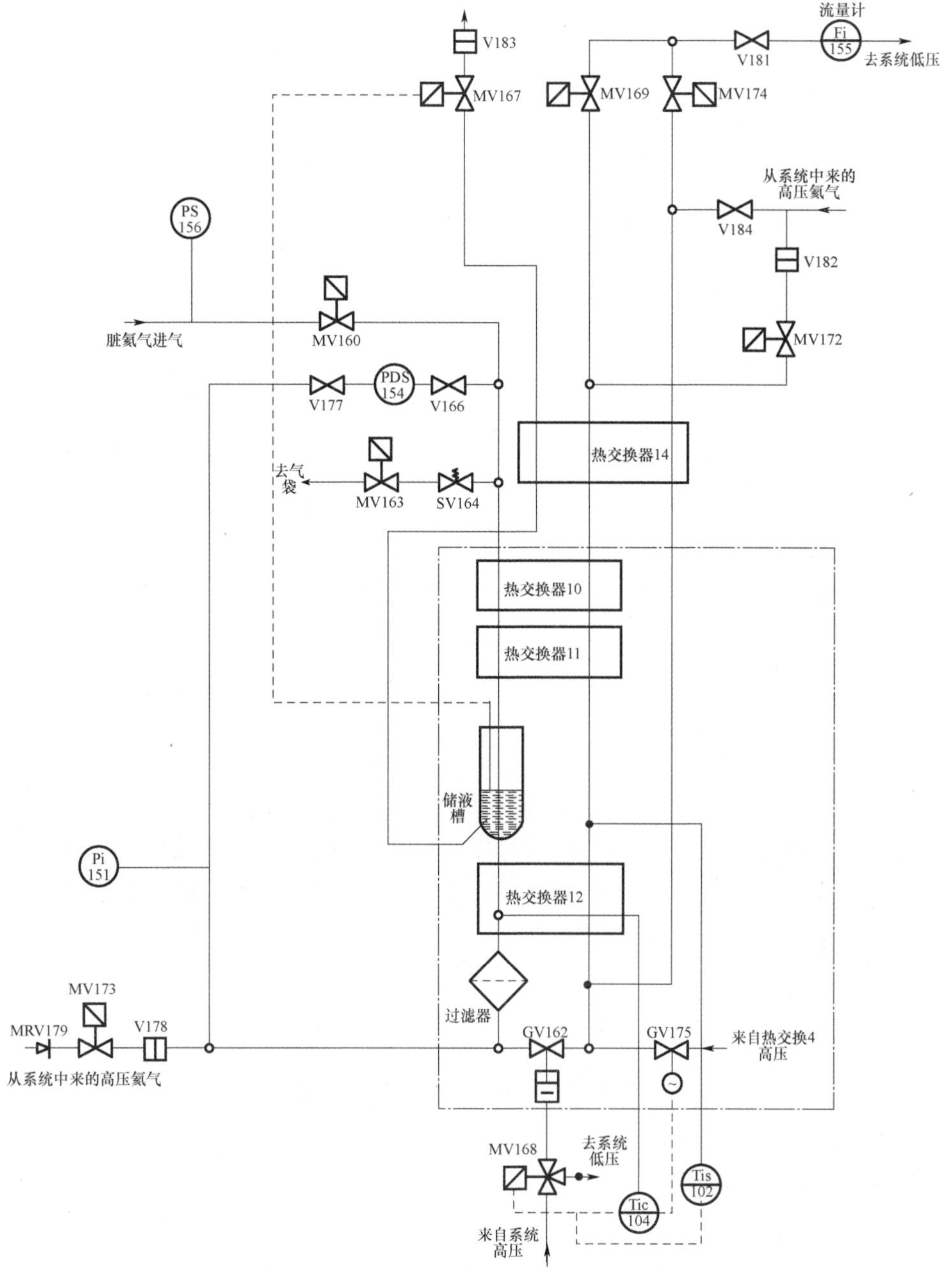

图 6－25　苏尔寿氦液化器纯化系统示意图

纯氦气会流经脏气体穿过纯化器，经阀门 M163 对纯化器进行冲洗，气体进入气袋，在阀门 MV173 打开 5s 后关闭阀门 MV163。

然后打开阀门 GV175，纯的冷氦气进入纯化器，使其冷至 70K，冷氦气经过阀门 GV175 及阀门 MV169，又经过流量计 Fi－155 回到制冷系统低压。在此阶段阀门 MV163 关闭,阀门 MV173 仍打开以避免由于阀门 GV175 打开后降温使脏气或空气进入纯化器。

系统纯化过程继续进行,由于阀门 GV175 继续打并经过阀门 MV169 和流量计 Fi - 155 氦气回低压,同时使纯化器温度从 70K 降至 30K,当热交换器 12 中的温度传感器 Tic - 104 冷至 30K 时,阀门 MV160 打开,阀门 GV162 打开至设定值,纯化器开始纯化脏气,纯化器温度用阀门 GV175 和 GV162 控制冷热气流量,保持 Tic - 104 温度传感器温度为 28K,当温度超过 35K 时就关闭阀门 CV162,当由于阀门 CV175 打开使温度降至 30K 时,阀门 GV162 再打开。总之,调控阀门 GV175 和 CV162 使纯化器温度(Tic - 104 传感器)在设定值。

此系统不纯的氦气进气压力为 2.0MPa,可使 1.5% 的不纯气体在 30K 时液化进入储液罐,在达到一定量时,通过阀门 MV167 放空,用液面计 Lis - 107 控制阀门 MV167 的开关。

纯化器再生时,阀门 MV167、MV169、GV162 和 GV175 关闭。

再生过程中,300K 氦气从高压管路经阀门 MV172 进入纯化器,并经阀门 MV174 和流量计 Fi - 155 排出。

液化的不纯气体被加热并排到储液罐,通过阀门 MV163 排出,当温度传感器 Tis - 102 升至 80K 时,再生结束,一般再生时间为 10 ~ 20min。

3）低温吸附纯化器

在使用液氦较多单位往往设置专门用于回收氦气并进行纯化的装置,即建造自动化程度较高的纯化器。图 6 - 26 所示的纯化器可以纯化 35 ~ 135m^3/h 的氦气,可在 1.5MPa 压力下进行纯化,而纯化过程中由于 77K 的条件对 H_2 和 Ne 的纯化是个明显的限制因素,由于加了副液氮槽并抽真空,使液氮温度可降至 65K,因此使被纯化的氦气温度大大降低,可有效地吸附 N_2 和 H_2。

不纯的氦气先经过 13X 分子筛干燥器分离出 CO_2,然后氦气进入浸在液氮杜瓦容器中的热交换器被冷却,先冷至 77K,在副液氮槽中冷至 65K,在经过副液氮槽后,氦气中部分 O_2 和 N_2 被凝结,并被分离出来,分离器中的液面计用于控制液面高度,氦气通过分离然后使其粗略纯化,再进入低温吸附器进行进一步的纯化。虽然加一个副液氮槽使结构相对复杂了些,但由于有分离器在前面,使氦气在吸附器前杂质含量明显减少,副液氮槽使氦气温度降低,使吸附器的吸附能力有效增强。

为了纯化过程连续不断地进行,因此有两套同样的系统用于一个低温系统中,在一个吸附器杂质达到纯化器的 3/4 时就开始交换,一个纯化器再生,一个纯化器工作,以保证纯化的连续进行。这种纯化器可以作为内纯化器,也可作为外纯化器。

4）高压大容量低温吸附纯化器

德国技术物理所每年需大量的液氦和制冷机的长期运行,因而需要大量高纯

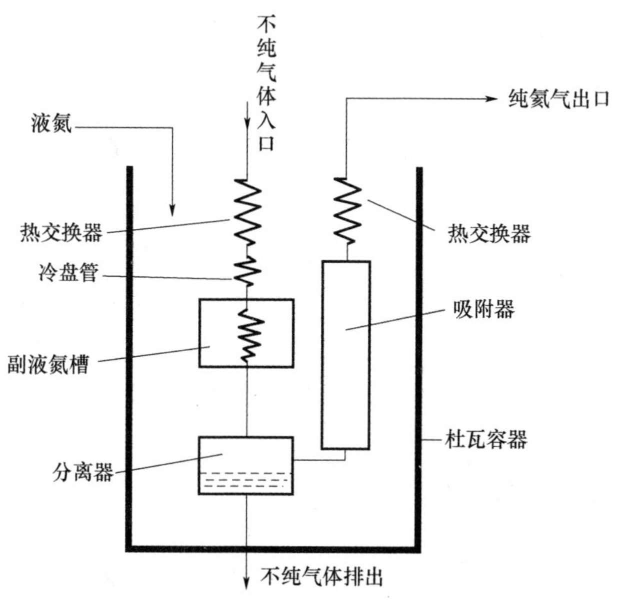

图 6 - 26　低温吸附纯化器

氦气,于 1996 年建造了如图 6 - 27 所示的高压大容量低温吸附纯化器。纯化器的示意图可表明纯化器的构成,图中只给出一个纯化器管路。纯化器由两个相同但完全独立的纯化器管路组成。

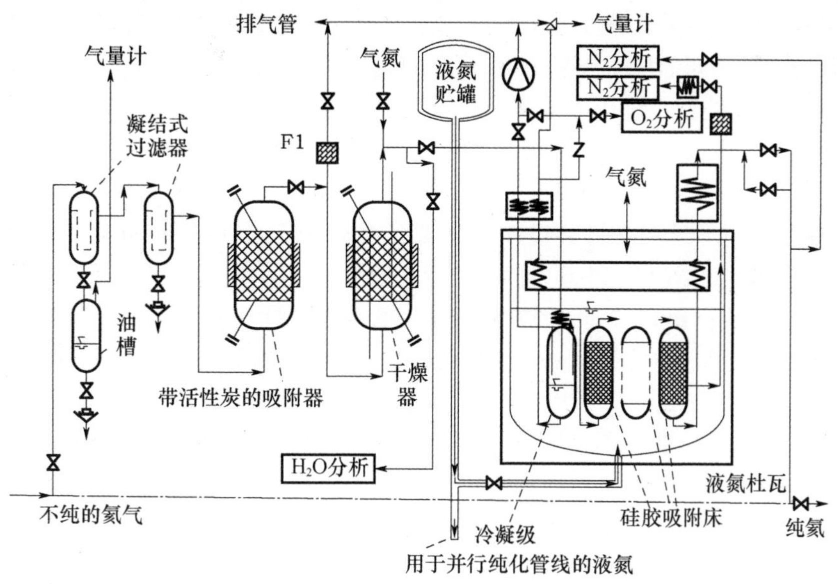

图 6 - 27　高压大容量低温吸附纯化器流程图

纯化过程由 3 个步骤完成：

（1）去油过程。不纯的氦气先经过两个组合的过滤器，清除的油滴集中在储油槽中，经储油槽排出油污染。过滤器容积 0.5L，然后氦气流过填充活性炭的吸附器，吸附器容积 56L，吸附器用于去除残存的油滴和油蒸气。

（2）排除水分。氦气经去油后进入干燥器，干燥器内填充分子筛，用于排除氦气中的水分。

（3）排除杂质气体。由于液氮和热交换器的降温使氦气中的 O_2 和 N_2 凝结为液态并排出，氦气再进入硅胶吸附床，清除氦中的其余的气体杂质。吸附床为 6 个 56L 容积的圆筒容器，其中填充硅胶。

纯化器工作压力为 20MPa，流量达 14g/s 连续进行，两套纯化器交替工作设备运行自动化程度高，按预定程序进行。

6.4.7 氦制冷机和氦液化器工艺流程的压力控制

氦制冷机或氦液化器的工作压力的大小对膨胀机的制冷量、能耗、换热器的形式和设备的形式都有影响。系统的压力在设计时确定后，在运行中必须按预定值运行，否则会影响系统的正常工作，透平膨胀机的进气压力高于设计值会使轴速升高，使透平膨胀机气体轴承的载荷增加，有破坏其正常工作的危险。在系统使用干式气罐的条件下，必须准确控制干式气罐的压力才能有效地补充系统的气量。汇流排的高压气体供应系统气量，靠压力控制才能稳定系统的高压和低压值处于设定值。稳定的压力值才能保证各状态点的参数值。

氦制冷机或氦液化器工艺流程中的压力控制方案有多种，下面的两个典型工艺流程采用了不同的压力控制方案，各有特点。

1. 传感器控制系统压力的氦液化器流程

图 6-28 所示为传感器控制系统压力的氦液化器简化流程图。英国制氧有限公司生产的具有自动纯化器的透平膨胀机型氦液化器就是采用这种流程。

氦液化器由以下各部件和组件组成：氦压缩机（17）、中间冷却器（15）、后冷却器（16）、油分离过滤器（14）、中压缓冲罐（13）、轴承储气罐（9）、透平膨胀机两台（11、12）、热交换器共 5 级（1,2,3,4,5）、液氦输送管及液氦杜瓦（18）、纯化器（22）、冷箱（23）、抽真空系统的扩散泵（19）和机械泵（20）、汇流排（21）和干燥器（24）。

压缩后的高压氦气体经中间冷却器、后冷却器和油分离过滤器进入冷箱，氦气在冷箱中经过热交换器、纯化器和两级透平膨胀机被液化，一部分低压氦气返回压缩机，形成一个循环。

正常运行时靠调节阀 V106 调节系统的高压的压力。

系统可以自动从汇流排向中压缓冲罐充气。当中压缓冲罐压力传感器 Pi-112 指示压力低于 0.4MPa 时就会从汇流排自动补气。高于 0.8MPa 时停止充气。中压缓冲罐保证了系统运行中的供气，并在系统停止运行时容纳系统内的全部气体。

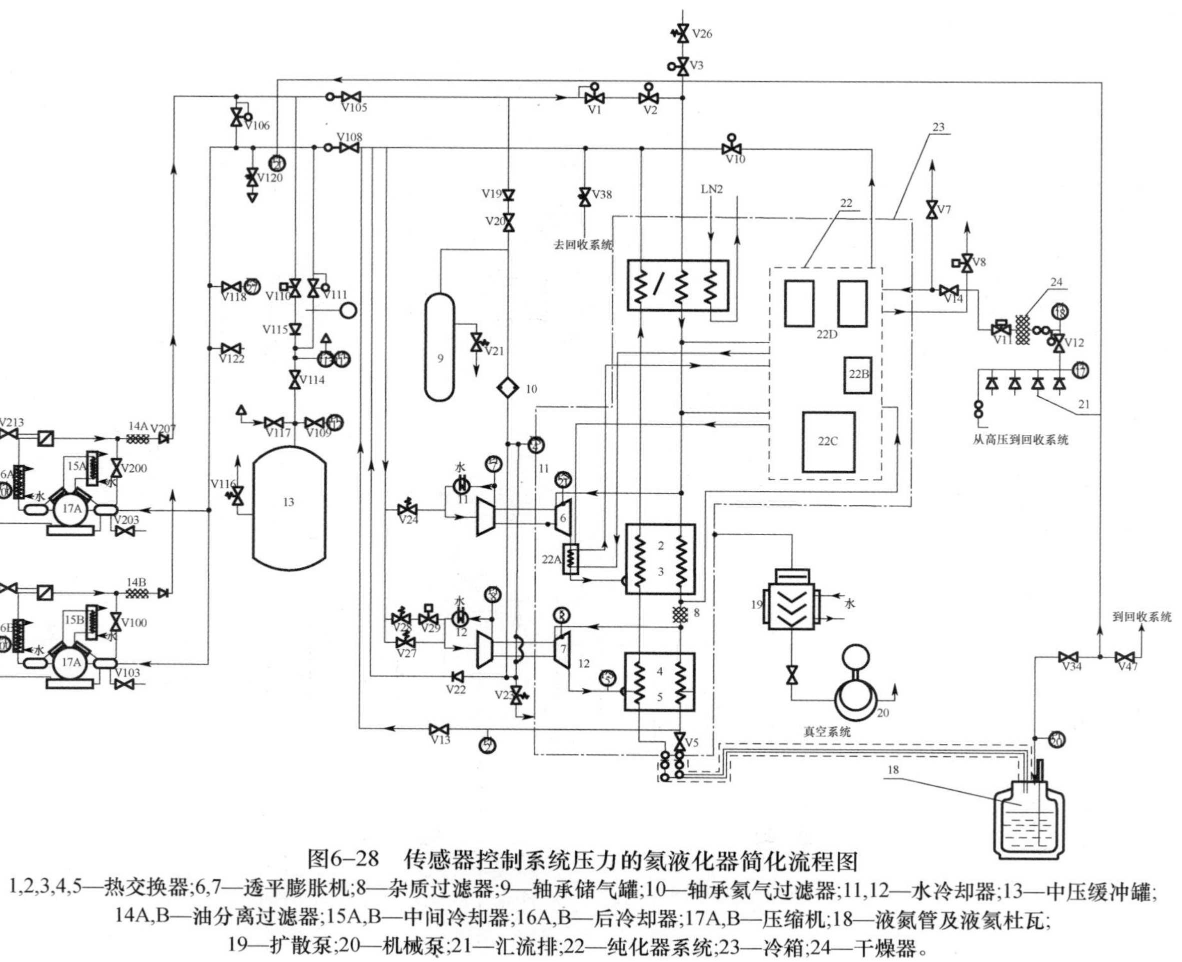

图6–28　传感器控制系统压力的氦液化器简化流程图

1,2,3,4,5—热交换器;6,7—透平膨胀机;8—杂质过滤器;9—轴承储气罐;10—轴承氦气过滤器;11,12—水冷却器;13—中压缓冲罐;14A,B—油分离过滤器;15A,B—中间冷却器;16A,B—后冷却器;17A,B—压缩机;18—液氮管及液氦杜瓦;19—扩散泵;20—机械泵;21—汇流排;22—纯化器系统;23—冷箱;24—干燥器。

系统的低压维持在设定值,系统低压的压力由传感器 Pi-120、调节阀 V110、V111 和中压缓冲罐所组成的系统组成。

系统的高压由传感器 Pi-100(或 Pi-200)和调节阀 V106 完成。

当液氦杜瓦压力大于系统低压压力,即 Pi-20 > Pi-120 时,必须让压力相等,这时需关闭 V47,打开 V34 将氦气放回低压管路。氦气通过阀 V110 将高压氦气自动压入中压缓冲罐,直至传感器 Pi-120 等于 V111 阀门设定值为止。

透平膨胀机的进气压力、鼓风压力和气体轴承的转速按预定的程序进行。

2. 压力控制板控制系统压力的氦液化器流程

图 6-29 所示为压力控制板控制系统压力的氦液化器。

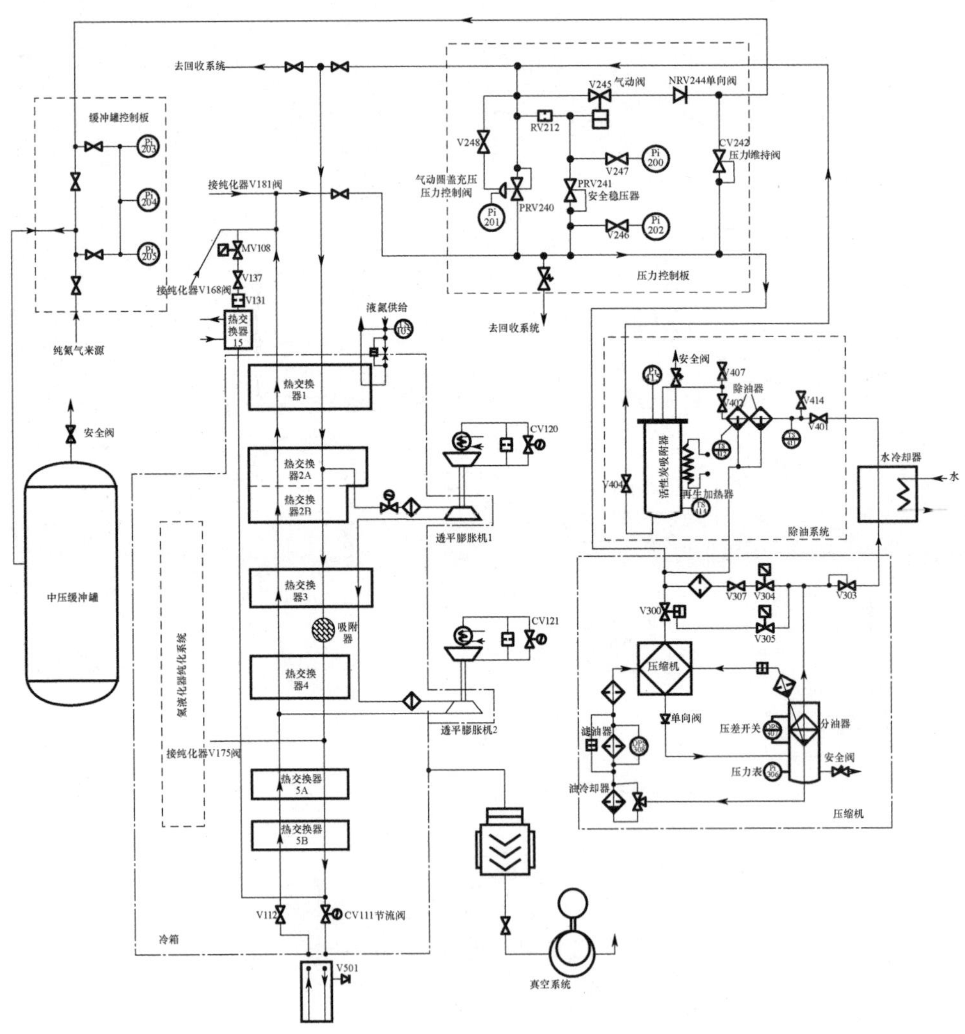

图 6-29 氦液化器流程示意图

氦液化器由以下各部分组成:压缩机(压缩机中又包括分油器、油冷却器和滤油器)、水冷却器、除油器、活性炭吸附器、压力控制板、缓冲罐控制板、中压缓冲罐、热交换器1、2A、2B、3、4、5A、5B及热交换器15、透平膨胀机1和2、纯化器、冷箱、真空系统和液氦杜瓦管及液氦杜瓦,还包括各类阀门、管路和控制系统。

压力控制板用于控制流程的高压和低压气体的压力。压缩机的吸气压力(低压),由图6-29所示压力控制板中的压力维持阀CV242控制。其压力值在传感器Pi-202可示出。当低压降至低于预定值时,压力维持阀CV242打开,允许氦气从中压缓冲罐充入低压管线。当压力达到预定值时,关闭压力维持阀CV242,并停止向低压送气。

阀门PRV241是个安全稳压器,它自动检测低压的压力,并在低压有升高时能自动打开阀门。因为RV212是节流阀,V245是常开气动阀门,靠压力关闭,传感器Pi-200可指示出阀门V245执行机构的气体压力。由于低压管路压力升高引起阀门PRV241自动打开,因阀门PRV241打开使节流阀RV212后面的管路压力下降,气动阀V245的执行机构的气体压力下降,因此气动阀V245也打开,这时从高压来的氦气经阀门V245和单向阀NRV244进入中压缓冲罐,其结果是由于高压的降低而使低压降低,伴随着低压降低使阀门PRV241关闭,由于该阀关闭,气动阀V245执行机构的气体压力升高,继而关闭了气动阀门V245预先设置的阀门PRV241的压力高于阀门CV242的动作压力,这可保证低压管路有一个小范围的固定值。这也可避免气动阀V245和压力维持阀CV242同时打开,以免不必要的气体旁通。

压力控制板除了能如上述控制低压管路的低压外,高压管路的高压也由控制板控制,高压的压力由气动圆盖充压压力控制安全阀PRV240控制,阀门控制靠阀杆上的阀头的上下运动,阀杆与柔性薄膜相连,薄膜片的上下运动带动阀杆的上下运动,薄膜片上方的圆盖中有气体室,通过从高压氦气进入圆盖气体室或从圆盖气体室放气到大气中的方式,阀门PRV240的旁通压力使管路高压升高或降低。

从上述分析可知图6-29所示的氦液化器的流程,其高压和低压管路的压力是靠控制板的几个阀门控制的。这是该流程的一个特点,当然氦液化器的系统控制包括压力控制和温度控制主要还是靠电控系统和各种传感器。

6.4.8 KM6载人航天器空间环境模拟器氦制冷机

1. KM6载人航天器空间环境模拟器氦制冷机的组成

KM6氦制冷机主要由以下部件组成:

(1) 两台螺杆式压缩机,每台压缩机包括压机主机、油分离过滤器、后冷却器、活性炭吸附器和压缩机控制柜。

(2) 两台干燥器和主过滤器,干燥器用于去除系统中的水分,主过滤器用于去除系统中的固体杂质,干燥器中的加热器用于干燥器的再生。

(3) 两套纯化器,用于去除氦气中的杂质气体 O_2、N_2、H_2 和 Ne,特别是 O_2 和 N_2,其中的加热器用于再生。

(4) 热交换器采用了板翅式热交换器。

(5) 两套透平膨胀机,用于相互交换,透平膨胀机采用了静压气体轴承,鼓风机制动,在透平进气口加有轴承过滤器,鼓风机制动循环中加有水冷却器。透平膨胀机由蜗壳、气体轴承、转子、喷嘴、导流器和鼓风机等组成。

(6) 冷箱。冷箱中装有热交换器、纯化器、透平膨胀机、低温阀门和管路,冷箱外面有抽真空的真空系统。冷箱由主冷箱和副冷箱组成。

(7) 中压缓冲罐、2 个储气罐、轴承储气罐和汇流排等供应氦气的装置。

(8) 冷箱抽气系统,由分子泵和两台机械增压泵机组和一台旋片式真空泵组成。

(9) 氦气管路、冷却水管路和液氮管路。

(10) 各种类型的多种阀门:气氦调节阀、止回阀和普通阀、水阀、液氮低温阀和真空阀。

(11) 测控系统。

(12) 冷箱与空间模拟器连接的杜瓦管。

2. 氦制冷机工艺流程

KM6 氦制冷机工艺流程简化图见图 6 - 30。压缩机压缩后的高压氦气需经水冷却器冷却,再经过滤油器和干燥器去除油和水分,再通过内纯化器去除氧、氮、氖和氢等杂质气体。高压氦气经两级热交换器和液氮级热交换器后进入透平膨胀机,冷却后的氦气经过氦板后吸热升温,使氦板冷却至低于 20K,达到低温抽气的作用,返回的低压低温冷氦气通过热交换器冷却进入热交换器的高压氦气。低压氦气最后返回压缩机进气口,形成一个循环。

系统的高压靠调节阀 CV18 调节,汇流排自动向中压缓冲罐充气,当中压缓冲罐压力低于 0.4MPa 时自动充气,高于 0.8MPa 时停止充气,中压缓冲罐,用于系统压力的平衡,在系统停机时作为储气罐。

系统的低压维持在 0.12MPa,系统低压压力的控制由压力传感器、调节阀 CV17、调节阀 V16 和中压缓冲罐所组成的系统完成。

当轴承气罐压力未达到预定压力时,透平进气的调节阀 CV13 和调节阀 CV14 不能打开。当突然停机时,为保护透平膨胀机的轴承有足够的供气,系统装有单向阀 NRV305,这保证了停机时气体轴承压力大于透平进气的压力,因为此时已关闭了透平进气调节阀 CV13 和调节阀 CV14,这有效地保护了气体轴承。

每台透平膨胀机的进气调节阀 CV13(或 CV14)和相应的鼓风机调节阀 CV11(或 CV12)与透平转速仪所组成的系统按预定程序使转速控制在最佳值。

液氮级热交换器和纯化器液氮供应的液面由液面计控制液氮阀的开关达到,低温吸附纯化器的纯化过程、再生过程、液氮供应和切换过程,全部自动控制,干

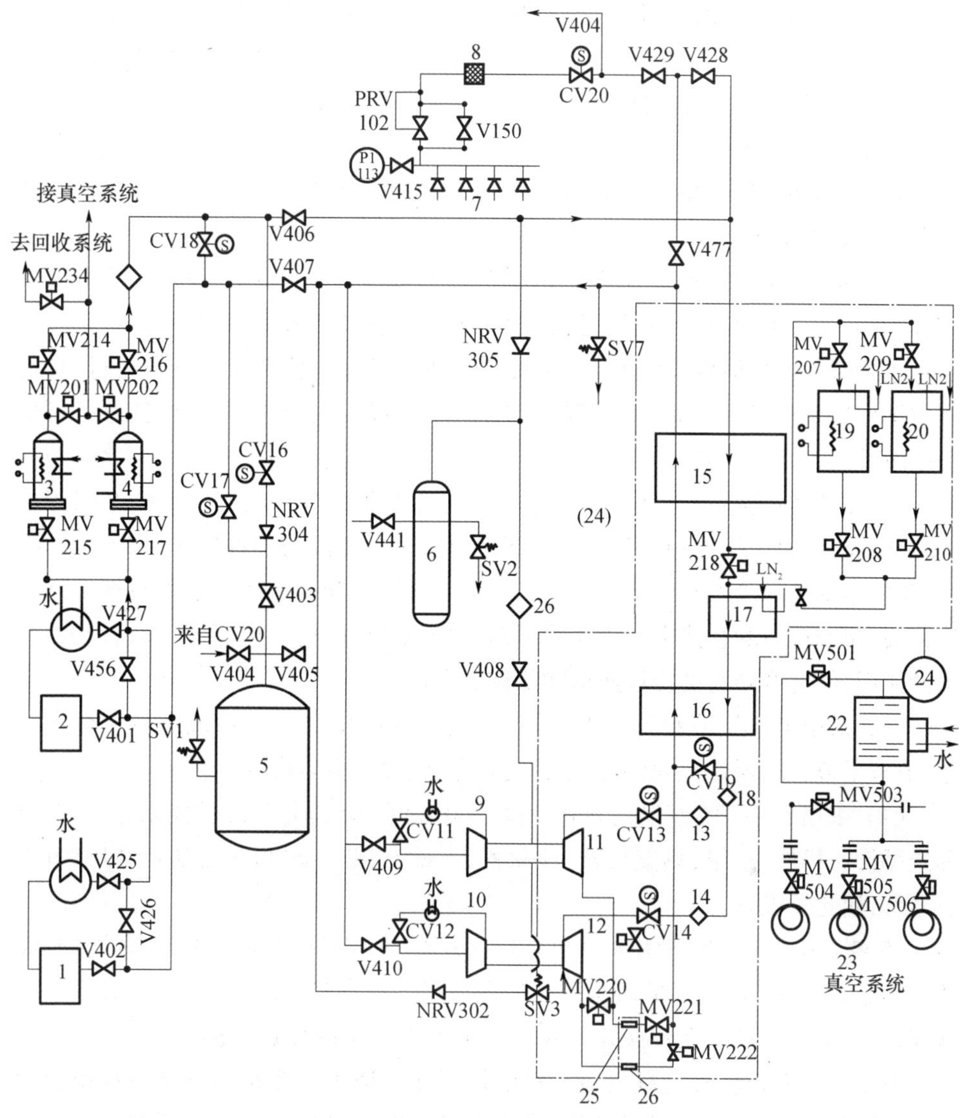

图 6－30　KM6 氦制冷系统简化流程图

1，2—压缩机；3，4—干燥器；5—中压罐；6—轴承气罐；7—汇流排；8—过滤器；9，10—鼓风机；11—1#透平膨胀机；12—2#透平膨胀机；13，14—过滤器；15—1 级热交换器；16—2 级热交换器；17—液氦槽；18—吸附过滤器；19，20—纯化器；21—控制器；22—分子泵；23—机组；24—冷箱；25，26—氦板。

燥器的工作过程、再生过程和切换过程全部自动控制，冷箱的真空系统从粗抽系统到分子泵的启动和运行全部自动控制与测量，氦压缩机的测控可在现场和氧制冷机总控制室同时进行。

由于系统全部流程采用可编程序控制器(PLC)控制，手动遥控做后备，实时测量显示湿度、流量、压力和透平转速等参数，实时工况图显示，因此保证了系统运行的可靠性、安全性和稳定性。

3. 系统设计特点

为保证整机的高性能，对各部件设计提出的高技术指标构成了 KM6 氦制冷机的设计准则和设计特点。

(1) 采用无污染、漏率小、含油量小于 0.003mg/m^3，整机漏气率小于 0.1cm^3/s (STD)的喷油螺杆压缩机，可满足长期可靠运行和操作自动化。

透平膨胀机的绝热效率大于 0.65，气体轴承能保证长期稳定可靠运行，自密封结构可保证纯转子部件出故障时可以不漏气，以便快速修理，两台膨胀机可单独或同时运行并可互换。

(2) 冷箱内的铝板式热交换器与不锈钢管路间加有不锈钢与铝的摩擦焊接头，热交换器、内纯化器和阀门与冷箱间采用了最小截面的柔性连接，保证了漏冷小，并能承受冷热交变时的热应力，由于采用了低温和真空环境下密封性能好的活接头，使冷箱内的管路和热交换器可拆，便于安装和维修，由于柔性软管和活接头的使用，使主冷箱与副冷箱连接和维修更方便。

(3) 采用了液氮冷却的低温吸附内纯化系统，使纯化与系统预冷结合在一起，节省了液氮的耗量，不必单独设计纯化器，使设备更紧凑。

(4) 采用了一个系统满足 600W 和 1200W 两种制冷量工况的要求，除压缩机和透平膨胀机外，冷箱、热交换器、纯化器、干燥器、储气罐和管路都是共用，节省了经费，简化了设备。

(5) 采用了国际先进水平的 PLC 控制方案，测控系统实现对制冷系统各种参数的测量和控制，并对测量数据进行处理、存储、打印和显示，及时显示流程工作状况，可手动与自动相互转换并与 KM6 总控计算机随时传送数据。

由于对透平膨胀机进口压力的准确控制才保证了膨胀机的气体轴承稳定运转，对系统低压的准确控制可以保证储气罐及时向系统补气。自控系统实现了系操作自动化。

(6) 整机各部件高的漏率要求，主冷箱和副冷箱及冷箱内的热交换器、低温吸附过滤器、纯化器、低温阀和管接头全部按真空容器漏率要求，用氦质谱仪检漏，储气罐、轴承气罐、干燥器和真空管路也采用质谱仪检漏。只有严格控制系统漏率才能保证系统总漏率小于 30L/h。漏率的严格控制才能保证纯化器负荷减少，进而保证系统长期稳定运行。

KM6 氦制冷机由北京卫星环境工程研究所技术抓总，方案和总体设计及多个部件设计，研制协作单位为西安交通大学和北京航空航天大学。

6.5 用于空间真空环境模拟器的外接式低温泵

外接式低温泵不同于内装式低温泵的最大特点是外接式低温泵是安装于空间环境模拟器容器的外面，内装式低温泵安装在容器内部，外接式低温泵是用法兰与容器连接在一起。

新一代的大型空间环境模拟器都采用了内装式低温泵和外接式低温泵附加分子泵的高真空抽气方案，外接式低温泵（又称制冷低温泵）的特点如下：

(1) 抽气压力范围宽，其抽气压力范围为 $10^{-1} \sim 10^{-12}$ Pa。

(2) 极限压力低，极限真空度可达到 10^{-13} Pa。

(3) 抽气速率大，对 293K 的 N_2 最大抽速可达 11.8L/(cm^2 · s)，对 77k 的 N_2 最大抽速可达 6.1L/(cm^2 · s)。

(4) 可获得清洁无污染的真空，可以抽除各种气体，由于外接式低温泵可以加有吸附剂，因此对 He、Ne、H_2 有一定的抽气能力。

(5) 泵的结构设计可使低温吸气面做成插入式，采用小型制冷机制冷，不用液氮冷却屏蔽板，因此低温泵就可以在任意位置与主容器连接，使设备的占地面积减小。

(6) 操作修改方便，小型制冷机可靠性很高，泵体又无运动部件，因此工作可靠性高。

(7) 低温泵运行过程中需要再生。

外接式低温泵主要有储槽式低温泵，蒸发器式低温泵和制冷机低温泵 3 种类型。制冷机低温泵是我们讨论的内容，外接式低温泵一般都采用吉福特—麦克马洪（G－M）制冷机。

6.5.1 吉福特—麦克马洪制冷机

1. 吉福特—麦克马洪制冷机基本原理

吉福特—麦克马洪制冷机简称 G－M 制冷机，其基本原理是利用绝热放热膨胀法，它是容器中的高压气体向低压空间放气的膨胀过程。在这个过程中，留在容器中的气体向放出的气体做推动功，消耗自身一部分内能而降温，产生制冷效应。

图 6－31 是 G－M 制冷机示意图，它由压缩机和膨胀机组成，两个缓冲器用于缓冲进出压缩机的气体，膨胀机包括进气阀、排气阀、回热器、排出器及汽缸。从图中可以看出，排出器将汽缸分成上下两部分，上部分为热腔，下部分为冷腔。这两个腔体由回热器连接起来，假设忽略回热器中的压力降，热腔和冷腔压力完全相等。排出器在理想循环下只需要很小的功，排出器推动气体从一边膨胀空间到另一边。排出器的主要作用是改变汽缸中热腔和冷腔容积和气量分配。其工作过程可用图 6－32 G－M 制冷机温熵图描述。其过程如下：

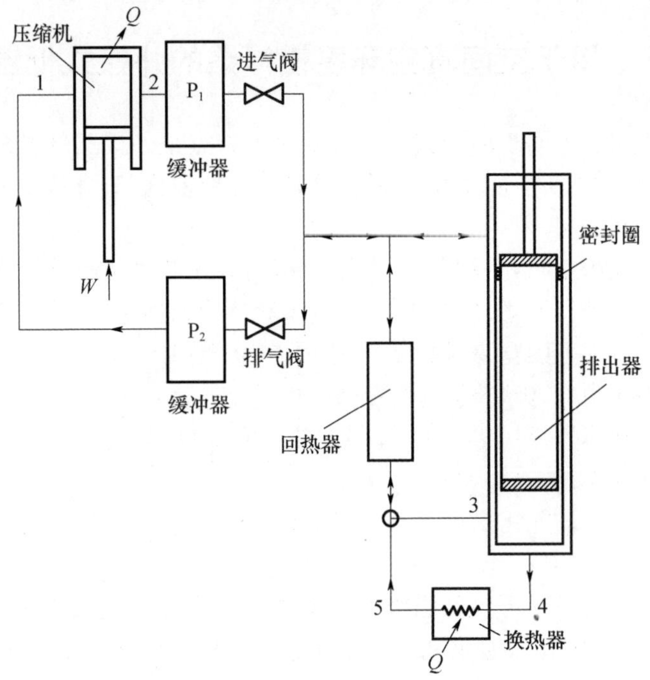

图 6－31　G－M 制冷机示意图

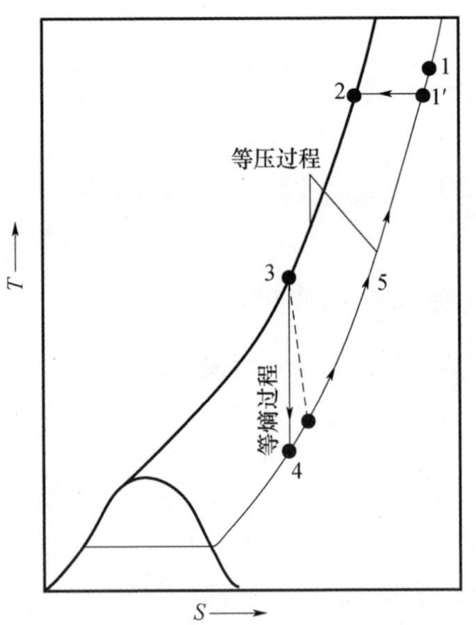

图 6－32　G－M 制冷机中单位质量气体的 $T-S$ 图

（1）过程 1－2，开始时排出器在汽缸的底部，进气阀打开，高压气流进入回热器。

（2）过程 2－3，排出器升到汽缸顶部，这会推动原来在上部空间气体经三路阀进入下部膨胀空间。因为气体流经回热器被冷却，进气仍处于打开状态，压力仍为高压恒压不变。

(3) 在膨胀空间的气体在 3－4 过程，在忽略换热的情况下是绝热膨胀过程，压力降到最初的低压，关闭进气阀，打开排气阀，在膨胀的过程中，气体的温度降低。

(4) 在过程 4－5 时，排出器向下运动，使气体从汽缸底部排出，并经过换热器，在换热器中吸收热量。

(5) 最后在过程 5－1，气体经回热器吸热升温，被加热到室温，经排气阀流出膨胀机，冷腔容积下降，压力不变。

G－M 制冷机用回热器代替制冷机用的换热器可避免换热器杂质阻塞的问题，又因为 G－M 制冷机的流量阀门和密封是在室温下，因此避免了制冷机低温密封的难题。G－M 制冷机要求功率较小的发动机就可以推动排出器前进和缓退，而且通过排出器的漏率较小，因为排出器密封圈两边的压力差小。

G－M 制冷机的主要优点是可用几级氦制冷机达到低于 15～20K 温度。多级的密封都是室温密封。

系统所需净功为

$$-w/m=[T_1(S_1-S_2)-(h_1-h_2)]/\eta_C \tag{6-60}$$

式中：m 为压缩气体总质量；η_C 为压缩机效率。

制冷量

$$\begin{aligned} Q/m &= (m_l/m)(h_5-h'_4) \\ &= \eta_S(m_l/m)(h_5-h_4) \end{aligned} \tag{6-61}$$

式中：m_1 为 3－4 过程后膨胀腔气体总质量；η_S 为膨胀机的等熵膨胀效率。

例 6－2 G－M 制冷机，工作介质为氦气，工作流体压力为 0.101～2.02MPa。冷却到 90K，离开压缩机的气体温度是 300K。设回热器效率为 100%，压缩机效率为 100%。在膨胀空间的膨胀过程假设为等熵膨胀，求：①制冷机的制冷量；②制冷系数 ε；③系统的热力完善度 η。

解 G－M 制冷机工作过程在图 6－32 中已描述，从温熵图可知：

$$h_2(2.02\text{MPa},300\text{K})=1579\text{kJ/kg}$$

$$S_2(2.02\text{MPa},300\text{K})=25.2\text{kJ/(kg}\cdot\text{K)}$$

$$h_5(0.101\text{MPa},90\text{K})=482\text{kJ/kg}$$

因为回热器的效率为 100%，在点 3 气体离开回热器的温度必然与进入回热器点 5 的气体温度相同，即：

$$h_3(2.02\text{MPa},90\text{K})=486\text{kJ/kg}$$

$$S_3(2.02\text{MPa},90\text{K})=18.9\text{kJ/(kg}\cdot\text{K)}$$

过程 3－4 是等熵膨胀，因此点 4 可根据点 3 等熵过程压力为 0.101MPa，根据温熵图采用内插法可求点 4 膨胀后温度为 27.1K，点 4 的焓值 h_4 为

$$h_4(0.101\text{MPa},27.1\text{K})=155\text{kJ/kg}$$

① 求制冷机的制冷量。当质量比 m_e/m 确定时，膨胀过程中膨胀空间是恒定

值，质量比与密度比的关系为

$$\frac{m_e}{m}=\frac{\rho_4}{\rho_3}=\frac{V_3}{V_4}$$

式中：m_e 为膨胀腔气体总质量；m 为制冷机的总质量；ρ，V 为图 6－32 相应点的密度和比容，从温熵图可得：

$$V_3=95\text{cm}^3/\text{g},V_4=555\text{cm}^3/\text{g}$$

质量比为 $m_e/m=V_3/V_5=0.171$

单位气体的制冷量为

$$Q/m=(m_e/m)(h_5-h_4)=56\text{kJ/kg}$$

② 求制冷系数 ε。由系统焓平衡方程可得

$$Q/\text{m}=h_1-h_2=(m_e/m)(h_5-h_4)$$

在热端，气体离开回热器的状态可以确定为：

$$h_1=h_2+(Q/m)=1579+56=1635\text{kJ/kg}$$

在压力为 0.101MPa 和 h_1 值已知的情况下，可查得 $T_1=312\text{K}$，$S_1=31.6\text{kJ/kg.K}$，这表明离开回热器的气体在进入压缩机前排气体积突然增加，温度被冷却到 300K，或者是等温压缩发生在 312K，在压缩机的水冷却器冷却到 300K。

在假设 3/2K 进口状态时，压缩机要求的功为：

$$-\text{W/m}=T_1(S_1-S_2)-(h_1-h_2)=312(31.6-25.2)-(1635-1579)=1941\text{kJ/kg}$$

制冷系数 ε 为

$$\varepsilon=\frac{Q/m}{w/m}=0.029$$

假设在给定压力和温度下为理想气体，可得理想的制冷系数 ε_i 为

$$\varepsilon_i=\frac{T_5-T_4}{T_h\ln(T_5/T_4)-(T_5-T_4)}$$

T_h 为 312K，T_5 为最大的制冷温度 90K，T_4 为最小制冷温度 27.1K，因此，有

$$\varepsilon_i=\frac{90-27.1}{312\ln(90/27.1)-(90-27.1)}=0.202$$

③ G－M 制冷机的热力完善度 η 为

$$\eta=\frac{\varepsilon}{\varepsilon_i}=0.143$$

2. G－M 制冷机的基本结构

G－M 制冷机的突出优点是它可以实现多级化，可以满足低温泵要求的功率和温度。按应用温区分类，G－M 制冷机可大致分为 3 类，即液氮温区、液氢温区和液氦温区。

G－M 制冷机液氮温区制冷温度为 77K 左右，制冷量为 5～320W。液氮温区 G－M 制冷机一般采用单级布置，制冷量较大。

液氢温区制冷机制冷温度为 10～20K，制冷量为 0.5～40W，双级 G－M 制

冷机在20K时制冷量一般小于10W。外接式低温采用的就是小于20K的双级G－M制冷机。

液氦温区G－M制冷机制冷温度在4K左右，制冷量为0.5～1.5W，主要用于超导技术，也可用于超高真空冷凝泵。

图6－33所示为双级G－M制冷机结构图。汽缸、回热器及活塞环为制冷机机组的主体，它们固定在法兰(6)的下方。回热器上端的活塞杆与驱动机构相连

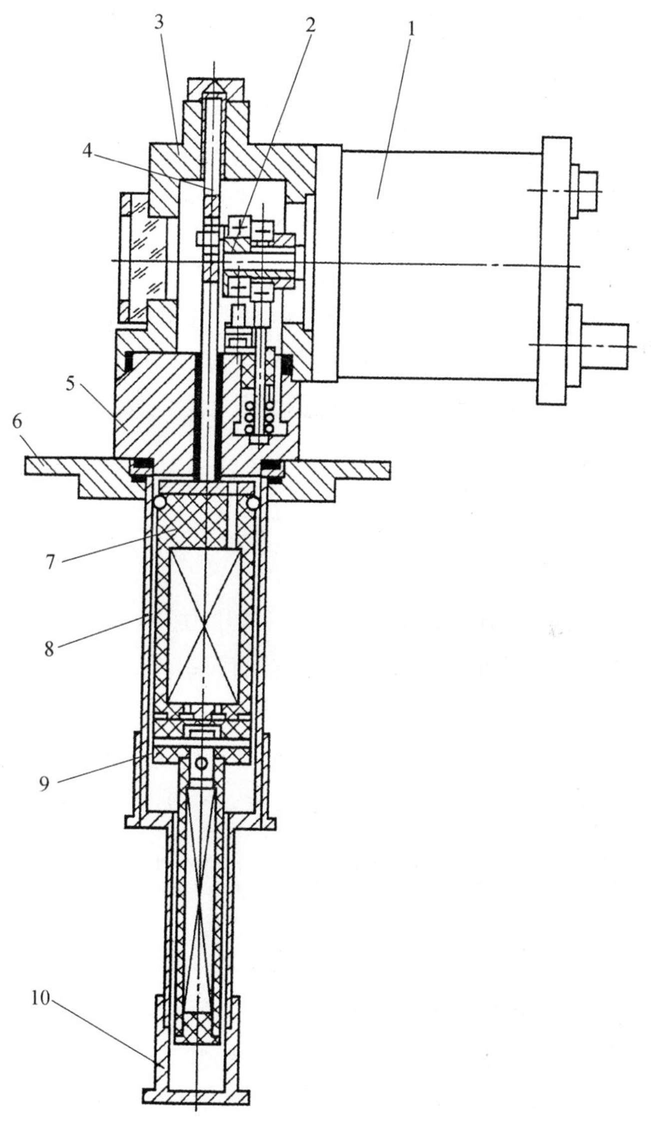

图6－33　机械驱动双级G－M制冷机结构图

1—低速电动机；2—驱动偏心轮；3—驱动轮罩；4—框架传动轴；5—配气阀盘；6—法兰；7—推移活塞；8—汽缸；9——级冷头；10—二级冷头。

接，包括电动机(1)、驱动偏心轮(2)、驱动轮罩(3)、框架传动轴(4)和配气阀盘等在法兰(6)的上方，它们是在室温下工作。一、二级汽缸和回热器采用同轴排列，回热器安装在排出器的孔内，这使结构更紧凑。从外形图可知，机组上安装有氢蒸气压温度计，用于测量冷头的温度，冷头与换热器做成一体，可以减小冷损。氦气进出管接头用于与氦压缩机相连接。

经多年的研究，对 G－M 制冷机配气阀和汽缸结构的改进，对排出器结构的改进，减少了密封泄漏损失，已使制冷机效率有改善，通过优化进排气时间，冷头的制冷量可提高 35% 左右。随着低温下高比容磁性材料(Er3Ni、ErNi、GdRh 等)的发现，使回热器性能得以提高，使制冷机的制冷温度到液氦温区。

6.5.2 外接式低温泵的设计

1. 带屏蔽障板低温泵的抽速

低温泵的冷凝板是 20K 低温表面，为防止航天器、模拟器壁及太阳模拟器的热负荷，必须用 100K 的液氮屏蔽板，这样可以减少低温泵的功率消耗。屏蔽板除了防护 20K 低温冷凝板表面外，还有两个作用：一是用于抽除水蒸气；二是提供热辐射模拟。但是屏蔽板却增大了气体的流阻，降低了气体的温度，影响了低温泵的抽速。

带有液氮屏蔽板的低温泵抽速为

$$S=\frac{\bar{v}_{\mathrm{W}}A_{\mathrm{B}}}{4}\left[1-\frac{P_{\mathrm{C}}A_{\mathrm{C}}}{P_{\mathrm{W}}A_{\mathrm{B}}}\left(\frac{T_{\mathrm{W}}}{T_{\mathrm{C}}}\right)^{1/2}\right]U_{\mathrm{B}}\quad(\mathrm{L/s}) \tag{6-62}$$

式中：$\bar{v}$ 为气体分子的平均速度(cm/s)；P 为气体压力(Pa)；T 为气体温度(K)；U_{B} 为屏蔽板的流导概率；A 为低温冷凝板、屏蔽板的面积(cm^2)；下角标 W,B,C 表示真空规、屏蔽板、低温冷凝板。

当低温冷凝板的温度 $T_{\mathrm{C}}=8\sim12\mathrm{K}$ 时，氮分压 $P_{\mathrm{C}}<1.33\times10^{-16}\mathrm{Pa}(12\mathrm{K})$，设 $A_{\mathrm{C}}/A_{\mathrm{B}}<1$，$1.33\times10^{-7}<P_{\mathrm{W}}<1.33\times10^{-1}$，$P_{\mathrm{C}}/P_{\mathrm{W}}<10^{-4}$，如果 $(T_{\mathrm{W}}/T_{\mathrm{C}})^{1/2}\approx6$，则 $\frac{P_{\mathrm{C}}A_{\mathrm{C}}}{P_{\mathrm{W}}A_{\mathrm{B}}}\left(\frac{T_{\mathrm{W}}}{T_{\mathrm{C}}}\right)^{1/2}<6\times10^{-4}$，可以忽略。因此式(6－62)变为

$$S=\frac{\bar{v}_{\mathrm{w}}A_{\mathrm{B}}}{4}U_{\mathrm{B}}\quad(\mathrm{L/s}) \tag{6-63}$$

屏蔽板的流导概率由屏蔽板的结构决定。流导概率大，热负荷又小的最佳尺寸可用蒙特卡罗方法计算出来。

由于一些干扰因素，因此低温泵不能达到最大抽速，事实上，无干扰的热平衡先决条件无法达到，大的低温表面需要提供短的抽气时间和很好的超高真空条件，但这些不能满足，如果低温表面被防辐射屏蔽板环绕，抽速更会受到影响。

有效泵速为

$$\frac{1}{S_{eff}}=\frac{1}{S_p}+\frac{1}{U_b} \tag{6-64}$$

式中，S_{eff}为有效泵速；S_p 为泵口泵速；U_b 为障板流导；L/s。

2. 外接式低温泵的结构设计

低温泵的基本结构如图 6－34 所示，外接式低温泵由泵体和小型制冷机组成，制冷机用于提供一级和二级冷头的冷量，制冷机组安装有驱动装置，有蒸气压温度计和连接氦压缩机的进出管接头。低温泵的主体由泵壳和法兰组成，法兰用于与高真空容器直接连接，如果真空容器与低温泵间有真空阀门，法兰先与高真空阀门相连接。泵壳内安装有屏蔽板，屏蔽板为上方开孔的圆筒状，下部与制冷机第一级冷头相连接，屏蔽板的上方是低温泵的开口，屏蔽板上方与障板连接，第一级冷头冷却屏蔽板和障板到 77～80K。在屏蔽板和障板内部安装有低温冷凝板，它由第二级冷头冷至 12～20K。为使低温泵能抽除 H_2、Ne 和 H_2，在低温板的内表面用低温树脂胶黏剂粘附活性炭构成低温吸附板。

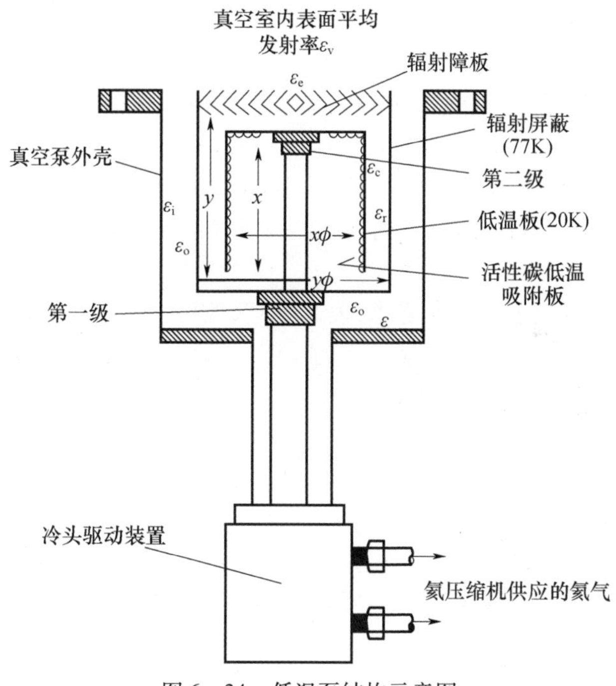

图 6－34　低温泵结构示意图

低温泵的结构型式对泵的抽速、极限压力和降温时间等主要技术指标起着决定性的作用。特别是在制冷机的一、二级冷头制冷能力已基本确定时，或者在选择已有型号制冷机时，要在设计低温泵各参数的同时，也应了解制冷机的有关参数，以便能很好的匹配。

低温泵的设计首先从理论上进行分析，可预选几种结构型式，然后借助于蒙特卡罗数理统计方法，计算出各种形式的分子捕获系数2和辐射传输系数 B。在初步计算的基础上，对结构做一些修改，再进一步计算，通过反复计算，最终得到捕获系数较大而辐射传输系数又较小的结构形式。

对计算的结果，再参照已有的结构形式，通过比较分析最后选定最佳的结构形式。

障板和屏蔽板的材料可选用铝板、铜板导热性能好的材料，障板和屏蔽板应有好的焊接性能和好的低温真空性能。障板可采用斜板百叶窗式或人字形的结构。障板和屏蔽板可以用制冷机第一级冷头冷却，也可以用液氮冷却，用液氮冷却会有利于第二级冷头的制冷。障板和屏蔽板应结构简单便于加工，为加工安装方便可以采用可拆连接。屏蔽板和障板内表面要涂黑漆，外表面应镀镍抛光。

低温冷凝板安装在制冷机第二级冷头上，它藏在障板后面，障板应为光学密闭以保证低温冷凝板接受泵壁300K辐射尽量减少，它的周边为屏蔽板，在低温冷凝板与屏蔽板间要有足够的空间，以便有较大的抽速，低温冷凝板一般用0.5mm高导无氧铜制造，表面镀银抛光。

如图6-34所示，活性炭吸附剂粘结在低温冷凝板的背面，低温冷凝面一般制成开口向下杯子或盒子性状，活性炭粘结在杯子或盒子的里面，以免冷凝气体的污染。活性炭的用量根据抽除氦氢和氖的气量决定。

以图6-34所示的低温泵为例给出各表面发射率值，可作为低温泵设计时的参考：

ε_c 为低温冷凝板表面的发射率，表面抛光镀银 $\varepsilon_c=0.1$。或取 $\varepsilon_c=0.2$；

ε_r 为辐射屏内表面的发射率，该表面涂以无光泽黑色，以吸收杂散的热辐射，$\varepsilon_r=1.0$，或 $\varepsilon_r=0.90$；

ε_o 为辐射屏蔽板外表面的发射率，外表面无冷凝，应抛光，$\varepsilon_o=0.1$。

ε_e 为障板的表面发射率，障板会结霜带冰，霜的发射率较高，因此设 $\varepsilon_e=0.9$，障板的内表面与屏蔽板内表面一样涂黑，所以内表面发射率为1；

ε_i 为泵壁内表面的发射率，该表面是高度高光的，$\varepsilon_i=0.05$；

ε_v 为被抽真空室内表面的平均发射率，$\varepsilon_v=0.5$。

3. 障板和低温冷凝板的设计

1）障板和屏蔽板的设计

低温泵的低温冷凝板都需要进行屏蔽，屏蔽板能减少低温冷凝板的热负荷，同时它也能抽除 H_2O 和 CO_2，一般屏蔽板冷至80K。

外接式低温泵的屏蔽板由障板和屏蔽板组成，障板既要保证光学密闭性能又要有尽可能大的流导概率，辐射传输系数要尽可能减小。

当用户要求的泵速 S_{eff} 已知的情况下，泵口的抽速为 S_p 并且 $S_p=A_p\cdot S$，S 用式(6-63)计算。当障板为单层百叶窗时，流导 $U_b=0.45S_p$，若障板为双人字形时，$U_b = 0.26S_p$，若为单人字形时 $U_b = (0.45 \sim 0.26)S_p$，在已知 S_{eff}泵的有效抽速和上述各值时，可根据 S_{eff}和 U_b 值和式(6－64)求得泵口面积 A_p，根据泵口面积即可得到障板的面积和屏蔽板的直径。

为验证制冷机低温泵第一级冷头的冷量能否满足要求，要计算辐射屏的热负荷，辐射屏的热负荷为

$$Q_B = Q_{B1} + Q_{B2} + Q_{B3} + Q_{B4} \tag{6-65}$$

式中：Q_{B1}为辐射热负荷；Q_{B2}为冷凝热负荷；Q_{B3}为气体热传导热负荷；Q_{B4}为固体热传导热负荷。

(1) 辐射热负荷 $Q_{B1} = A_B \varepsilon_B \sigma (T_W^4 - T_B^4)$ (W) (6－66)

式中：A_B 为屏蔽面积(cm^2)；ε_B 为屏蔽板外侧辐射系数；σ 为斯忒藩—玻耳兹曼常数，$\sigma = 5.67 \times 10^{-12} W/(cm^2 \cdot K^4)$；$T_W$ 为泵壳体温度(K)；T_B 为屏蔽板温度(K)。

(2) 冷凝热负荷 $Q_{B2} = qPS \dfrac{M}{RT} \approx 5 \times 10^{-4} qPS \dfrac{W}{T}$ (W) (6－67)

式中：q 为温度为 T 的每克气体降到冷凝板温度 T_c 时放出的热量(J/g)；p 为气体压力(Pa)；S 为低温泵抽速(L/s)；M 为气体摩尔质量(g/mol)；T 为气体温度(K)；R 为摩尔气体常数，$R = 8314.25 Pa \cdot L/(mol \cdot K)$。

方程中 q 是温度为 300K 时每克气体降到冷凝板温度 T_B 时放出的热量，表 6－13 给出了几种气体的凝结热 q 值。

表 6－13　几种气体的凝结热

气体种类	CO_2	Ar	N_2	H_2O	CO
低温表面温度	143	70	62	78	53
q/(J/g)	600	199	242	335	302

(3) 气体热传导热负荷。低温泵在 0.1Pa 压力下启动，气体单位面积上热传导的热负荷为

$$Q_{B3} = A_B a K_a P (T_W - T_B) \quad (W) \tag{6-68}$$

式中：A_B 为屏蔽面积(cm^2)；a 为热适应系数；P 为压力(Pa)；T_W，T_B 为泵壳体和屏蔽板温度(K)；K_a 为 T_B 温度下气体的自由分子热导率；K_o 为 0℃时自由分子热导率，K_o 值见表 6－14。

$$K_a = K_o \sqrt{\frac{273}{T_B}}$$

热适应系数只能由试验确定，其值与气体分子的种类、温度、器壁材料及其表面状况有关，通常 a 值随表面清洁度的降低，气体相对分子质量的增大和温度的降低而增大。表 6－15 给出几种气体热适应系数 a 的推荐值。

$$\text{热适应系数 } a = \frac{1}{\dfrac{1}{\alpha_1} + \dfrac{A_B}{A_a}\left(\dfrac{1}{\alpha_2} - 1\right)} \tag{6-69}$$

式中：A_a 为泵壳面积（cm^2）；α_1，α_2 为障板和泵壳的热适应系数。

表 6-14　一些气体的自由分子热导率 K_o

气体种类	H_2	He	H_2O	Ne
0℃时的 K_o 值/（W/（cm^2·K·Pa））	45.53×10^{-5}	22.07×10^{-5}	19.88×10^{-5}	9.83×10^{-5}
气体种类	N_2	O_2	Ar	CO_2
0℃时的 K_o 值/（W/（cm^2·K·Pa））	12.47×10^{-5}	11.71×10^{-5}	6.97×10^{-5}	12.78×10^{-5}

表 6-15　热适应系数 a 的推荐值

温度/K \ 气体	He	H_2	Ne	空气
300	0.29	0.29	0.66	0.8～0.9
78	0.48	0.53	0.83	1.0
20	0.59	0.97	1.0	1.0
4	(1.0)			
注：括号内数值表示 4.2K 时氦会冷凝				

（4）固体热传导热负荷。固体热传导热负荷 Q_{B4} 为

$$Q_{B4}=\lambda\frac{nA}{L}(T_1-T_2)\quad(\mathrm{W}) \tag{6-70}$$

式中：A 为支撑件接触面积（m^2）；L 为支撑件长度（m）；T_1，T_2 为支撑件两端温度（K）；n 为支撑件数量；λ 为支撑件材料导热系数（W/（m·K））。

2）低温冷凝板的设计

低温冷凝板是低温泵的重要组件，低温冷凝板目前应用的材料是铝、铜、高导无氧铜，在铜上要镀银。这些材料为的是满足热导率高，发射率低的要求，低温板的面积要达到抽速的要求，同时其质量要尽可能轻，以便在给定的制冷量条件下能冷到要求的温度。在满足结构尺寸的条件下要有一定的强度和刚度。

广泛应用的吸附剂为活性炭，根据抽速的要求确定吸附剂的用量，在设计低温泵时需对低温冷凝板进行如下计算：

（1）确定低温冷凝板面积。低温板的面积计算要考虑障板的影响，一般以对 N_2 的抽速进行低温板面积的计算，低温板的面积为

$$A_C=\frac{S_{PN2}}{S_{N2}}\quad(\mathrm{cm}^2) \tag{6-71}$$

式中：S_{PN2} 为低温泵对 N_2 的泵口抽速（L/s）；S_{N2} 为 N_2 在障板温度下单位面积的理想抽速（l/（cm^2·s））。

从方程(6-64)可知，对 N_2 的泵口抽速为

$$S_{PN2}=\frac{S_{eff}U_B}{U_B-S_{eff}}\quad (L/s)$$

在障板温度下对 N_2 的单位面积理想抽速为

$$S_{N2}=3.638\sqrt{\frac{T_B}{T_C}}\quad (L/(cm^2\cdot s))\tag{6-72}$$

式中：T_B，T_C 为障板和低温板的温度。

为保障低温板面积能满足抽速的要求，允许有 1.1～1.3 的安全系数。

(2) 低温冷凝板的负荷。低温冷凝板的热负荷为

$$Q_C=Q_{C1}+Q_{C2}+Q_{C3}+Q_{C4}\tag{6-73}$$

式中：Q_{C1}为辐射热负荷；Q_{C2}为气体冷凝热负荷；Q_{C3}为气体热传导热负荷；Q_{C4}为吸附热负荷。

① 有屏蔽板时低温冷凝板上的辐射热负荷为

$$Q_{C1}=A_C\frac{\sigma(T_B^4-T_C^4)}{\frac{1}{\varepsilon_C}+\left(\frac{1}{\varepsilon_B}-1\right)}+A_C\beta\varepsilon_C\sigma(T_W^4-T_C^4)\tag{6-74}$$

式中：A_C 为低温冷凝板面积(cm^2)；σ 为斯忒藩—波尔兹曼常数，$\sigma=5.67\times10^{-12}$ W/($cm^2\cdot$K)；ε_B 为屏蔽板辐射系数；ε_C 为低温冷凝板辐射系数；T_B 为屏蔽板温度(K)；T_C 为低温冷凝板温度(K)；β 为屏蔽板的辐射热传输概率，它由屏蔽板的几何形状与表面粗糙度决定。

② 气体冷凝热负荷。气体冷凝热负荷为

$$Q_{C2}=q\cdot s\cdot p\quad (W)\tag{6-75}$$

式中：q 为凝结热，是温度为 T 的每克分子气体降到冷凝板温度 T_C 时放出的热量(J/(Pa·L))，其值见表 6-16。

表 6-16 氮气凝结热值(J/Pa·L)

氮气温度/K ＼ 低温冷凝板温度/K	4.2	10	20
80	4.12×10^{-3}	4.09×10^{-3}	4.05×10^{-3}
300	6.99×10^{-3}	4.96×10^{-3}	6.90×10^{-3}

③ 气体热传导热负荷。气体热传导热负荷为

$$Q_{C3}=A_C aBP(T_B-T_C)\quad (W)\tag{6-76}$$

式中：A_C 为低温冷凝板面积(cm^2)；T_C 为低温冷凝板温度(K)。

气体的自由分子热导率 $B=\frac{K+1}{K-1}\sqrt{\frac{R}{8\pi TM}}$为一常数，对于不同气体取 $T=300$K 时其值示于表 6-17。绝热指数 $K=C_p/C_V$。

表 6－17　常数 B 的数值

气体	N_2	O_2	H_2			He
T_2 及 T_1/K	≤400	≤300	300 及 77	300 及 90	77 及 20	任意
B	0.0159	0.0149	0.0528	0.0528	0.0398	0.0280

④ 吸附热负荷。低温冷凝板的吸附热负荷为

$$Q_{C4}=q_a C_E m_a \frac{1}{t_a} \quad (\mathrm{W}) \tag{6-77}$$

式中：q_a 为吸附剂的吸附热（J/g）；C_E 为吸附剂单位质量吸附的气体量（g/g）；m_a 为吸附剂总量（g）；t_a 为再生周期（s）。

表 6－18 和表 6－19 所列为几种气体的吸附热值。

表 6－18　一些常见气体的蒸发潜热和吸附热

	蒸发潜热 r kJ/（g·mol）	最大吸附热 $q_a=xr$ 中的 x
CO_2	25.1	1.6
CH_4	9.11	2.4
O_2	6.70	3.3
N_2	5.61	3.8
H_2	0.92	10

表 6－19　常见吸附剂的吸附热　　　（单位：kJ/mol）

气体种类 吸附剂	He	H_2	Ne	N_2	Ar	Kr	Xe
多孔玻璃	2.847	8.248	6.448	17.836	15.826	—	—
天然活性炭	2.638	7.829	5.359	15.491	15.324	—	—
炭黑	2.512	—	5.694	—	18.17	—	—
氧化铝	—	—	—	—	11.723	14.486	—
石墨化炭黑					10.3	13.816	17.71

使用普遍化的方程，对 H_2 吸附热可以用下式表示：

$$\Delta Q=\frac{RT}{2}\left\{\ln\left[\left(\frac{P_c}{P}\right)\left(\frac{T}{T_c}\right)^2+2.0\right]\right\} \quad (\mathrm{J/mol}) \tag{6-78}$$

式中：P_c 为低温气体工质临界压力（Pa）；T_c 为低温气体工质临界温度（K）；P 为吸附平衡时的压力（Pa）；T 为吸附平衡时的温度（K）。

对于 Ne 和 N_2 的吸附热为

$$\Delta Q=R\left[T\ln\left(\frac{A+\left(\frac{B}{T}\right)}{P}\right)-B\right]\quad(\mathrm{J/mol})\qquad(6-79)$$

式中:A,B 为常数。

表 6-20 所列为 3 种气体在不同吸附量时吸附热的试验值和按上两方程的计算值。

表 6-20　3 种气体的吸附热试验值和计算值

气体	V_E/(cm³/g)	ΔQ(试验值)/(J/(g·mol))	ΔQ(计算值)/(J/(g·mol))	V_T/(cm³/g)	ΔQ(试验值)/(J/(g·mol))	ΔQ(计算值)/(J/(g·mol))
H_2	235	3464	3673	277	4517	3388
	195	3741	4264	265	4573	3472
	170	4300	4690	244	4440	4131
	152	4380	4900	177	5545	5320
	113	3600	6200	192	4847	5120
	100	4711	6600	150	5404	5373
Ne	108	3631	4007	168	2771	3061
	62	3880	4047	145	2771	3252
	45	5460	4602	130	2771	2721
	26	5543	4877	55	3326	4822
	12	4102	4174	43	3104	4474
N2	127	1.6×10^4	0.871×10^3	140	1.12×10^4	0.896×10^4
	90	1.44×10^4	1.05×10^4	112	1.04×10^4	0.977×10^4
	78	1.46×10^4	1.10×10^4	100	1.04×10^4	1.04×10^4
	65	1.40×10^4	1.32×10^4	92	1.18×10^4	1.05×10^4
	45	1.58×10^4	1.18×10^4	83	1.20×10^4	1.27×10^4
				52	1.11×10^4	1.51×10^4

表中 V_E 为吸附剂有效体积内的吸附量,V_T 为整体吸附剂所占体积内的吸附量。吸附剂是活性炭,实际应用中要减小吸附剂死容积的作用,尽量增大有效的吸附,使吸附更有效。

6.5.3　制冷机低温泵的制冷功率和降温时间估算

1. 制冷机低温泵的制冷功率

图 6-35 所示为制冷机的低温泵用于计算制冷功率与抽速 S 之比的几种结构。根据所选的结构,选定压力 $P<10^{-4}$Pa 条件下对 N_2 的抽速进行计算。计算结果见表 6-20 这些结构和设计数据可用于低温泵设计时的参考。计算时做了

如下假设:

(1) 热负荷 Q 仅考虑由于热辐射引起的热负荷。这样把计算求得的低温表面 A_C 在温度 $T_C<20K$ 时的辐射热负荷称为 Q_C,而把 $T_B=80K$ 时障板和屏蔽板 A_B 的热负荷称为 Q_B。

(2) 关于辐射率 ε 和辐射热传输概率 β。低温表面 A_C 面以及抛光的面向泵壳体的 A_B 屏蔽板的辐射率 $\varepsilon=0.2$。障板面和涂黑的朝向低温表面 A_C 的屏蔽板一侧的辐射率 $\varepsilon=0.9$。热辐射传输概率 β 见表 6-21。

(3) 工作气体取氮气,黏结系数为 1,计算抽速公式按下式:$S=\alpha A_p S$。式中 A_p 为低温泵的泵口面积,α 为捕获系数,S_0 为单位面积的理论抽速。

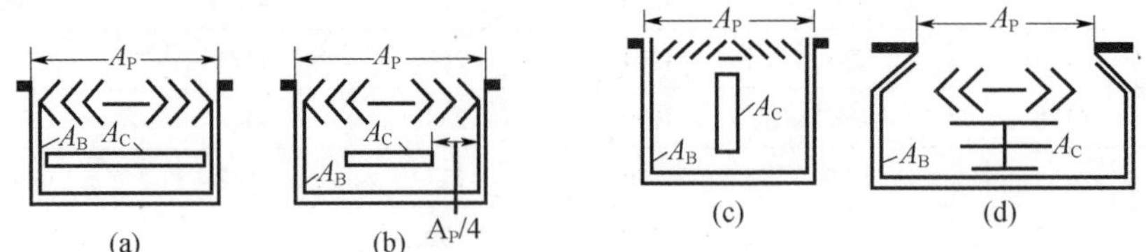

图 6-35 用来计算制冷机功率 Q 与抽速 S_{N2} 之比的各种结构

表 6-21 对于图 6-35 的低温泵结构在 $P<10^{-4}$Pa 以 N_2 作为工作气体时的制冷功率与抽速的关系

结构	$\frac{A_C}{A_P}$	$\frac{A_B}{A_P}$	α	β	$\frac{S}{A_P}$ /(m^3/(s·m^2))	$\frac{Q_{CN}}{A_P}$ /(W/m^2)	$\frac{Q_{BN}}{A_P}$ /(W·m^2)	$\frac{Q_{CN}}{S}$ /(W·s/m^3)	$\frac{Q_{BN}}{S}$ /(W·s/m^3)
a	1	2	0.27	0.007	32	1.48	597	0.046	18.8
b	1	2	0.25	0.007	29	0.74	597	0.026	20.7
c	3	5	0.5	0.01*	59	2.16	873	0.037	16.8
d	3	5	0.5	0.01*	59	2.16	873	0.037	16.8

注:1. d 结构的 A_C 面等于包围截角锥的表面。
2. * 数值为估计值。
3. β 为室温辐射穿过障板的传输系数。
4. Q_{CN} 为低温抽气面上的辐射热负荷。
5. Q_{BN} 为障板和屏蔽板的辐射热负荷

结构(a)的 Q_{CN}/S 值不理想,因为仅 A_C 的上端抽气,而两端都承受辐射负荷。较有利的结构(b),它虽然 A_C 仅挡住障板截面的 1/2,但由于 A_C 的下表面也有抽气作用,其 α 值仅比结构(a)小 7%,低温泵中,除结构(c)外都采用了人字形障板,它们的辐射热传输概率 β 相对较小,在低温泵中只要不涉及极低压强下抽除氢,就可以采用结构稀疏的障板。如像结构(c)那样的障板用条形障板而不用人字形障板,这时 α 值就可以达到 0.5 或更大,障板仅对 A_C 是光密闭的。结构(c)

这样的低温泵虽然制冷功率 Q_{CN}/A_p 和 Q_{BN}/A_P 较高，但与 S 有关的数值 Q_{CN}/S 和 Q_{BN}/S 几乎没有变大，这是因为 S/A_P 也相应的变大了。

在结构(d)中，A_p 的中心只有一个屏蔽 A_C 的障板，障板的外面有自由通导截面，这种结构的 α 值也能达到0.5或更大些。结构(c)和(d)的优点是在连接法兰内径给定的情况下提高了 S 值。

低温冷凝表面上每1W制冷功率在无液氮冷却的情况下对 N_2 最大抽速为 2×10^3L/s。即

$$\frac{S(N_2)}{Q_{CN}(T_C=20K)}\approx\frac{2\times10^3 L/s}{W}\text{(不加液氮)}$$

低温冷凝表面上每1W制冷功率在有液氮冷却的情况下，对 N_2 的最大抽速为 10×10^3L/s，即

$$\frac{S(N_2)}{Q_{CN}(T_C=20K)}\approx\frac{10\times10^3 L/s}{W}\text{(有液氮冷却)}$$

上面说明有液氮冷却的情况同是1W的低温冷凝板抽速会大于无液氮冷却的情况。在有液氮冷却的情况下，对 N_2 的抽速为 1×10^3L/s时屏蔽板的液氮消耗的冷量大约为4.6W，即

$$\frac{Q_{BN}}{S(N_2)}\approx\frac{4.6W}{1\times10^3 L/s}$$

从上述比较说明，当用制冷机低温泵抽气时，制冷机第一级与第二级制冷量之比，即 Q_B/Q_C 为

$$\frac{Q_{BN}}{Q_C N}\approx50$$

当制冷机的第一级与第二级制冷量之比 Q_B/Q_C 为10时，在给定的最大压力下，它的第二级制冷量 Q_C 只有一部分(约1/5)用抽速 S。

当加液氮冷却第一级冷却的屏蔽板时才会获得最大可能的抽速并且第二级制冷功率 Q_C 才能够得到充分利用。

2. 制冷机低温泵降温时间估算

制冷机低温泵首先降到80K，使第一级冷头冷却，假设低温泵的热负荷仅有 $T=300K$ 辐射热负荷作用在低温泵上，并且保证制冷机在80K的制冷量等于80K时热辐射的热负荷，即

$$Q_{BN}(80K)=Q_B(80K) \tag{6-80}$$

式中：Q_{BN}为80K时制冷机的制冷量(W)；Q_B 为300K到80K辐射热负荷(W)。

基于试验的结果，制冷机低温泵的降温时间估算方法根据冷却阶段能量平衡的方法进行，即

$$Q_{BN}(T)-Q_B(T)=[m_N\cdot C_{NO}(T)+m_p\cdot C_{pO}(T)]\frac{dT}{dt} \tag{6-81}$$

式中:m_N,C_{N0}为制冷机的质量和比热容(g,J/(g·K));m_p,C_{p0}为低温泵的质量和比热容(g,J/(g·K))。

试验指出,无载荷时制冷机的温度变化(在有或无附加质量时)与时间是线性关系。在已知制冷机 300K 到 80K 制冷量和冷却时间,可确定制冷机低温泵的降温时间 τ,即

$$\tau = \frac{C_N + C_P}{Q_{BN} - Q_B} = t\frac{Q_{ON}}{Q_{ON} - Q_B}\frac{C_N + C_P}{C_P} = t\frac{1 + C_P/C_N}{1 - Q_B/Q_{BN}} \tag{6-82}$$

要求 $Q_{BN}(80K) > Q_B(80K)$。

式中:$Q_{BN} \approx \frac{1}{t}\int_0^t Q_{BN}(T)\,dt \approx \frac{1}{2}[Q_{BN}(300K) - Q_{BN}(80K)]$;

$Q_B \approx \frac{1}{\Delta T}\int_{300}^{80} Q_B(T)\,dt \approx 334 \cdot \varepsilon A_P$;

C_N,C_P 为制冷机和低温泵的热容;

$C_N = m_N \cdot C_{No} \cdot \Delta T = Q_{BN} \cdot t$;

$C_p = m_p \cdot C_{P0}. \Delta T$。

在已知制冷机的制冷量及时间 t 并可求得辐射热负荷的情况下可求得 300K 到 80K 的降温时间,同理可求得 80K 到 20K 制冷机低温泵的降温时间,二者相加就可获得 300K 到 20K 制冷机低温泵整体降温时间。铜、铝和不锈钢的比热容与温度的关系如图 6-36 所示。

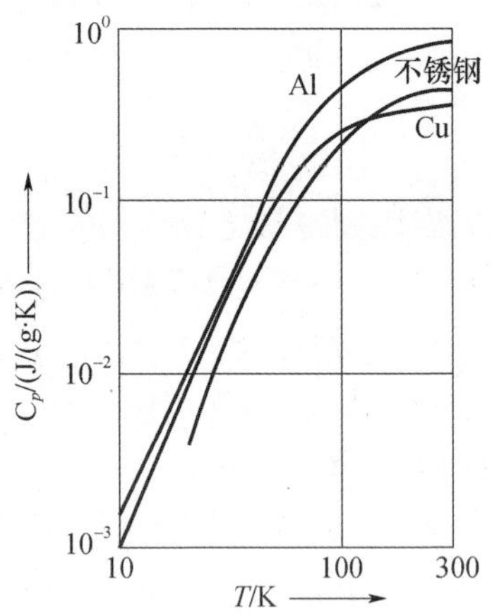

图 6-36 铜、铝和不锈钢的比热

另外一种估算低温泵降温时间的方法是:根据制冷机生产厂家提供的数据进行估算。例如,美国 CTI 公司的 1020CP 制冷机,按该公司经验数据估算,冷头无载降温时间为 45min,每增加 0.45kg 质量,降温时间增长 25min,在求得低温板质量后即可求得降温时间的估算值。低温泵的屏蔽板、障板和低温冷凝板材料的选择很重要。

参考文献

[1] Hastings D, Garrett H. Spacecraft – environment interations [M]. Cambridge: Cambridge university press, 2004.

[2] Ondoh T, Marubashi K. Science of space environment [M]. Tokyo: Ohmsha. Ltd ios press inc, 2000.

[3] Heys S, Swingard B, Ferler M, et al. Thermal and contamination control of the mid – infrared for JWST[C]. Proc of SPIE, 2004, 5497: 39 – 49.

[4] 李鸿勋. 空间环境污染对空间制冷器的影响[J]. 真空与低温, 2014, 20(5): 288 – 293.

[5] Chen P, Hadge R, Ramsey L, et al. Contamination control of space based laser instruments[C]. Proc of SPIE, 2006, 6291: 629104 – 1 – 8.

[6] 李鸿勋. 空间环境和污染对光学器件的影响[J]. 真空与低温, 2014, 20(6): 364 – 368.

[7] Ross R G. cryocooler load increase due to external contamination of low – ε cryogenic surfaces[C]. proc of the 12th international cryocoolers conference, 2003: 727 – 735.

[8] Gupta P P, Rastogi S C, Prasad M, et al. Development of passive colder for lnsat – 2 VHRR Playload[J]. Journal of Spacecraft technology, 2000, 12(1): 23 – 25.

[9] Wemham D. Optical coatings in space[C]. Proc of SPIE, 2011, 8168: 81680F – 1 – 11.

[10] Sanders J, Rosecrans G. GOES – 12 Molecular contamination[C]. Proc of SPIE, 2006, 6291: 62910E – 1 – 9.

[11] Tribble A C. Boyadjian B, et al. Contamination control engineering design guidelines for the aerospace community[R]. NASA contractor report 4740 , 1996.

[12] Wood B E, Bertrand W, et al. Space environmental and contamination effects on cryogenic and warm optical surfaces: a review[C]. Proc of SPIE, 1998, 3435: 161 – 171.

[13] 朱建炳, 潘雁频. 空间制冷技术在星载红外遥控器中的应用与发展[J]. 真空与低温, 2003, 99(1): 6 – 11.

[14] Vllom J N, Van M L, Berg D, et al. A new idea for a solid – state microrefrigerator Operating near 100mK [R]. UCRL – JC – 137836.

[15] Delcayre F, Reale S, et al. High rotational speed 2 ~ 5K turbo bryton cooler for space applications[C]. 19th international cryogenic engineering conference, 2002: 377 – 380.

[16] Donabedian M. Spacecraft thermal control handbook[M]. El Segundo, Carlif: Aerospace press, C2003.

[17] Naes L, Wu S, et al. WISE solid hydrogen cryostat design overview[C]. Proc Of SPIE, 2005, 5904: 590413 – 1 – 590413 – 10.

[18] Doomink D J, Burger J F, Ter Brake H J M. Sorption cooling: A valid extension to passive cooling[J]. Cryogenics, 2008, 48: 274 – 279.

[19] Eschweiler J D. A superconducting microcalorimeter for low – flux detection of near – infrared single photons [D]. University of hamburg, 2014.

[20] 陆燕, 刘丁臻, 郑建丽, 等. 一种新型地球同步轨道卫星辐射制冷器的研制[J]. 低温工程, 2007, 55 (1): 13 – 16.

[21] Craig N, Lester T. Hitchhiker's guide to the dilution refrigerator[D]. Harvard university, 2004.

[22] Barron R F. Cryogenic heat transfer[M]. Philadelphia. PA: Taylor and Francis, c 1999.

[23] Murphy E, et al. Liquid nitrogen distribution system: U. S, patent 4625521[P]. 1985 – 04 – 26.

[24] Arkharo A,Marfenina V I,Mikulin Y. Theory and design of cryogenic system[M]. Moscow: Mir publisher,1981.

[25] Flynn T M. Cryogenic Engineering[M]. New York: Marcel Dekker,c2005.

[26] Jaefer R A. 低温真空技术-基础和应用[M]. 李旺奎,等译. 北京:电子工业出版社,1985.

[27] Neumann H,Perinic G. High capacity helium purifier for 14g/s at 200bar[C]. 18th internationa1 cryogenic engineering conference,2000:503 -506.

[28] 李鸿勋. 用于 KM6 载人航天器空间环境模拟器氦制冷机的系统设计[J]. 低温与特气,2005,22(3): 23 -28.

[29] Chan C K,Ward E T,Boudaie K L. Adsorption isotherms and heats of adsorption of hydrogen,neon and nitrogen on activated charcoal [J]. Cryogenics,1984,24:451 -459.

[30] Yanagi H,Yaguchi H,et al. The planning a low temperature purifier for super - GM helium refrigeration plant [C]. Advances in cryogenic engineering,1992,37A:739 -746.

[31] Timmerhaus K D, Thomsa M, Flynn T M. Cryogenic process engineering [M]. New York : Plenum Press,c1989.

[32] Spath F,et al. A 2kW He refrigerator for SC magnet test down to 3. 3K[C],14th internat ional cryogenic engineering conference,1992:1 -3.

[33] 吴业正,厉彦忠. 制冷与低温装置[M]. 北京:高等教育出版社,2009.

[34] Timmerhaus K D,Richard P. Reed R P. Cryogenic engineering: fifty years of progress [M]. New York:springer,2007.

[35] Davis T,Tomlinson B J,Ledbetter J. Military space cryogenic cooling requirements for the 21st century [C]. 11th international cryocooler conference,2001:1 -9.

[36] Douglas B. Mann D B. The thermodynamic properties of helium from 3 to 300K between 0. 5 and 100 atmospheres[S]. National bureau of standards technical note 154,1962.

[37] Mccarty R D. Provisional thermodynamic functions for helium 4 for temperature from 2 to 1500K with pressures to $100MN/m^2$ (100 Atmospheres) [R]. N70 -42190,1970.

[38] Davis T M,Reilly J,Lt F,et al. Air force research laboratory cryocooler technology development [C]. 10th international cryocooler conference,1999:21 -32.

[39] Kolb I L,Curran D G T,Lee C S. Space tracking and surveillance system (STSS) cryogenic technology efforts and needs [C]. Advances in cryogenic engineering,2004,49:1213 -1220.

[40] 王义玉,叶文,王彬. 红外探测器[M]. 北京:兵器工业出版社,2005.

[41] Ventura G,Riseqari L. The art of cryogenics: Low - temperature experimental techniques[M]. Amsterdam, Boston Elsevier,2008.

[42] Collaudin B,Rando N. Cryogenics in space: a review of the missions and of the technologies [J]. Cryogenics, 2000,40:797 -819.

[43] 杰哈 A R. 红外技术应用-光电、光子器件及传感器[M]. 陈孝霜,陈世达,舒郁文,译. 北京:化学工业出版社,2004.

[44] Franck R A,Glaister D G. Space cryogenic systém model and capabilities [C]. Advances in cryogenic engineering,2004,49:1536 -1545.

[45] Wickman H A,Reen K E,Miller C R,et al. Development status of the cryocooler and thermal management system for the atmospheric infrared sounder(AIRS) [C]. Proc Of SPIE,1998,3437:261 -272.

[46] Narasaki K,Tsunematsu S,Yajima S A,et al. Development of cryogenic system for SMILES[C]. Advances in cryogenic engineering,2004,49:1785 -1794.

[47] 纪国林,吴亦农,许妙根. 空间机械制冷机与红外探测器的耦合技术[J]. 真空与低温,1998,4(2): 69 -73.

[48] Pearson D, Hardy J, et al. Verification facility for cryogenic optics, mechanisms, and structure for the SIRTF telescope [C]. Proc of SPIE, 2000, 4131:250 – 254.

[49] Lee J H, Blalock W, et al. Design and development of the SIRFT cryogenic telescope assembly (CTA) [C]. Proc Of SPIE, 1998, 3435:172 – 184.

[50] Gier H L, Stoll R. Preliminary cryogenic performance of the shuttle infrared telescope facility [C]. Proc of SPIE, 1980, 1245:69 – 76.

[51] 叶玉堂,刘爽. 红外与微光技术[M]. 北京:国防工业出版社,2010.

[52] 傅伟. 激光侦查告警技术的现状及发展趋势[J]. 红外与激光工程,1999,28(2):6 – 9.

[53] 范晋祥. 美国弹道防御系统的红外系统与技术的发展[J]. 红外与激光工程,2006,35(5):536 – 540.

[54] Ross R G. Cryocooler reliability and considerations for long – life space missions [C]. 11th internat ional cryocooler conference, 2001:637 – 648.

[55] Ross R G. Active versus standby redundancy for improved cryocooler reliability in space [C]. 13th international cryocooler conference, 2004:609 – 618.

[56] Yoneskige C M, et al. A fail – safe experiment stand for cryocooler characterization [C]. 11th international cryocooler conference, 2001:699 – 705.

[57] Rogalski A. Infrared detectors: an overview [J]. Infrared physics and technology, 2002, 43(2):187 – 210.

[58] Roberts T, Roush F. Cryogenic refrigeration systems as enabling technology in space sensing missions [C]. 14th international cryocooler conference, 2007:595 – 599.

[59] Rando R, Lumb D, Bavdaz M, et al. Space science applications of cryogenic detectors [C]. proc of the 2nd workshop on advanced radiation detectors for accelerator and space applications, 2003:1 – 13.

[60] Fagaly R L. Spectrometry quantum interference device instruments and applications [C]. Review of scientific instruments, 2006, 77:101101 – 101130.

[61] Lindeman M. Microcalorimetry and the transition – edge sensor [R]. UCRL – LR – 142199, 2000.

[62] Donk R L, Glaister D S, et al. Low – temperature, low – vibration cryocooler for next generation space telescope instruments [C]. 11th international cryocooler conference, 2001:775 – 782.

[63] Parrish K, Thomson S. Cryogenic thermal design overview of the 30K passively cooled integrated science instrument module (ISIM) for NASA's next generation space telescope [C]. Proc Of SPIE, 2002, 4822:112 – 121.

[64] Pruitt G R, et al. Methods for accelerated life evaluation of long – life cryocoolers [C]. Advances in cryogenic engineering, 2004, 49:1239 – 1251.

[65] Lowry H S, et al. Optical coating considerations for cryogenic mirrors used in AEDC's 7V and 10V space sensor test chambers [C]. Proc Of SPIE, 2005, 5904:59040R – 1 – 12.

[66] Patterson R L, Hammoud A, et al. Electronic components and systems for cryogenic space applications [C]. Advances in cryogenic engineering, 2002, 47:1585 – 1591.

[67] Patterson R L, et al. Assessment of electronics for cryogenic space exploration missions [J]. Cryogenics, 2006, 46:512 – 515.

[68] Mand G S, Drummond J R, et al. MOPITT on – orbit Stirling cycle cooler performance [C]. 11th international cryocooler conference, 2001:759 – 768.

[69] Kawada M, Akao H. Performance characteristics of the ASTER crycooler in orbit [C]. 12th international cryocooler conference, 2003:737 – 746.

[70] Donny M, Aminou A, Bezy J L, et al. Meteosat three generation (MTG) critical technology pre – development activities [C]. Proc of SPIE, 2005, 7474:74747 – 1 – 12.

[71] 董德平,张玉林,陆燕. 辐射制冷技术在中国气象卫星上的应用[J]. 红外与激光工程,2012,41(1):119 – 123.

[72] Ross R G. A study of the use of 6K ACTDP cryocoolers for the MIRI instrument on JWST[C]. 13th international cryocooler conference,2004:15 – 24.

[73] Sugita H,et al. Cryogenic system design of the next generation infrared space telescope SPICA [J]. Cryogenics,2010,50:566 – 571.

[74] Sugita H,et al. Development of mechanical cryocoolers for the Japanese IR space telescope SPICA[J]. Cryogenics,2008,48:258 – 266.

[75] Holmes W,Bock J J,et al. Sub – Kelvin cooler configuration study for the background limited infrared submillimeter spectrometer BLISS on SPICA[J]. Cryogenics,2010,50:516 – 521.

[76] Hirabayaski M,Narasaki K,Tsunematsu S,et al. Thermal design and its on – orbit performance of AKARI cryostat [J]. Cryogenics,2008,48:189 – 197.

[77] Reed J,Perkinson M C,et al. 300mK & 50mK cooling systems for long – life space applications [J]. Cryogenics,2008,48:181 – 188.

[78] Fujimoto R,et al. Cooling system for the soft x – ray spectrometer onboard Astro – H[J]. Cryogenics,2010,50:488 – 493.

[79] Sato Y,et al. Development of mechanical cryocoolers for Astro – H/SXS [J]. Cryogenics,2010,50:500 – 606.

[80] Shirron P,Kimball M,et al. ADR design for the soft x – ray spectrometer instrument on Astro – H mission [J]. Cryogenics,2010,50:494 – 499.

[81] Harrison S M,Mcmahon R H,et al. The cryogenic system of the superconducting magnet for the Alpha magnetic spectrometer[C]. Advances in cryogenic engineering,2006,51:1315 – 1322.

[82] Shirey K A,Branks L S,et al. Space flight qualification program fo the AMS – 02 commercial cryocooler [C]. 12th international cryocooler conference,2003:37 – 44.

[83] Price K,Urbancek C V. 95K high efficiency cryocooler program[C]. 11th international cryocooler conference,2001:183 – 188.

[84] Roush F. USAF space sensing cryogenic considerations[C]. Advances in cryogenic engineering,2010,55:355 – 362.

[85] Tward E,et al. High efficiency crycoolers[C]. Advances in cryogenic engineering,2002,47:1071 – 1084.

[86] Tomlinson B J,Davis T M,et al. Advanced cryogenic integration and cooling technology for space – based long term cryogen storage[C]. 11th international cryocooler conference,2001:749 – 758.

[87] Salerno L J,Gaby J,et al. Terrestrial applications of zero – boil – off cryogen storage [C]. 11th international cryocooler conference,2001:809 – 816.

[88] Harberbusch M S,et al. Development of novent liquid hydrogen storage system for space applications[J]. Cryogenics,2010,50:541 – 548.

[89] Plachta D W,Christie R J,et al. Cryogenic propellant boil – off reduction system[C]. Advances in cryogenic engineering,2008,53:1457 – 1466.

[90] Segado M A,Hannon C L,et al. Collins cryocooler design for zero – boil – off storage of liquid hydrogen and oxygen in space[C]. Advances in cryogenic engineering,2010,55:1377 – 1384.

[91] Petrick D E,Nieezkoski S J,et al. Design and analysis of a scalable in – situ cryogen production facility for space exploration[C]. Advances in cryogenic engineering,2006,51:248 – 255.

[92] Salerno L J,kittl P. Cryogenics and the human exploration of Mars[J] Cryogenics,1999, 39:381 – 388.

[93] James B L,et al. Mechanical design of a 3 – stage ADR for the astro – H mission [J]. Cryogenics,2012,52:172 – 177.

[94] Hepbum L D,et al. Space engineering model cryogen free ADR for future ESA space missions[C]. Advances in cryogenic engineering,2004,49:1737 – 1745.

[95] Michael D M, Shirron P. Current status of ADR development at NASA goddard space flight center and future applications[C]. Proc of SPIE, 2004, 5543: 121 - 129.

[96] Swift W L, et al. Initial test results from a 6 ~ 10K turbo - brayton cryocooler for space applications[C]. Advances in cryogenic engineering, 2004, 149: 1643 - 1649.

[97] Ross R G. AIRS pluse tube cooler system - level and in - space performance comparison [C]. 12th international cryocooler conference, 2003: 747 - 757.

[98] Mullins M, Thomas P J, et al. Passive cryocooler for microsatellite payload [C]. Proc of SPIE, 1998, 3437: 396 - 406.

[99] 鲍雨梅,张康达. 磁制冷技术[M]. 北京: 化学工业出版社,2004.

[100] Homan J, Montz M, Ganni V, et al. The liquid nitrogen system for chamber A: a change from original forced flow design to a natural flow(thermo siphon) system[J]. Advances in cryogenic engineering, 2010, 55: 207 - 214.

[101] Kim M J, Chang M. Natural circulation loop of subcooled liquid nitrogen[J]. Advances in cryogenic engineering, 2008, 53: 59 - 66.

[102] Behrend A F, et al. Thermal vacuum performance testing of the space shuttle orbiter radiator system[C]. 11th space simulation conference, 1980: 305 - 317.

[103] Mcwilliams D A, Than Y R. Thermal vacuum test facility design considerations for the next generation space telescope[C]. 21th space simulation conference, 2000: 69 - 76.

[104] 李祥东,周丽敏,汪荣顺,等. 竖直环形通道内液氮自然循环沸腾可视化实验研究[J]. 低温与超导, 2007, 35(4): 286 - 354.

[105] Strobridge T R. The thermodynamic properties of nitrogen from 64 to 300K between 0. 1 and 200 atmospheres [R]. PB 161630, 1962.

[106] Holkeboer D H, Vacuum technology and space simulation[M]. New York: American institute of chemical engineers, 1972.

[107] 李鸿勋. 用于低温设备的液氮分配系统[J]. 真空与低温,2014,20(2): 102 - 108.

[108] Stem S A. Vacuum technology at low temperatures[M]. New York: American institute of chemical engineers, 1972.

[109] Otsuka K, et al. Test results after refurbish of cryogenic system for SIMILRS[J]. Cryogenics, 2010, 50: 512 - 515.

[110] Garwin E L. Cryogenic pumping and space simulation[C]. Advances in cryogenic engineering, 1963, 18: 37 - 45.

[111] 王晓冬,巴德纯,张世伟,等. 真空技术[M]. 北京:冶金工业出版社,2006.

[112] Hucknall D J, Morris A. Vacuum technology[M]. Cambridge: Royal society of chemistry, 2003.

[113] Kotsubo V, Olson J R, et al. Development of pulse tube cryocoolers for HTS satellite communications[C]. 10th international cryocooler conference, 1999: 171 - 179.

[114] Shirron P J, Kimball M O, Wegel D C, et al. Optimization of a two - stage ADR for the soft X - rag spectrometer(SXX) instrument on the astro - H mission[C]. Advances in cryogemic engineering, 2010, 55: 388 - 395.

[115] Nicholson R A, Mead K D, Lowry H S. Radiometric calibration and mission simulation testing of sensor system in the AEDC 7V and 10V chambers[C]. Proc of SPIE, 2006, 6208: 62080D - 1 - 13.

[116] Lowry H, Steely N S, Feede M, et al. Space and airborne sensor testing in a cryogenic test environment at the amoid engineering development center[C]. Proc of SPIE, 2011, 8150: 815006 - 1 - 12.

[117] Bedingfield K L, Leach R D, Alexander M B. Spacecraft system failures and anomalies attributed to the natural space environment[R]. NASA reference publication 1390, 1996.

[118] Fulop G F. Development of a miniature coaxial pulse tube refrigerator for infrared detector application[M]. New York:Springe publishing company,2002.

[119] Volpe A. Development of a closed cycle dilution refrigerator for astrophysical experiments in space[D],University of joseph fourier geenoble,2014.

[120] 达道安,韩军,吴纯之,等. 空间低温技术[M]. 北京:宇航出版社,1991.

[121] Bhandari P,Bowman R C,Chwve R G,et al. Sorption cryocooler development for the plank surveyor mission [J]. Astrovehicle lett and communications,2000,37:227 - 237.

[122] Jedrich N M,Gregory T H,Zimbelman D,et al. A cryogenic cooling system for IR science on the habble space telescope[R]. Jackson and tull,seabrook:MD 2002.

[123] 刘刚. 节流微制冷技术[J]. 激光与红外,2008,38(5):413 - 416.

[124] Zhu W,White M J,Nellis G F,et al. A joule - thomson cooling system with a si/glass heat exchanger[OL],(2009)[2016 - 04 - 10]University of Michigan,ann arbor,USA,Weibin zhu,zhuwb@ umich. edu.

[125] 胡大鹏,陈淑花,刘学武,等. 制冷技术及应用[M]. 北京:中国石化出版社,2010.

[126] Frank M,Labv S E,Westmacott G,et al. Energy - sensive cryogenic detectors for high - mass biomolecule mass spectrometry[C]. Mass spectrometry reviews 18,1999:155 - 186.

[127] poelaere A P. Superconducting tunnel junctions used as photon detectors[D]. Noordwijk(the Netherlands): Laboratories of the European space agency,1999.

[128] Glauser A M. The mid infrared instrument of the james webb space telescope:the swiss hardware contribution and preparatory studies of protoplanetry disks[D]. Switzerland Zurich:ETH Zurich,2008.

[129] 陈国邦,金滔,汤珂. 低温传热与设备[M]. 北京:国防工业出版社,2008.

[130] Jousten K. Handbook of vacuum technology [M]. Wiley - vch verlag gmbh and co,2008.

[131] Rotundo S,Hughel G,Rebarchak A,et al. Design,construction and operation of a travelling - wave pulse tube refrigerator[C]. Proc of the 14th international cryocoolers conference,2007:149 - 156.

[132] Hock K. Statical and low temperature physics[M]. United Kingdom,Liverpool:University of lierpool, 2012 - 2013.

[133] Bhatia R S,Bock J J,Mason P V,et al. Testing of infrared detectors using a zero gravity dilution refrigerator [J]. Cryogenics,1999,39: 795 - 803.

[134] 黑费尔 R A. 低温真空技术[M]. 李旺奎,等译. 北京:电子工业出版社,1985.

[135] 褚桂柏. 航天技术概论[M]. 北京:中国宇航出版社,2002.

[136] 黄敏超,等. 空间科学与工程引论[M]. 长沙:国防科技大学出版社,2006.

[137] Eckare P. Spaceflight lift support and biospherics[M]. Torrance calif microcosm press,1996.

[138] DiPirro M,Fixsen D,Kogut A,et al. Design of the PIXIE cryogenic system[J]. Cryogenics,2012,52: 134 - 139.

[139] Shirron D M. Current status development at NASA goddard space flight center and future applications [C]. Proc of SPIE,2004,5543:121 - 129.

内 容 简 介

航天技术和低温技术已经取得显著进步,空间低温技术是随着航天技术和低温技术的发展而产生的新技术。本书阐述的空间低温技术内容在一定程度上反映了国内外空间低温技术的新技术和新发展。

本书首先介绍了空间环境和空间环境效应,继而系统而全面地论述了有关空间低温技术的如下内容:各种空间制冷器的基本原理、结构和设计,空间制冷器在空间的应用,空间制冷器的可靠性设计;低温探测器的基本原理和特性,低温探测器在空间的应用;几种带有低温冷却系统的专用空间环境模拟器,模拟空间低温环境的液氮系统,模拟空间真空环境的内装式低温泵和外接式低温泵及其相应的低温制冷机。

Aerospace technology and cryogenic technology have made significant progress, space cryogenic technology is a new technology generated with the development of aerospace technology and cryogenic technlolgy. The content of space cryogenic technology described in this book to some extent represents new technology and new development of space cryogenic technology at home and abroad.

This book first introduces the space environment and space environment effects, then systematically and comprehensively discusses following contents about space cryogenic technology: basic principles, structure and design of various space cryocoolers, application of cryogenic cryocoolers, basic principles and characteristics of cryogenic detectors, application of cryogemic detectors in space, several dedicated space environment simulators with cryogenic cooling systems, Liquid nitrogen system simulating space cryogenic environment, built-in cryopump and external cryopump and their corresponding cryogenic refrigerators simulating space vacuum environment.